国防电子信息技术丛书

卫星导航基础原理

Understanding Satellite Navigation

(印) Rajat Acharya 著

袁 洪 徐 颖 陈夏兰 译

电子工业出版社
Publishing House of Electronics Industry
北京·BEIJING

内 容 简 介

本书系统、透彻地阐述了卫星导航系统的各项相关内容，包括卫星导航基础简介、轨道、信号体制、接收机、误差分析、差分定位、组合导航及应用等。本书的主要特色是并未专注于某一现有的导航系统，而是以通俗易懂的语言描述卫星导航系统的基本原理和运算公式，且涵盖了卫星导航系统的通用原理。此外，本书使用了 MATLAB 作为编程工具，对重要的概念和技术进行阐述。

本书可以作为卫星导航相关专业高年级本科生和研究生的教材或者参考书，也适合所有与卫星导航系统理论有关的工程技术人员和科技工作者阅读参考。

Understanding Satellite Navigation
Rajat Acharya
ISBN：978-0127999494
Copyright © 2014 by Elsevier Inc. All rights reserved.
Authorized Simplified Chinese translation edition published by the Proprietor.
Copyright © 2017 by Elsevier(Singapore) Pte Ltd. All rights reserved.
Published in China by Publishing House of Electronics Industry under special arrangement with Elsevier (Singapore) Pte Ltd.
This edition is authorized for sale in China Mainland. Unauthorized export of this edition is a violation of Copyright Act. Violation of this Law is subject to Civil and Criminal Penalties.

本书简体中文版由 Elsevier(Singapore) Pte Ltd. 授予电子工业出版社在中国大陆出版发行与销售。未经许可之出口，视为违反著作权法，将受法律之制裁。

本书封底贴有 Elsevier 公司防伪标签，无标签者不得销售。

版权贸易合同登记号 图字：01-2015-1620

图书在版编目(CIP)数据

卫星导航基础原理/(印)拉雅·阿查里雅(Rajat Acharya)著；袁洪等译. —北京：电子工业出版社，2017.7
（国防电子信息技术丛书）
书名原文：Understanding Satellite Navigation
ISBN 978-7-121-31292-2

Ⅰ.①卫… Ⅱ.①拉… ②袁… Ⅲ.①卫星导航 Ⅳ.①TN967.1

中国版本图书馆 CIP 数据核字（2017）第 072301 号

策划编辑：马 岚
责任编辑：马 岚
印　　刷：北京盛通数码印刷有限公司
装　　订：北京盛通数码印刷有限公司
出版发行：电子工业出版社
　　　　　北京市海淀区万寿路173信箱　邮编：100036
开　　本：787×1092　1/16　印张：17.5　字数：448千字
版　　次：2017年7月第1版
印　　次：2025年4月第5次印刷
定　　价：79.00元

所购买电子工业出版社图书有缺损问题，请向购买书店调换。若书店售缺，请与本社发行部联系，联系及邮购电话：(010)88254888，88258888。

质量投诉请发邮件至 zlts@phei.com.cn，盗版侵权举报请发邮件至 dbqq@phei.com.cn。
本书咨询联系方式：classic-series-info@phei.com.cn。

译 者 序

卫星导航系统可在全球范围内提供全天候的、连续的高精度定位、导航及授时服务，迄今已产生了巨大的应用效益，深入到人类生活的各个方面。我国北斗卫星导航系统于2012年底正式提供区域服务，进一步引起了国人对卫星导航技术的关注。我国越来越多的青年学者和在校学生期望了解卫星导航、研究卫星导航；与此同时，有关卫星导航的书籍也大量涌现，其中不乏深受卫星导航爱好者喜爱的参考书。但是，从我们多年从事卫星导航领域研究工作和研究生培养工作的经验来看，对于刚接触卫星导航的初学者而言，国内尚缺乏一本较为系统、同时又形象易懂的卫星导航基础原理参考书。

我们在2015年第一次看到 Rajat Acharya 教授所著的 *Understanding Satellite Navigation*。这本书非常全面、系统地涵盖了卫星导航各方面的基础知识，更为难得的是，它以一种简单易懂和轻松的方式向读者阐述卫星导航的基础原理。对于复杂晦涩的内容，作者通常会以类比的方式切入，达到深入浅出的效果。我们认为，这是一本系统性阐述卫星导航原理，适用于不同阶段读者阅读，尤其适用于卫星导航初学者的参考书。希望此书的中译本能为那些对卫星导航相关知识感兴趣的学生、青年学者和研究人员提供一些参考。

Rajat Acharya 教授为印度空间研究组织(ISRO)的科学家，多年来致力于印度的卫星导航系统(IRNSS)及增强系统(GAGAN)的研究，同时作为联合国亚太空间科学与教育中心(CSSTE-AP)的教师，为硕士研究生讲授有关卫星通信和卫星导航方面的课程，在卫星导航领域积累了丰厚的知识及教学经验。

本书共10章，前两章讲述了卫星导航的发展历程和基础知识；从第3章开始介绍卫星导航的原理性内容，包括轨道、导航信号、接收机、定位解算、误差和误差修正、差分定位等内容；第9章独立于其他章节，阐述了卡尔曼滤波和电离层这两个与卫星导航系统性能密切相关的专题；第10章介绍了卫星导航的典型应用。为了便于初学者掌握相关术语，我们特意在每章的开头整理了本章内容的英、中对照关键词表。

本书由中国科学院光电研究院的袁洪研究员、徐颖研究员、陈夏兰工程师共同完成翻译工作。中国科学院光电研究院卫星导航团队的其他成员在本书翻译过程中提供了大力支持，他们是：李子申、魏东岩、李雯、来奇峰、赵姣姣、李祥红、周凯、袁超、田向伟、刘文学、唐阳阳。此外，中国科学院大学的研究生汪亮、姚团结、曾茂书、霍翠萍、陆一等协助完成了大量的译稿整理工作。译者谨对所有曾给予过支持和提供帮助的同志表示诚挚的感谢。

本书由欧阳光洲研究员进行了仔细的审阅并提出了许多宝贵意见，在此深表感谢。

在本书的翻译过程中，译者力求忠实于原著，但限于时间及水平，不妥之处在所难免，敬请读者不吝指正。

前　言

　　笔者曾编写一本由印度空间研究组织（ISRO）内部出版的有关卫星导航的小册子，并深受联合国亚太空间科学与教育中心（CSSTE-AP）的学生们的喜爱，那时我便渐渐萌生了编写一本有关卫星导航原理参考书的想法。从我获得的信息来看，无论从学术还是国家的角度出发，也无论是对于商业还是战略性的用户，甚至对于科研人员而言，一本通俗易懂的卫星导航入门级参考书都是必不可少的；尤其对于初学者，一本在内容上经过合理组织、易懂的入门级参考书，更能起到事半功倍的效果。因此，本书的目的是，针对来自不同背景的初学者，以一种简单易懂的形式，从零开始介绍卫星导航的相关知识。

　　本书的主要特点之一是，从基础的物理原理出发，阐述卫星导航的基本工作原理，书中仅使用了最必要的基础数学知识，而没有使用各类复杂的方程进行推导。在编写本书的过程中，我一直把潜在读者设想为大学生或者是第一次接触卫星导航的初学者。希望这种从基本原理乃至所有相关技术细节都简单化的处理方式，能够使读者在学习到相关知识的同时，有一个愉悦的学习体验。

　　本书涵盖了卫星导航系统的通用工作原理，而并未专注于某一特定的卫星导航系统。它强调的是从基本的物理概念和常识出发，渐进剖析每一个复杂的过程，其中每一个基本原理都给出了数学证明，但尽可能多地只使用目标读者可能掌握的基础数学知识；此外，对于每一个重要的概念，本书均给出了相应的 MATLAB 可视化仿真程序，从而使得读者可以通过对实例的仿真来更深入地理解他们所学的知识。我认为，这也正是本书的独一无二之处。

　　最后，值得一提的是，本书完整地包含了卫星导航各方面的基础知识。本书提出的观点仅代表作者个人，并不代表我的单位和印度政府。

致谢

　　衷心感谢印度加尔各答大学，特别是 Asish Dasgupta 教授、Apurba Datta 教授和 Bijoy Banerjee 教授等人，他们一直是我灵感的源泉。感谢印度空间研究组织的空间应用中心（SAC-ISRO）给我提供的支持，并特别要感谢 Bijoy Roy 博士、Chandrashekhar 博士、Suman Aich 博士和 Ananya Roy 先生对初稿的审查和评论。感谢来自 CFRSI 的 Suman Ganguly 博士的友好合作，同时感谢 M. R. Sivaraman 博士、Kalyan Bandyopadhyay 博士、Vilas Palsule 先生以及整个 CSSTE-AP 团队的慷慨付出。感谢整个 Elsevier 团队和本书的多位审稿人。最后但同样重要的是，真诚地感谢我的妻子 Chandrani，我的儿子 Anubrata 和我的父母对我的鼓励以及本书写作期间的长期付出，从而使得这项努力最终获得成功。

目 录

第1章 导航概述 ... 1
1.1 引言 ... 1
1.1.1 本书的组织结构 ... 2
1.2 导航 ... 3
1.2.1 导航的历史 ... 3
1.2.2 导航系统的分类 ... 6
1.3 位置参考 ... 7
1.3.1 参考系 ... 8
1.4 无线电导航系统 ... 16
1.4.1 引航型系统 ... 16
1.4.2 导向型系统 ... 17
1.4.3 航位推算系统 ... 18
思考题 ... 18
参考文献 ... 19

第2章 卫星导航 ... 20
2.1 卫星导航 ... 20
2.1.1 卫星导航的概念 ... 20
2.1.2 导航服务 ... 21
2.1.3 服务参数 ... 21
2.1.4 卫星导航的分类 ... 24
2.2 组成结构 ... 25
2.3 控制段 ... 26
2.3.1 监测站 ... 27
2.3.2 地面天线 ... 29
2.3.3 主控站 ... 29
2.3.4 导航时间 ... 32
思考题 ... 34
参考文献 ... 34

第3章 卫星轨道 ... 35
3.1 开普勒定律和轨道参数 ... 35
3.1.1 椭圆 ... 36

  3.1.2 椭圆轨道 ··· 37
3.2 卫星轨道相对地球的方向参数 ··· 50
  3.2.1 轨道方向参数 ··· 50
3.3 卫星轨道摄动 ·· 53
  3.3.1 摄动参数 ·· 53
  3.3.2 轨道摄动对系统的影响 ··· 54
3.4 不同类型的轨道 ··· 55
3.5 轨道参数的选择 ··· 57
思考题 ·· 60
参考文献 ··· 60

第4章 导航信号 ·· 61
4.1 导航信号 ·· 61
  4.1.1 组成结构 ·· 61
4.2 导航电文 ·· 62
  4.2.1 电文内容 ·· 62
  4.2.2 电文结构 ·· 64
  4.2.3 电文频谱 ·· 64
  4.2.4 检错与纠错 ··· 67
  4.2.5 本节附录 ·· 72
4.3 测距码 ··· 73
  4.3.1 伪随机噪声序列 ·· 73
  4.3.2 测距码的调制 ··· 89
  4.3.3 导航信号中扩频码的作用 ·· 90
4.4 加密 ·· 93
  4.4.1 安全要求 ·· 94
  4.4.2 鉴权要求 ·· 95
4.5 多址 ·· 95
  4.5.1 码分多址 ·· 95
  4.5.2 频分多址 ·· 97
4.6 数字调制 ·· 97
  4.6.1 载波波形 ·· 98
  4.6.2 调制技术 ·· 98
  4.6.3 交替二进制偏移载波（Alt-BOC）调制 ······························· 105
4.7 典型链路计算 ··· 108
思考题 ·· 108
参考文献 ··· 109

第5章 导航接收机 ··· 110

5.1 导航接收机 ··· 110
5.1.1 通用接收机 ··· 111
5.1.2 用户接收机的类型 ··· 112
5.1.3 测量、处理及估计 ··· 113
5.1.4 接收机中的噪声 ··· 116

5.2 用户接收机的功能单元 ··· 118
5.2.1 典型结构 ··· 118
5.2.2 射频接口 ··· 118
5.2.3 射频前端 ··· 120
5.2.4 基带信号处理器 ··· 127
5.2.5 伪距测量 ··· 144
5.2.6 导航定位解算 ··· 149

思考题 ··· 151

参考文献 ··· 152

第6章 定位解算 ··· 153

6.1 基本概念 ··· 153
6.2 观测方程的建立 ··· 157
6.3 线性化 ··· 158
6.4 位置解算 ··· 160
6.5 位置解算的其他方法 ··· 165
6.5.1 非线性化测距方程的解算 ··· 165
6.5.2 其他方法 ··· 169
6.6 速度估计 ··· 170

思考题 ··· 172

参考文献 ··· 172

第7章 误差和误差修正 ··· 173

7.1 误差范围 ··· 173
7.1.1 误差源 ··· 175
7.2 控制段误差 ··· 175
7.2.1 星历误差 ··· 175
7.3 空间段误差 ··· 178
7.3.1 卫星钟差 ··· 179
7.3.2 卫星码偏差 ··· 179
7.4 传播误差和用户段误差 ··· 179
7.4.1 传播误差 ··· 179

7.4.2	用户段误差	188
7.4.3	总误差	189
7.5	误差抑制技术	190
7.5.1	基于参考站的修正	190
7.5.2	误差的估计	191
7.6	误差对定位的影响	193
7.6.1	精度因子	195
7.6.2	水平和垂直精度因子	196
7.6.3	加权最小二乘解	197
7.7	误差预算和性能	197
思考题		197
参考文献		198

第8章 差分定位 … 199

8.1	差分定位	199
8.1.1	基本原理	200
8.1.2	主要误差分析	202
8.1.3	差分定位的分类	204
8.2	差分修正技术	205
8.2.1	基于伪距的差分定位	206
8.2.2	基于载波相位的差分定位	215
8.3	差分系统的实现	220
思考题		221
参考文献		222

第9章 专题 … 223

9.1	卡尔曼滤波	224
9.1.1	卡尔曼滤波介绍	224
9.1.2	卡尔曼滤波基础	225
9.1.3	滤波方程推导	227
9.1.4	卡尔曼滤波应用	233
9.2	电离层	239
9.2.1	电离层的基本结构	239
9.2.2	赤道区域电离层	241
9.2.3	电离层模型	243
9.2.4	其他电离层估计方法	245
思考题		247
参考文献		248

第10章 应用 ··· 249
10.1 概述 ··· 249
10.1.1 相对于其他导航系统的优势 ·· 249
10.2 应用概述 ··· 250
10.2.1 应用的体系结构 ·· 250
10.2.2 应用一览 ··· 252
10.3 具体应用 ··· 257
10.3.1 测姿 ··· 257
10.3.2 时间传递 ··· 260

参考文献 ··· 263

附录A 卫星导航系统简介 ··· 265

第1章 导航概述

摘要

第1章主要目的在于向读者介绍"导航"的概念及其与人类日常生活的紧密关系。本章首先给出"导航"这一通用术语的正式定义,然后回顾导航从史前到当代的发展历史,并综述导航技术的演进历程,进而介绍各种导航系统以及与其密切相关的地球参考系和坐标系知识。

关键词

celestial navigation 天文导航	guidance 导向
datum 基点	inertial navigation system 惯性导航系统
dead reckoning 航位推算	instrument landing system 仪表着陆系统
ECEF frame ECEF 坐标系	LORAN 罗兰导航系统
ECI frame ECI 坐标系	navigation 导航
ellipsoid 椭球	orthometric height 海拔高度
geoid 大地水准面	piloting 地标引航

1.1 引言

导航泛指人们在进行有目的性的迁徙或移动时,获取正确的运动方向和路径从而到达期望地点的方法;凡是涉及有目的性的运动,导航就必不可少。实际上,即使在远古时代,当最原始的动物在地球上运动时,导航便以最古老的形式存在。在现代,人类这种地球上最先进的物种在去往想去的地方时,无论是搭乘技术最先进的飞机飞过去,还是驾车、骑自行车或步行,都需要进行某种形式的导航。

你可能会注意到,在没有任何仪器设备的辅助下,通常凭借形象化的记忆进行导航。这种记忆可以当成一种记录地标和路径的地图,在这张地图上,不断识别自己的位置,并利用经验来引导自己运动的方向和路径。然而,这种方法对于陌生的目的地或者缺少地标的地方无法适用,这也就是人们会在沙漠或海洋中迷失方向的原因。在这些情形下,可以通过绘制纸质地图或建立数字地图来辅助人们获得类似的地理信息。无论是记忆中的地图、纸质地图、还是数字地图,这些都能帮助人们确定自己的位置,把位置与目的地联系起来,并给出可能的运动路径。总之,所谓"导航"就是获取自身的位置,并与地图上可用的信息进行比较,最终选择恰当运动路径的决策过程。

显然，首先需要定位，获取自身的位置以便正确识别我们在哪里，然后再对向哪里运动做出恰当的决策。卫星导航就是达到这一目的的一种方法，无论处于地表还是空中，卫星导航接收机通过接收导航卫星发送的信号来获取自身正确的位置参数，将这些参数与地图所提供的地理信息相结合，即可用于决定正确的运动方向。

但是，位置信息不是仅能用于决定运动方向，准确位置信息有时还用于获取与位置关联的其他信息。例如，如果知道在地球表面的位置，就可以很容易地预计出所处地点的气候；如果精确获取地表网格点的位置，就可以得到地球的精确形状，进而可以得到诸如地球构造和地壳运动等衍生信息。有关位置信息更多其他的有趣应用，将在第10章进行深入的探讨，届时将知道位置及其衍生信息是如何应用的。

对定位的需求是全球性的，因此，需要对位置信息进行无歧义的统一表达。也就是说，需要建立全球统一标准的通用参考系和坐标系，从而对地表和地球空间的位置点进行表征，并用坐标对任意空间位置点进行唯一性的标识。这样，寻找一个人的位置就简化为确定他（或她）所在位置点坐标的问题。为了以更便捷的方式描绘位置，可以选择不同的坐标系。在本章后几小节将介绍参考系框架和坐标系统，这些坐标系的定义都是基于某些确定的大地测量参数的，它们都是表征位置信息的基础。

1.1.1 本书的组织结构

哲学家苏格拉底说："了解你自己"。在学习导航之初，可以换个说法："了解你自己的位置。"因此，本书的主旨就是让大家理解如何利用现代空间科技，辅以其他先进科技和有效资源，从而确定自身位置的基础原理，关于现有导航系统的细节知识将在后面章节讨论。

对本书的逻辑结构加以了解，对于更容易地理解全书十分重要。因此，首先对本书各章节的主要内容进行整体的介绍，以便读者了解各章节分别是从什么角度渐进介绍卫星导航系统的。对那些由于对这部分内容缺乏兴趣而想跳过不读的读者，也建议能坚持读完本章余下的内容。

本书第1章主要是概述性的内容。从引入"导航"这一术语开始，通过描述从古至今的各种导航技术来介绍导航的发展历程。有时历史显得有些枯燥无聊，但正如弗朗西斯·培根爵士所言"读史使人明智"，在准备详细了解导航技术的细节之前，还是要看看卫星导航的历史。在介绍卫星导航之前，将首先简要介绍卫星导航的前身，包括其他形式的导航，以便帮助我们更深入地理解卫星导航。上述内容将被包含在本章中，希望读者在阅读本部分时能觉得它与后续描述具体技术的章节一样有趣。第2章也是基础知识，主要是关于整个卫星导航系统的体系架构，并详细介绍控制段，卫星导航系统的其他组成部分将在后续章节中讨论。本书将从第3章开始变得更有趣，在那里将介绍卫星导航系统的空间段。从这一章起，将会频繁地使用MATLAB软件示例来辅助描述当前的主题，建议读者尝试这些示例，而不是草草略过。第4章将详细描述卫星发送的导航信号，介绍它们的特征以及用于导航的基本原理。第5章将介绍卫星导航用户段，描述接收机的工作原理和类型。这一章将说明在接收机中通过导航信号来获取定位所需观测量的原理。第6章将介绍利用接收机观测量估计导航参数的算法，包括位置、速度和时间。第7章将介绍导航参数估计误差的来源及其影响。第8章将介绍差分导航系统，虽然这是一个内容非常丰富的话题，用整本书的篇幅来详细讨论差分导航系统也不为过,但在本书中不得不把这个话题压缩到一个寥寥数页的章节里。第9章将对卡尔曼滤波以及电离层的影响进行专题讨论,它们都与卫星导航系统的性能密切相关。尽管读者可以跳过这一章而不影响阅读连续性,但这部分内容是非常有趣并值得阅读的。最后,第10章将详细介绍一些卫星导航的典型应用。

1.2 导航

导航是一种有关从一个地点安全高效地到达另一个地点的艺术。尽管这个词起源于拉丁语"Navigare",意思是"驾驶一艘船",但它现在的意思是,给陆地、海上或者太空的人和物提供有关其所处位置和运动方向的必要信息(Elliot et al.,2001)。

1.2.1 导航的历史

导航先于人类而出现,史前动物们利用它们天生的技能进行导航,从而帮助它们寻找食物(见图1.1)。

图1.1 史前的动物导航示意图

人类在文明早期就开始使用各种不同的导航技术。居住在洞穴中的原始人类需要去森林深处打猎来获取食物,在崎岖的山路和树林中,并不容易找到回去的路。因此,他们在树上或凸起的岩石上做特殊的标记,以便能循着这些地标找到回家的路。利用烟雾或者声音寻路也是他们常用的方法,后面还将介绍更多的导航方式,但值得指出的是,这些导航方法总体上都属于导向类型。

现代导航系统的发展大都源于航海中对船只导航的需求。在古代,为了贸易和殖民,航海探险家开始尝试着跨越大洋寻找新大陆。为了满足航海对导航持续增长的需求,持续发展导航技术就变得十分必要。正如之前提到的,沿着海岸绘制海图是一回事,而获取当前的位置并确定正确的行进方向,也就是所说的"导航",则是另一回事。在历史上,制图和导航是同步发展的,并且有时也把两者混为一谈,但在这里,我们将讨论严格意义下的"导航"。

第一种海上导航的方式是沿着海岸线行船,行驶过程中必须保持随时可以看到陆地。在这个时代，水手们将自己看到的海岸线场景绘制成形象化的地图。利用这些地图，船只可以在后续的行程中重复他们曾经经历的航线。记载中第一个绘制了海岸与河流的地图来自于公元前2000多年的中国(Wellenhof et al., 2003)。然而，当航行至大海深处，当时唯一的导航方式就是观察太阳和星星的位置。这种导航方式称为天文导航。还有一些有经验的水手通过观察风向或者海底的深浅来判断与陆地的距离从而实现导航，这也许可以算是最原始的测深导航了。

天文导航的最早纸质记载可以追溯到公元前3世纪，相关记录可以在荷马史诗《奥德赛》中找到(History of Navigation, 2007)。如图1.2(a)所示的星盘仪，可用来测量太阳和星星的距离，公元前600年开始成为主要的定位仪器(Kayton, 1989)。海伦和维特鲁威详细描述了里程计，可以用来测量行进距离(Wellenhof et al., 2003)。在这一阶段，希腊和埃及的水手们开始利用北极星星座进行导航，因为它们整个夜晚都不会消失到地平线以下。然而，由于地球地轴随时间的摆动会引起星体位置的变动，使用北极星进行导航时需要进行相应的修正。海图可以用来辅助导航，托勒密绘制了第一份世界地图，并被使用了很多年。自那之后，有关航海中用天文导航确定航行方向的记载绵绵不断。

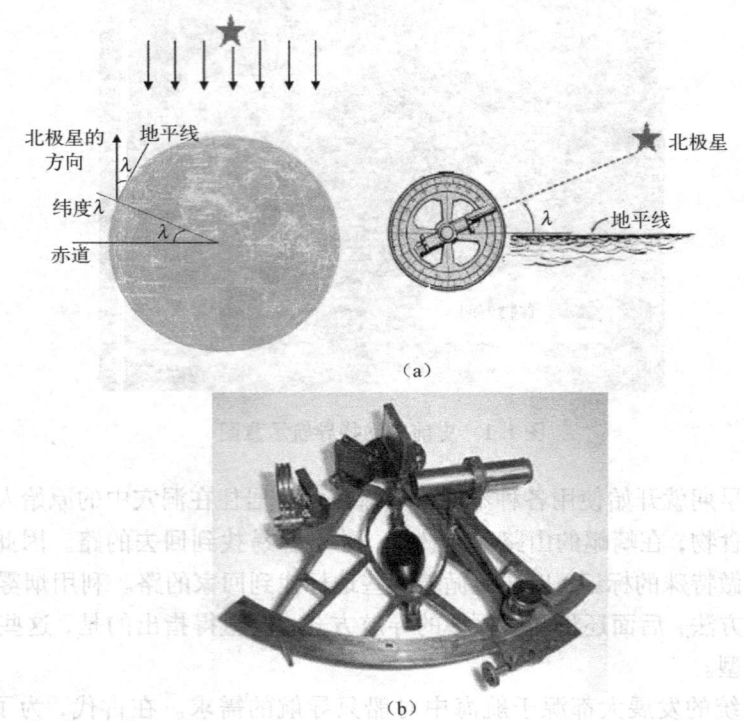

图1.2 (a)星盘仪工作原理；(b)导航六分仪

磁铁石的发现是导航技术进入第二个阶段的标志。随着磁铁石的发现，水手们利用磁铁石进行航海定向，导航变得更容易了。与这个时期已有的其他导航手段相比，即使在天气状况不好和能见度差的情况下，水手们仍能利用磁力进行导航，从而轻易地找到航向。第一个真正意义上的航海罗盘是公元13世纪初在欧洲被发明的。当克里斯托弗·哥伦布在1492年横穿太平洋时，他所拥有的导航工具只有一个航海罗盘、一些过时的测量仪器、一套修正北极星位置的计算方法和一些基本的航海图。

从16世纪中期开始，与导航相关的技术得到迅速发展，很多与导航相关的测量方法和设备被发明出来。这个时期也是欧洲人开始在其他大陆开展殖民的时候，由于他们要通过海上航线到达新大陆，进一步改进导航技术就变得十分迫切；同时，导航中的数据处理方法也逐渐成为一门学科。到17世纪，象限仪成为了主流的导航仪器之一。人们开始研究磁场变化并发现了磁偏角（地球磁力线和地理方向的夹角），大大提升了磁力导航的性能。与此同时，海里长度也被更加精确地测量和定义。至18世纪中叶，诸如六分仪和航海经线仪等仪器的发明标志着现代导航的开始。其中，如图1.2(b)所示，六分仪通过对准半反射镜中测量对象的镜像相对于地平线影像的位置，来测量太阳、月亮或星体之间的夹角，将这些夹角测量值与太阳或星体的先验位置相比对，就能够估算出其自身的位置。

在进行定位时，时间一直是一个重要参数。日晷是一种最原始的计时工具，最早的日晷发现于埃及的凯玛克，在古希腊和中国古代也有使用（Kayton，1989）。随后，人们发明了摆钟，它适合用于陆地上的计时，但在海洋中不太适用。因此，对于远洋船舶而言，沙漏和水漏依然是最佳的计时器。在这种情况下，精确地获取经度参数就受到了限制，因为求取经度时需要精确的时间做支撑。18世纪中叶左右，曾经有很大一笔赏金用来悬赏准确测量经纬度的发明。1759年，约翰·哈里森发明了一种在六个月之内只有几秒误差的时钟，库克船长使用这种时钟进行了南极洲探险。有关准确确定经纬度的另一个重要事件是1884年对本初子午线（0°经线）定义的采用，时至今日，这仍是导航系统的一个基本定义。

在19世纪末，电报作为无线电通信的最早形式开始出现。对于航海远航而言，无线电通信不但能传送消息，还可用于修正导航的时钟；同时，船与船之间的通信也有助于进行导航决策。

基于无线电的导航系统在第二次世界大战期间得到了迅速发展。在此期间，石英钟被发明出来，微波技术也广泛地应用于导航。英国物理学家罗伯特·沃特森发明了用于空袭预警的雷达（Radar）技术，雷达安装在船上时可用于导航辅助。此后不久，阿尔弗雷德·卢米斯提出了陆基无线电导航系统的设想，这一设想最终演变成了远程导航（LORAN）系统。

1957年10月，前苏联发射了第一颗人造卫星Sputnik，将无线电导航带入了一个新的阶段。科学家们利用Sputnik卫星信号的多普勒频移来获取卫星的位置和速度。随后，前苏联和美国部署并完成了多个星基导航项目。在此期间，基于多普勒和测距的导航卫星星座陆续投入使用。1964年投入运行的TRANSIT系统是基于多普勒效应的卫星导航系统，而SECOR系统则是基于测距的卫星导航系统。后来，又诞生了前苏联的TSIKADA系统和美国的TIMATION系统，其中TIMATION计划基于天基精确时钟进行时间传递。这些早期卫星导航系统为现代的NAVSTAR全球定位系统（GPS）（Parkinson，1996）和GLONASS系统奠定了基础。现在，多个国家和地区开始建设和使用自己的卫星导航系统，例如欧洲的伽利略导航系统（Galileo）、中国的北斗卫星导航系统（BDS）、印度的IRNSS系统等。在后续章节中将介绍它们的工作原理。

1.2.2 导航系统的分类

现代导航系统在本质上属于非自主的无线电导航系统。这就意味着，接收机依赖接收合适的外部信号才能提供系统的三维位置、速度和时间（PVT）信息（Wellenhof et al.，2003）。另外，也有些导航系统仅能给出去往目的地的路径。根据导航参数的物理本质及其获取途径的不同，现代导航系统可以分为三大类。

1.2.2.1 导向型

导向型导航系统仅能向用户提供到达目的地的路径，而不能提供用户的精确位置信息。使用这类导航系统时，用户只能知道自己应该沿着哪条路径行进，而不知道自己的当前位置。

导向型导航是最早的导航类型。古代旅行者通过观察太阳和月亮的升降或者天空星座的位置来确定行进方向就属于导向型导航。在现代，当你在大型机场中沿着标记到达期望的登机口，或者当你通过高速公路上的路牌来确定路线时，都用到了导向型导航。因此，在日常生活中常常会用到导向型导航，有时甚至都没有意识到。

一些现代无线电导航系统也属于导向型导航，比如用于航空的仪表着陆系统（ILS）和微波着陆系统等。

1.2.2.2 航位推算型

有时候要使用导向型导航比较困难，在远程航行时尤其如此。在远程航行时，获取自身的位置比得到从起点直到终点的引导更为方便。但是，怎样才能及时更新位置信息呢？可以通过测量位置相关的运动状态参量，由前一个时刻的历史位置来推算当前时刻的位置。这样一来，当前的位置总是可以从以往的任何时刻的位置，甚至运动起点的位置推算出来。最早的航位推算方法之一是利用牛顿运动定律来进行推算。通过牛顿定律，可以按照式（1.1）和式（1.2）所示的公式得到当前时刻的位置和速度。

$$v_k = v_{k-1} + f_{k-1} \cdot (t_k - t_{k-1}) \tag{1.1}$$

$$S_k = S_{k-1} + v_{k-1} \cdot (t_k - t_{k-1}) + \frac{1}{2} f_{k-1} \cdot (t_k - t_{k-1})^2 \tag{1.2}$$

其中，S_k 和 S_{k-1} 分别是 t_k 时刻和前一时刻 t_{k-1} 时刻的位置；v_k 和 v_{k-1} 是相应的速度；f_{k-1} 是在 t_{k-1} 时刻的加速度。

因此，对任意 t_k 时刻，位置 S_k 和速度 v_k 都可以由 t_{k-1} 时刻的加速度 f_{k-1}、速度 v_{k-1} 和位置 S_{k-1} 参数推算得出。类似地，S_{k-1} 和 v_{k-1} 又可以由之前的参数推算出来。将这种推算不断延伸，只要能够测量起始时刻和运动过程中任意时刻的加速度参数，并在起始时刻保持静止（$v_0 = 0$），以及已知起始时刻的位置参数，就可以推算出起始时刻之后任一时刻的位置和速度信息。由于这种方法是从物体的静止状态开始推算的，而在英文中有时将静止状态称为"dead"状态，因此航位推算在英文中的术语是"dead reckoning"；也有人认为"dead reckoning"这个术语是从"deduced"这个词衍生而来的（Meloney，1985）。

刚体有六个自由度，所谓自由度是描述刚体在空间中位置和姿态所需的维度。每个维度代表了一个独立的方向，当刚体在这一方向上进行平移运动或围绕这一方向进行旋转运动时，不与其他方向上的平动和转动产生耦合。在真实的三维空间中，当把物体简化为刚体并对其平动和转动进行描述时，需要在三个相互垂直（正交）的方向上描述物体的平移运动，另外，还需要在与每个平动方向相垂直的平面（总共三个平面）内描述物体的转动。除三维位置的平动推算之外，也可通过测量三维角加速度，利用航位推算方法来推算物体姿态旋转情况。

基于运动体的惯性特性进行导航就属于这一类，比如惯性导航系统（INS），大多数商用飞机使用惯性导航作为主用的导航系统。

1.2.2.3 引航型

在引航型导航系统中，导航参数（位置、速度和时间）每时每刻都得到更新，每次更新需要一定的时间间隔，以便在这个时间间隔内进行新的测量，并获取最新的导航参数。

本书所主要涉及的卫星导航系统就属于引航型导航系统，基于双曲线定位原理的陆基无线定位系统，比如 LORAN 系统等也属于这种类型（LORAN，2001；Loran，2011）。

1.3 位置参考

有多种不同的导航系统可供确定自己的位置，这就带来了一个问题：所得到的位置信息应该以哪个系统做参考呢？进而可引申出一个更基础的问题：是否总是需要以某个参照物为参考来描述我们的位置？如果有这种需要，应该怎样建立参照物？

我们从一个简单的类比开始回答这个问题。回想一下，我们在日常生活中一般都在用什么方式来表达位置？常常以这样的形式告诉别人自己的位置："我在佩罗利大道，古灯塔右侧约100码。"或者："我在科普利广场，市立图书馆往南大约50米。"或者："我已经过了机场，向东走出半公里了。"注意，上述表达方式都具有一个共同的特点，总是以距离某个特殊地标有多远来表达位置，这些地标可以是灯塔、图书馆、机场或其他建筑物。此外，在向对方描述距离时还指出了距离的方向，而且在心里假定对方熟知这些地标；如果对方不知道这个地标，那么对位置的描述就没有起到作用。因此，可以推理得到，在描述位置时需要定义一个确定的位置参考点，还需要定义距离该参考点的距离和方向。总之，参考点、距离和方向是描述位置时首先需要定义的基本要素。

对于导航系统而言，参考点应该是被普遍理解和接纳的，并且应该能被方便地用于描述其他物体的位置信息。在前面的例子中，已谈到利用特殊地标作为参考点。这些地标用作参考点时，总体上仅能用于本地，不能用于描述全球任意地区的位置信息。那么，用于全球定位的参考点应该具备怎样的特点呢？显然，用于这一目的的参考点与所有那些打算用其描述的位置点之间必须具有大致相当的距离，以便无论这些位置点处在什么样的区域，描述起来都同样方便。

参考点一旦被确定下来，接下来就需要选择最佳方式来表达待描述位置与参考点之间的距离。如图1.3所示，O 点为参考点，R 为从 O 点出发沿着最短的射线径向距离到达 P 点（待描述位置）的距离。然而，在三维空间里，如果不对距离的方向进行定义，单单依靠距离值不足以确定待描述点的位置。因此，还需要对方向进行标准化的定义。在三维空间里，最多有三个相互正交的方向，可以在空间中对这三个方向给出固定的定义，每个都对应一个独立的坐标轴。参考点与待描述位置之间的射线方向可以用该射线与这三个坐标轴之间的夹角来确定，分别用 α，β 和 γ 表示，并且总是满足 $\cos^2\alpha + \cos^2\beta + \cos^2\gamma = 1$。从 O 点出发，沿着坐标轴方向移动，也可以到达 P 点。而沿坐标轴移动的路径是 O 点与 P 点之间的径向距离 R 在三个坐标轴上的投影，如图 1.3 所示，分别为 a_1，a_2 和 a_3。因此，可以用向量的形式表示 R，

$$R = a_1 i + a_2 j + a_3 k = R(\cos\alpha i + \cos\beta j + \cos\gamma k) \quad (1.3)$$

其中 i，j，k 分别是三个坐标轴方向上的单位矢量。

综上，需要沿着三个正交的坐标轴进行移动以到达选择的位置点。理论上，任意一组相互正交的三维向量组都可以用来建立三个坐标轴。但是，考虑到随意选取坐标轴向量的指向并不能带来实际的好处，因此，通常情况下，根据不同的需求，一般预先对坐标轴的指向加以明确固定。

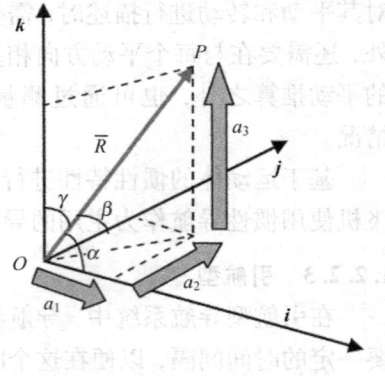

图 1.3 三维空间的正交基

总之，要对三维空间中任意一个位置点进行表达，首先需要确定一个固定的参考点；然后，以该参考点为基点，建立三个相互正交的坐标轴。空间中任何其他位置点都能以沿着这三个坐标轴的三维距离参数来描述。

1.3.1 参考系

参考系：任选一个空间位置点作为参考点，并围绕该参考点定义三个相互正交的坐标轴，就构成了一个参考系。对于一个参考系来说，任意空间位置点都可以被无歧义地表达。通常，参考系一般用参考点位置参数和坐标轴方向参数来定义；参考点一般也都在某个物理系统中进行选取，并且也常常被称为参考系的起点。

参考系可分为两大类，描述如下。

惯性参考系：惯性参考系本身没有加速度，惯性定律在惯性参考系是适用的。

非惯性参考系：非惯性参考系本身有加速度，惯性定律在非惯性参考系并不适用。

如前文所述，空间中的位置点是以从参考点出发，沿着特定方向的距离参数来定义的；因此，三个正交向量方向上的单位向量就构成了描述空间位置点与参考点间距离的三维基向量。理论上，一个参考系中可以有不同的三维基向量组合，而每种特定的基向量组合就构成了特定的坐标系。

坐标系：一组既定的三维正交基向量，这个三维基向量与参考系中的三个坐标轴相对应。空间中任意位置点都可以用一组从原点出发，沿各坐标轴的距离来描述。

不同的坐标系有着不同的用途，比如笛卡儿坐标系、球坐标系和柱坐标系。然而，正如之前讨论的，对于导航而言，笛卡儿坐标系和球坐标系是常用的大地测量参考系。

1.3.1.1 日心参考系

在英语中，日心参考系称为 "Heliocentric Reference"，其中 Helios 在希腊神话中是太阳神的名字，他的名字在拉丁语中是 "Helius"，也是太阳的意思。从名字就可以看出，太阳是日心参考系的原点。日心参考系非常便于表示太阳系星体的坐标或太阳系范围内其他物体的坐标，但它并不适合描述地球上或地球附近物体的位置。

1.3.1.2 地心参考系

将参考系的原点选定在待描述的位置点附近，往往在描述空间位置点的坐标时最为简便。因此，在描述地球上和地球周围的位置点时，往往选择地心参考系。地心参考系的原点与地心重合，坐标轴的指向可取为最方便的方向。地心参考系可进一步分为不同的类型，下面将逐一进行介绍。

在描述地球上和地球周围的位置点时，地心参考系可以被定义成笛卡儿坐标系的形式。但是，坐标轴应该如何定义呢？对于一个惯性系统，坐标轴不应该是直线加速的，同时也不应该是旋转的，因为旋转也能产生加速度。

地球围绕其自身的地轴自转，同时也绕着太阳公转。因此，在地球上看上去静止不动的物体，实际上是在运动的。如果从太空向下看，会发现地球上的任何东西都在随着地球旋转。因此，凡是与地球固连的参考系都不是静止的。更进一步，由于地球绕着太阳旋转，与地球固连的参考系更加不是静止的了。

那么，什么参考系才能算是一个静止的参考系呢？严格地说，目前还没有发现某一个参考系可认为是绝对静止的，也没有哪个参考系是真正的惯性参考系。因此，可以采用那些相对更为静止，或者说相对于地球的运动来说可近似看成静止的参考系。实际上，遥远的星体可以用于建立相对静止的参考系。当从地球上看向天空时，各个方向上都布满了遥远的星体。无论地球在围绕太阳转动的轨道上处于什么位置，这些遥远的星星从地球上看上去，年复一年一动不动。由于这些星体距离地球实在是太遥远了，以至于地球自身运动所带来的位置变化完全可以忽略不计。这些星体可以被看成位于一个以地球为中心，半径无限大的球面上，也就是所谓"天球"。当从地球上观察到的天球面上星体之间发生的相对运动被忽略不计时，天球参考系就可以被当成是静止的。但是，太阳在天球参考系中会发生运动，且呈现出椭圆形的运动轨道。该椭圆形的运动轨道称为"黄道"。从地心出发，连接太阳沿黄道北向运动穿过赤道的点，所形成的矢量方向称为春分点方向。如图1.4所示，春分点方向常被用作测量遥远星体间角距的基准参考方向，也是确定星体在天球中位置的基础。

地心惯性参考系

地心惯性参考系（Earth-Centered Inertial，ECI）是一种不随地球一起旋转的地心参考系，相对于遥远的星体，该参考系坐标轴的指向是固定不变的。

如图1.4(a)所示，地心惯性系的原点设定在地心，相应的笛卡儿坐标系的三个坐标轴满足右手定则；其中X和Y轴处于地球赤道平面内，且相互垂直；X轴指向春分点，与地球运动的位置无关；Z轴平行于地球的自转轴，且指向北极。尽管该参考系以地心为原点，但它的坐标轴不随着地球自转而旋转。因此，与其相关的坐标系在空间中是固定的，其坐标轴的摆动一般可以忽略不计，因而可以被认定为一种惯性系。然而，在高精度应用中，这些摆动不能完全被忽略。为了解决这个问题，通常将某个确定的时间点上坐标轴的实际指向定义为该惯性系的标准指向。比如，2000年1月1日坐标轴的指向就被定义为地心惯性系的一种标准指向（Kaplan et al.，2006）。卫星围绕地球旋转时，会受到地球作用于其质心上的万有引力的影响，但是不会受到地球自转的影响。因此，在描述卫星围绕地球运动的轨道时，地心惯性参考系是一个非常适用的参考系。在地心惯性参考系下,地球在旋转,但参考系没有旋转;因此,与地球相固连的位置点在地心惯性参考系下的位置是随时间而变的。

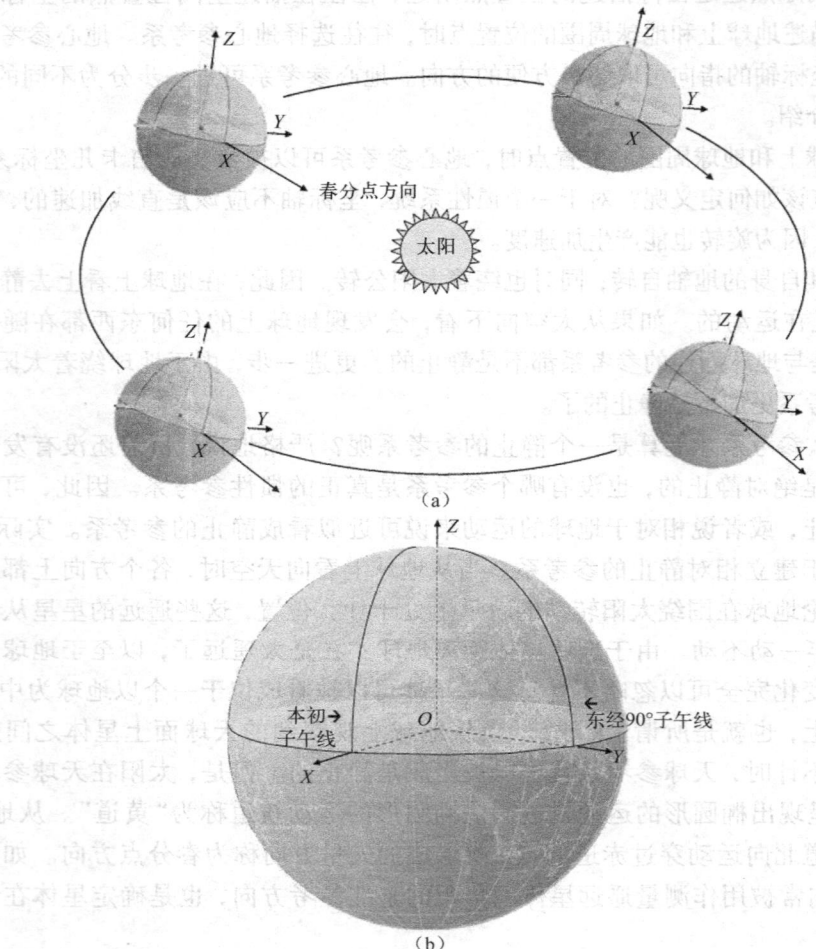

图1.4 (a)地心惯性参考系;(b)地心地固参考系

地心地固参考系

如上一节所述,在地心惯性参考系中,与地球相固连物体的位置参数是随着时间而变化的,这对于日常的使用十分不方便。为避免这一问题,另外定义一种地心参考系,其坐标轴与地球相固连,并随地球的旋转而同步旋转。在这一参考系下,当物体相对地球静止时,该物体的坐标将保持固定不变。

如图1.4(b)所示,地心地固参考系(Earth-Centered & Earth-Fixed, ECEF)是一种坐标轴和地球相固连的地心参考系。在该参考系中,原点仍选定为地心,并建立符合右手定则的笛卡儿坐标系,用以表达三个正交方向上的距离 X、Y 和 Z。X 轴和 Y 轴构成的平面与赤道面重合,X 轴由地心指向本初子午线方向(0°经线),Y 轴指向东经90°子午线方向,Z 轴指向北极。显然,与地心惯性参考系不同,地心地固参考系的坐标轴是与地球相固连的,且随地球的自转而旋转。坐标轴时刻处于旋转状态，也就决定了地心地固参考系是一种非惯性参考系。相对于地心惯性参考系，它更适合描述地表上跟随地球运动的各种物体的位置。

地理坐标系和大地坐标系

在前面讨论参考系时，还没有涉及地球的形状。也许你会觉得参考系的定义与地球的形状无关，但地球的形状却实实在在地影响着地心位置和坐标轴指向的正确定义。如果不知道地心的确切位置，何谈正确地确定参考系的原点呢？显然，不能钻入地球抵达地心，所能做的只是对地心进行测量。通过进行测量，可以恰当地对参考系进行定义，同时为地表建立一个基准参考面，以便对地球表面的位置坐标进行描述。

首先，假设地球的形状是一个完美的球形。在地心地固参考系中可以采用球面坐标系来表达位置参数，这就是所谓的地理坐标系（Heiskanen and Moritz, 1967）。其中，半径(R)是位置点到地心的距离；该点和地心连线距离赤道面的角距称为纬度(λ)；该点所在子午面与本初子午面的夹角称为经度(φ)。这就避免了使用笛卡儿坐标系描绘地表位置点坐标时所导致的大数值数据的问题；其中，尽管半径(R)的数值也很大，但它基本上保持为一个常数。

然而，地球并不是一个完美的球体。真实的地球表面非常不规则，以至于不能用任何规则的几何形状来表示。因此，这些不规则的表面可以表达成在一个光滑表面上的起伏。该光滑的表面称为大地水准面，并由地球等重力势模型确定。也就是说，大地水准面是一个等重力势面，上面的任何一个点上的坡度与该点的重力向量方向相关，大地水准面总是垂直于当地的重力加速度方向（铅垂线方向）。由于海平面可认为是一个等重力势面，平均海平面可以用作一个天然的大地水准参考面。将平均海平面向陆地进行延拓，可以得到一个高于或低于当地正常地形、覆盖全球的完整大地水准面（Ewing and Mitchell, 1970）。

大地水准面并非是一个规则的几何面，实用中需要将其近似为一个规则的几何面。近似应尽可能地贴近大地水准面的原有形状，以便通过简单的数学运算就能精确地计算任何位置点相对于大地水准面的坐标。

旋转椭球（将一个椭圆沿其短轴进行旋转得到的椭球）是一种建立近似大地水准面的规则形状的有效方式，这个椭球面可以用半长轴参数 a（赤道半径）、扁率参数 $f[f=(a-b)/a]$ 和半短轴参数 b（极半径）来表示。要达到最接近大地水准面的目的，必须以拟合方差最小为准则来准确地确定上述参数以及参考椭球的方向参数。对旋转椭球面方向的拟合，可以通过在地心惯性参考系中固定若干地表参考点的方式来实施。相关概念如图1.5所示。

为了建立针对整个地球的椭球模型，需要在全球范围内测量大量点位上的位置参数和重力参数。所以，更加实用的做法是针对较小的区域范围来定义局域椭球模型。实际上，现行的椭球模型大多是针对区域来定义的。

为确定地球形状相关参数所开展的测量称为大地测量，是一个涉及多个学科的科学原理的综合学科，其产出的地球基准参数数据称为大地基准。

所谓基准数据就是在应用中实施测量或计算测量数据时所依据的基础数据。在大地测量学中，它们是那些涉及地球形状定义的基础数据。为此，大地测量工作者通过区域或全球的测量，积累了大量的测量数据，进而建立了能够最优拟合地表形状的参考椭球模型。

在卫星大地测量出现之前，人们就试图获取以地心为参考点的坐标系的基准参数数据。这个时期获取的基准数据都是基于拟合区域实测数据得到的，与大地水准面达到了局部最优匹配，并做到了区域范围内垂向方向偏差最小。但是，由于不同区域的测量存在偏差，由不同区域基准推算出的地心位置常常相差数百米。下面是在这一时期测得的一些重要的大地测量基准：

- 珠穆朗玛峰基准（ED 50）
- 北美洲基准（NAD 83）
- 英国军事测量局基准（OSGB 36）

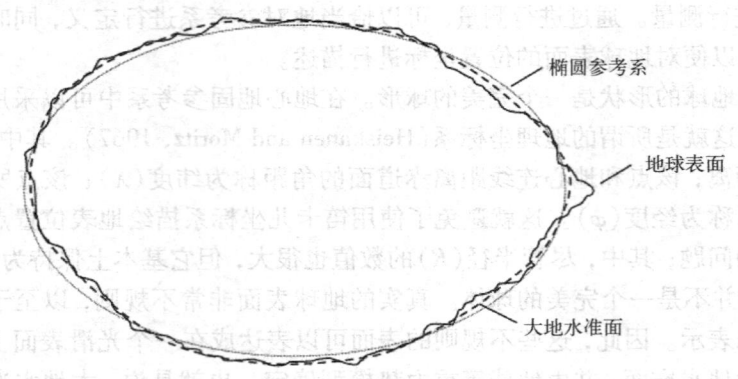

图1.5　椭圆参考系

随着卫星空间测量技术的出现，利用人造卫星轨道围绕地心运行的自然特性，人们可以利用卫星对地心位置进行明确定义。由于卫星位置的计算可以直接与地心位置参数相关联，这也就给地球坐标系原点的定义提供了一个更加合理的途径。

WGS 84坐标系（World Geodetic System 1984）是由一组适用于全球的模型及定义的坐标系系统，其主要特征如下：

- 基于地心地固参考系（ECEF）框架
- 利用旋转椭球模型来拟合地球的形状
- 定义了一组基础参数
- 通过WGS 84-XYZ或WGS 84-LLA（经度、纬度和海拔高）来表达位置信息
- 参考椭球的半长轴为6 378 137.0 m，半短轴为6 356 752.3142 m

以椭球面为起点测得的大地水准面高度称为大地水准面高。类似地，以大地水准面为起点测得的地表地形的高度称为正高，通常以米为单位进行计量，表示为位置点距离平均海平面的高度。

有关这一主题更详细的讨论可以在以下参考资料中找到：Leick（1995），Larson（1996），Torge（2001），El-Rabbani（2006）和Kaplan et al.（2006）。

1.3.1.3　本地参考系

当参考点（比如参考系的原点）位于观察者本地时，就构成一个本地参考系。本地参考系的参考点通常位于地球表面或其附近，而不是位于地心。这类参考系更适于从本地观测者的角度来描述位置信息，而其通常选择地球表面某一接收者的位置作为原点。

东北天坐标系

东北天坐标系(East-North-Up，ENU)是一种非常实用的本地坐标系，其东向坐标轴(E)指向东，北向坐标轴(N)指向北，天向坐标轴(U)的指向垂直向上，且符合右手定则。这种坐标系适于表达地表及其上方物体的位置，比如飞机、卫星等。在这类坐标系中，所谓"东向"是指处于原点处的纬度圈平面内，与纬度圈相切并指向东方的方向；相应地，所谓"北向"是指处于原点处的经度圈平面内，与经度圈相切并指向北方的方向。因此，如图1.6所示，E和N坐标轴都位于本地水平面上。

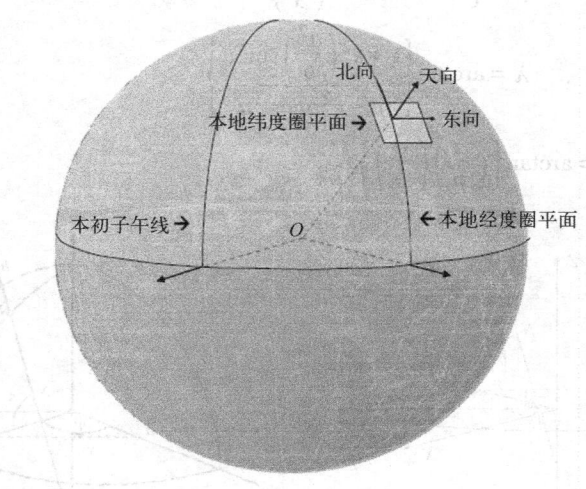

图1.6 本地东北天坐标系

1.3.1.4 坐标系之间的转换

对于导航而言，不同坐标系之间的相互转换是非常重要的。导航参数的估计常常是在(尽管不是必须的)地心地固(ECEF)笛卡儿坐标系下进行的，而导航参数的应用常常需要使用其他坐标系。因此，当导航参数在地心地固坐标系中完成估计后，根据需要，往往要转换为地理坐标、大地测量坐标或其他形式的坐标。然而，将它们转换为本地坐标常常更为必要。因此，在此仅讨论球形模型下地心地固坐标系与东北天坐标系的转换问题。对于地心惯性参考系与ECEF之间的坐标转换，请参考图1.7的示意和第52页的精选补充3.1的介绍。

ECEF笛卡儿坐标系与大地测量经纬度坐标系的转换

如图1.7所示，ECEF笛卡儿坐标系的x、y、z可以用大地纬度λ、经度φ和海拔高度h表示为

$$\begin{aligned} x &= (N+h)\cos\lambda\cos\varphi \\ y &= (N+h)\cos\lambda\sin\varphi \\ z &= (N+h)\sin\lambda - \varepsilon^2 N\sin\lambda \end{aligned} \quad (1.4)$$

其中，N表示卯酉圈的曲率半径，N和h的定义为

$$N^2 = \frac{a^4}{a^2\cos^2\lambda + b^2\sin^2\lambda}$$

$$h = \frac{p}{\cos\lambda} - N \tag{1.5}$$

同理,从 ECEF 笛卡儿坐标系转化到大地经纬度坐标系的转换公式为

$$\varphi = \begin{cases} \arctan\left(\dfrac{y}{x}\right), & x > 0 \\ \pi + \arctan\left(\dfrac{y}{x}\right), & x < 0, y > 0 \\ -\pi + \arctan\left(\dfrac{y}{x}\right), & x < 0, y < 0 \end{cases}$$

$$\lambda = \arctan\left\{\frac{z + e^2\left(\dfrac{a^2}{b}\right)\sin^3 u}{p - e^2 a \cos^3 u}\right\} \tag{1.6}$$

其中,$p = \sqrt{a^2 + b^2}$,$u = \arctan\left\{\left(\dfrac{z}{p}\right)\left(\dfrac{a}{b}\right)\right\}$。

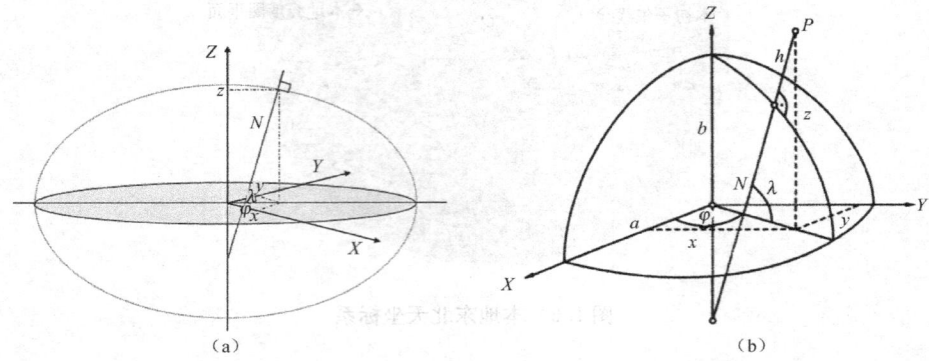

图 1.7 椭球坐标系中,ECEF 坐标系的两种转换方式

ECEF 笛卡儿坐标系与东北天坐标系的转换

为了将 ECEF 笛卡儿坐标转换为 ENU 坐标,需要进行一些坐标变换推导。假设一个空间位置点在 ECEF 坐标系中的坐标为 x、y、z,在 ENU 坐标系中的坐标为 e、n、u,且 ENU 坐标系的原点位于纬度为 λ,经度为 φ 和半径为 R 的地球上。

为推导两者之间的转换关系,首先将 ECEF 坐标系绕 z 轴旋转 φ 角度,于是得到一个过渡坐标系 $X'Y'Z'$,该过渡坐标系的原点仍位于地心,但其 x 轴指向经度为 φ 的子午线方向,而不是原坐标系的本初子午线方向。过渡坐标系中的 x'、y' 和 z' 可以表示为

$$\begin{aligned} x' &= x\cos\varphi + y\sin\varphi \\ y' &= -x\sin\varphi + y\cos\varphi \\ z' &= z \end{aligned} \tag{1.7}$$

将过渡坐标系 $X'Y'Z'$ 绕 Y 轴旋转 λ 度,得到另一个新的坐标系 $X''Y''Z''$。这样就使得 $X'Z'$ 平面发生变化,X'' 轴垂直指向了 ENU 坐标系的原点。在这个新的坐标系中,x''、y'' 和 z'' 可表示为

$$\begin{aligned} x'' &= x'\cos\lambda + z'\sin\lambda \\ y'' &= y' \\ z'' &= -x'\sin\lambda + z'\cos\lambda \end{aligned} \tag{1.8}$$

这个新的坐标系的坐标轴的指向与 ENU 坐标系完全一致。其中，坐标轴 X'' 从地心连接 ENU 坐标系的原点，并指向天顶；坐标轴 Y'' 指向东向，坐标轴 Z'' 指向北向。此新坐标系与 ENU 坐标系之间唯一的区别在于前者的坐标原点仍留于地心。因此，经过简单的原点平移变换，就可以得到 $X''Y''Z''$ 向 ENU 坐标系的转换

$$
\begin{aligned}
U &= x'' - R \\
E &= y'' \\
N &= z''
\end{aligned}
\tag{1.9}
$$

综合上述推导，可以得到完成 ECEF 笛卡儿坐标系向 ENU 坐标系转换的方程

$$
\begin{aligned}
E &= -x\sin\varphi + y\cos\varphi \\
N &= -x\cos\varphi\sin\lambda - y\sin\varphi\sin\lambda + z\cos\lambda \\
U &= x\cos\varphi\cos\lambda + y\sin\varphi\cos\lambda + z\sin\lambda - R
\end{aligned}
\tag{1.10}
$$

以下对式(1.10)进行验证。利用 ENU 坐标系的原点坐标值进行验证。ENU 坐标系原点的坐标值，在 ENU 坐标系中为 $[0,0,0]$，在 ECEF 笛卡儿坐标系中为 $[x=R\cos\lambda\cos\varphi,\ y=R\cos\lambda\sin\varphi,\ z=R\sin\lambda]$。把 ECEF 笛卡儿坐标系中 x,y 和 z 的值代入式(1.10)，可得到 ENU 坐标

$$
\begin{aligned}
E &= -R\cos\lambda\cos\varphi\sin\varphi + R\cos\lambda\sin\varphi\cos\varphi = 0 \\
N &= -R\cos\lambda\cos\varphi\cos\varphi\sin\lambda - R\cos\lambda\sin\varphi\sin\varphi\sin\lambda + R\sin\lambda\cos\lambda = 0 \\
U &= R\cos\lambda\cos\varphi\cos\varphi\cos\lambda + R\cos\lambda\sin\varphi\sin\varphi\cos\lambda + R\sin\lambda\sin\lambda - R = 0
\end{aligned}
\tag{1.11}
$$

可见式(1.10)的正确性得到了验证。此外，在精选补充 1.1 中将进一步说明，同一位置点与上述两种坐标系原点的径向距离之间的联系。

在本地 ENU 坐标系中，E 轴和 N 轴处在本地水平面内。因此，当在本地坐标系中使用球极坐标时，坐标参数就变为从原点出发的径向距离、原点与位置点之间连线与水平面的夹角，以及原点与位置点之间连线在水平面内的投影与预定基准方向（如北向）之间的夹角。这些参数也就是所谓的半径(R)、仰角(Ele)，以及方位角(Azi)。因此，相关的转换公式为

$$
[E\ N\ U] = [R\cos(\text{Ele})\sin(\text{Azi}),\ R\cos(\text{Ele})\cos(\text{Azi}),\ R\sin(\text{Ele})]
\tag{1.12}
$$

▷ **精选补充 1.1　坐标变换**

前面介绍了 ECEF 笛卡儿坐标系转换为 ENU 坐标系的转换公式，下面将介绍由 ENU 坐标系转换为 ECEF 坐标系。首先考虑 ENU 坐标系，假设空间中某个点在 ENU 坐标系中的坐标是 $[e,n,u]$，那么其与原点之间的径向距离为

$$
R_L^2 = (e^2 + n^2 + u^2)
$$

用 ECEF 坐标系中的坐标代替 e,n 和 u，可得

$$
\begin{aligned}
R_L^2 =\ & x^2 + y^2 + z^2 + R_0^2 - 2xy\sin\varphi\cos\varphi + 2xy\cos\varphi\sin\varphi\sin^2\lambda + 2xy\cos\varphi\sin\varphi\cos^2\lambda \\
& - 2xz\cos\varphi\sin\lambda\cos\lambda - 2yz\sin\varphi\sin\lambda\cos\lambda + 2xz\cos\varphi\sin\lambda\cos\lambda + 2yz\sin\varphi\sin\lambda\cos\lambda \\
& - 2R_0 x\cos\varphi\cos\lambda - 2yR_0\sin\varphi\cos\lambda - 2zR_0\sin\lambda
\end{aligned}
$$

其中，x,y 和 z 是该空间点在 ECEF 坐标系中的坐标值。R_0 为地球半径，同时也是 ENU 坐标系原点在 ECEF 坐标系中距 ECEF 坐标系原点的径向距离。λ 和 φ 分别是 ENU 原点在 ECEF 坐标系中的经度值和纬度值。

ENU 坐标系原点在 ECEF 坐标系中的坐标是 $[x_0=R\cos\lambda\cos\varphi,\ y_0=R\cos\lambda\sin\varphi,\ z_0=R\sin\lambda]$，

因此有
$$R_L^2 = x^2 + y^2 + z^2 + R^2 - 2xx_0 - 2yy_0 - 2zz_0$$
$$= R^2 + R_0^2 - 2R \cdot R_0 = (\underline{R} - \underline{R}_0)^2$$

显然，任意一个空间位置点在 ENU 坐标系中的径向距离与其在 ECEF 坐标系中的径向距离是不同的，前者可以表达为后者与 ENU 坐标系原点在 ECEF 坐标系中径向距离的差值。这一结果也可以通过向量相关的数学定理推导出来，并在本书第 8 章推导卫星导航系统的误差特性时进一步用到。

1.4 无线电导航系统

无线电信号可以传播很远的距离，并可由相应的接收装置（接收机）所接收。无线信号携带的信息可以用于多种不同的用途，其中也包括无线电导航。无线电导航的优势在于，无线电导航信号在各种天气和能见度条件下都能进行可靠和安全的传输，并满足各种基本导航和辅助导航的需求。但是，这些优势都要付出设备变得更加复杂的代价。

本节简要介绍各种导航系统的基本工作原理，包括引航型、导向型和航位推算型系统。同时，为了让读者对导航系统有更全面的认识，还将介绍一些其他类型的导航系统。下文将避免进行数学推导以使其尽量简洁，还会介绍一些相关的基础概念，以帮助那些有强烈热情和兴趣的读者今后进一步深入钻研。

1.4.1 引航型系统

基于双曲线定位原理的陆基无线电导航属于引航型导航系统中的一种。其基本原理是在两个已知的点位上设置一对无线电发射站，接收机测量这两个站的信号到达接收机的时间差，进而通过时间差观测量来估算位置。两个发射基站之间的连线通常称为"主线"。

如图 1.8 所示，基站 A 和 B 的信号到达接收机的等量时间差意味着这两个信号被传输到接收机时具有等量的路径距离差 $(R_A - R_B)$，R_A 和 R_B 分别是接收机到基站 A 和 B 的距离。考虑到电磁波具有恒定的传播速度（光速 c），因此若一个接收机以 Δt 的时间差接收到两个基站在同一时刻传出的信号，那么这两个基站到接收机的距离差为 $(R_A - R_B) = \delta = c\Delta t$。

如果时间差为零（距离相等），那么对于接收机而言基站 A 和基站 B 是等距的，如图 1.8 中的 P_0 所示。所有可能的等距点组成了一条直线，该直线垂直于主线并通过主线的中点，如图中 OO' 所示。

如果距离 R_A 和距离 R_B 的差大于零（正值），那么接收机就更加接近 B，如图 1.8 中的 P_1 点所示。一旦逐一找到所有具有这一时间差的位置点，并把这些点连成线，就可以确定这些点的轨迹。该轨迹与主线的交点将更加靠近基站 B。此外，该轨迹不再是一条直线，恒定的距离差决定了该轨迹是一个二次曲线，并且该二次曲线弯向 B（而不是弯向 A）。进一步说，不同量值时间差将产生不同的二次曲线；若时间差为正，则将产生弯向 B 的曲线；若时间差为负，则将产生弯向 A 的曲线。这种形状的二次曲线称为双曲线，每一条双曲线都代表了一个恒定的距离差值，也就是导航领域大家所熟知的位置（Line of Position, LOP）双曲线。

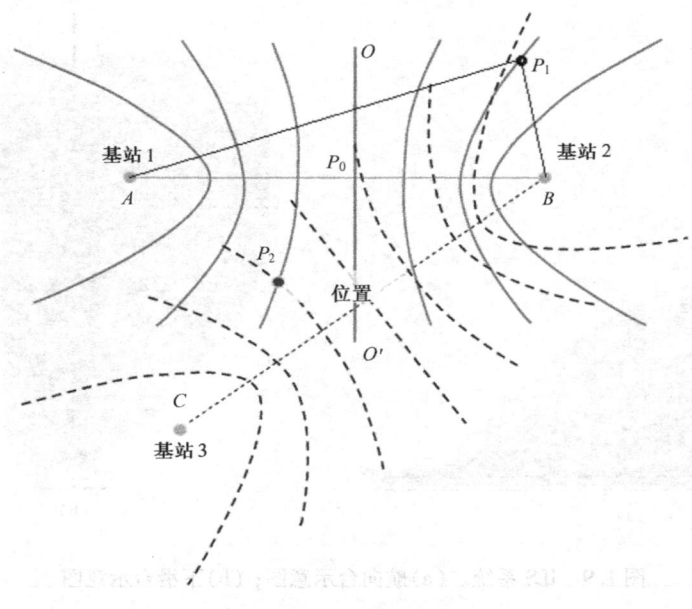

图 1.8 位置双曲线示意图

如果这两个同步发射信号的基站的位置预先已知，通过几何学原理就可以估算接收机可能的位置轨迹，但这还不能确切地确定其位置。在二维导航应用中，可以通过再增设一组基站来产生另外一条可能的轨迹，进而确定用户的位置。这时，新增的一组基站将产生一个独立 LOP，其与原有的一条 LOP 之间的交点就是接收机的位置点，如图 1.8 中的 P_2 点所示（LORAN，2001；Loran，2011）。

1.4.2 导向型系统

仪表着陆系统（Instrument Landing System，ILS）属于导向型导航系统的一种。该系统为飞机接近机场着陆提供一种基于仪器仪表的引导辅助。仪表着陆系统综合运用多个无线信号，可以确保飞机即使在能见度恶劣的极端条件下也能够安全着陆。

仪表着陆系统用于在降落期间引导飞机按推荐线路飞行，从而使得飞机着陆时在水平方向对准跑道中心，在垂直方向保持合适的高度，以使降落更加平稳。因此，仪表着陆系统由两个独立的子系统组成：第一个系统提供水平方向的引导，约束飞机由既定路线到达跑道时的水平偏移，称为航向台；第二个系统给予垂直方向的指导，它可以避免垂直方向的偏离，称为下滑台。处于不同位置的基站成对地发送调幅无线电信号，用于对飞机的水平和垂直运动进行引导，如图 1.9(a) 和图 1.9(b) 所示。飞机上安装 ILS 接收机，用于接收地面基站发射的信号，从而获取引导信息。其基本原理是，地面基站发射的信号在空间上是分离的，接收机对所接收的两个信号求差，飞机只有飞行在正确的航道时两个信号才能实现精确对消。一旦飞机偏离了正确的航道，其中一个信号的强度就会变强，从而导致两个信号的求差结果产生显著的变化。根据这一变化，飞机就可以调整到正确的飞行航道上，以使两个信号重新获得精确对消（Parkinson et al.，1996；Kayton，1989；Meloney，1985）。

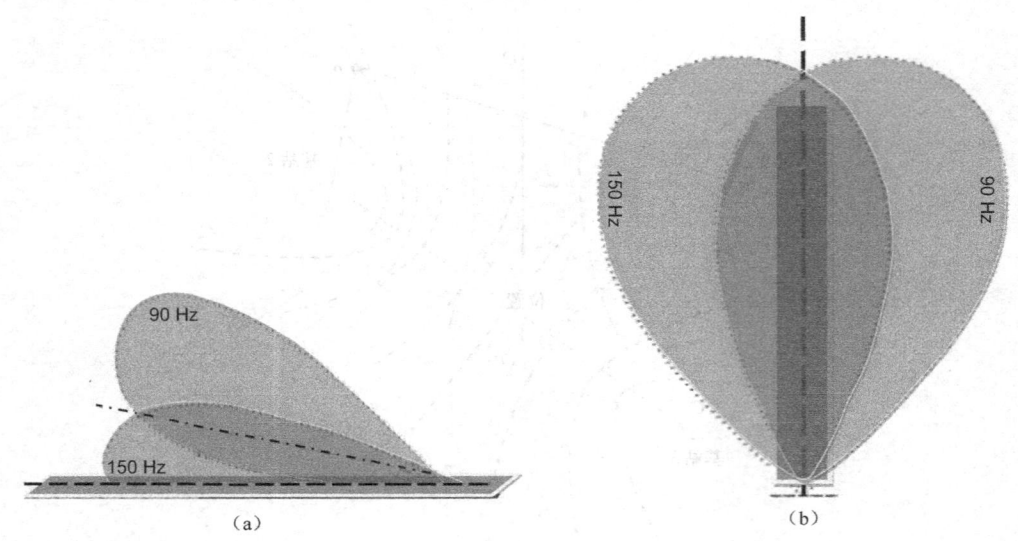

图 1.9 ILS 系统。(a)航向台示意图；(b)下滑台示意图

1.4.3 航位推算系统

惯性导航系统(INS)是一种典型的航位推算导航系统。它由惯性导航器件组成，绝大多数飞机都用它进行航路导航。惯性导航系统中，测量加速度的器件称为加速度计，是一种典型的压电传感器，其等效原理如图 1.10 所示。另一种器件用来测量转角加速度，称为陀螺仪。在任何时刻，这些器件都能提供载体的动态参数，包括载体的平动加速度和转动角速度。如 1.2.2 节所介绍的，以先前某一时刻获得的位置信息为基础，利用惯性导航器件提供的载体动态信息，就能对载体随后的位置进行推算。惯性

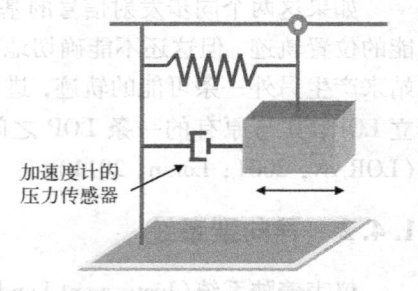

图 1.10 加速度计的等效机械原理图

导航系统可以连续、可靠地提供位置信息，但归咎于其使用的积分推算方法，其误差会随着时间不断累积(Grewal et al., 2001；见图 1.10)。

思考题

1. 为了更方便地描述地球表面物体的位置，就像从飞机上看到的那样，所用的参考系应该具备什么特点？
2. 在什么样的情况下地心惯性参考系(ECI)和地心地固参考系(ECEF)的坐标轴是一致的？在一个自然日(24 h)之后，它们还是一致的吗？为什么？
3. 飞机从仪表着陆系统(ILS)下滑台和航向台信号中获取的信息，能否使飞机保持在既定的航道上？
4. 使用双曲线定位原理进行导航时，如果信号是从卫星上播发的，至少需要多少颗卫星才能完成定位？为什么？

参考文献

Elliot, J., Knight, A., Cowley, C. (Eds.), 2001. Oxford Dictionary and Thesaurus. Oxford University Press, New York.

El-Rabbani, A., 2006. Introduction to GPs, second ed. Artech House, Boston, MA, USA.

Ewing, C.E., Mitchell, M.M., 1970. Introduction to Geodesy. American Elsevier Publishing Company, New York, USA.

Grewal, M.S., Weill, L., Andrews, A.P., 2001. Global Positioning Systems, Inertial Navigation and Integration. John Wiley and Sons, New York, USA.

Heiskanen, W.A., Moritz, H., 1967. Physical Geodesy. W.H. Freeman and Company, San Fransisco, USA.

History of Navigation, 2007. Wikipaedia. http://en.wikipedia.org/wiki/History_of_navigation (accessed 19.01.14).

Kaplan, E.D., Leva, J.L., Milbet, D., Pavloff, M.S., 2006. Fundamentals of satellite navigation. In: Kaplan, E.D., Hegarty, C.J. (Eds.), Understanding GPS Principles and Applications, second ed. Artech House, Boston, MA, USA.

Kayton, M., 1989. Navigation — Land, Sea and Space. IEEE Press.

Larson, K.M., 1996. Geodesy. In: Parkinson, B.W., Spilker Jr., J.J. (Eds.), Global Positioning Systems, Theory and Applications, vol. II. AIAA, Washington, DC, USA.

Leick, A., 1995. GPS Satellite Surveying, second ed. John Wiley and Sons, New York, USA.

Loran, 2011. Encyclopaedia Britannica. http://www.britannica.com/EBchecked/topic/347964/loran (accessed 27.12.13).

LORAN, 2001. Wikipaedia. http://en.wikipedia.org/wiki/LORAN (accessed 21.01.14).

Meloney, E.S., 1985. Dutton's Navigation and Piloting. Naval Institute Press, Armapolis, Merryland.

Parkinson, B.W., 1996. Introduction and heritage of NAVSTAR, the global positioning system. In: Parkinson, B.W., Spilker Jr., J.J. (Eds.), Global Positioning Systems, Theory and Applications, vol. I. AIAA, Washington, DC, USA.

Parkinson, B.W., O'Connor, M.L., Fitzgibbin, K.T., 1996. Aircraft automatic approach and landing using GPS. In: Parkinson, B.W., Spilker Jr., J.J. (Eds.), Global Positioning Systems, Theory and Applications, vol. I. AIAA, Washington, DC, USA.

Torge, W., 2001. Geodesy, third ed. Wlater de Gruyter, New York, USA.

Wellenhof, B.H., Legat, K., Wieser, M., 2003. Navigation: Principles of Positioning and Guidance. Springer-Verlag Wien, New York, USA.

第2章 卫星导航

摘要

第2章对术语"卫星导航"的定义及其基本概念进行了介绍。首先介绍了卫星导航服务的内容，以及卫星导航服务所涉及的服务参数。然后对系统的组成结构进行了分类，介绍了其不同结构单元之间的区别及意义。本章的最后对控制段进行了详细的描述，包括其实体构成及相关处理过程的理论知识。

关键词

atomic clock 原子钟
control segment 控制段
International Atomic Time 国际原子时
Kalman filtering 卡尔曼滤波
master control station 主控站
monitoring stations 监测站
navigation service 导航服务
space segment 空间段
Universal Time Coordinated (UTC) 世界协调时
user segment 用户段

在第1章中已经讨论了常见的各类导航系统，现在将进入卫星导航这个主题。本书的目的是解释通用卫星导航系统的基本概念，而并不专注于某一特定的现有系统。本章首先介绍了卫星导航的定义并对其服务进行详细描述，讨论了导航服务的几个方面，并对其进行分类，最后介绍了卫星导航系统的典型结构组成，并详细阐述了控制段部分。

2.1 卫星导航

2.1.1 卫星导航的概念

卫星导航指的是所有涉及卫星的导航系统。卫星向用户发送参考信息，这些信息可能是可以直接获得的导航参数，如位置、速度和时间(PVT)等，也可能是推导出的其他辅助信息。

利用卫星进行导航的优点是，卫星有较广阔的空间覆盖范围，可以在同一时间向多个用户提供服务。利用卫星导航的局限性是，导航信号在穿过介质时将产生传播衰减，进而导致在接收机端接收的信号强度减弱。

卫星导航系统通过适当的资源向有效用户提供足够的信息并最终实现导航服务。用户可以在任意时间，在系统的服务领域内的任意地点，推导或精确地估计用户自身的位置。

简单来说，卫星导航是一个在每单位时可推导出位置参数的引航系统。不同于其他引航系统，如 LORAN 的工作方式是通过两个不同来源信号的"到达时间差"进行位置推导，卫星导航则是通过信号"到达时间"推导出位置。在这种情况下，卫星充当着参考的角色，它的位置精确已知，称为先验基准，获取的位置可通过一个合适的全球参考系进行表示。

2.1.2 导航服务

本节将从服务的通用定义开始讨论。然而，我们仅从卫星导航服务的角度来简单定义这个术语，随后便会转移到技术方面的问题。鉴于"服务"这个名词隐含着巨大的经济效益方面的要素，全面地解释这个名词十分困难，因此这里只以简洁的方式对其进行介绍。但是，这并不影响本书的目标——理解卫星导航技术的基础，也并不影响将卫星导航作为一项服务使用。

定义"服务"这一术语并不容易，它属于那种很容易理解字面含义但很难对它的所有方面形成清晰准确理解的词。然而，一般人对此概念的理解已完全足够达到目的。用最简单的话说，服务是一种无形的经济活动，它可以通过满足用户想要达到或经历的某些结果来产生一定的商业价值，而用户不拥有服务的所有权(Service(Economics)，2003)。

因此，服务就如同公共事业一般，如通过管道给房屋运送水，或通过电缆供电或接入互联网。向用户提供通勤手段的公路、铁路和航空公司是运输类型的服务，学校的导师提供有关教育的服务，而医生则提供医疗服务。

服务需要通过某些接口来实现：电力电缆有终端，而电话服务也有相应的终端设备。

另一方面，用户在服务中消费了什么？他们与服务提供的产品发生交互，通常体现在知识、技能或技术上，同时产生了交易。用户可以在服务中进行体验、收集、添加、更新、查找、查看和计算。整体来说，他们可以对产品进行处理，以满足对其所选择服务的需要。

在此过程中，用户关心的是他们接收到的是什么，而不是他们为了获得服务发生了什么。当然，用户也十分期望他们接收到的服务具有一定的质量。服务质量对于用户来说是十分重要的，且服务是否能满足他们的要求也具有非常重要的意义。用户负责整个过程中该服务在哪里以及如何被应用，他们也能够将此服务应用到其他平台中。

以上是关于什么是服务的一个非常简单的描述，但它已足以满足此处的需求。卫星导航也是一种服务，这种服务通过卫星播发无线电波信号，给用户提供了位置和时间的估计。用户使用他们的接收器充当接口与这些信号进行交互，并执行估计过程以获得他们的位置，从而获取了服务的价值。

2.1.3 服务参数

定义导航服务质量的参数包括：精度、可用性、连续性和完好性(Colney et al.，2006)。下面将对这些服务参数进行更进一步的讨论。

2.1.3.1 精度

精度是位置准确性的度量，它度量了用户计算出的位置估计相对于他们真实位置的准确性。简而言之，它描述了使用该服务时，估计值接近真实值的程度。精度取决于多种技术因素，如信号质量、导航电文、传播效应和卫星几何构成的准确性，以及接收机性能等，第7章将会讨论更多的技术细节。这些因素决定了精度和固有的服务质量，需要定量地对其进行评估。

同时，讨论术语"精度"和"精确"之间的差异也是十分重要的。虽然有时会将这两个词交替使用，但它们在意义上完全不同。精度是与真实的符合度，它是一个量的测量值或者估计值与其真实值的接近程度的技术定义。导航服务的位置精度是由用户的真实位置与估计位置之间的差给出的，差值越小则精度越高。对于其他过程，它通常表示估计值绝对误差的均值。

另一方面，精确是一个值重复性的度量，它代表在相同条件下进行测试时，估计值如何靠近一个相同的值。这是通过在整个过程中最高期望估计值的偏差来定义的，因此提供了一种描述估计值分布的方法：由估计值的标准偏差表示，也就是估计误差的标准差。

测量系统要么是准确但不精确的，要么是精确但不准确的，也可以是两者兼顾或两者都无。例如，在伴随着较大的随机误差，如高斯白噪声时，存在恒定偏置的测量就是既不精确也不准确的。如果样本是通过多次测量平均后获得的，这样会去除随机噪声但不能消除偏置，此时的测量就是精确的，但不准确。现在，如果偏置被除去，只保留噪声，测量就是准确的，但并不精确。如果去除偏置并得到平均后的样本，测量就变得既准确又精确了（见练习2.1）。

▷ **练习 2.1　MATLAB 练习**

运行 MATLAB 程序 accuracy_precision.m，其中 $x_0 = 0$，$y_0 = 0$，测量是在两种不同的条件下进行的：（1）只有随机误差；（2）有偏差和随机误差。由此得到的结果图将在后面给出。当偏差值 $x = 2$，$y = 3$，标准差 $\sigma = 2$ 时，其输出分别如图 M2.1(a)和图 M2.1(b)所示。

在不同偏差和不同 σ 值的情况下运行该程序，并观察测量值的点的性质。

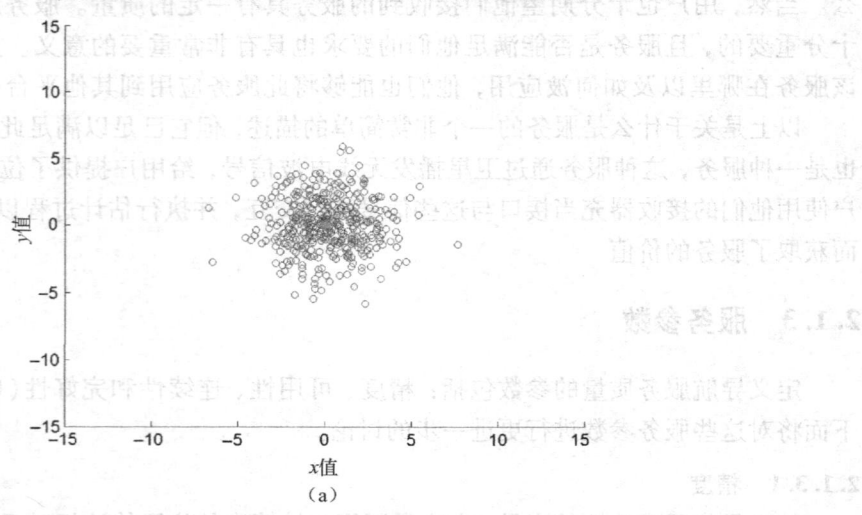

图 M2.1　(a)高准确度，低精度；(b)低准确度，低精度

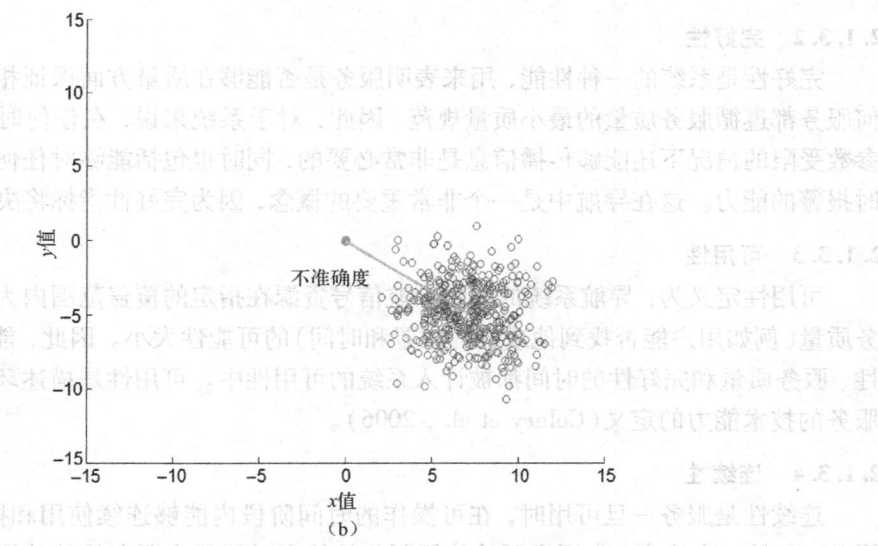

图 M2.1(续) (a)高准确度,低精度;(b)低准确度,低精度

为了解释这一点,参考图 2.1,它包含了一个真实的位置 T 和由它周围散乱点表示的估计值。在位置估计时,存在一个随机分布的径向误差。精度描述了这些点和真实位置 T 点的接近程度,这些点越接近 T,我们就认为这些点越精确。所有这些估计值作为一个整体的精度是指这些点到 T 点的平均径向距离。

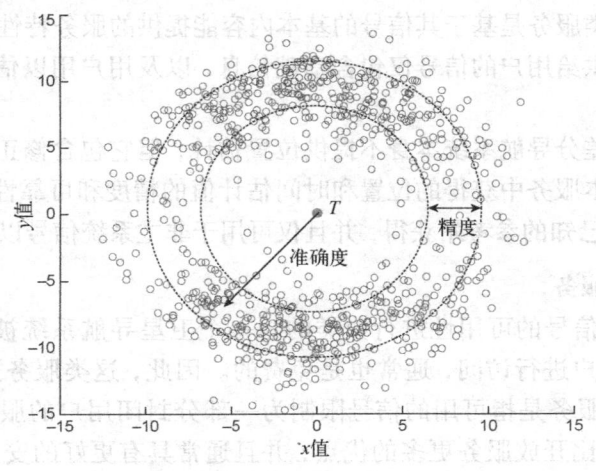

图 2.1 准确度与精度的区别

考虑许多点在相同条件下的估计值,准确性描述的是这些点的分布范围。当所有点都具有相同的径向误差时,我们认为所有点的集合是准确的。因此,当估计值是准确的但不一定精确时,这些点会形成一个严格定义的几何形状,它们与真实位置的径向距离定义为精度。这些点越分散,估计值的准确性就越低。同理,围绕 T 点的一大簇广泛散落的点是精确的但并不准确。然而,在没有准确性的单独测量中,想要可靠地获得精度是不可能的。

2.1.3.2 完好性

完好性是系统的一种性能，用来表明服务是否能够在质量方面保证相应的性能。因为任何服务都遵循服务质量的最小质量规范，因此，对于系统来说，在任何时刻能够在某些技术参数受限的情况下还能够传播信息是非常必要的，同时也包括能够对任何故障和潜在问题及时报警的能力。这在导航中是一个非常重要的概念，因为完好性指标将决定服务的可用性。

2.1.3.3 可用性

可用性定义为：导航系统的可用导航信号资源在指定的覆盖范围内为用户提供所需的服务质量（例如用户能否找到他或她的位置和时间）的可能性大小。因此，能同时满足信号可用性、服务质量和完好性的时间都被计入系统的可用性中。可用性是描述环境物理特性和提供服务的技术能力的定义（Colney et al., 2006）。

2.1.3.4 连续性

连续性是服务一旦可用时，在可操作的时间阶段内能够连续使用和操作的可能性大小。因此，它是一个比率，由用户开始使用服务的整个时间段内服务维持使用的总时间与在一个有限时间间隔内测得的可用时间总数的比值。

2.1.4 卫星导航的分类

卫星导航可以在不同的基础上进行分类，对于大多数类别，分类基础是导航服务的任一特征参数。在这里，只简要地提及卫星导航系统的一些典型分类。

2.1.4.1 基本服务和差分服务

顾名思义，这两类服务是基于其信号的基本内容能提供的服务特性进行分类的。在一个基本导航服务中，提供给用户的信号仅包含基础信息，以及用户用以估计绝对位置、时间等所需的必要信息。

与此相反，一个差分导航系统本身不提供位置估计，但它包含修正信息，使用这些修正信息，可以提高从基本服务中获得的位置和时间估计值的精度和可靠性。在此，修正值由相对于一个位置的准确已知的参考站获得，并且仅可用于非主系统信号以外的信号。

2.1.4.2 开放和授权服务

这个类别是基于信号的可用性进行分类的。一个卫星导航系统被称为开放式服务时，其信号可以由任何用户进行访问，通常也是免费的。因此，这类服务适合大规模的市场应用。另一方面，授权服务是指可用的信号限制为一部分封闭用户的服务。它在精度、可用性和完整性方面具有比开放服务更多的优点，并且通常具有更好的安全性。

2.1.4.3 全球和区域服务

导航服务也可以基于服务的可用区域来分类。基于可用性定义的服务范围可分为全球和区域服务。对于全球服务而言，系统的导航信号在全球范围内的任意一个时间点都是可用的。对于区域性卫星导航服务，信号的可用性只限制在地球的一个有限地理区域内。但是，对区域服务而言，信号可能在超出所定义的服务区域内也可用，但在那些地方不能保证服务的质量。

2.1.4.4 标准和精密服务

导航系统的这种划分基于服务提供的导航解决方案的精度和准确性。标准的导航服务提供了位置和时间的准确度及精度的最佳估计值，这一性能适用于一般的导航应用，并适宜大众使用。精确服务，正如其名，将为其用户提供更高精度及准确性的位置和时间解算，通常用于军事。因此，精确服务是授权服务，而标准的服务是开放和免费的服务。一个单一的系统可以通过其准确性同时提供这两种服务（Parkinson，1996）。

2.2 组成结构

典型的卫星导航系统由以下三部分结构组成（Spilker and Parkinson，1996）。

空间段：包括空间中围绕地球的卫星星座和发送的所需信号，用户通过它可以获得其位置（即使用服务）。

控制段：包括地面监测、控制和维护空间段卫星的资源和资产。

用户段：包括与信号交互以获得自身的位置，使用导航服务的用户。

各段及它们之间的相互作用示意图见图 2.2。

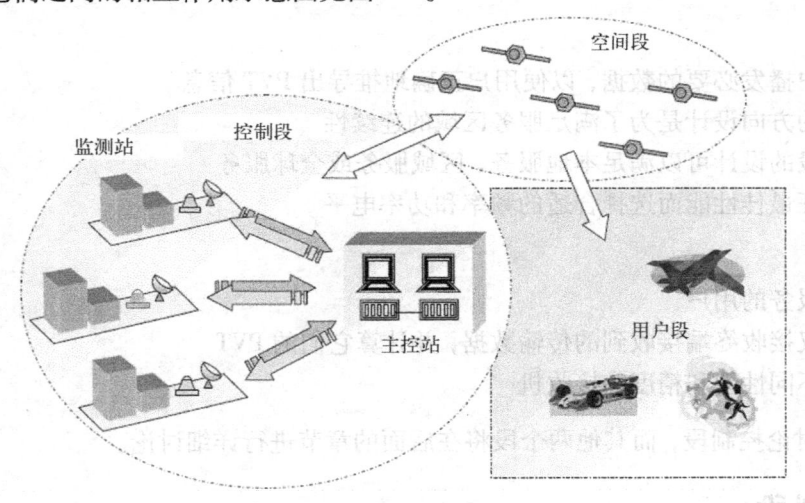

图 2.2　卫星导航分段

为了理解为什么使用这样的架构，需要从用户段开始进行介绍。我们将在后面的章节中重点讨论用户段，在本节中仅介绍这种架构的设计。在导航服务中，正如在 2.1 节中提到的，用户应该完全能够利用提供服务的卫星所播发的信号与其进行交互，从而获得用户自身的位置。在进行位置估计时，用户需要知道其相对于参考物的距离，在这种情况下，卫星是参考物，且接收机在卫星的信号覆盖范围内。此外，用户需要从多颗卫星接收信号。接收机与卫星的距离可利用传输时间来计算，而传输时间是接收机接收到的时间与卫星发送信号的时间之差。因此，用于推导传输时间的卫星时钟也要具有高度的稳定性和准确性，甚至卫星上一个微不足道的时钟偏移都需要在接收机端进行修正。

不管用户在服务区的哪个位置，所有这些数据（包括卫星的位置、信号的传输时间、卫星时钟修正因子和其他类似的信息）都需要使用无线电设备传播给用户。所需信息应该通过某种方式进行传播，从而使用户可以通过信号或者某些处理获取相关信息。因此，在整个服务区内，只有通过使用卫星星座，才能使全天候的信息传播以及多卫星可见的需求同时被满足，这也说明了为什么空间段的建立需要包含一组卫星。

但是，必须对这些卫星进行明确的设置，即通过位置函数推导出的卫星位置必须精确已知。因此，这些卫星的位置需要通过合适的动态监测进行获取，卫星任何异常的动态行为都需要在适当的时候进行修正。类似地，需要维持系统时间的准确性，从而在卫星时间相对于系统时间有任何偏差时，能够估计出这些偏差，以便对卫星时间进行修正。这些工作都需要地面控制段完成。三个段的突出特点列举如下。

控制段
- 位于地面上
- 多个实体通过网络连接
- 监视空间段卫星及其动态、行为、时钟
- 预测、更新和上传卫星传输的数据
- 需要时，控制卫星的运行

空间段
- 向用户播发必要的数据，以便用户正确地推导出 PVT 信息
- 卫星的方向设计是为了满足服务区域的连续性
- 空间段的设计可以满足本地服务、区域服务或全球服务
- 为保证最佳性能而选择合适的频率和功率电平

用户段
- 包含服务的用户
- 用户仅接收终端接收到的传输数据，并计算它们的 PVT
- 具有不同性能和精度的接收机

本章将讨论控制段，而其他两个段将在后面的章节进行详细讨论。

2.3 控制段

本节将从独立系统的角度来理解卫星导航所涵盖的理论知识。理论上，根据所提供的服务和服务区域性质的不同，系统不同段的结构会有所变化，类似地，控制段结构也是由各种因素决定的。从这个角度讲，在描述系统架构时若考虑所有的因素，可能并不会有助于理解，反倒会带来不必要的麻烦。因此，在本节中只对系统结构的共性特点进行深入的讨论，当读者读完这本书后重温这一章时，将会有更深刻的理解。同时，建议读者将该节内容与第 8 章将要提到的广域差分系统的结构进行比较。

控制段由卫星导航系统的地面资源组成，主要用于监视、控制和更新空间段的卫星。它分布于整个服务区域，其所携带的信息可以通过适当的方式协助系统功能的实现，辅助系统有效地满足所有服务需求。

卫星导航系统是通过向用户播发载有信息的信号来实现导航服务的。因此，要保证系统

能正常提供服务，首先需要满足的是所播发的信号对于用户而言必须是可用的。反之，即卫星需要产生合适的信号并保证正确的动态运行，因此控制段的一个主要目的是监测空间段的卫星运行状态，包括它们的在轨位置、正常运行情况、寿命情况以及必要的轨道维持，并及时处理出现的任何问题，以保证它们能正常提供服务。第二，控制段所播发的控制信号对于卫星来说必须是可用的，以保证信息能够顺利地通过信号传送给用户。控制段还负责系统的时间维持这项重要工作，即维持地面的时钟系统。此外，控制段还全面负责地面资源的管理工作。

控制段的结构中包含了某些关键点，具体如下：

- 提供适当的控制资源
- 与系统需求相称的充足冗余资源，避免不相关的重复
- 为达到总体目标，地面部件选取合适的位置放置
- 产生独立的时标，实现整个系统的时间同步

在结构上，控制段不是一个单独的实体，而是分布式资源的组合，这些资源分散在系统的整个服务区内。控制段所包含的独立单元有监测站（MS）、主控站（MCS）、地面天线系统以及相关的处理资源（Francisco，1996）。

2.3.1 监测站

监测站是地面段的组成部分，用于连续跟踪导航卫星和它们的信号。为了实现这个目标，这些站分布在一个多元化的地理区域。本节将讨论监测站的两方面问题：为了保证有效工作，监测站接收机的特点和它们的地理位置。

2.3.1.1 接收机特点

接收机通过连续地接收导航卫星所发送的信号及数据来实现对卫星的跟踪，同时也可利用接收到的信号完成测距。监测站将导航信号和数据连同本地气象信息等传送到主控站，从而对卫星的性能进行分析。数据分析后所获得的信息主要包括卫星的预测位置和时钟修正值等，并最终用于系统控制。

由于测距会受到电离层延迟等传播损失的影响，接收机必须获得足够多的测量值，以估计和消除这些损失，比如在监测站使用双频接收机。实际上，这些用于消除误差的修正值是由监测站将数据传送到主控站之后获得的。此外，还需要对通道进行校准，以消除通道间的偏差。类似地，需要在主控站计算所有可能的信号修正值及其导数。第7章将详细讨论这些误差，它们与用户接收机接收到的信号有关。

通常情况下，接收机需要跟踪所接收的信号以获得其各个组成部分的特性。对于监测接收机来说，不仅需要测量连续信号，更重要的是显示数据的异常，所以即使信号不一致或不连续，也需要执行跟踪操作。因此，监测站需要配备即便当信号与设计不一致时也能持续跟踪的接收机，以连续跟踪卫星的运行，接收机需要具备足够的适应性，以便能够最大程度地适配和跟踪卫星的异常和异常数据。此外，需要保证可见卫星的跟踪不被有效通道的数量所限制。因此，为了提供必要的冗余，监测站将会安装两个或三个接收机，以提高系统的鲁棒性，防止跟踪失败。

对控制站的接收机的另一强制性要求是必须有一个稳定的时钟，监测接收机需要采用精

密计数的原子频率标准。此外,所有的监测站都需要时间同步,可利用一个共同的外部源触发来实现同步,以上这些将由主控站完成。

除了卫星测距数据和监测站数据,还需要收集本地气象数据,以除去信号测距时由对流层带来的误差。因此,接收机必须配备气象传感器,所关注的参数包括表面压力、表面温度和相对湿度。监测站设备的原理如图2.3所示。

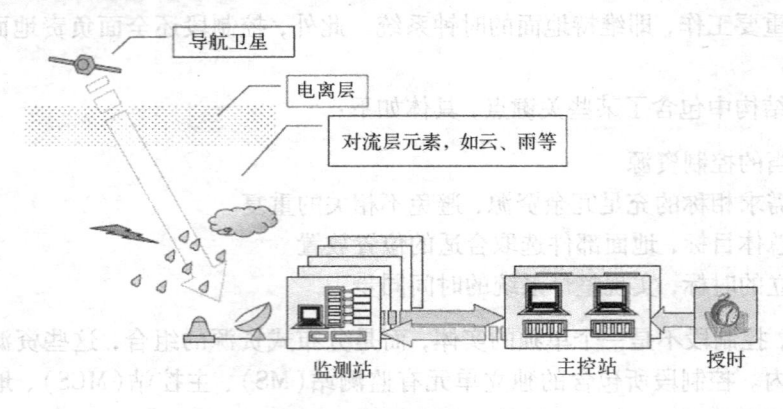

图2.3 监测站设备示意图

2.3.1.2 放置的位置

监测站必须全天候地跟踪卫星,因此需要这些站分布在能够使整个系统对任何一颗卫星都可见的位置。这就是为什么在整个服务区域内选择监测站位置时,要保证对于所有的卫星,在它们运行期间的所有时刻,总有一些监测站是可见的。

为了预测未来时刻的卫星位置,需要估计它们当前的位置,可以通过测量一个以上的监测站与卫星的距离来实现。当监测站的位置越分散时,位置估计的精度越高。所以对于全球系统来说,这些站通常分布在全球范围内,而对于区域系统,它们被均匀地分布在服务区域内。监测站的位置必须保证在任何时刻对任意的卫星都能够有多个站同时进行测距。

为了最大限度地延长监测站对一颗特定卫星的监测时间,监测站的位置必须使得即便对于低仰角卫星也能够保持其可见性。相应地,监测站可以选择相对比较开阔的位置以便跟踪到低仰角卫星,并设置合适的截止仰角以避免对流层和多径的影响。然而,进行性能监控仍然可以扩展到更低的仰角,如在海岛上空的位置,特别是对于全球服务,不存在较低仰角的遮挡问题,其水平方向的可见范围也比较大。

卫星轨道的倾角是有限的,从而使得卫星可以越过两个半球,为达到在两个半球连续观测卫星的目的,赤道的位置对于卫星全球业务是最合适的,可以在两个半球的最大范围内看到卫星。因为赤道的很大一部分位于海洋上,因此符合先前描述的两条标准。然而,这对于区域服务来说未必是合适的,因为监测站需要限定在有限的地理边界内。

监测站接收机的精确位置可通过测量来确定,它决定了卫星位置估计的精度。此外,需要对噪声进行测量以消除任何外部噪声对监测站的影响。

位于整个服务区的各个监测站之间以及与主控站的中心资源之间必须建立网络连接,以及适当冗余的安全通信通道,从而给系统提供可用性最高的数字通信支持,以保证实时和有效的数据交换。可以选择高速光纤或微波数据链路来建立此类网络,VSAT通信系统也可以作为备选方案。

监测站虽然在地理位置上是分散的，但都在主控站的控制之下，由主控站向各监测站发送跟踪指令和配置命令，因此必须使各监测站的时钟保持同步。时钟的同步可通过某种算法利用空间和时间几何信息来实现，具体的时钟同步算法将在第10章中进行介绍。

然而，有时也需要利用分布在有限地理区域内的监测站来监测卫星。在这种情况下，当卫星处于某个区域内时，需要所有可见监测站对卫星进行跟踪并进行相关操作。

2.3.2 地面天线

卫星和控制段之间的通信是通过地面天线实现的，因此地面天线需要一个全双工信道将指令和导航数据上传到卫星，同时接收含有卫星状态信息、卫星对地面指令的响应和其他相关数据的遥测信息。

因为完全用作通信，适当的低带宽和更大的天线尺寸可以获得较大的发射功率通量密度。它为可靠的通信提供了一个高信噪比，即使在噪声很大的低仰角情况下也可以获得较高的信噪比。

由于具有类似于监测站准则的卫星可见性准则，数据需要在任何选定的时间内无差错地进行传输，因此天线的位置也需要全球分布或跨区域服务。另外，天线也需要始终连接到主控站，并以监测站同样的方式进行控制。尽管地面天线作为控制段的一个独立的结构实体，由于位置的标准是相同的，在实际应用中可将其与监测站建在一起，这样也有助于对其进行更有效的管理。

必要的时候，在通信频带内，地面天线还可以使用双向技术支持额外测距。

2.3.3 主控站

主控站是由一系列保障系统正常运行的运算、管理、决策设备组成的系统核心资源，它通过对数据的适当分析实现空间资源管理。需要分析每颗卫星的健康状况以及工作性能，并为随后发出适当指令所需的必要行为做出相应决策。此外，主控站负责产生注入导航电文中的相关信息，并管理控制段中监测站和地面天线等单元的正常运作。主控站还负责维持所有的系统时钟，并使用特定的算法计算系统时间。综上所述，主控站负责对整个空间星座实行全方位的控制，包括常规的卫星和有效载荷监测以及卫星维护，避免产生任何异常。除了生成导航信息并上载给卫星等既定任务外，它还执行卫星信号性能管理、故障及时检测等工作。

如前一节中所讨论的，主控站与对卫星进行跟踪的监测站之间具有通信链路，从而获取它们的数据。从不同监测站实时接收到的数据，以及从这些数据中推导出的所有相关信息，共同构成了主控站进行决策的基础。

主控站在获得常规和关键的数据之后，接下来会对它们进行处理和分析。对数据所需做的第一件事就是处理输入数据并判断异常。

2.3.3.1 数据处理

导航数据处理是所有导航系统地面段的核心处理部分。各监测站将测得的数据传送给主控站的中心设备，对这些数据进行同步处理后得到的结果将用于生成导航电文中的相关参数信息。这些信息随后被上行注入卫星中，并在适当时间通过导航信号播发给用户。集中处理数据的架构不仅可以获得最佳可用资源来最大程度地处理数据，同时也使得处理后的结果更容易分配到各分布式单元中。

监测站收集的原始跟踪数据包括从输入端到处理端之间的距离测量值。将这些新数据转换为一个具有特定信息格式的打包数据库的总过程由以下部分组成（Francisco，1996；Dorsey et al.，2006）：

1. 测量数据预处理
2. 系统状态估计
3. 生成导航数据帧

测量数据预处理

对数据的预处理主要是修正监测站观测数据中的测量误差，包括电离层延迟误差修正、对流层延迟误差修正和其他传播误差修正，以消除对卫星距离的错误估算。对于主控站来说，它可以获得每个监测站上使用两个不同频率的测距值，因此测距时的电离层延迟误差便可以通过双频测量值进行精确计算，而由此推导出的电离层延迟误差将用于测距的误差修正。另外，从这些监测站获得的气象信息可用于修正卫星信号穿过大气对流层时所产生的距离误差，对对流层延迟误差的估算可以通过标准模型来实现。在传播时间内，由地球自转的影响而产生的误差也需要修正，因此地球相对于惯性参考系的方向也是一项需要考虑的重要参数。此外，相对论修正和测量数据的整体平滑也在这些测量值的基础上进行。最后，还要使用载波相位辅助平滑方法对距离观测量进行平滑。而对噪声及多路径误差已被事先测定的监测站来说，噪声及多路径的影响可以忽略不计。此外，还要计算出距离变化率的误差，它与距离误差一起被主控站用于相应的误差修正，以满足不同的需求。

系统状态估计

根据牛顿运动定律，深空中的行星围绕其恒星按照固定轨迹运动，其运行轨道是开普勒或完美的椭圆，对于任意给定的时刻，其位置都可以精确预测。在地球的重力场下，绕地球运动的导航卫星也遵循同样的法则。下一章将更深入地讨论其运动情况。

但是，导航卫星在一个中等高度的地球轨道，甚至是对地静止的轨道上运行，它们将受到外力的影响，导致运行轨道产生不规则的摄动。为了提高系统的精度，必须准确地预测这些摄动，以便在任意时刻能够准确地确定卫星位置。

为此，主控站可对监测站的测量值进行分析，并通过卡尔曼滤波完成所需参数的估计。卡尔曼滤波是一个优秀的估计算法，用于从位置估计到生成星历的整个过程中。在有噪情形下，将所需的参数作为滤波的状态量进行估计，卡尔曼滤波体现了优良的性能。

卫星的当前位置是状态变量中的一种，从这一信息中可以推导出卫星的运动轨迹并预测出卫星的未来星历。距离测量值是卫星和监测站位置的函数，同时，根据已获位置和近似卫星位置可以求出距离残差，它主要由卫星的位置误差以及基于卫星自身相对置信度的时间测量不准确度组成。由此可知，真实的卫星位置和卫星时钟偏差可同时由滤波器进行估计。此外，导出的其他参数还包括：卫星时钟漂移和偶尔的传播延迟。一个使用来自所有监测站输入信息的综合滤波器可以提供更好的解，各种状态变量即是这个大滤波器的解。

一旦求出了卫星的精确位置及两个时刻之间的变化量，卫星的轨迹，包括摄动的影响也随之确定。利用更新后的卫星轨迹，各计算站便能计算出与之最为接近的轨道。然后，通过所求得的轨道信息便可按照一定的时间间隔（如在接下来几小时的每分钟内）外推出各时刻的卫星位置。依据由此建立的几何学，便能根据预期的扰动推导出来相应的轨道参数。加权最小二乘拟合可以用于评估这些开普勒参数的数值。通过该滤波器还可以同时从系统时中计算出每颗卫星的时钟偏差。

不过，还有许多其他参数需要进行估计。监测站通常建于位置已事先测定的地方，它们的站点位置是精确已知的。但是，其他个别监测站参数，如它们的相对时钟偏差以及相对于系统时间的漂移，这些都需要用滤波器来求解得到。此外，还需要对对流层延迟误差中的湿延迟分量修正值进行估计。电离层延迟误差已通过双频观测量得以改正，并且在数据预处理过程中已从气象参数中求得对流层延迟误差中的干延迟分量，故而这些参数不必再次进行求解。

卡尔曼滤波的递归估计相对来说效率较高，并能为系统提供较高的鲁棒性（Francisco，1996；Yunck，1996）。状态误差必须保持在最低的子度量水平，以使性能达标。当测量中的未建模分量或实际的运动状态与假设条件相违背时，误差将会逐步累积。所以，为了减少这些影响，可设定可能值的变化范围以及相应的测量方差，从而有效地限制测量误差。每当引入一个外部影响使得模型无效，或者当卡尔曼滤波的残差表现为较强的非线性时，将会对输出的结果进行迭代。

生成导航电文

获取的相关参数将被输入导航电文中。为保证服务的连续性，许多先进的数据集可以作为先验值。由于原始观测值被用来预测卫星的未来轨道，随着测量精度的提高以及监测站数目的增多，导航服务质量将会随之得到提升。所求出的每组星历的有效期通常为几个小时，并且其预报效果将随时间逐步下降，即所谓的星历老化现象。出于这个原因，若新的星历能在较短的时间间隔内更新，则其可用效果将会更好。但是，实际应用中的问题是，如果频繁地估计所需的数据，则会相应地增加地面系统的计算负荷，并且带来更大的挑战：大量的数据需要被上传至卫星。因此，出于多种原因考虑，数据量需保持合适的大小。

主控站需要估计出具有严格一致性的参数，以生成具有完整性的高质量导航信息。导航信息生成设备的重要功能是降低卫星上的计算负荷。不过，随着空间技术的更新发展，一些功能将会被融入卫星中。

在主控站中产生的导航电文被上行注入卫星中，以便播发给用户使用。因此，需要定期生成和上传导航电文，导航电文以一定的时间间隔周期性地生成，以保证精度需求。当每次以一定的间隔更新当前的星历数据时，在相应的间隔时间内均使用一套相同的星历数据。

2.3.3.2 遥测和遥控

主控站还需要生成用于配置监测站甚至是卫星的命令，且相关命令应当配送到各个单元以便执行。然而，出于安全性和可靠性的考虑，数据传输、指令生成以及相应的程序都应当保证高度安全从而必须进行加密，并且应当事先明确相应的传输协议。

主控站的任务之一是分析遥测信号和生成遥控指令。地面天线系统连续地接收遥测信号,并将这些信号通过安全的信道传输给主控站。地面天线与监测站的结合为遥测信息的传输提供了更多优势,因为它可以沿用测距数据的信道实现对遥测数据的传输。主控站在接收到相关信息后,将完成以下操作。

当主控站对包含在遥测数据内的信息进行分析时,相应的分析结果(包括测量参数的作用范围,关于卫星操作、设备操作和验证执行命令的状态值等)将用来决定随后决策并主导遥控操作,它需要通过命令通道进行回传。

主控站还需要处理计划之内以及计划之外的站间互连机动。为了初始化卫星动态参数和改变设备的操作状态(模式),从地面把控制信号传送到卫星是主控站的重要任务。当卫星受到不属于卫星正常动力模型之内的不明外力影响时,需要及时告知并进行相应的机动,在这种情况下,需要花费一定的时间额外生成控制指令。

除了安全性以外,通信链路还应具备高可用性与高可靠性。可靠性和安全性可以通过对数据或命令进行多次重复发送或加密来实现。另一方面,星上所装配的处理设备具有一定的计算能力,从而使相关命令得以有效执行,同时,星上处理器自身可以做出一些决策,从而减少控制段的负荷。但是,这些控件设备应该是简单的且不影响系统运行的。

2.3.4 导航时间

2.3.4.1 国际时

位于法国巴黎的国际计量局(BIPM),承担全球报时的主要责任。他们计算并发布国际原子时(TAI)的时间表,此时间是由分布在世界各地的超过200多个时钟的数据获得的(Lombardi,1999;Petit,2003)。

然而,TAI是原子钟时,与太阳日没有关系,这与地球的旋转以及对时间的传统感知有关。所以,TAI并没有考虑因地球自转减速的修正因素,也没有严格遵守原子时的定义,这使得TAI不适合协调公共时间。

为了克服这方面的问题,BIPM产生了另一个时间刻度,称为世界协调时(UTC),UTC相当于TAI的改进。它通过将地球自转因子的修正值(即"闰秒")加入TAI的方式,确保太阳经过本初子午线时恰好在中午12点的UTC,且精确到平均一年在0.9 s误差之内。

这样,UTC(和TAI)是一个"理论"的时间表,并且是协调世界时的参考时间,它为不同国家和不同服务的标准时间提供了依据。

2.3.4.2 系统时

在卫星导航中,时间是最重要的因素,它用于提供导航服务并传递给用户,并为用户最终的位置估计提供支持。因此,控制段还应像系统计时设备一样生成、维护和分发基准系统时。原子钟用来保持系统时间,它可以由高稳定活性氢钟(AHM)和铯原子钟组成,配以适当的时间和频率测量设备。AHM时钟具有最好的短期稳定性,而铯钟具有良好的长期稳定性。因此,氢钟和铯钟的组合提供了优良的短期和长期稳定性,可以使用适当的算法在组件中合成时钟的各个时间,进而生成最优的系统时。

在具体实现中,除了物理生成,可采用从单次测量中估算加权因子的算法对原子钟进行优化。权重可通过一些基于独立时钟的标准偏差的统计技术而获得。时钟可以基于它们的稳定性进行加权,并且纸面时钟将所有的时钟进行加权平均,以确保所得到时间的高稳定性和精度,主控制中心从中导出系统时。此系统时是原子时,而非相关的地球动力学时。因此,需要实时监视系统时和 UTC 之间的差,从而与 UTC 相对应,再根据需要向用户提供相应的修正值,以实现系统时与 UTC 之间的转换。

为了对时钟和计时的讨论更具完整性,在对本章进行总结前,简单提一下原子钟的基本物理原理,这将有助于理解它的高精度及原子钟漂移。原子钟是由原子辐射物和相应的探测电子组合而成的。它的原理是通过一个精确的基准调整一个普通振荡器,其基准是原子钟从激发态转为低能态的电子跃迁的辐射产物。在磁场封闭的环境中,某些特定原子的特定原子能量状态表现出了超精细的频谱分裂。如果从普通振荡器得到的辐射物用于激发电子,后者将吸收入射能量,分裂的结果便是从低能态跃迁到高能态。这些激发态的电子再过渡回正常水平时,将发射与其能量成正比的频率射线。假设用于激发的普通振荡器导出的入射能量的频率逐渐变化,当振荡器的频率正好等于过渡态能量差对应的频率时,将会出现共振效应。如果 δE 是能量差,该信号在频率 ν 发生这种情况时满足 $\delta E = h\nu$,h 是普朗克常数。该辐射可以由一些对其具有良好响应的传感器观察到,即传感器能够识别共振的最大强度。又或者,受激原子最大计数的状态可以识别为共振。一旦被识别出,该振荡器就可被固定为产生谐振所对应的频率。因此,普通振荡器可精确地调谐到频率 ν。

搜索共振频率的过程称为探针技术。用来探测原子的硬件包括来自外部磁场保护的高度敏感的电子。探针与原子相互作用时间越长,越能更准确地识别谐振。而原子最终是惰性的,可以使用激光器创造相应条件来降低原子动态性,称为激光冷却技术。

对于能量分裂等级所对应的频率为 ν 的原子而言,定义其发生 ν 次振荡器辐射所用的时间为 1s。对于不同的原子源,δE 值是不同的。因此,ν 也不同,这使得振荡器数目定义的 1 s 对于不同的原子是不同的。定义标准时为铯原子的量,它的频率为 9 192 631 770 Hz。

时间和频率测量的具体阐述可以在 Lombardi(1999)和 Jespersen and Fitz-Randolph(1999)中找到。图 2.4 所示为原子钟的架构示意图。

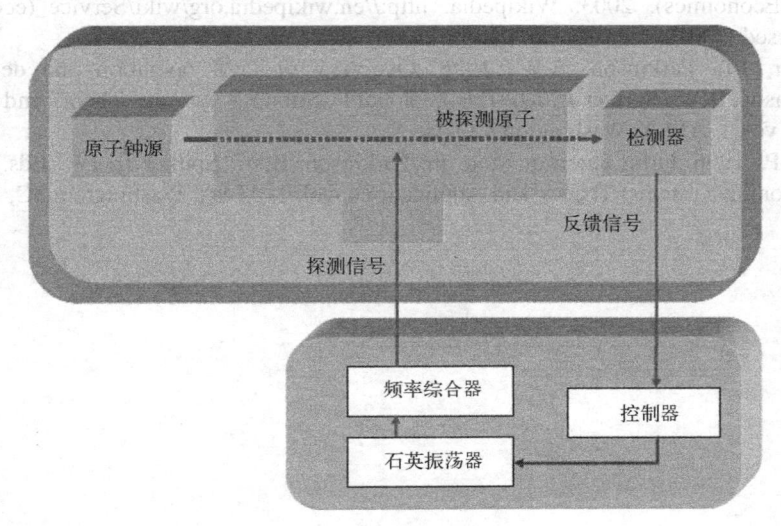

图 2.4 原子钟示意图

思考题

1. 通过在空间段加入其所需的功能从而取消控制段的优缺点分别是什么?
2. 你可以想出什么样的方法来识别通过监测站检测到的异常是真实的还是测量失误?
3. 当监测站的时钟不同步时,如何修正测量中的误差?
4. 假设物理封装相同,保证时钟精度的原子共振腔应该有什么特点?相对于时钟精度,基准应该如何定义?

参考文献

Conley, R., Cosentino, R., Hegarty, C.J., Leva, J.L., de Haag, M.U., Van Dyke, K., 2006. Performance of standalone GPS. In: Kaplan, E.D., Hegarty, C.J. (Eds.), Understanding GPS Principles and Applications, second ed. Artech House, Boston, MA, USA.

Dorsey, A.J., Marquis, W.A., Fyfe, P.M., Kaplan, E.D., Weiderholt, L.F., 2006. GPS system segments. In: Kaplan, E.D., Hegarty, C.J. (Eds.), Understanding GPS Principles and Applications, second ed. Artech House, Boston, MA, USA.

Francisco, S.G., 1996. GPS operational control segment. In: Parkinson, B.W., Spilker Jr, J.J. (Eds.), Global Positioning Systems, Theory and Applications, vol. I. AIAA, Washington DC, USA.

Jespersen, J., Fitz-Randolph, J., 1999. From Sundials to Atomic Clocks: Understanding Time and Frequency, second ed. New York, USA.

Lombardi, M.A., 1999. Time measurement and frequency measurement. In: Webster, J.G. (Ed.), The Measurement, Instrumentation and Sensors Handbook. CRC Press, Florida, USA.

Parkinson, B.W., 1996. Introduction and heritage of NAVSTAR, the global positioning system. In: Parkinson, B.W., Spilker Jr, J.J. (Eds.), Global Positioning Systems, Theory and Applications, vol. I. AIAA, Washington DC, USA.

Petit, G., Jiang, Z., 2008. Precise point positioning for TAI computation. Int. J. Navig. Obs., Article ID 562878 2008. http://dx.doi.org/10.1155/2008/562878, 2007.

Service (Economics), 2003. Wikipedia. http://en.wikipedia.org/wiki/Service_(economics) (accessed 21.01.14.).

Spilker Jr, J.J., Parkinson, B.W., 1996. Overview of GPS operation and design. In: Parkinson, B.W., Spilker Jr, J.J. (Eds.), Global Positioning Systems, Theory and Applications, vol. I. AIAA, Washington DC, USA.

Yunck, T.P., 1996. Orbit determination. In: Parkinson, B.W., Spilker Jr, J.J. (Eds.), Global Positioning Systems, Theory and Applications, vol. I. AIAA, Washington DC, USA.

第 3 章 卫 星 轨 道

摘要

本章将详细介绍卫星导航系统的空间段。首先介绍描述行星运动规律的开普勒定律，通过它来描述卫星动力学，并进一步运用卫星动力学基础和相关物理定律，来解释不同动力学参数的本质和意义；在此基础上介绍描述卫星运动的几个重要的轨道参数，以及如何通过轨道参数预测卫星的位置；本章最后介绍一些重要的轨道，以及卫星导航系统设计中参数选择的基本理论。

关键词

argument of perigee　近地点角距
eccentricity　偏心率
eccentric anomaly　偏近点角
ephemeris　星历表
GEO　地球静止轨道
GSO　地球同步轨道
inclination　倾角
Kepler's law　开普勒定律
LEO　低轨道
MEO　中轨道
orbital perturbation　轨道摄动
right ascension of ascending node　升交点赤经
semi-major axis　半长轴
true anomaly　真近点角

本章主要详细介绍卫星导航系统的空间段。第 2 章已经介绍过，空间段由运行在不同轨道上的卫星组成，导航数据通过这些卫星发送并最终到达用户接收机。本章将讨论卫星轨道的相关参数，以及如何通过这些参数来预测卫星的位置，这对于最终的用户位置解算而言是非常必要的。首先，从卫星围绕地球运动的开普勒定律出发，给出一些基本的关系推导，这些内容将有助于深入理解卫星绕地球运动的动力学原理，以及如何推测卫星位置。紧接着，还将介绍扰动卫星运动的各种因素。最后将介绍一些重要的轨道，了解针对不同导航目的的轨道参数选择方法。

3.1　开普勒定律和轨道参数

通过 1.3 节可了解到，在定义一个点的位置时，需要预先定义参考坐标系以及此点到参考坐标系三个坐标轴的距离。在卫星导航系统中，在相对于以地球为中心的参考框架中描述位置，卫星是该坐标系里的二级参考点。因此，想要在该坐标系中确定任何点的位置，必须先要知道坐标系中卫星的位置，以及该点到各卫星的径向距离，这两个参数对于用户定位非常重要,定位之前必须已知。

为了知道卫星的位置,必须了解在轨卫星的动力学原理,在此之前首先要学习开普勒定律。约翰尼斯·开普勒(1546~1630年)是一位德国数学家,他分析了其导师布雷赫地谷(1546~1601年)关于行星围绕太阳运动的观测数据,并建立了一套简单实用的定律,这些定律对于围绕地球运动的卫星以及其他天体都成立。开普勒定律(Feynman et al., 1992)表述如下:

1. 行星围绕太阳运动的轨道呈椭圆形,太阳位于椭圆的一个焦点上。
2. 连接行星和太阳的连线在相等的时间间隔内扫过的面积相等。
3. 行星轨道周期的平方与轨道半长轴的三次方的比值是一个常数。

因为上述定律是基于基础的引力定律推导出来的,而引力定律是通用的,因此上述定律对任何两个天体都成立。

我们的目标不是去证明开普勒定律,而是设法通过这些定律方便地确定卫星的位置,为此,还需要了解一些有关几何学和引力定律的基础知识。

3.1.1 椭圆

根据开普勒定律,卫星轨道都是椭圆形的,因此先从椭圆的几何特性开始学习。椭圆是圆的一种特殊形式,它在两个正交方向上的半径不相等,就像圆在一个方向上被压缩了一样。如图3.1所示,较大的直径 A_1A_2 称为长轴,较小的直径 B_1B_2 称为短轴。这两个轴相交于椭圆的中心 O,在长轴上有两个到椭圆中心等距离的点 F_1 和 F_2,称为椭圆的焦点。实际上,椭圆的标准定义为:到长轴上两个点的距离之和为常数的点的集合,这两个固定点称为椭圆的焦点 F_1 和 F_2。简单地说,就是在椭圆上任取一个点,它到两个焦点的距离之和为常数 C,对于椭圆上任何其他点,到焦点距离之和也为 C。根据上述定义,参考图3.1,可以得到:$F_1P_1 + P_1F_2 = F_1P_2 + P_2F_2$,最大半径 $OA_1 = OA_2 = a$,称为半长轴,最短半径 $OB_1 = OB_2 = b$,称为半短轴。

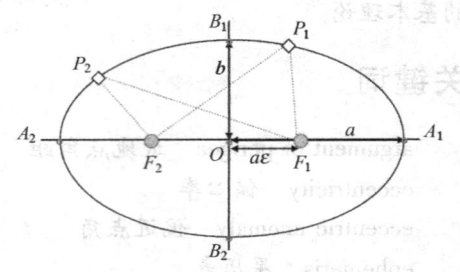

图 3.1 椭圆的几何形状

3.1.1.1 偏心率(ε)

椭圆是一个二维的几何形状,因此它的形状可以用两个独立的参数来表示。一般地,使用半长轴 a 和半短轴 b 来表示,但在这里使用半长轴和偏心率来表示。偏心率 ε 与 a 和 b 之间的关系为

$$\varepsilon = \sqrt{1 - \left(\frac{b}{a}\right)^2} \tag{3.1a}$$

或

$$b = a\sqrt{1 - \varepsilon^2} \tag{3.1b}$$

即,ε 联系了 a 和 b 两个参数,已知 a 和 b 中的任何一个,就可以推导出另一个。两个焦点到椭圆中心的距离相等(如 OF_1 和 OF_2),并可表示为

$$f = a\varepsilon \tag{3.2}$$

由此可见,正如字面意思所反映的,离心率表示焦点离椭圆中心的远近关系。当离心

率等于零时,半长轴和半短轴相等,焦点与椭圆中心重合,此时椭圆就转化为圆;离心率越大,焦点与椭圆中心的距离就越大,a 和 b 的差距就越大。当 ε 接近 1 时,几何形状近似为直线。

对于图 3.1 中任意一个焦点 F_1 而言,F_1A_1 是椭圆上距离 F_1 最近的距离,A_1 称为相对于焦点 F_1 的近地点,F_1A_2 是最长的距离,A_2 称为远地点。近地点和远地点的距离可由半长轴加或减焦距得到,如

$$F_1A_1 = a(1-\varepsilon) \tag{3.3a}$$

$$F_1A_2 = a(1+\varepsilon) \tag{3.3b}$$

$$\frac{F_1A_1}{F_1A_2} = \frac{(1-\varepsilon)}{(1+\varepsilon)} \tag{3.3c}$$

对于焦点 F_2,有 $F_2A_2 = a(1-\varepsilon)$ 和 $F_2A_1 = a(1+\varepsilon)$,因此,$A_1$ 到 F_1 和 A_1 到 F_2 的距离之和为 $a(1-\varepsilon)+a(1+\varepsilon)=2a$;同理,$A_2$ 到 F_1 和 A_2 到 F_2 的距离之和也为 $2a$。由于 A_1 和 A_2 都是椭圆上的点,进一步证实了椭圆上的点到两个焦点之间的距离和不变的结论。基于此,可以总结出椭圆上任何一点到两个焦点之间的距离始终为 $2a$。

3.1.2 椭圆轨道

开普勒定律说明卫星轨道是一个椭圆,当然这也包括了轨道为圆形这一种特殊情况,因为圆是离心率为零时的一种特殊的椭圆。

在继续探讨之前,需要知道在太空中卫星椭圆轨道是如何实现和维持下去的。这个问题可以由二体问题推导出来。一方面,卫星轨道中的作用力是万有引力,它将卫星向地球吸引,另一方面,由于卫星的速度是向外的,卫星始终有逃逸的趋势。如果没有外力作用且地球位置相对固定,根据力学定律,卫星的角动量将保持不变,这称为角动量守恒定律。其中角动量为

$$L = mv \times r \tag{3.4a}$$

其中,v 是卫星的线速度,m 为卫星的质量,r 是地球中心到卫星的距离。根据开普勒定律,地球的中心就是卫星轨道的焦点。对于 $v \times r$ 中的 v,起作用的部分仅仅是与 r 垂直的部分,所以有

$$L = mv_\theta r \tag{3.4b}$$

其中,v_θ 是与法向垂直的速度分量,对于圆形轨道,v_θ 等于卫星的速度 v,并且如果卫星的质量 m 固定不变,则 $v_\theta r$ 是一个常量。

此时,读者也许已经发现,上述描述与开普勒第二定律是等价的,如图 3.2 所示,卫星与地球的连线在一段时间内扫过的面积为

$$A = \frac{1}{2}\int_s r \times \mathrm{d}s \tag{3.5a}$$

其中,r 是卫星到地球中心的距离,s 是卫星运动的曲线轨迹。所以,单位时间内卫星扫过的面积为

$$\frac{\mathrm{d}A}{\mathrm{d}t} = \frac{\mathrm{d}}{\mathrm{d}t}\left\{\frac{1}{2}\int_s r \times \mathrm{d}s\right\} \tag{3.5b}$$

假设 r 在无限小的时间 dt 内是不变的,就能够写为(Roychoudhury, 1971)

$$\frac{dA}{dt} = \frac{1}{2}r \times \frac{ds}{dt} = \frac{1}{2}r \times v = \frac{1}{2}rv_\theta \tag{3.6}$$

前面已知角动量 rv_θ 是一个常量,即它的一半也是一个常量,由此 $\frac{dA}{dt}$ 也是一个常量,所以开普勒第二定律是卫星和行星角动量守恒定律的另一种表述。

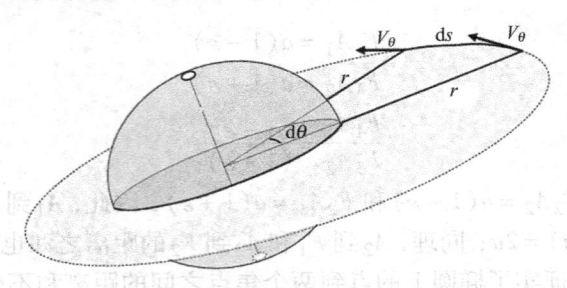

图 3.2 卫星运行扫过的面积

为了理解椭圆轨道的形成,先假设卫星距离地球无穷远。这种情况下,卫星将不受地球引力的影响,所以没有相互之间的作用力存在,地球-卫星系统的势能为零。

然而,当卫星与地球之间为有限距离时,由于地球万有引力,卫星开始向地球运动,引力的大小为 $F = -\mu/r^2 \mathbf{r}$,其中 $\mathbf{r}$ 为由地球中心指向外的单位向量,$\mu = GM$,其中 G 是地球的引力常量,M 是地球的质量,r 是卫星到地球的距离。因为大部分轨道参数与卫星质量无关,在这里的表述和以后的推导中,都假设其为单位质量,之后遇到需要乘卫星质量的情况时,将会单独说明。由于卫星在地球引力的作用下运动,引力会对卫星做功,功的大小为

$$W(r) = \int_\infty^r -\frac{\mu}{r^2} \cdot dr = \frac{\mu}{r}\Big|_\infty^r = \frac{\mu}{r} \tag{3.7a}$$

其中 r 是卫星与地球之间的距离。根据定义,系统的势能是物体抵抗外力所做的功,也就是 $-W$,由此可见,势能初始状态为零,但现在它变成了负的,且其值为

$$PE(r) = -W = -\frac{\mu}{r} \tag{3.7b}$$

负值表明在无限远且没有外力影响的条件下引力对卫星做了正功,因此,二体系统的势能减小为一个负值,卫星开始受到万有引力的影响。在这种情况下,除非有一些反作用力作用在卫星上,否则卫星将落在地球上。如果卫星绕地球旋转,则必然存在一个外力与地球引力相抵消。卫星在切向运动时产生一个与引力方向相反的离心力,这个力等于 v_θ^2/r,其中 r 是卫星到地球中心的距离,v_θ 是卫星线速度在切向方向的分量,对于圆形轨道,这个分量就是速度本身,对于其他形状的轨道,在有限距离范围内,v_θ 仅是 v 的一个分量。速度 v 给卫星提供了一个动能,使卫星受力保持平衡。

如图 3.3 左边部分所示,对于一个与地球中心距离为 a 的卫星,如果速度 v 一直保持切向,而且它的大小使得离心力 $\frac{v^2}{a}$ 刚好等于万有引力 $\frac{\mu}{a^2}$,当不考虑作用在卫星上的其他力时,径向距离 a 保持不变,由此得到了半径保持不变的圆形轨道,所需条件为

第3章 卫星轨道

$$\frac{v^2}{a} = \frac{\mu}{a^2}$$

$$v = \sqrt{\frac{\mu}{a}} \tag{3.8a}$$

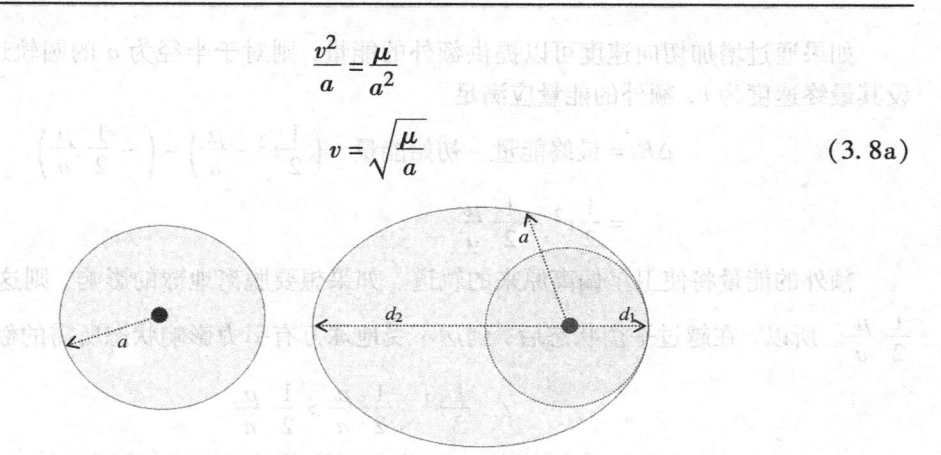

图 3.3 正圆及椭圆轨道

将速度通过不变的角动量表示，单位质量的角动量为 $L = va$，得到

$$L^2 = \mu a$$

或

$$\frac{L^2}{\mu} = a \tag{3.8b}$$

其中 μ 是一个物理常量，L 是在一个稳定的系统中保持不变的量，可以将它的值拆分为切向速度与径向距离相乘的形式，对于圆形轨道而言，L 的值决定了径向距离 a，此时的 L 是单位质量的卫星角动量。所以，当卫星的质量为 m 时，L 必须乘以 m 得到总的角动量。因此，要得到一个确定的圆形轨道，需要确定卫星距离地球中心的距离 a 和卫星的切向速度 $v = \sqrt{\frac{\mu}{a}}$，如式(3.8a)所示，再由式(3.8b)就能得到对应的 L。

在这种情况下，卫星的动能为 $KE = \frac{1}{2}v^2$，势能为 $PE = -\frac{\mu}{d}$。设 $d = a$，利用上述 KE 替换公式中的 v，得到总的能量为

$$TE = -\frac{\mu}{a} + \frac{1}{2}v^2 = -\frac{\mu}{a} + \frac{1}{2}\frac{\mu}{a} = -\frac{1}{2}\frac{\mu}{a} = -\frac{1}{2}\frac{\mu^2}{L^2} \tag{3.9}$$

在这个公式的推导过程中，利用了在平衡条件下 $a = \frac{L^2}{\mu}$ 这个等式。这个公式表明卫星的总的能量是由 L 或者半径 a 决定的，其随着 a 的增大而变小并最终趋向于零。

由于等效能量为负值，在地球引力场的作用下地球与卫星仍然联系在一起，仅当卫星得到一些额外的正能量时，它的能量才能重新回到零，正如它在无穷远处的状态。通过附加卫星动能可提高卫星总能量，只有这样它才能与地球在有限距离 r 内不受地球引力的影响。基于此，在半径为 a 的圆形轨道上运动的卫星必须额外增加 $\frac{1}{2}\frac{\mu}{a}$ 的能量，从而使总能量为零。因此，如果增加的能量表示为 ΔE，则有

$$\Delta E \geq \frac{1}{2}\frac{\mu}{a} \tag{3.10}$$

如果通过增加切向速度可以提供额外的能量，则对于半径为 a 的圆轨道上的卫星而言，设其最终速度为 v，额外的能量应满足

$$\Delta E = 最终能量 - 初始能量 = \left(\frac{1}{2}v^2 - \frac{\mu}{a}\right) - \left(-\frac{1}{2}\frac{\mu}{a}\right)$$

$$= \frac{1}{2}v^2 - \frac{1}{2}\frac{\mu}{a} \tag{3.11a}$$

额外的能量将使卫星偏离原来的轨道。如果想要脱离地球的影响，则这个能量必须大于 $\frac{1}{2}\frac{\mu}{a}$。所以，在越过平衡状态后，到达不受地球万有引力影响状态所需的额外能量应满足

$$\frac{1}{2}v^2 - \frac{1}{2}\frac{\mu}{a} > \frac{1}{2}\frac{\mu}{a} \tag{3.11b}$$

相反地，要让卫星受地球引力的影响，且绕近地轨道运行，则要求满足

$$\frac{1}{2}v^2 - \frac{1}{2}\frac{\mu}{a} < \frac{1}{2}\frac{\mu}{a}$$

或 $\quad v^2 < \frac{2\mu}{a}$

或 $\quad \frac{L^2}{\mu} < 2a \tag{3.11c}$

式(3.11c)也可以由最终能量要小于等于零推导得到。综合前面讨论的结果，距离地球中心为 a 的卫星，其单位质量的角动量 L 必须满足 $\frac{L^2}{\mu a} = 1$ 的关系，才能维持其在半径为 a 的圆形轨道运行。进一步讲，如果 L 持续增大，直到 $\frac{L^2}{\mu a} = 2$，则卫星将不再受地球引力的影响；当 $\frac{L^2}{\mu a}$ 的值在 2 和 1 之间，甚至小于 1 时，卫星的轨道形状将如何改变，这是接下来要讨论的问题。

圆形轨道变化之后将形成一个椭圆轨道，如图 3.3 右边部分，如果绕轨运动的卫星在 A_1 点，距离地球中心为 d_1，切向速度为 v_1，且该速度大于维持圆形轨道所需的速度，即满足

$$v_1 > \sqrt{\frac{\mu}{d_1}}$$

或 $\quad \frac{L^2}{\mu} > d_1$

或 $\quad \frac{L^2}{\mu d_1} > 1 \tag{3.12a}$

同时，角动量 L 满足卫星不脱离地球的条件，有

$$\frac{L^2}{\mu d_1} < 2 \tag{3.12b}$$

$\frac{L^2}{\mu}$ 称为圆形轨道的等效半径 h，或给定 L 的圆形轨道等效半径。因此，式(3.12a)和式(3.12b)将转化为

$$\frac{h}{d_1} > 1 \tag{3.12c}$$

和

第3章 卫星轨道

$$\frac{h}{d_1} < 2 \tag{3.12d}$$

为了表示公式左边部分超出1的量值，在公式的右端添加一个很小的量，记为ε'，以区别于传统的离心率ε，如

$$\frac{L^2}{\mu d_1} = 1 + \varepsilon' \tag{3.13a}$$

或 $$\frac{h}{d_1} = 1 + \varepsilon' \tag{3.13b}$$

由于$v_1 > \sqrt{\frac{\mu}{d_1}}$，因此会有一个额外的离心力作用于卫星，并且卫星的动能将超过维持卫星在半径为d_1的圆轨道上运行的动能。由于离心力的存在，卫星将会得到径向加速度，使其离开原来的圆形轨迹，获得向外的径向速度v_r。随着径向距离r逐渐增加，切向速度v_θ减小以保持L不变。当然，作用在卫星上的引力也会同时减小。因此，卫星在径向距离为r时的有效径向加速度为

$$f_r = \frac{v_\theta^2}{r} - \frac{\mu}{r^2} \tag{3.14a}$$

将v_θ用常量L表示，可得

$$f_r = \frac{L^2}{r^3} - \frac{\mu}{r^2} \tag{3.14b}$$

因为L和μ是有限的常量，且随着r变化而变化，等式右侧前者要比后者变化得快，因此必然存在一个有限的r值，使得这个力等于零。在这个点之外，合力会改变方向，并且保持朝向地球方向。所以，在半径为r_0时卫星受力平衡的条件变为

$$\frac{L^2}{\mu r_0} = 1$$

或 $$r_0 = h \tag{3.14c}$$

从上式可以看出，对于给定的角动量L，当卫星离地球中心的径向距离等于等效圆半径h时，离心力与引力达到平衡点。然而，到这个点时，即便此时卫星受力平衡，由于正的径向加速度使卫星运动至此，所以此时仍会有一个有限的径向速度使卫星朝向径向方向运动。

用式(3.13a)替换表达式$\frac{L^2}{\mu}$，可以发现受力平衡的条件变为

$$\frac{r_0}{d_1} = 1 + \varepsilon' \tag{3.15}$$

当r大于平衡点的距离时，受力方向将会翻转。如式(3.12c)和式(3.12d)所描述的，为了保证卫星不脱离地球，这种翻转必须在$d_1 < r_0 < 2d_1$时发生。很容易证明，对应两个临界状态，ε'值分别为0和1。

图3.4对上述轨道条件进行了解释。在初始时刻，卫星拥有额外的离心力，所以会向外运动。随着卫星向外运动，到达某一个点时受力将会平衡，不再有额外的离心力，而由于惯性的作用，即使卫星在这个平衡点，仍然会径向向外运动，即径向速度会使卫星继续向外运动。然而，随着它继续向外运动，引力的作用将超过离心力，卫星受到一个向心作用，速度逐渐减小。最后，径向速度逐渐减小到零，此时总的速度实际上就是切向速度。

如图 3.5 所示，假设卫星现在运行到最远的点 A_2，此时距离地球中心距离为 d_2，A_2 与 A_1 位于椭圆上的两个最远位置，相互对称。在该点以外的任何其他点上，卫星都会有一个径向速度分量。在 A_2 点上，由于向内的引力的作用，卫星将朝向 A_1 运动，径向速度逐渐增加。随着继续运动，切向速度使偏向角增大，当卫星径向距离又重新降到 r_0，实际有效的作用力又会改变方向，卫星将沿着椭圆轨道又一次重新回到 A_1 位置，并且一直循环重复下去。

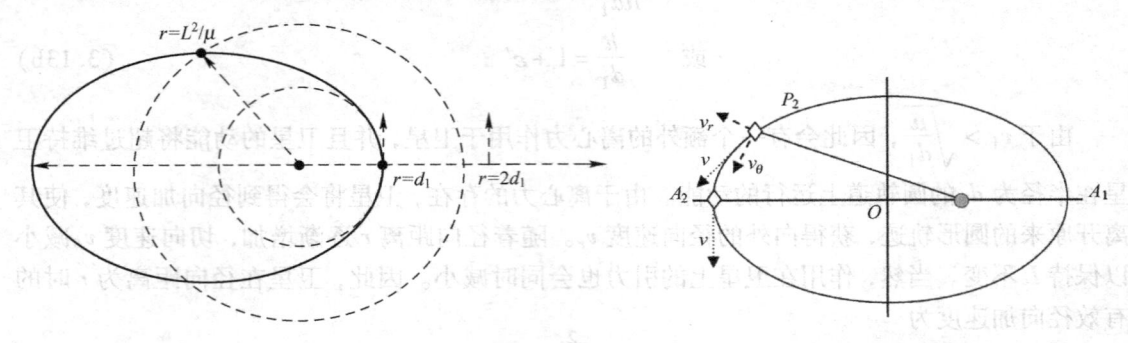

图 3.4　由 $\dfrac{L^2}{\mu}$ 决定的卫星轨道　　　图 3.5　卫星在椭圆轨道的速度分量

在 A_1 与 A_2 之间的任何一个中间位置的径向速度都可以通过牛顿动力学公式进行推导。当径向距离为 r 时，卫星的径向速度 $v_r(r)$ 由径向加速度推导（Strelkov，1978），如

$$f_r = \frac{v_\theta^2}{r} - \frac{\mu}{r^2}$$

$$\frac{\mathrm{d}v_r}{\mathrm{d}r}\frac{\mathrm{d}r}{\mathrm{d}t} = \frac{v_\theta^2}{r} - \frac{\mu}{r^2}$$

$$v_r \mathrm{d}v_r = \left(\frac{v_\theta^2}{r} - \frac{\mu}{r^2}\right)\mathrm{d}r$$

$$\frac{v_r^2}{2} = \int\left(\frac{v_\theta^2}{r} - \frac{\mu}{r^2}\right)\mathrm{d}r \tag{3.16}$$

当把径向速度为零的近地点作为卫星的初始位置，用 $\dfrac{L}{r}$ 替换 v_θ，由 $r=d_1$ 到 $r=r$ 对其进行积分，可得到

$$v_r^2 = -L^2\left(\frac{1}{r^2} - \frac{1}{d_1^2}\right) + 2\mu\left(\frac{1}{r} - \frac{1}{d_1}\right) \tag{3.17}$$

利用受力平衡条件，$r = \dfrac{L^2}{\mu}$，在受力平衡点，径向速度不为零，而是变为

$$v_r^2 = \frac{\mu^2}{L^2} + \frac{L^2}{d_1^2} - \frac{2\mu}{d_1} \tag{3.18}$$

为了使卫星受地球引力的控制，万有引力要大于向外的离心力，从而使径向速度重新朝向地球。因此，为了保证在 $r \geq d_1$ 的有限范围内，径向速度必须减为零，所以要满足

$$L^2\left(\frac{1}{r^2} - \frac{1}{d_1^2}\right) = 2\mu\left(\frac{1}{r} - \frac{1}{d_1}\right) \tag{3.19a}$$

这个公式将径向距离 r 和已知参数 L、μ 以及 $v_r = 0$ 时的 d_1 联系起来。显然，这个方程的一个解为 $r = d_1$，也就是设定的初始条件。另一个解为 $r = d_2$，即

$$\frac{L^2}{\mu} = \frac{2}{\dfrac{1}{d_2} + \dfrac{1}{d_1}}$$

或 $\quad \dfrac{2}{h} = \dfrac{1}{d_1} + \dfrac{1}{d_2}$ (3.19b)

椭圆上径向速度为零的点 d_1 和 d_2 就是椭圆的远地点和近地点，它们与地球中心的距离之和为两倍的半长轴 a。类似地，这两个长度的倒数之和是等效圆半径 h 倒数的两倍。由式(3.19b)可以得到

$$2\frac{d_1}{h} = 1 + \frac{d_1}{d_2} \tag{3.19c}$$

利用前面定义的 ε'，利用式(3.13a)转换得到

$$\frac{2}{1 + \varepsilon'} = 1 + \frac{d_1}{d_2}$$

或 $\quad \dfrac{d_1}{d_2} = \dfrac{2}{1 + \varepsilon'} - 1 = \dfrac{1 - \varepsilon'}{1 + \varepsilon'}$ (3.19d)

根据开普勒定律，卫星在一个闭合的椭圆轨道上运行时，在近地点和远地点的径向速度为零。因此，在实际的卫星轨道中，这两个值中较小的一个，即 d_1，称为近地点，而 $d_2 = \dfrac{1 + \varepsilon'}{1 - \varepsilon'} d_1$ 称为远地点。注意这两个值的比值 $\dfrac{d_2}{d_1}$ 是椭圆中远地点距离和近地点距离的比值。根据几何学，这个比值应该等于 $\dfrac{1 + \varepsilon}{1 - \varepsilon}$，如式(3.3c)所示，其中 ε 为椭圆的离心率。对比这两个表达式，可以看出定义的 ε' 实际上就是卫星椭圆轨道中的离心率 ε。因此，ε' 和 ε 是等价的。利用式(3.13b)，可得

$$d_1 = \frac{h}{1 + \varepsilon} \tag{3.20a}$$

此外，由式(3.3a)已知 $d_1 = (1 - \varepsilon)a$，因此，对比两个表达式可以看出，在给定 L 条件下椭圆轨道的半长轴 a 与等效圆轨道半径 h 之间存在着以下关系：

$$\frac{h}{1 + \varepsilon} = (1 - \varepsilon)a$$

或 $\quad h = (1 - \varepsilon^2)a$ (3.20b)

由此可见，尽管 h 大于近地点长度 d_1，但其总是小于 a。从式(3.13a)以及之前的讨论可以看出，椭圆轨道的离心率由 L 值和近地点距离决定。

前面已经推导出了径向速度 v_r 的表达式以及近地点和远地点的距离。在这两个点，径向速度为零，仅存在切向速度分量 v_θ。现在，针对卫星在近地点和远地点时的速度和能量，寻找一个更简单的表达式。从卫星总能量和角动量守恒这一事实出发可以解决这个问题。首先回顾一下卫星椭圆轨道，对于近地点 A_1，距离为 $d_1 = a(1 - \varepsilon)$，对于远地点 A_2，距离为 $d_2 = a(1 + \varepsilon)$，其中 a 为半长轴的长度。

设在这两个点的速度分别为 v_1 和 v_2，由角动量守恒有

$$v_1 d_1 = v_2 d_2$$

或

$$\frac{v_2}{v_1} = \frac{d_1}{d_2}$$

或

$$\frac{v_2}{v_1} = \frac{a(1-\varepsilon)}{a(1+\varepsilon)} = \frac{1-\varepsilon}{1+\varepsilon} \tag{3.21}$$

可以看出，这两个点的速度的比值也是离心率 ε 的函数，卫星的径向距离在 $(1+\varepsilon)a$ 和 $(1-\varepsilon)a$ 之间变化，卫星的速度也在相同的比例因子 $(1+\varepsilon)$ 和 $(1-\varepsilon)$ 之间变化。

通过前面的分析已经知道卫星的总能量是引力引起的势能和线速度产生的动能之和，因此在近地点和远地点，总的能量分别为

$$TE_1 = -\frac{\mu}{a(1-\varepsilon)} + \frac{1}{2}v_1^2 \tag{3.22a}$$

和

$$TE_2 = -\frac{\mu}{a(1+\varepsilon)} + \frac{1}{2}v_2^2 \tag{3.22b}$$

卫星在任意径向距离 r 处的势能为 $PE = -\frac{\mu}{r}$，动能为 $KE = \frac{1}{2}v^2$，其中 v 为相应点的卫星速度。

因为卫星总的能量是守恒的，因此这两个能量能够进行相互转换：

$$-\frac{\mu}{a(1-\varepsilon)} + \frac{1}{2}v_1^2 = -\frac{\mu}{a(1+\varepsilon)} + \frac{1}{2}v_2^2$$

或

$$-\frac{\mu}{a}\left\{\frac{1}{1-\varepsilon} - \frac{1}{1+\varepsilon}\right\} = \frac{1}{2}v_2^2 - \frac{1}{2}v_1^2$$

或

$$\frac{\mu}{a}\frac{2\varepsilon}{1-\varepsilon^2} = \frac{1}{2}v_1^2\left\{1 - \left(\frac{v_2}{v_1}\right)^2\right\}$$

或

$$\frac{\mu}{a}\frac{2\varepsilon}{1-\varepsilon^2} = \frac{1}{2}v_1^2\left\{1 - \frac{(1-\varepsilon)^2}{(1+\varepsilon)^2}\right\}$$

或

$$\frac{\mu}{a}\frac{2\varepsilon}{1-\varepsilon^2} = v_1^2 \frac{2\varepsilon}{1+\varepsilon^2}$$

或

$$v_1^2 = \frac{\mu}{a}\frac{1+\varepsilon}{1-\varepsilon} \quad \text{即} \quad v_1 = \sqrt{\frac{\mu}{a}}\sqrt{\frac{1+\varepsilon}{1-\varepsilon}} \tag{3.23}$$

同理，v_2 的表达式为

$$v_2 = \frac{1-\varepsilon}{1+\varepsilon}v_1 = \sqrt{\frac{\mu}{a}}\sqrt{\frac{1-\varepsilon}{1+\varepsilon}} \tag{3.24}$$

因此，卫星在近地点的速度是卫星保持圆轨道运动所需速度的 $\sqrt{\frac{1+\varepsilon}{1-\varepsilon}}$ 倍，远地点速度 v_2 是这个速度的 $\sqrt{\frac{1-\varepsilon}{1+\varepsilon}}$ 倍，远地点速度比近地点小。所以，椭圆轨道形状可以通过在近地点 A_1 卫星速度为 v_1 或在远地点 A_2 卫星速度为 v_2 时获得。当椭圆轨道形成后，这个形状将一直保持不

变,除非有其他的干扰使卫星的能量发生改变。相关的干扰因素将在 3.3 节讨论。

由此可以得出以下结论:当卫星的径向距离为 d 时,给予卫星一个切向速度,则卫星的角动量变为 L,当相应的离心加速度超过万有引力或不能平衡万有引力时,卫星将沿一个椭圆轨道运动,且离心率为 ε,$r_0/d = 1 + \varepsilon$ 或 $r_0/d = 1 - \varepsilon$,其中 r_0 为等效圆轨道半径。

因为卫星总能量是守恒的,因此它的总能量可以由任意点获得。例如 A_1 点处的总能量为

$$E_{A1} = -\frac{\mu}{d_1} + \frac{1}{2}v_1^2 = -\frac{\mu}{a(1-\varepsilon)} + \frac{1}{2}\frac{\mu}{a}\frac{1+\varepsilon}{1-\varepsilon}$$

$$= -\frac{1}{2}\frac{\mu}{a}\left(\frac{2}{1-\varepsilon} - \frac{1+\varepsilon}{1-\varepsilon}\right)$$

$$= -\frac{1}{2}\frac{\mu}{a} \tag{3.25}$$

这个表达式的结果仅仅取决于半长轴 a,与离心率 ε 相互独立,这个值等于半径为 a 的圆轨道卫星的总能量。下面将从另一个角度进行分析。

卫星在近地点 $r = a(1-\varepsilon)$ 处的动能与半径为 a 的圆轨道卫星动能之差为

$$\delta E_k = \frac{1}{2}\frac{\mu}{a}\left(\frac{1+\varepsilon}{1-\varepsilon} - 1\right) = \frac{1}{2}\frac{\mu}{a}\frac{2\varepsilon}{1-\varepsilon}$$

$$= \frac{\mu}{a}\frac{\varepsilon}{1-\varepsilon} \tag{3.26}$$

势能之差为

$$\delta E_p = -\frac{\mu}{a(1-\varepsilon)} + \frac{\mu}{a} = -\frac{\mu}{a}\left\{\frac{1}{1-\varepsilon} - 1\right\}$$

$$= -\frac{\mu}{a}\frac{\varepsilon}{1-\varepsilon} \tag{3.27}$$

可以看出,动能差和势能差的绝对值相等,符号相反,因此两种能量差相互抵消了。近地点卫星的总能量与半径为 a 的圆轨道卫星的能量相同,如式(3.9)所示。虽然这个推导仅仅是在近地点这个特殊位置上得到的,对于其他位置,尽管能差不同,势能差与动能差仍然互为相反数。

式(3.25)也表明减小卫星能量会使半长轴 a 减小,但是随着径向距离的减小,轨道速度会增加。所以,与我们的通常理解不相符的是,减小卫星能量反而会使卫星的速度增加,从而使径向距离减小。

当卫星的轨道形状由 a,b 或 ε 确定之后,将进一步定义卫星在轨道中的位置,所需的主要参量是卫星与椭圆轨道焦点或中心连线的角度,因此在接下来的讨论中,定义以下 3 个角度(Maral and Bousquet, 2006; Pratt et al., 1986)。

3.1.2.1 真近点角(ν)

卫星真近点角定义为:卫星椭圆轨道中,卫星与近地点到轨道焦点的连线之间的夹角,如图 3.6 所示,且以卫星运动的方向角度为正方向。

设 ν 为真近点角,卫星轨道上任意一点的径向距离 r 为 ν 的函数,可表示为

$$r = \frac{a(1-\varepsilon^2)}{1+\varepsilon\cos\nu} \tag{3.28a}$$

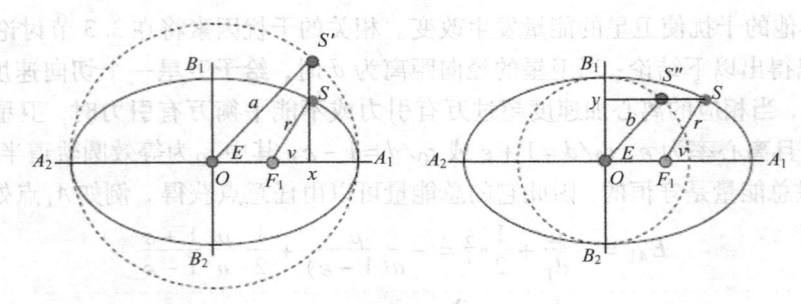

图 3.6 真近点角与偏近点角

可以通过比较 $\nu=0°$ 与 $\nu=180°$ 这两种情形来简单证明上式，也可以利用圆形轨道，即 $\varepsilon=0$ 的情形来证明。在练习 3.1 中给出了卫星轨道参数随真近点角变化的 MATLAB 仿真图。

练习 3.1　MATLAB 练习

运行 MATLAB 程序 orbit.m，可以得到卫星径向距离、法向和切向速度、角动量以及动能和势能随真近点角变化的仿真图。当初始近地点高度为 7000 km 时，如果 L 的值超过了圆轨道所需值的 1.25 倍，就会得到图 M3.1 所示的结果。

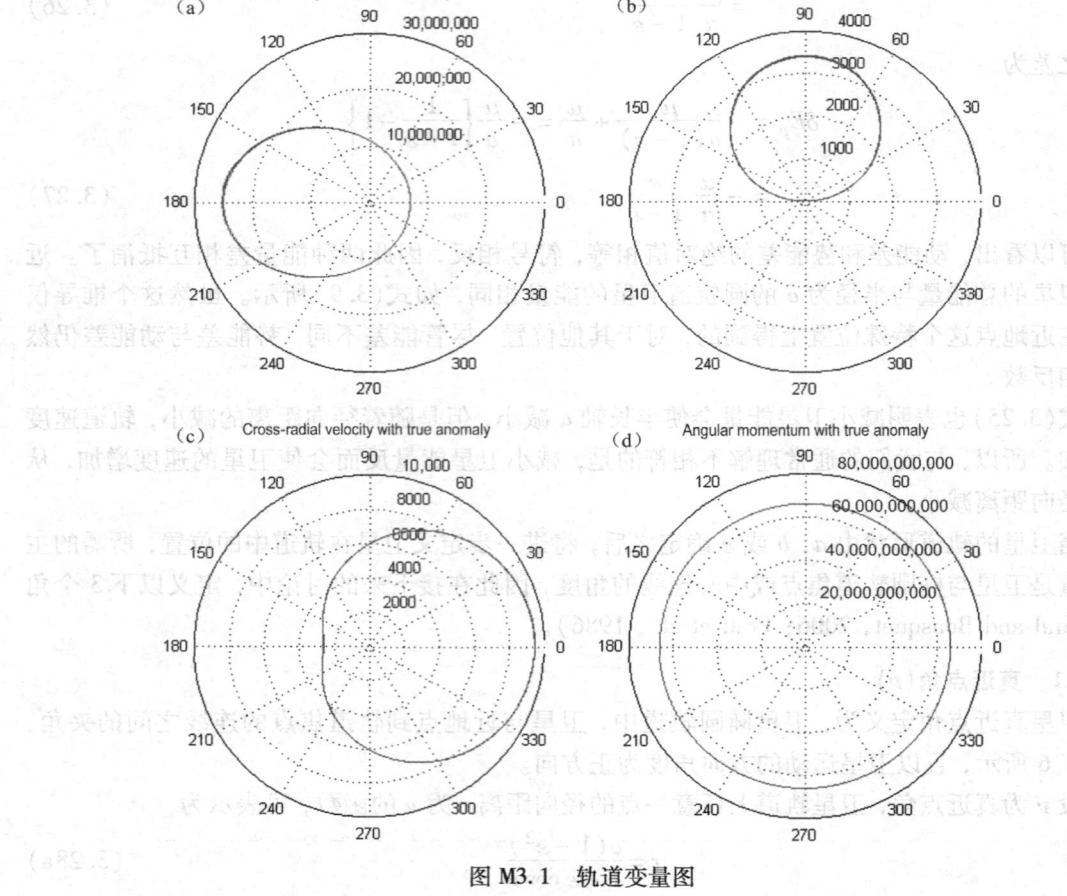

图 M3.1　轨道变量图

改变轨道高度和其他参数,并运行程序。查看当比例因子超过1.3时会产生什么结果。运行程序,可以近似得到近地点高度和远地点高度的比值。计算半长轴 a,并利用它与 ε 的表达式进行比较。

3.1.2.2 偏近点角(E)

以偏心率为 ε,半长轴为 a 的椭圆轨道的中心为原点,建立笛卡儿坐标系,如图 3.6 所示,x 轴为半长轴上指向近地点的方向,y 轴为半短轴方向。椭圆上任意一点的坐标 x,y 之间满足椭圆方程

$$\frac{x^2}{a^2}+\frac{y^2}{b^2}=1 \tag{3.28b}$$

为了理解偏近点角,先建立一个以坐标系原点为圆心,以 a 为半径的圆,这个圆称为给定椭圆的外接圆。假设卫星 S 在一个椭圆轨道上,S' 在外接圆上,并与 S 有相同的 x 坐标。

S' 与坐标轴原点的连线和 x 轴之间的夹角称为偏近点角 E。沿着卫星运动的方向,偏近点角逐渐增大。类似地,考虑一个以坐标系原点为中心,以 b 为半径的圆,圆上有一点 S'' 与 S 有相同的 y 坐标,S'' 与原点的连线和 x 轴之间也会得到相同的角。

x 和 y 也可以表示为

$$\begin{aligned} x &= a\cos E \\ y &= b\sin E = a\sqrt{1-\varepsilon^2}\sin E \end{aligned} \tag{3.29}$$

图 3.6 显示了真近点角 ν 与偏近点角 E 之间的关系,由于两种情况的 x 轴投影保持相同,因此关系可以表示为

$$a\cos E = a\varepsilon + r\cos\nu \tag{3.30a}$$

将等式两边同时除以 a,替换掉 r,得到

$$\cos E = \varepsilon + \frac{(1-\varepsilon^2)\cos\nu}{1+\varepsilon\cos\nu}$$

或 $$\cos E = \frac{\varepsilon + \cos\nu}{1+\varepsilon\cos\nu} \tag{3.30b}$$

反之 $$\frac{\cos E - \varepsilon}{1-\varepsilon\cos E} = \cos\nu \tag{3.30c}$$

由此可见,ν 和 E 可相互推导,而径向距离 r 可以由偏近点角 E 表示为

$$r = a(1-\varepsilon\cos E) \tag{3.31}$$

另外,值得注意的是,S' 是 S 的一个投影,S 在椭圆轨道上运行一圈所用的时间与 S' 在圆轨道上运行一圈所用的时间相等。

3.1.2.3 平近点角(M)

由开普勒第三定律可知,卫星绕地球运行一周的时间只与轨道的半长轴有关,与离心率无关。具有任意离心率 ε 且半长轴为 a 的 S_1 卫星绕地球一圈的时间与半径为 a 的圆轨道 S_2 卫星的运动周期相同。因此,在图 3.7 中,卫星 S_1 和 S_2 具有相同的轨道周期,因为它们具有相同的半长轴 $OA_1 = a$。假设两颗卫星在 T_0 时刻同时从 A_1 出发,沿着各自的轨道运行,则将同时在 T_1 时刻回到 A_1 点。尽管卫星的运行受焦点处作用力的影响,但无论焦点偏离中心(如

S_1),或者正好在中心(如 S_2),上述结论都成立。

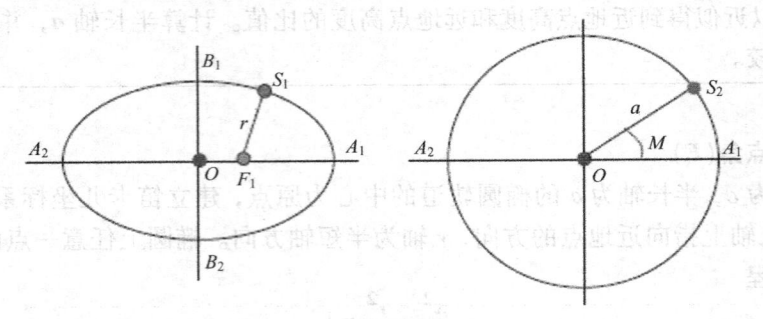

图 3.7 平近点角与真近点角

这是因为在近地点附近,卫星 S_1 距离地球更近,其运动速度比 S_2 快。当 S_1 运动到远地点 A_2 附近时,径向距离比 a 大,S_1 比 S_2 运动的慢。这也可以从之前讨论过的角动量 $v \times r$ 守恒中推导出来。

因为两颗卫星在相同的时间内运行的角度相等,椭圆轨道中卫星 S_1 的平均角速度等于圆轨道中卫星 S_2 的恒定角速度。所以,在考虑角运动情况下,圆轨道卫星 S_2 所做的运动可以当成具有相同半长轴的椭圆轨道卫星的平均运动。事实上,两颗卫星在时刻 t 的瞬时角度并不相等,相比于卫星 S_1,卫星 S_2 与焦点连线所转的角度更容易计算。这两个角度之间有什么联系呢?试着从两个卫星在相同时间内扫过的面积出发来推导它们之间的关系,如果能够推导出来,则由一颗卫星运行角度可以直接得出另一颗卫星运行角度。

首先,考虑从 $t=0$ 开始,卫星 S_1 和 S_2 同时从它们的近地点出发,之后的任何一个时段 t 内的卫星平近点角 M 与卫星 S_2 在该时段内运行的角度相同,设卫星 S_1 的偏近点角为 E。

为了建立两颗卫星所扫过角度之间的关系,先考虑在一个周期 T 内,卫星 S_1 和 S_2 扫过的面积分别为 D_1 和 D_2

$$D_1 = \pi ab$$

和 $\quad D_2 = \pi a^2 \quad$ (3.32)

根据开普勒第二定律,卫星在相同时间间隔内扫过的面积相等,因此卫星 S_1 和 S_2 扫过的面积率为

$$\dot{D}_1 = \frac{D_1}{T} = \frac{\pi ab}{T}$$

$$\dot{D}_2 = \frac{D_2}{T} = \frac{\pi a^2}{T} \quad (3.33)$$

所以,尽管两颗卫星不同,但它们各自每秒扫过的面积是一个常量,并且扫过的面积是时间的线性函数。从 $t=0$ 到任何时刻 t 的时间段内,卫星 S_1 和 S_2 所扫过的面积为

$$\Delta_1 = A_1 F_1 S_1 = \left(\frac{\pi ab}{T}\right)t$$

$$\Delta_2 = A_1 O S_2 = \left(\frac{\pi a^2}{T}\right)t$$

所以

$$\frac{\Delta_1}{\Delta_2} = \frac{b}{a} \quad (3.34)$$

第 3 章 卫星轨道

由此可见，卫星 S_1 和 S_2 在各自轨道上扫过的面积之比为 $b:a$。

在半径为 a 的圆轨道上的卫星 S_2 拥有一个恒定的角速度 $\omega = \sqrt{\dfrac{\mu}{a^3}} = n$。以经过近地点时刻为开始时刻，在时刻 t 卫星扫过的角度为 $M = n \times t$，由于该角度由匀速运动产生，这个角度在椭圆轨道中称为平近点角。

利用它们扫过面积之间的关系，很容易得到匀速运动扫过的面积的关系式为 $\Delta_2 = \dfrac{1}{2} M a^2$。

此外，考虑图 3.8 中的几何关系，卫星 S 在其椭圆轨道上，S' 在其外接圆上。考虑面积 $A_1 F_1 S$ 和 $A_1 F_1 S'$，它们分别是 S 和 S' 扫过的面积。从几何图形中可以得出

$$A_1 F_1 S = A_1 X S - X F_1 S \qquad (3.35\text{a})$$

和

$$A_1 F_1 S' = A_1 X S' - X F_1 S' \qquad (3.35\text{b})$$

此时，有

$$\frac{A_1 X S}{A_1 X S'} = \int_x^{A_1} y\,\mathrm{d}x \Big/ \int_x^{A_1} y'\,\mathrm{d}x$$

$$= \int_x^{A_1} b\sqrt{1-\left(\frac{x}{a}\right)^2}\,\mathrm{d}x \Big/ \int_x^{A_1} a\sqrt{1-\left(\frac{x}{a}\right)^2}\,\mathrm{d}x$$

$$= \frac{b}{a} \qquad (3.36)$$

图 3.8 真近点角和平近点角的关系图

这里使用椭圆方程 $\dfrac{y^2}{b^2} = 1 - \dfrac{x^2}{a^2}$，对于外接圆，有 $\dfrac{y^2}{a^2} = 1 - \dfrac{x^2}{a^2}$，因此有

$$\frac{XF_1 S}{XF_1 S'} = \frac{XS}{XS'} = \frac{y}{a\sin E} = \frac{b\sin E}{a\sin E} = \frac{b}{a}$$

因此

$$\frac{A_1 F_1 S}{A_1 F_1 S'} = \frac{(A_1 X S - X F_1 S)}{(A_1 X S' - X F_1 S')} = \frac{b}{a} \qquad (3.37\text{a})$$

所以，面积 $A_1 F_1 S$ 和 $A_1 F_1 S'$ 的比值为 $b:a$，而 $A_1 F_1 S$ 是卫星与其焦点连线真正扫过的面积（即 $A_1 F_1 S = \Delta_1$），

$$\frac{\Delta_1}{A_1 F_1 S'} = \frac{b}{a} = \frac{\Delta_1}{\Delta_2} \qquad (3.37\text{b})$$

设 $A_1 F_1 S' = \Delta_2$，做匀速运动的卫星在同样时间内扫过的面积依然等于 $\dfrac{1}{2} M a^2$，所以

$$A_1 F_1 S' = \frac{1}{2} M a^2 \qquad (3.37\text{c})$$

利用之前推导的几何形状中的等价关系，有

$$A_1F_1S' = AOS' - OF_1S' = \frac{1}{2}Ea^2 - \frac{1}{2}a\varepsilon a\sin E$$

因此

$$\frac{1}{2}Ma^2 = \frac{1}{2}Ea^2 - \frac{1}{2}a\varepsilon a\sin E$$

$$M = E - \varepsilon\sin E \tag{3.38}$$

这就是开普勒方程,从中可以看出,当 $E=0$ 和 $E=\pi$ 时,平近点角和偏近点角相等。在前两个 1/4 周期, M 在 E 的后面,在后面两个 1/4 周期, M 在 E 的前面,通常使用迭代的方法通过 M 求解 E。

综上所述,真近点角、偏近点角、平近点角这三个参数是等价的,因为它们都可以通过其他任何一个参数推导出来。当知道半长轴的大小之后,就可以知道卫星做匀速运动的角速度,由卫星从近地点开始到当前时刻的运行时间可以推导出平近点角 M。由之前推导的关于离心率的方程,可以推导出偏近点角 E。进一步讲,由偏近点角和真近点角之间的关系,就很容易推导出真近点角。因此,知道半长轴、离心率以及从近地点开始运行的时间,就能推导出真近点角,进而推导出卫星在轨道中的位置,要确定一个卫星在其轨道中的位置,必须知道这三个参数的值。

3.2 卫星轨道相对地球的方向参数

到目前为止,仅仅定义了卫星轨道的形状以及卫星相对近地点的位置。为了确定卫星在大地参考系中的位置,除定义卫星在其轨道中的位置,还需要确定轨道相对于地球的方位。第 1 章讨论过以地球为中心的惯性坐标系(ECI),这里需要在该坐标系中定义轨道方向。

考虑以地球中心为原点建立的 ECI 坐标系,按照 ECI 的定义,该坐标原点随着地球的运动而移动,但是坐标轴在空间中的方向不随地球旋转或移动而发生改变。

3.2.1 轨道方向参数

首先需要定义一些参数,以确定 ECI 坐标系下轨道形状以及卫星在轨道中的位置(Maral and Bousquet, 2006, Pratt et al., 1986)。图 3.9 描述了轨道方位参数。要理解这些参数的定义,首先要明确一点,由于地球中心在轨道的焦点上,所以它同时位于轨道平面和赤道平面。轨道平面是一个无限大的平面,它经过地球质心,并包含卫星轨道。为了确定卫星轨道平面相对于赤道平面的方位,先定义两个参数:倾角 i 和升交点赤经 Ω。

3.2.1.1 倾角(i)

卫星轨道平面和赤道平面(即坐标系的 xy 平面)之间有一个固定的夹角,称为倾角。我们已经知道卫星轨道焦点和地球质心在赤道平面上重合,因此,如果在焦点处画轨道平面的垂直向量,它与垂直于赤道平面的 z 轴正方向所成的锐角就称为倾角。

3.2.1.2 升交点赤经(Ω)

事实上,对于相对地球赤道平面具有不同方位角的轨道平面,其焦点处轨道平面的法线与 z 轴的夹角可能相同(即倾角相同)。因此,对于倾角相同的轨道,其方位可能不相同。这样,轨道平面方位还需要由升交点赤经来确定。

第3章 卫星轨道

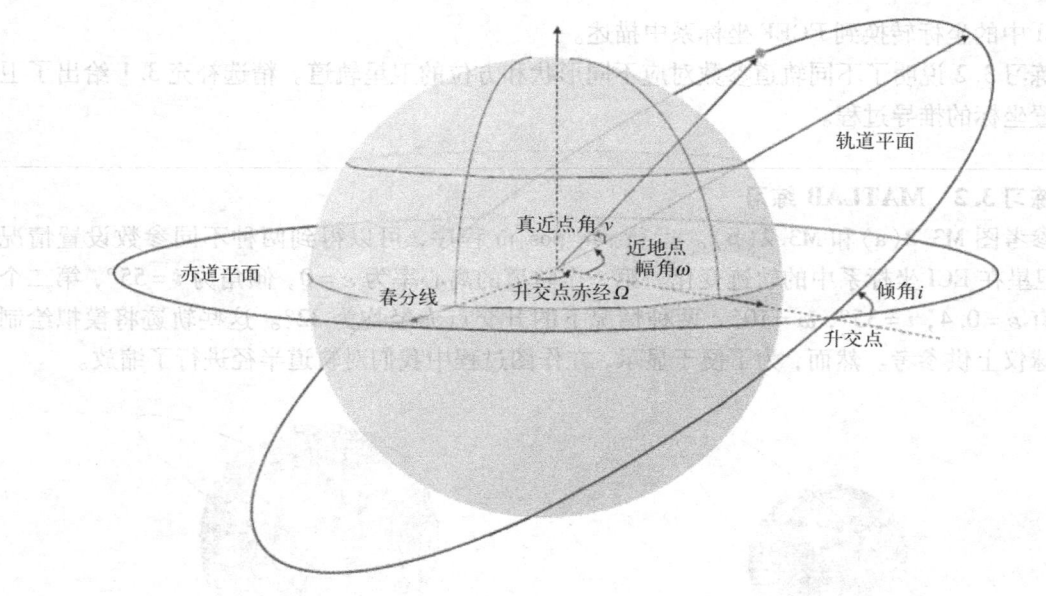

图 3.9 轨道方向参数

轨道平面与赤道平面相交于一条穿过地球质心（ECI 坐标系的原点）的直线。这条直线同时在赤道平面和轨道平面上，与卫星轨道相交于两点：卫星经过其中一点由南半球向北半球方向运动，经过另外一点由北半球向南半球运动。第一个交点称为升交点，第二个称为降交点。升交点赤经定义为：地球质心到升交点方向的向量与 ECI 坐标系中 x 轴正方向之间的顺时针方向夹角。升交点赤经（RAAN）就是卫星升交点在 ECI 坐标系中的经度，它确定了卫星轨道的方位角。

这两个参数确定了卫星轨道平面与赤道平面的相对方位。然而，这些参数仍无法完全确定实际轨道方位，还需要一个近地点幅角参数。

3.2.1.3 近地点幅角（ω）

定义倾角和升交点赤经之后，已固定了轨道平面相对于地球的方位，但是轨道本身还是不能完全确定。在一个确定的轨道平面中，半长轴方向不同对应不同的轨道。给定一个倾角和升交点赤经，某个轨道的半长轴与焦点处的轨道面与赤道面交线可能垂直，同时有可能存在另一个轨道，其半长轴与交线之间的角度却并不是 90°，这样就产生了两个不同的轨道。

近地点幅角是指轨道平面上升交点与近地点之间的地心夹角。

通过以上分析，只需要五个参数（$a, \varepsilon, i, \Omega$ 和 ω）就可以完全确定空间中的一个卫星轨道。进一步讲，卫星在轨道中相对于近地点的位置可以由真近点角 ν 表示，而 ν 可以通过平近点角 M 和偏近点角 E 得到，平近点角又可以由半长轴 a 和时间来计算。

近地点幅角 ω 与真近点角 ν 之和就是卫星位置与升交点之间的地心夹角。这个角也称为升交距角或纬度 u（Maral and Bousquet, 2006）。在没有近地点的圆形轨道中，该角度很有用。

在定义完这几个参数之后，轨道在空间中相对地球的方位就基本固定了，即在地心惯性（ECI）坐标系中的方位也基本固定了。但是当地球旋转时，轨道相对于地心地固（ECEF）坐标系的方位就会发生变化。因此，为了方便起见，通常在考虑地球旋转运动的前提下，需要将 ECI 中的坐标转换到 ECEF 坐标系中描述。

练习 3.2 说明了不同轨道参数对应不同形状和方位的卫星轨道。精选补充 3.1 给出了卫星位置坐标的推导过程。

▷ **练习 3.2　MATLAB 练习**

参考图 M3.2(a) 和 M3.2(b)。运行 sat_pos.m 程序，可以得到两种不同参数设置情况下，卫星在 ECI 坐标系中的轨迹变化。第一个轨道的离心率为 $\varepsilon=0$，倾角为 $i=55°$，第二个轨道有 $\varepsilon=0.4$，$i=35°$，$\omega=10°$。两种情况下的升交点赤经均为 $32°$。这些轨迹将模拟绘制在地球仪上供参考。然而，为了便于显示，在作图过程中我们对轨道半径进行了缩放。

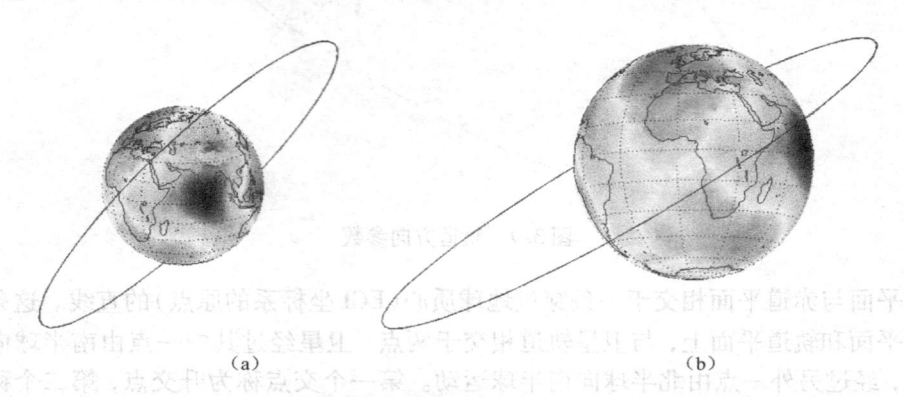

(a)　　　　　　　　　　(b)

图 M3.2　不同的轨道形状

程序中采用非线性最小二乘法分析偏近点角的变化情况。也可以用牛顿迭代法来分析。

改变离心率、升交点赤经、径向距离和比例因子，再次运行程序，观察当参数变化时会产生什么结果。受尺寸比例影响，轨道可能无法完全显示在地球仪上。 ◁

▷ **精选补充 3.1　卫星位置坐标的推导**

我们已经知道如何利用半长轴和经过近地点的时间计算平近点角 M，由平近点角 M 和偏近点角 E 可以得到真近点角 ν。利用真近点角 ν 和其他五个轨道参数，可以计算卫星在 ECI 坐标系中的坐标(Spilker, 1996a)。设定一个以轨道焦点为中心的笛卡儿坐标系，其 x 轴在轨道平面上并指向近地点，y 轴也在轨道平面上。卫星在该笛卡儿坐标系中的坐标表示为

$$x = r\cos\nu = \frac{a\{1-\varepsilon^2\}}{1-\varepsilon\cos\nu}\cos\nu$$

$$y = r\sin\nu = \frac{a\{1-\varepsilon^2\}}{1-\varepsilon\cos\nu}\sin\nu$$

将这个坐标转换到另外一个参考系中，其 x 轴在轨道平面上指向升交点方向，y 轴垂直于 x 轴，同时也位于轨道平面上。因为近地点幅角 ω 是上述两个坐标系中 x 轴之间的夹角，因此卫星在新坐标系中的坐标可变为

$$x_1 = x\cos\omega - y\sin\omega = r\{\cos\nu\cos\omega - \sin\nu\sin\omega\} = r\cos(\nu+\omega) = r\cos u$$

$$y_1 = x\sin\omega + y\cos\omega = r\{\sin\nu\cos\omega + \cos\nu\sin\omega\} = r\sin(\nu+\omega) = r\sin u$$

第3章 卫星轨道

其中,$v+\omega$为升交距角u,从这个表达式很容易看出,距离向量在这个角上进行了分解和映射。

因此,考虑另外一个参考坐标系,其中x轴沿着升交点的方向,y轴垂直于x轴,并位于赤道平面上,z轴垂直于赤道平面并指向北极方向。这个坐标系是前一个参考坐标系沿着x轴旋转了一个倾角i的角度。卫星在该坐标系中的坐标为

$$x_2 = r\cos u$$
$$y_2 = r\sin u\cos i$$
$$z_2 = r\sin u\sin i$$

实际上,我们只是将y_1向量分解到了赤道平面和垂直于赤道平面的z方向。

若将坐标再转化到ECI坐标系,也就是将上述坐标沿着z轴旋转Ω的角度,则这些向量变为

$$x_i = r\{\cos u\cos\Omega - \sin u\cos i\sin\Omega\}$$
$$y_i = r\{\cos u\sin\Omega + \sin u\cos i\cos\Omega\}$$
$$z_i = r(\sin u\sin i)$$

利用它们之间的内在关系,表达式变为

$$x_i = a\frac{1-\varepsilon^2}{1-\varepsilon\cos v}\{\cos(v+\omega)\cos\Omega - \sin(v+\omega)\cos i\sin\Omega\}$$
$$y_i = a\frac{1-\varepsilon^2}{1-\varepsilon\cos v}\{\cos(v+\omega)\sin\Omega + \sin(v+\omega)\cos i\cos\Omega\}$$
$$z_i = a\frac{1-\varepsilon^2}{1-\varepsilon\cos v}\{\sin(v+\omega)\sin i\}$$

为了将坐标转换到ECEF坐标系,还需要另外一个关于z轴的旋转变换,其中旋转变换的角度为此时ECI坐标系中x轴在ECEF坐标系中的经度。

3.3 卫星轨道摄动

虽然轨道的六个参数能够确定卫星在ECI坐标系中的位置,但是该理论仅仅在几个理想假设成立的前提下才正确,其假设为:

1. 地球是一个密度均匀的球体;
2. 系统中没有外力作用于地球和卫星;
3. 卫星的质量相对于地球来说很小。

实际上,这些假设并不完全成立。这些差异导致了卫星摄动。下面列出了一些重要的影响因素。

3.3.1 摄动参数

3.3.1.1 地球不均匀性

在之前的讨论中,我们都假设地球是一个标准的密度均匀的球体。事实上,它的形状是

一个密度不均匀的扁球体。因此，地球的质心并不在它的几何中心。卫星在绕地球旋转过程中会受到大小不同的引力作用，其相对于地球质心的真实距离将会发生改变。具体而言，地球质心会偏向密度较大的区域，卫星在经过地球密度较大的区域时，由于离地球质心更近，受到更大的引力，从而拉近了卫星与地球的距离，并使卫星速度提高，偏离之前设计的卫星轨道。即便这种影响比较小，也会影响到轨道的形状及其坐标轴方向。

3.3.1.2 外力

在地球和卫星附近，存在着许多其他的天体，而其中对卫星运动影响最大的就是月球和太阳。这主要是因为太阳的质量比较大，而卫星与月球的距离比较近，它们都可以产生较大的引力，将卫星拉离它本来的轨道。不仅如此，它们还会改变卫星轨道的倾角、升交点赤经以及近地点幅角，这些影响的大小取决于卫星与这些干扰天体之间的位置，我们所期望的是这些影响越小越好。

3.3.1.3 气动阻力

尽管卫星所在高度的大气比较稀薄，但卫星运动过程中还是会受到与其运动方向相反的大气阻力。在200～400 km的低空高度，这种阻力很明显，而在3000 km的高空之外，大气阻力就会非常小。大气阻力的影响将会持续减小卫星的能量，进而减小轨道的半长轴。对于圆轨道将会保持圆形，但是对于椭圆轨道，偏心率将会减小，并最终变为圆轨道。

3.3.1.4 辐射压力

太阳辐射作用于卫星上，对卫星产生了一个外在的压力。卫星的太阳能电池板一直处于打开状态，并且与太阳辐射的方向保持垂直以获得最大的太阳能，这样也使卫星受到了最大的太阳辐射压力。这个压力使得当卫星靠近太阳运动时，对它产生阻碍，当卫星远离太阳运动时，可以增大它的能量。因此，这种压力也会改变卫星的轨道参数。

在以上描述的影响因素中，地球的不规则性和外部天体引力的影响虽然可以改变卫星轨道，但是它们不会改变卫星的总能量，而其他的摄动因素则会减小卫星的能量。

3.3.2 轨道摄动对系统的影响

由于各种因素的影响，卫星在空间中的运动轨迹将不是一个方位固定的闭合椭圆，而是一个在形状和方位上持续变化的开放的曲线。这些摄动可以建立成一个一阶偏导模型。由于这些摄动对于轨道的影响表现为轨道参数的变化，因此要更准确地描述卫星的位置，需要一些附加参数，例如$\frac{da}{dt}$，$\frac{d\varepsilon}{dt}$，$\frac{di}{dt}$，$\frac{d\Omega}{dt}$和$\frac{d\omega}{dt}$等。由于用户位置的预测需要卫星位置，所以考虑这些参数的变化对最终用户位置的精确估计非常重要。

由前面章节的讨论可知，只有在理想条件下的二体问题中，开普勒椭圆轨道才是精确的。由于摄动力的存在，轨道参数会发生变化，因而需要增加一些修正项。因此，卫星导航系统中卫星定位所需的经典参数不仅仅是6个开普勒轨道参数，增加的参数可以使轨道的估计更加精确，至少对于一阶摄动是有效的。带有摄动项的开普勒轨道参数是由地面的控制设备进行估计的，它们构成了卫星的星历。正如在第2章提到的，轨道参数可以通过伪距测量得到，利用卡尔曼滤波和最小二乘曲线对卫星轨道进行拟合。

3.4 不同类型的轨道

由前面的章节可知，轨道参数可以确定卫星轨道的方位和形状。例如，半长轴决定了轨道周期和轨道范围，离心率决定了轨道的形状，倾角和升交点赤经决定了轨道的方位。卫星轨道可以根据这些独立参数进行分类。

最常见的分类准则就是按照轨道半径及其半长轴（当轨道不是圆形时）进行定义，一般来说，有三种类型的轨道：低轨道（LEO）、中轨道（MEO）和地球同步轨道（GSO）。下面分别对这几类轨道进行描述。

低轨道卫星位于距离地球表面 500~1500 km 之间的高度。因为离地球比较近，这些轨道上的卫星的运行周期较小，在 1.5~2 h 之间。由于这些轨道上的卫星距离地球比较近，它们拍摄的图片具有较高的分辨率，并且可以接收较强的反射信号，所以它们常用来作为遥感卫星。然而，由于这些卫星运行过程中需要克服较大的大气阻力，它们的平均寿命比其他卫星小得多，大约只有 2~5 年。很明显的是，卫星与地球距离越近，其绕地球旋转的角速度越大，有些甚至超过了地球自转的速度，这样地球上的任意一点对卫星的观测时间就比较短，每次从观测点上空经过时的观测时间为 10~15 min。

中轨道卫星的轨道半径在 8000~25 000 km 范围内，相应的轨道周期在 2~12 h 之间，每次从地球上空经过时的观测时间为若干小时。这些卫星通常用于导航或者手机通信服务。然而，该范围中的部分轨道区域无法用于发射卫星，原因是这一区域的空间环境比较恶劣，含有大量的高能带电粒子，这一区域称为范艾伦带（Tascoine，1994）。

地球同步轨道卫星离地球表面的距离固定，圆形轨道，并且其角速度等于地球自转角速度。所以，卫星绕地球 24 h 旋转一周。因此，卫星始终保持着相同的经度。根据应用的需求，地球同步轨道卫星可以拥有不同的倾角，倾角越大，它在赤道两侧扫过的纬度越大。由于东西方向的旋转速度的不同，卫星在地球表面的轨迹形成一个"8"字形。这类卫星距离地球表面 36 000 km，由于高度比较高，这些卫星需要很大的发射能量，但同时也获得了非常大的覆盖范围。

地球静止轨道卫星是倾角为零的同步轨道卫星，它们固定在赤道平面上，并且保持在赤道某固定点的上方，这些卫星一般用于提供固定通信服务。

与圆轨道或近圆轨道不同，一些轨道可以按照它们的离心率进行分类。轨道离心率大的卫星可用于高纬度地区的通信。这些轨道的离心率 ε 在 0.8~0.9 之间，因而近地点与远地点距离之比大于 10。根据开普勒定律，卫星在单位时间内扫过的面积相同，卫星在距离地球较近时速度较快，而在距离地球较远时，运动速度较慢。当卫星处在远地点时，运动最慢，可见时间最长，因此这些卫星可以用于高纬度地区，并且将远地点指向合适的区域，以得到更长的卫星可见时间。

对于不同的轨道，卫星与地球的距离决定了它的重复周期，也决定了卫星在地球上空同一地点重复出现的次数。图 3.10 描述了随着卫星与地球之间的距离变化，这两个参数的变化情况。

假设由卫星向地球表面作一条垂线，如果地球与卫星之间有相对运动，那么它与地球表面的交点将不断改变。这个点的轨迹将形成卫星的地面轨迹。练习 3.3 给出了地球同步轨道卫星的地面轨迹形成过程。

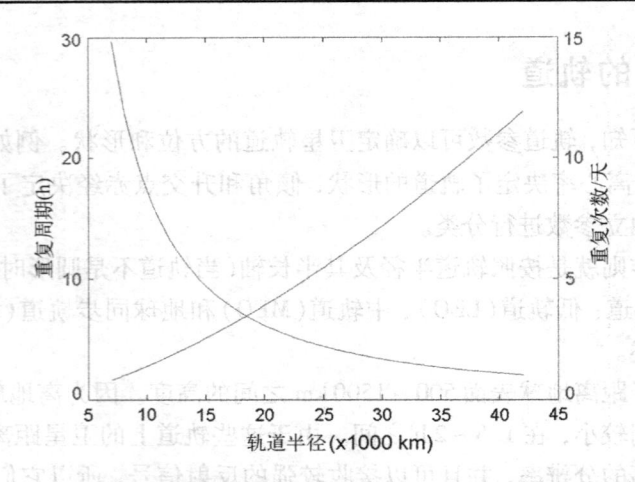

图 3.10　卫星运行周期及每天重复次数随卫星轨道距离变化的情况

▶ **练习 3.3　MATLAB 练习**

运行 MATLAB 程序 ground_trace.m，可以得到倾角 i 为 35°，与赤道相交点的经度为 74°E 的地球同步圆轨道。如图 M3.3 所示，注意到图中的"8"字形状。改变初始条件为：$\varepsilon = 0.07$，$\omega = 15°$，$i = 55°$，升交点赤经为 274°E。

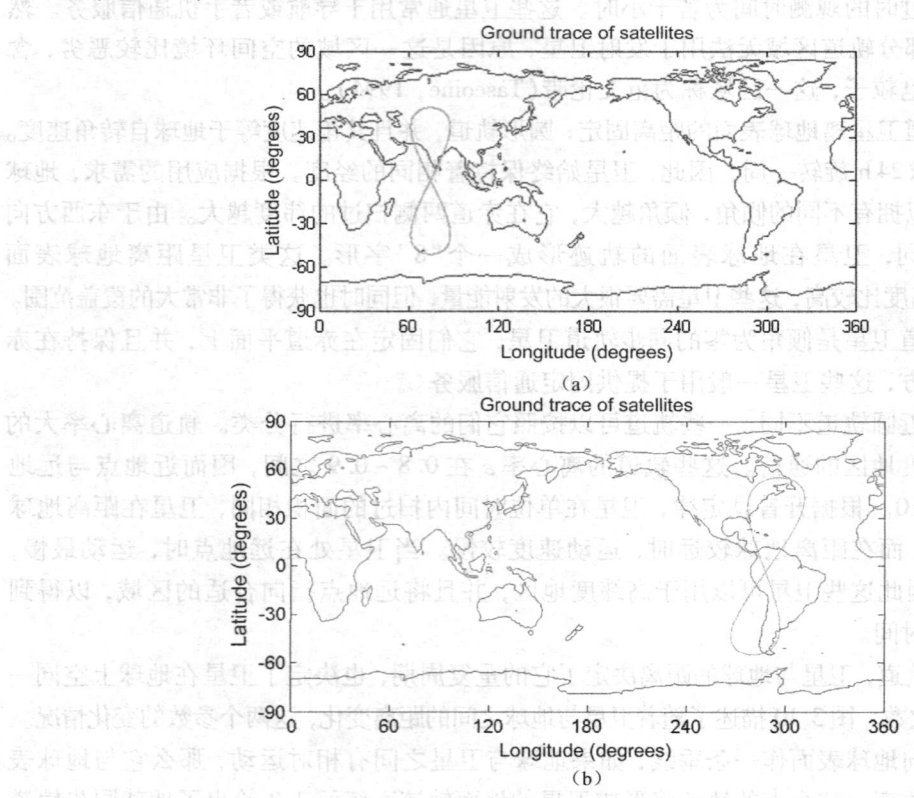

图 M3.3　卫星的地面轨迹

观察轨道的方位和形状的变化。由于轨道的偏心特点，卫星在某一半轨迹运行得很快，在另一半运行得很慢，因而得到这种独特的形状。

改变升交点位置、离心率和倾角，再运行程序，观察轨迹的变化。

3.5 轨道参数的选择

在系统设计之初，轨道参数的选择需要综合考虑很多因素，不仅要考虑技术可行性，还要考虑其实用性。本节将罗列出一些参数选择的理论依据，以及一些星座设计的基本概念。如果想要学习更为详细的设计过程，还需要考虑更多因素，有兴趣的读者可以参阅文献 Walker(1984)和 Rider(1986)。

地球绕着自旋轴以一定的角速度旋转，同时卫星也围绕着地球中心旋转。从 3.1 节的讨论中可知，卫星在 ECI 坐标系中的速度由其到地球中心的距离决定，卫星离地球越近，那么它运动得就越快，反之，其运动速度越慢。大约在离地球中心 42 000 km 的地方，卫星旋转的角速度与地球自转的角速度相等。因此，在该轨道上，卫星相对地球的某条经线保持准静止状态。如果轨道倾角为零（如 GEO 卫星），卫星固定在赤道面上某经度位置，并且在赤道上空永远可见。若该轨道有一定的倾角（如 GSO 卫星），卫星将沿着经线上下运动，形成一个"8"字形。

在卫星导航系统中，卫星轨道的选择取决于卫星的可见性，反过来这又由所需的服务决定。例如，对于区域性的服务，卫星只需为地球上的特定区域提供服务，如果这个区域靠近赤道，并限制在一定的纬度范围内，那么只要卫星总是停留在该服务区不同经线的上空即可。在这样的条件下，在该服务区内的任何地方，所有卫星全天候可见。

正如之前提到并将在第 7 章详细阐述的是，用户位置估计的准确性依赖于用户卫星之间的几何关系，这种关系由用户和卫星之间的相对位置决定。所以，为了获得最准确的位置估计，卫星位置应该尽量分散开。为了达到这一要求，所有卫星不能同时保持在地球静止轨道上，必须要有一些卫星在地球同步轨道上，扫过不同的纬度，以增大卫星间距。

地球同步轨道的倾角大小是由卫星所要提供服务的纬度范围来决定的。对于轨道倾角为 i 的卫星，在地球表面形成的星下点轨迹将形成一个很大的圆，并与赤道面形成倾角 i。这意味着卫星可移到南北纬度为 i 的位置，该纬度范围内的用户能够看到卫星，而高于纬度 i 的用户，卫星将永远在它们的南边方向可见，这显然会影响位置估计的精度。

因此，针对高纬度地区的服务要求，这样的设计就不再合理。如果采用 GEO-GSO 组合的卫星轨道，那么北半球的天空将没有可见卫星，北半球用户看到的卫星永远在他们的南边，南半球用户则恰好相反。再者，由于卫星在赤道地区的偏移，卫星将经常不可见。很显然的是，可见性是一个主要的设计标准，所以在这种情况下，选择高椭圆率轨道卫星更加合适。通过选择合适的升交点赤经、倾角和近地点幅角，将不同卫星的远地点保持在服务区上方；同时通过设计合适的轨道半长轴和离心率，调整卫星与地球之间的距离以及可见性。这样，卫星在服务区上方将飞行得很慢，而在相反的一方，将飞行得很快，所以卫星的可见时间占轨道周期很大一部分比例。除此之外，还有另外一些比较好的轨道设计。不过，如果在更高的纬度地区，卫星的可见范围在经度方向将横跨一个半球，这种情况下，可见性条件将变得非常复杂，不能直接得到与此相似的结论。

当卫星导航系统要求提供全球位置服务时，意味着整个地球都要被卫星所覆盖，并且要求在地球上任意一点至少能同时看到 7～9 颗卫星。这种情况下，有两种可选方案。第一种方案是，可以把卫星放在 GEO-GSO 轨道上。但是，与之前讨论的一样，某些区域的上空将只有南北向偏移的卫星星座，这种星座设计很难实现卫星位置足够分散化，从而影响最终的定位精度。此外，将卫星发射到这些轨道的能量消耗非常大。

第二种方案是将卫星放置在较低的轨道上。增加星座中的卫星数，就能完成整个地球的卫星可见性覆盖，具体的卫星数量由可见性要求决定。接下来我们将通过一些简单的计算来证明这一点。尽管 4 颗卫星就能实现定位和时间估计，但是无法实现让用户在足够的备选项中选择最佳的 4 颗卫星。因为定位精度受用户卫星之间的几何位置影响，当用户能看到更多卫星时，就能从中选择更好的卫星组合以满足更高精度的定位。下面通过一个近似分析来获取满足这些标准所需的卫星数量。

为了简单起见，假设地球是一个标准球体，用户接收机放置在地球表面（截止仰角为零度），如图 3.11 所示。虽然一般情况下不可能达到这样一个低角度的视野，但是在对结果影响不是很大的情况下，这种假设可以简化几何关系，从而降低运算复杂度。

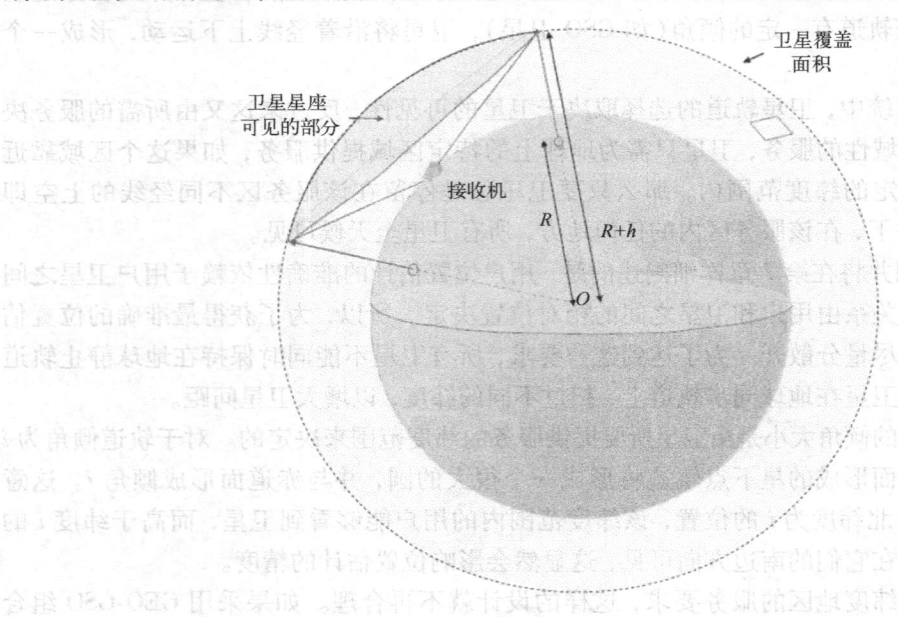

图 3.11 空间段所需卫星数量估计

基于上述考虑，图中的几何关系变得简单很多，在地心处可以得到的接收机的最大可见角度 $\theta = \arccos\left(\dfrac{R}{R+h}\right)$。所以，在 P 点处接收机可见的天空范围是在地心处张角为 θ 的范围，而高度 $R+h$ 的卫星能够覆盖地球表面的面积是以 $R+h$ 为半径、面积微分量 $\mathrm{d}S$ 在 0 到 2π 方位角上和 0 到 θ 极角上的二重积分。总共的表面面积 S 为

$$S = \int_0^{2\pi} \int_0^{\arccos\left(\frac{R}{R+h}\right)} (R+h)\mathrm{d}\theta (R+h)\sin\theta \mathrm{d}\varphi$$

$$= \int_0^{2\pi} \int_0^{\arccos\left(\frac{R}{R+h}\right)} (R+h)^2 \sin\theta \mathrm{d}\theta \mathrm{d}\varphi$$

$$= 2\pi (R+h)^2 \cos\theta$$

$$= 2\pi (R+h)^2 \left[1 - \frac{R}{R+h}\right]$$

$$= 2\pi (R+h) h \tag{3.39}$$

因此,在 $S = 2\pi(R+h)h$ 的天空区域,如果需要地球周围星座中的 9 颗卫星来覆盖整个区域,总共需要的卫星数量为

$$N = \frac{9}{2\pi(R+h)h} \cdot 4\pi(R+h)^2 = 18\frac{R+h}{h}$$

$$= 18\left(1 + \frac{R}{h}\right)$$

很显然,这个数量将随着卫星高度的降低而增加。

要证明这一点,先举一个例子。对于 GPS 系统,其星座距离地球地心的平均高度为 26 500 km,即 $R+h = 26\,500$,$h = 20\,000$,这两项都只是一个大概数字,可得

$$N = 18 \times \left(\frac{26\,500}{20\,000}\right) = 18 \times \frac{265}{200}$$

$$= 23.85 \approx 24$$

而对于一颗地球静止轨道卫星,其高度约为 42 500 km,这时总共需要的卫星数量为

$$N_g = 18 \times \left(\frac{42\,500}{36\,000}\right) = 18 \times \frac{425}{360}$$

$$= 21.25 \approx 22$$

因此,在 26 000 km 半径范围内,要保证地平面上空同时有 9 颗可见卫星,整个星座构成总共需要 24 颗卫星。然而,对于一个真实的截止仰角,在星座中卫星数量相同的情况下,只能同时看到 8 颗卫星。在 GEO(地球静止轨道)轨道上,总共需要 22 颗卫星。星座卫星数量可以随着卫星高度的增加而减少的原因是,卫星越高,其在地球表面的覆盖范围就越大。

在低于 GEO 的轨道上,卫星相对于地球的速度更大,相对地球上的某点而言,卫星的移动速度越大。然而,因为所有的卫星将以同样的方式运动,当一颗卫星从地球上某一点的可见范围移出,就有其他卫星会从外移动到可见范围内。所以,从统计的角度看,总共的可见卫星数量保持不变;另一方面,因为卫星与地球距离更近,与 GEO 卫星相比,在接收端接收功率不变的情况下,将大大减小卫星的发射功率。但是,受空气阻力等因素的影响,卫星的寿命比 GEO 卫星要短。

那么,为什么不选择地球低轨道(LEO)卫星呢?除了巨大卫星数量的要求,最核心的问题是 LEO 卫星系统处于大气密度相对较大的区域,因此受到很大阻力,卫星的寿命大大减少。此外,地球低轨道卫星的速度比较快,其上升、下降的时间间隔很短,导致导航接收机

需要快速切换跟踪卫星，对接收机影响比较大。所以，卫星导航系统通常选择地球中轨道（MEO）卫星。

思考题

1. 卫星运行的轨道平面能够不经过地球中心吗？
2. 利用式(3.11a)，推导出逃逸速度（即卫星摆脱地球引力影响所需的初速度）。是否在火箭发射的时刻就有这样的速度？
3. 证明，当越过 $\frac{L^2}{\mu a}=2$ 的临界值时，ε 满足双曲线特性的要求（即 $\varepsilon>1$）。
4. 当一个高离心率的轨道卫星运动到高密度大气区域并损失了一部分能量后，其轨道的半长轴 a 以及近地点幅角 ω 将如何变化？
5. 卫星在轨道半径为 a 的圆轨道上，突然给其提供了大小为 E 的能量，在经过时间 t 以后，计算其轨道位置；如果它的轨道参数为 ω，i，计算卫星在 ECEF 坐标系中的位置。
6. 从导航的角度出发，是选择距离地球较近的运动速度较快的卫星，还是选择距离地球较远的运动较慢的卫星比较好？
7. 利用 L 的定义，以及 h 与 a 之间的关系，由式(3.13a)推导式(3.24)。

参考文献

Dorsey, A.J., Marquis, W.A., Fyfe, P.M., Kaplan, E.D., Weiderholt, L.F., 2006. GPS system segments. In: Kaplan, E.D., Hegarty, C.J. (Eds.), Understanding GPS Principles and Applications, second ed. Artech House, Boston, MA, USA.

Feynman, R.P., Leighton, R.B., Sands, M., 1992. Feynman Lectures on Physics, vol. I. Narosa Publishing House, India.

Maral, G., Bousquet, M., 2006. Satellite Communications Systems, fourth ed. John Wiley & Sons Ltd, U.K.

Pratt, T., Bostian, C.W., Allnutt, J.E., 1986. Satellite Communications, second ed. John Wiley & Sons Inc, USA.

Roychoudhury, D., 1971. Padarther Dharmo (In Bengali). Poschimbongo Rajyo Pushtok Porshod, Calcutta, India.

Rider, L., 1986. Analytical design for satellite constellations for zonal earth coverage using inclined circular orbits. The Journal of Astronautical Sciences vol. 34 (no. 1), 31−64.

Spilker Jr, J.J., 1996a. GPS navigation data. In: Parkinson, B.W., Spilker Jr, J.J. (Eds.), Global Positioning Systems, Theory and Applications, vol. I. AIAA, Washington DC, USA.

Spilker Jr, J.J., 1996b. Satellite constellation and geometric dilusion of precision. In: Parkinson, B.W., Spilker Jr, J.J. (Eds.), Global Positioning Systems, Theory and Applications, vol-I. AIAA, Washington DC, USA.

Strelkov, S.P., 1978. Mechanics. trans. Volosov, VM & Volosova, IG. Mir Publishers, Moscow. original work published 1975.

Tascione, T.F., 1994. Introduction to the Space Environment, second ed. Krieger Publishing Co, Malabar, Florida USA.

Walker, J.G., 1984. Satellite constellations. Journal of the British Interplanetary Society vol. 37 (12), 559−572.

第 4 章 导 航 信 号

摘要

第 4 章对导航信号进行总述，介绍通用信号的基本结构及每一部分的技术细节，详细论述信号的各个层面（包括数据、测距码和调制等）的基本原理。本章还介绍诸如差错控制编码、循环码的生成及加密等相关话题，以支撑上述关于导航信号通用内容的讨论。在进行测距码的详细讲解之前，对伪随机噪声码的相关背景进行介绍，并讨论相关应用，包括多址和数据安全。此外，本章对二进制偏移载波调制也进行了详细的介绍，同时还特别涉及了交替二进制偏移载波调制。

关键词

Alt-BOC 交替二进制偏移载波
autocorrelation 自相关
BOC 二进制偏移载波
BPSK 二进制相移键控
cross-correlation 互相关
encryption 加密
error correction 纠错

Gold code Gold 码
link calculation 链路计算
multiple access 多址
navigation signal 导航信号
PRN code 伪随机噪声码
ranging 测距

4.1 导航信号

导航信号是导航系统最重要的组成部分之一，导航系统以信号为桥梁，将信息播发给用户，相关信息包括卫星位置、时间与时钟更新量、当前卫星状态等参数。然而，信号的用途并不仅仅局限于播发信息。本章将从各个角度对导航信号进行解析。为了全面理解导航信号的本质，保持本书的连贯性，下面将简要地回顾通信中涉及的基本概念。

4.1.1 组成结构

导航信号的基本功能是将信息传递给用户，这些信息需要以一种方便、可靠和安全的方式进行传递，使用户可从中提取出必要数据，从而实现定位。我们知道，数字通信系统能在符合上述要求的同时更方便地传输信息。因此，导航信号实际上也是一种复杂的数字通信信号。典型的导航信号由导航电文、测距码和调制信号组成。为了满足用户相应的服务需求，导航信号中的要素（即二进制导航电文、二进制测距码和正弦载波）都具有其特殊的设计意义。

二进制导航电文主要为用户提供必要的系统级信息，特别是空间段卫星的相关信息和时间同步信息。导航电文与更高频率的二进制测距码相乘，能够使接收机实现单向测距。另外，导航系统中采用的码分多址(CDMA)技术，利用了二进制测距码的正交特性，将信号乘以更高频率的码以实现扩频通信，从而提高接收性能和服务的安全性。除此之外，为了数据的安全性，可对导航电文进行某种形式的加密。基于以上考虑，测距码与电文的乘积被调制到高频率的正弦载波上，卫星将已调制的信号通过空间信道发送给用户接收机。目前，最常用的导航调制方式是二进制相移键控(BPSK)。此外，在某些导航系统中将使用二进制偏移载波调制(BOC)，这种调制是在伪码与载波之间增加一类二进制偏移子载波。

导航卫星以预定的发射功率和极化方式(通常是圆极化)在分配的频带中发射这些调制的导航信号，有时也会将附加的导频信道与该信号一起发送。导频信道不携带电文，只调制了伪码和载波，在信号较差的情况下，导频信号有利于接收机对信号的捕获和跟踪。所有卫星发射的信号都是同步的(即，当一颗卫星开始发送数据比特位时，其他卫星同时发射)。此外，伪码和电文以及伪码和载波相位之间都是严格同步的(Spilker, 1996)。

信号在传播的过程中，其质量会受到影响，主要影响包括能量损耗、附加延时、多址干扰、多径干扰等。通过采用合适的信号设计方法或者在信号中加入误差修正，可以适当地减轻上述影响。由于导航信号采用了扩频体制，接收机接收到的信号很可能具有较低的功率和功率谱密度，从而很容易受到同频段的其他信号的干扰，因此实际的信号设计中常通过采用相应抗干扰设计技术来提升信号的抗干扰能力。

下面将逐一地对导航信号的各个要素进行介绍。

4.2 导航电文

导航电文，通常用 $D(t)$ 表示，携带了信号中所有预设的信息，这些信息的格式多为二进制数据结构体，主要描述系统当前状况的一些具体参数。本节主要讲解导航电文的基本组成内容，对其他知识则进行概括性的描述(Global Positioning System Directorate, 2012a, b)。

4.2.1 电文内容

在实际应用中，导航电文的设计是紧紧围绕接收机的导航定位需求展开的。在第1章中讲到，用户的位置是由参考点的信息(即卫星的位置和卫星到用户的距离)来计算的。

因此，用户想要确定自己的位置，就必须首先获取卫星的位置。理论上，可以直接把卫星的位置当成导航信号的一部分发送给用户。但是，在实际应用中，由于卫星在距地球表面20 000 km 的位置以高达约 4 km/s 的速度运动，其位置随时间剧烈变化。因此，无论数据播发间隔多小，卫星的位置都将在数据更新间隔中发生较大偏移。另外，地面控制系统由于其运算量限制的问题，无法十分频繁地上传信息，因此卫星位置的估算都是在载荷平台上实现的，这导致了无法直接通过信号发送卫星位置。因此，在实际处理中，采用发送星历的方式来进行卫星位置的传输。通过星历中所包含的卫星的开普勒参数及当前的时间信息，接收机可以利用物理模型来估算接收机的位置。实际上，从前面的章节可知，需要六种基本星历参数才能在任意时间提取卫星位置。因而，为了满足接收机的基本需求，导航电文中应当包含这六种星历参数。

除了卫星位置外，卫星与用户的距离是另一个重要的定位和授时参数。接收机通过将信号传播速度与传播时间相乘而得到信号的传播距离，传播时间是通过从信号携带的时间戳中提取的一系列信号接收和发射的特定相位差来获取的。因此，导航电文中也应该包含信号的时间戳信息（即信号预设相位的发射时间）。

以上这些参数为接收机提供了参考位置、测距和时间等定位所需信息。另外，为了增加接收机位置计算的准确性和可靠性，还需要通过导航电文传递更多信息。

此类附加的电文信息都是变量，主要目的是为了修正卫星位置、预测星座状态、修正时间和测距误差等。后面的章节将会详细介绍修正的方法，本节主要描述电文的数据类型。

接收机提取的卫星位置是用户做定位解算的一个非常关键的参数，因此卫星位置的准确度直接决定了用户位置的准确度。由前文分析可知，由于卫星运动的物理环境，在轨卫星会存在摄动，对卫星摄动进行分析研究将会更好地提高定位性能，因此摄动参数也是导航电文的组成部分。

导航电文中包含的时间戳是基于卫星时间基准标定的。卫星的时间基准主要由原子钟获取，具有较高的精度和稳定度，但随着时间的累加，这些时钟相对系统时间仍会产生较小的漂移，从而影响定位精度。因此，为修正时钟漂移的影响，地面系统对卫星时钟漂移进行估算，并将此漂移参数的修正值通过导航电文播发给用户。由于传输的是星历而不是卫星位置，因此（也为了简便传输），将传输特定参考点的钟差、漂移和漂移率，而并不传输绝对的钟差变化量。假设绝对的时钟变化量为 Δt_{sat}，可表示为

$$\Delta t_{sat} = a_0 + a_{f1}(t-t_0) + a_{f2}(t-t_0)^2 \tag{4.1}$$

其中，a_0，a_{f1} 和 a_{f2} 分别是钟差、钟漂和漂移率，t_0 是计算这些值的任意参考点，t 是估计的时间。

时间信息在传输过程中也存在损耗，此类传输损耗将会改变信号的传输时延，从而影响测距精度。如果地面控制系统能够计算出确定的修正量，与时钟和轨道修正项一并播发给用户，则用户有可能获取准确的传输损耗。然而，此类误差都取决于用户的位置，系统很难准确进行估算。不过，系统可以提供部分修正参数，接收机可以根据损耗模型来估算误差修正量。

在频分多址（FDMA）系统中，接收机可以利用傅里叶变换来分析接收到的复合信号，并通过不同的滤波器进行区分。但是，对于一个码分多址（CDMA）系统而言，每个信号都需要通过鉴别相应的伪码来识别。全通道的伪码鉴别占用时间较长，因此，在任意地点推算出当前可能的可视卫星组合或可视卫星的变化情况将具有实际应用意义。如果能有效推算出卫星可视状态，则无论接收机是否处于开机状态，皆可利用先验信息快速预测识别每颗卫星，准确判断出接收到的复合信号中涉及的码序列，从而提高搜索效率。

导航电文中携带了所有卫星的简要星历，以支持接收机快速搜索的工作模式，这个精选后的星历数据称为历书。用户可以从历书中提取出卫星在星座图中的大致位置，用以辅助接收机的选星和定位算法。

除了用户接收机所需的信息之外，控制段也需要分析某些卫星产生的遥测数据，如整体可靠性、特殊警报、标志信息和状态数据等，卫星将这些信息整合起来以遥测数据的形式播发给用户。

综上，根据接收机需求和参数设计，导航电文中包含了很多参数，且各参数是具有时效性的，它们随时间不断更新。不同参数的更新频率不同，取决于此参数所具备的物理属性，具有快变特性的参数的更新频率较高，反之，具有慢变特性的参数则更新周期较长。此外，由于所有的电文数据都有截止项，其应用时间由数据类型决定。

4.2.2 电文结构

如同其他数字信号系统，导航电文的作用是为了给用户提供用于定位的信息。正如刚才讲到的，导航电文是由不同的参数构成，其信息是不断更新的，用以描述系统不同参数的当前状态。这些信息需要选择一种方便、可靠和安全的方式播发给用户，在这种情况下，二进制数字通信是一种非常好的候选方案。

导航数据值可通过信源编码变成二进制编码序列。在对某个特定参数进行描述时，应选取合适的位数以保证其分辨率大于参数量化误差。例如，假设一个参数的取值范围为0~1000，以0.01为分辨率，为达到有效的分辨率，此参数十进制的有效位数为6位，其中比例因子为100。也就是说，该值的取值范围应为0~100 000。为有效表示该数，它至少需要17位二进制数位来表示。

二进制数有两种逻辑值，0或1，一般分别以+1和-1电平表示。当参数被映射到二进制时，这些编码数据需要进行合适的信道编码以减小信道噪声。信道编码会带来数据冗余，但是能增强信道传输的鲁棒性。

为提高信息传输以及接收机提取信息的效率，对导航数据位的格式进行了预定义。在此，有必要提到两种数据传输的方式。其一，不同的参数以固定的帧格式传输，同时所有参数在每一帧中都有确定的位置，整个帧结构中的数据子帧均以固定的形式重复。因此，每当帧重复时，数据就会被再次传输，参数的重复率与帧重复率是相同的。这种情况下，相同的参数值将保持不变直至其失效，电文数据中的任意一个参数的更新周期都只能是帧重复周期的整数倍。另一种方式是，以相互独立的消息来传输每个参数或每一组相近的参数，并且选取合适的指针来表示消息的类型。在这种条件下，每个独立的消息可按不同的重复周期并以灵活的顺序来播发。因此，在满足所需精度的条件下，消息的更新周期只要在满足所需精度的时间阈值要求范围内，就按照时间优先级的顺序播发，并且每个消息的播发周期可以是独立的，不必总是保持一致。显而易见的是，后一种方式更加灵活，可以传送更准确的解算后的数据，从而使系统得到更好的性能(Global Positioning System Directorate, 2012a)。在这种结构中，一般会设计足够的空间来整合测距统计误差并采用更复杂的纠错结构，比如循环冗余检错(CRC)方法等。这种灵活的数据格式优化了卫星信息的传播方式，有效缩短了接收机的首次定位时间，加快了操作的速度(Kovach et al., 2013)。但是，与固定的帧结构相比，灵活的数据结构要求卫星有更高的存储容量。

然而，不管是采用子帧还是指针的传输方式，每个消息单元都需要传输引导码以方便帧识别和同步。

4.2.3 电文频谱

导航电文是由二进制编码的优选参数组成的，它们是一种随机的双极性非回归(Non

Return to Zero，NRZ)二进制位序列，其时间变量可以由一系列幅度为 a 且时宽为 T_d 的正负极方形脉冲来表示。因而，导航数据 $s(t)$ 随时间 t 的函数可以表示为

$$s(t) = a\left(\left\lfloor\frac{t}{T_d}\right\rfloor\right) = \pm a_k p(t - kT_d) \tag{4.2}$$

其中，$a_k = \pm a$ 是序列为 k 的比特位的幅度，可以从任意时间 $t=0$ 的时刻进行推算。k 等于 $\left\lfloor\frac{t}{T_d}\right\rfloor$，表示对 $\frac{t}{T_d}$ 的值进行向下取整，即采用比例式的整数部分。T_d 是符号位持续时间，它与位传输频率 R_d 有关。$p(t)$ 定义了位的形状，此公式中它表示在时间 $t=0$ 到 $t=T_d$ 范围内为正脉冲。导航数据位随时间的变化量如图 4.1(a) 所示。在实际应用中，存在多种不同类型的脉冲波形，但是在导航系统中应用较少，因此本文只考虑了有限位宽和幅度为常量的数据位。

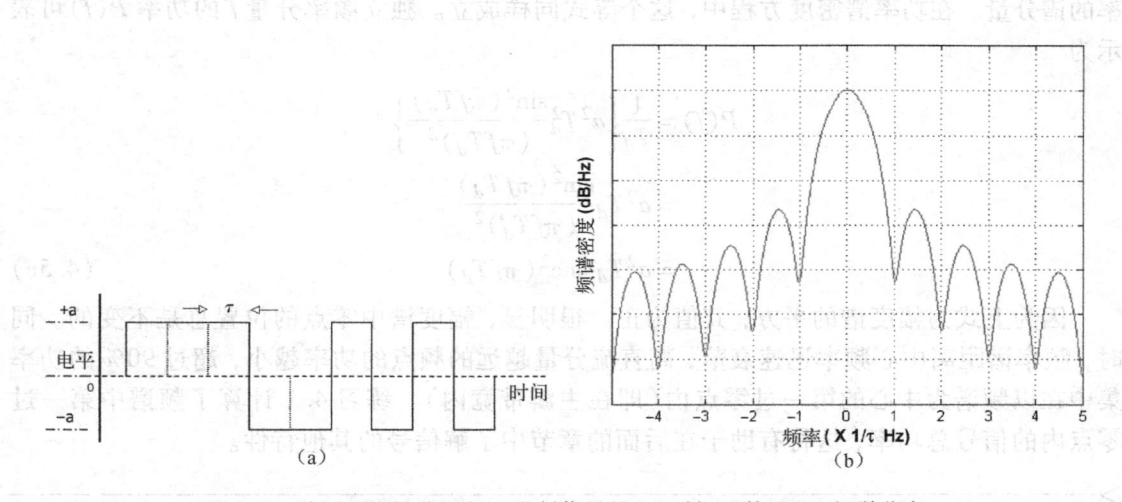

图 4.1 随机双极性非回归二进制信号的(a)时间函数及(b)频谱分布

这类信号的频谱及其所占据的带宽都与电文的速率有关，由通信原理可知，由有限宽度 T_d 和幅度 a 组成的信号的频谱可以表示为

$$S(f) = aT_d \sin\left(\frac{\pi f T_d}{\pi f T_d}\right) = aT_d \text{sinc}(\pi f T_d) \tag{4.3a}$$

其中，$S(f)$ 是频率 f 处的信号谱幅度。

对于码率为 $R_d = \frac{1}{T_d}$ 的二进制序列，其信号频谱如图 4.1(b) 所示。如果将主瓣的宽度定义为信号带宽，从图中可以很明显地看出频谱的带宽为 W，

$$W = \frac{2}{T_d} = 2R_d \tag{4.3b}$$

由此可见，信号带宽与码速率成正比。码速率越快，码间隔 T_d 越小，信号带宽就越大。

帕塞瓦尔定理指出，函数在时域的平方和(或积分)等于其变换域平方之和(或积分)。在傅里叶变换的时域和频域中可利用这一理论得到其功率密度，这个公式可表示为(Lathi，1984)

$$\int s^2(t)\,dt = \int S^2(f)\,df \qquad (4.4)$$

把总信号直观地看成每个可能的独立正弦频率分量之和，就很自然地明白了这个理论。那么信号总功率为

$$p(t) = \frac{1}{T}\int s^2(t)\,dt = \frac{1}{T}\int S^2(f)\,df \qquad (4.5a)$$

信号功率谱密度为

$$P(f) = \frac{dp(t)}{df} = \frac{1}{T}S^2(f) \qquad (4.5b)$$

信号总的功率是每个正交独立频率分量的功率之和，每个频点 f 的功率谱密度只是该频率的谱分量。在功率谱密度方程中，这个等式同样成立。独立频率分量 f 的功率 $P(f)$ 可表示为

$$\begin{aligned} P(f) &= \frac{1}{T_d}\left\{ a^2 T_d^2 \frac{\sin^2(\pi f T_d)}{(\pi f T_d)^2} \right\} \\ &= a^2 T_d \frac{\sin^2(\pi f T_d)}{(\pi f T_d)^2} \\ &= a^2 T_d \mathrm{sinc}^2(\pi f T_d) \end{aligned} \qquad (4.5c)$$

因为上式为幅度谱的平方，其值为正。很明显，幅度谱中零点的位置总是不变的。同时，频率谱距离中心频率迅速衰落，离直流分量越远的频点的功率越小，超过 90% 的功率集中在以频谱为中心的第一过零点内（即在主瓣带宽内）。练习 4.1 计算了频谱中第一过零点内的信号总功率，这将有助于在后面的章节中了解信号的其他特性。

▷ **练习 4.1　数据频谱**

运行 MATLAB 中的 program data_psd.m 程序，以 1 kbps 的数据速率生成一个随机二进制序列的功率谱密度图。关于频率的函数如图 M4.1 所示，由图可知，归一化的功率构成的总功率（整个频率谱的累加和）的绝对值非常低。图 4.1 所示为 $\mathrm{sinc}^2(x)$ 函数，相对于主瓣而言，注意观察旁瓣随频率是如何变化的，图中功率密度值取对数（dB），过零点的间隔为 1 kHz，这也符合了带宽与比特率成正比的关系。此外，旁瓣的总功率比主瓣低得多。

更改程序中的数据速率值，以获得不同数据率的频谱。

频谱数据及其对应的频率都在结构体 HPSD 中。运行程序后，查看 MATLAB 工作区的 HPSD 类型的结构，HPSD.data 和 HPSD.frequencies 是用来获得频谱及相应的频率值的，其取值均是线性的，可以使用脚本 plot(HPSD.frequencies, HPSD.data) 进行画图。也可以使用以下命令来验证总功率：

sum(HPSD.data(2:end).*(HPSD.frequencies(2:end)-HPSD.frequencies(1:end-1)))

可由同一程序来生成不同的频率范围的总功率，如图 M4.1(b) 所示。在 1000 Hz 处，主瓣的功率超过了总功率 90%。读者可以通过程序来获取不同频率范围内的功率值。

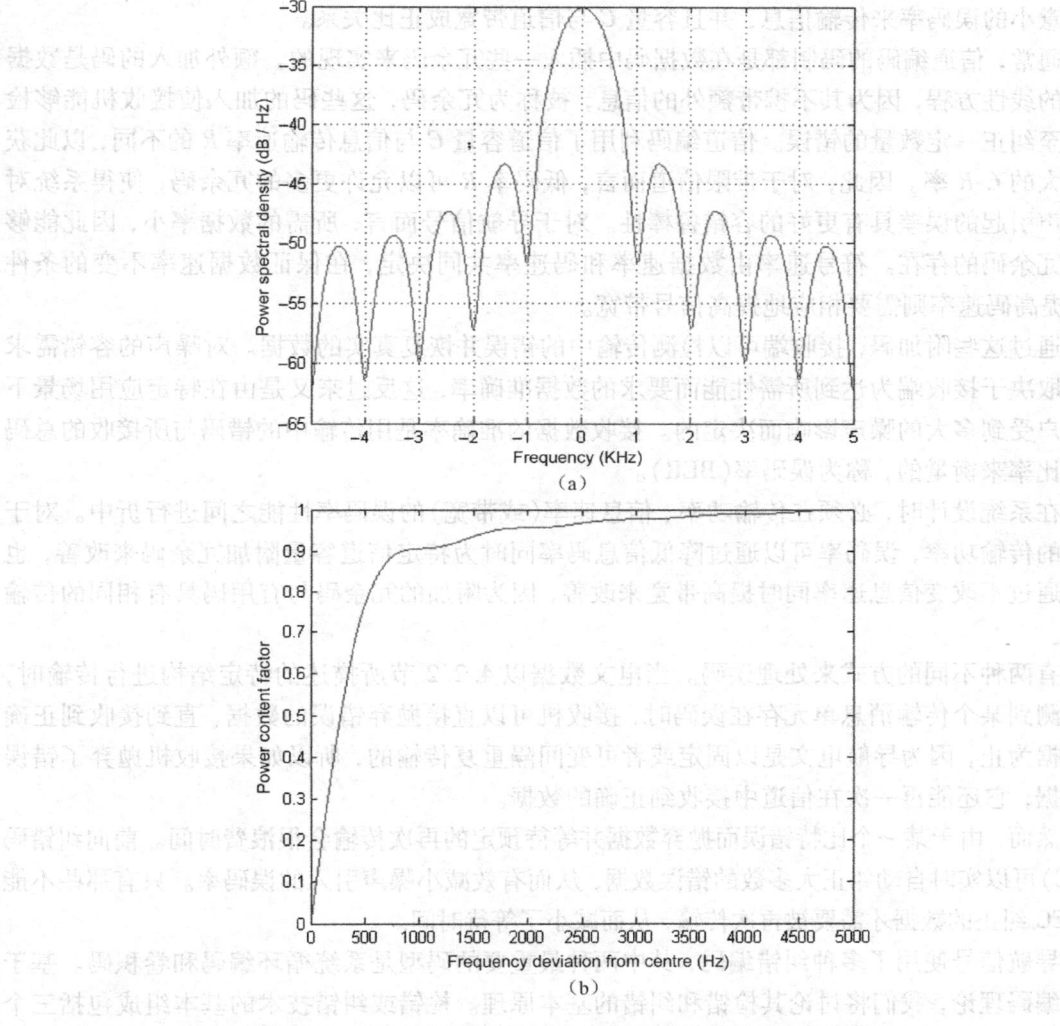

图 M4.1 （a）功率谱密度；（b）随机二进制序列的功率分布

4.2.4 检错与纠错

信号在信道传播过程中会受到噪声的影响。噪声是由随机电扰动引起的，不属于需要传递的信息，这些加性噪声可能恶化信号质量以至于无法识别出二进制信号的真正电平。为了正确提取信号的真正信息，传送的信号功率需要相当高，高到相对于噪声而言足够大，从而能正确识别所包含的信息。换句话说，信号需要具备很高的信噪比。

此外，正如其他数字通信系统，信道编码是附加在电文数据上实现的，这样就能在获取可接受的系统最小性能的基础上，降低有效数据的误码率。

信道编码理论的基础来源于香农定理（Mutagi, 2013; Proakis and Salehi, 2008），香农定理指出，当信道的信息传输率 R 不超过信道容量 C 时，存在某种编码方式，从而使信道能够以任意小的误码率来传输信息,并且容量 C 与信道带宽成正比关系。

通常,信道编码的码制都是在数据码中插入一些冗余码来实现的。额外加入的码是数据信息的线性方程,因为其不携带额外的信息,被称为冗余码,这些码的加入使接收机能够检测甚至纠正一定数量的错误。信道编码利用了信道容量 C 与信息传输速率 R 的不同,以此获得最大的 C-R 率。因此,对于带限信道而言,低码率 R 可以允许更多的冗余码,使得系统对由噪声引起的误差具有更好的容错鲁棒性。对于导航信号而言,所需的数据率小,因此能够容许冗余码的存在。符号速率由数据速率和码速率共同决定,在保证数据速率不变的条件下,提高码速率则需要相应地提高信号带宽。

通过这些附加码,接收端可以检测传输中的错误并恢复真实的数据。对噪声的容错需求主要取决于接收端为达到所需性能而要求的数据准确率,这反过来又是由在特定应用场景下的用户受到多大的噪声影响而决定的。接收数据的准确率是用传输中的错码与所接收的总码数的比率来衡量的,称为误码率(BER)。

在系统设计时,必须在传输功率、信息速率(或带宽)的误码率性能之间进行折中。对于同样的传输功率,误码率可以通过降低信息码率同时为特定信道容量附加冗余码来改善,也可以通过不改变信息速率同时提高带宽来改善,因为附加的冗余码与有用码具有相同的传输功率。

有两种不同的方式来处理误码。当电文数据以 4.2.2 节所描述的特定结构进行传输时,在检测到某个传输消息单元存在误码时,接收机可以直接抛弃错误的数据,直到接收到正确的数据为止,因为导航电文是以固定或者可变间隔重复传输的,所以如果接收机抛弃了错误的数据,它还能再一次在信道中接收到正确的数据。

然而,由于某一个比特错误而抛弃数据并等待预定的再次传输会很浪费时间。前向纠错码(FEC)可以实时自动纠正大多数的错误数据,从而有效减小噪声引入的误码率。只有那些不能被 FEC 纠正的数据才需要被再次传输,从而减小了等待时间。

导航信号使用了多种纠错编码,其中两种最重要的码型是系统循环编码和卷积码。基于这些编码理论,我们将讨论其检错和纠错的基本原理。检错或纠错技术的基本组成包括三个流程:传输端的码的生成、接收端的码校验和误码检测。接下来将介绍这些内容(Lin and Costello,2010)。

4.2.4.1 码的生成

码的生成是在传输端以数据码为输入完成的。它有一定的编码格式,通常表现为输入码的线性方程,其中主要涉及的数学概念是"生成矩阵"。

生成矩阵

从数据码生成纠错码的主要过程是将输入码与某个适当维度的特定矩阵相乘,这个矩阵称为"生成矩阵"。

k 比特消息可以视为一个 $1 \times k$ 的矩阵 M,或者一个 k 比特的行向量,从而可以让其乘以一个 $k \times n$ 维的生成矩阵 G,生成一个 n 比特的阵列,即一个 $1 \times n$ 维的矩阵 C。因此有

$$C = M \cdot G \tag{4.6}$$

因为消息字为 m 比特,所以有 2^m 种不同的组合,同样 n 比特码可能有 2^n($>2^m$)种可能

第4章 导航信号

的码字。问题是，2^n 组合中哪些 2^m 字会组成原来的码？这是由 G 的结构决定的。

假设生成矩阵 G 由空间 G 中的 k 个线性独立的 n 维向量基础集组成，只有 k 个这样的向量，可以遍历完备 n 维空间的子空间。生成的码向量则是由消息中所包含的比特位来决定的。简单地说，因为消息有很多位，生成矩阵也有很多行，消息中第 j 位的 1 选了码中第 j 个行向量。类似地，含有 1 的码数据的排列组合对应相应行向量的排列组合，将消息映射到有效码的示意图如图 4.2 所示。

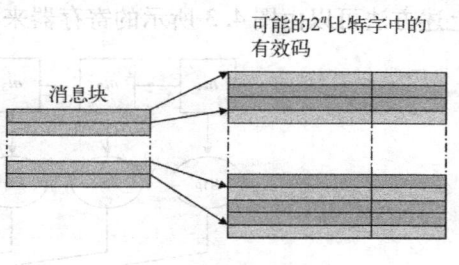

图 4.2 消息块

在导航信号中，所有的参数数据都需要在导航电文中明确地表示，因此码制有必要系统规范化。对于系统编码，消息前面的 m 个元素是消息码本身，而紧接着的是校验码，因此系统码可表示为

$$C = \begin{matrix} m_1 & m_2 & m_3 & \cdots & m_k & p_1 & p_2 & \cdots & p_{n-k} \end{matrix} \tag{4.7}$$

对于系统码，G 的第一个 $k \times k$ 子矩阵由酉矩阵组成。当消息位为 1 时，G 相应的行被选取。因此，对于 G 中前面的酉子矩阵，它在前面 m 位的各自位置贡献了一个 1，从而成为系统码的组成部分。接下来的从 $k+1$ 列起的数据阵列之积则产生了 $n-k$ 个校验位。所以，生成矩阵 G 可以表示为

$$G = [I \mid P] \tag{4.8}$$

例如

$$G = \begin{pmatrix} 1 & 0 & 0 & \cdots & 0 & 0 & 1 & 0 & 0 \\ 0 & 1 & 0 & \cdots & 0 & 0 & 0 & 0 & 1 \\ 0 & 0 & 1 & \cdots & 0 & 0 & 1 & 1 & 0 \\ \vdots & \vdots & \vdots & \cdots & \vdots & \vdots & \vdots & \vdots & \vdots \\ \vdots & \vdots & \vdots & \cdots & \vdots & \vdots & \vdots & \vdots & \vdots \\ 0 & 0 & 0 & \cdots & 0 & 1 & 0 & 1 & 1 \end{pmatrix}$$

在这个例子中，校验生成矩阵可以写为

$$P = \begin{pmatrix} 1 & 0 & 0 \\ 0 & 0 & 1 \\ \vdots & \vdots & \vdots \\ \vdots & \vdots & \vdots \\ 0 & 1 & 1 \end{pmatrix}$$

所以

$$C = [M \mid MP] \tag{4.9}$$

对于每个码的系统化部分，有 2^{n-k} 种可能的校验码来表现 k 重消息。如图 4.2 所示，对于特定的消息，这其中只有一个是可以利用的。这里，矩阵 P 利用前面的系统化部分将消息码映射到合适的 $n-k$ 个校验位，从而得到码 C。

实际上，第 j 个码位是由相应的消息码比特与第 j 列的相应元素之积的逻辑和构成的。

因此，它可以假设为消息码比特的优选和，G 中的第 j 列的元素决定了哪些消息码会被选中。上述方法可以由图 4.3 所示的寄存器来实现。

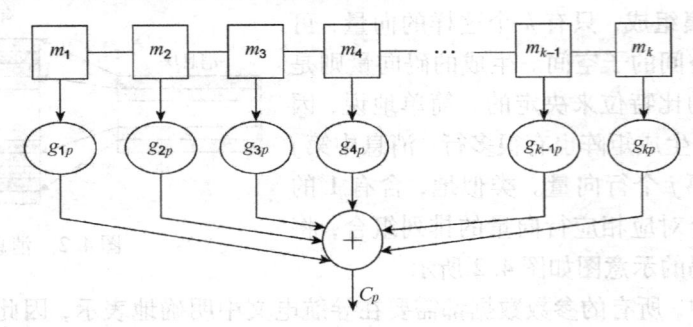

图 4.3 码生成器的实现

很明显，图中第 p 个码位可以表示为 $C_p = \sum g_{jp} m_j$，它是消息比特阵列和生成矩阵的第 p 个码的矩阵乘积。

生成的码也可以写成 $n-1$ 阶多项式

$$C = c_0 + c_1 X + c_2 X^2 + c_3 X^3 + \cdots + c_{n-1} X^{n-1} \tag{4.10a}$$

类似地，相应的消息也可写成 $k-1$ 阶多项式

$$m = m_0 + m_1 X + m_2 X^2 + m_3 X^3 + \cdots + m_{k-1} X^{k-1} \tag{4.10b}$$

因此，总存在一个 $n-k$ 阶多项式 $g(X)$（称为生成多项式），使得消息与生成多项式相乘后可得到生成码。

在输入 k 位消息码生成了 n 位输出码后，如何对该 k 位消息码进行更新就变得至关重要了。对于分组码，在生成输出码后，原来的所有 k 个数据位将被直接去除，而由新的 k 位数据码进行替代。对于卷积码而言，在 k 位消息码生成第一个输出码后，将通过移动 $m(m<k)$ 个码位的方式进行更新，其移位方式是，给消息中最旧的 m 位数据以最高的权重，而当新的 m 位数据带着最低的权重移进来时，权重高的随之移出去，剩余的 $k-m$ 位数据保存在阵列中，并通过移位方式获得更高的权重，如此实现 m 位数据的更新。

4.2.4.2 接收码校验

本节主要介绍接收端的码校验过程。码校验指的是检验接收到的码 V 是否为有效码或在传输过程中是否产生误差，在这个过程中涉及了另一个数学概念：奇偶校验矩阵。

奇偶校验矩阵

对于每个码的 $k \times n$ 维生成矩阵 G，都存在一个 $(n-k) \times n$ 维的矩阵 H，使得空间 G 的行与 H^T 的列正交，即 $GH^T = 0$。

也就是说，空间 G 的一个行向量与相应 H 的行向量的内积为零。用数学公式表达就是 $GH^T = 0$，所以有

$$CH^T = MGH^T = 0 \tag{4.11}$$

因此，当且仅当收到的码矩阵满足 $VH^T = 0$ 时，可以认为收到的码 V 是正确的，即 $V = C$。矩阵 H 称为码的奇偶校验矩阵。按元素表示，矩阵的第 i 个元素即为矩阵的乘积结果，可表

示为

$$s_i = c_1 h_{i1} + c_2 h_{i2} + \cdots + c_n h_{in} \quad (4.12)$$

换句话说，与码生成类似，奇偶校验可以通过将码存入移位寄存器并根据 H 中的元素把它们有选择地相加来实现。

对于系统码而言，满足正交条件 $GH^T = 0$ 的是：将码乘以矩阵 H，从接收码中顺序选取奇偶校验部分的校验码 p_j，接着再将它与接收码异或，这等同于从接收码中复现校验位并将它与接收的校验位异或。如果码在传输中保持不变，则系统将会重现同样的 p_j，并且与相应的校验位异或会得到零。所以，对于系统码，奇偶校验码的通用形式为

$$H = [P^T | I] \quad (4.13)$$

其中，P^T 是一个 $(n-k) \times k$ 维的矩阵，同时 I 是 $n-k$ 维的单位阵，

$$H^T = \begin{bmatrix} P \\ I \end{bmatrix} \quad (4.14)$$

如果接收到的码 V 是一个有效码，它可以表示为 $M'G$。将 C 乘以 H^T 矩阵，得到

$$CH^T = M'GH^T = M'[I | P]\begin{bmatrix} P \\ I \end{bmatrix} = M'[IP + IP] \quad (4.15)$$

如果复现的校验位和接收的是一样的，则相乘的结果还是零。这个条件只有当两个码都正确接收的情况下才会满足。因此，对于例子中表示的奇偶校验码，矩阵 H 为

$$H = \begin{pmatrix} 1 & 0 & 1 & \cdots & 0 & 1 & 0 & 0 \\ 0 & 0 & 1 & \cdots & 1 & 0 & 1 & 0 \\ 0 & 1 & 0 & \cdots & 1 & 0 & 0 & 1 \end{pmatrix}$$

4.2.4.3 误码检测

检错是码校验过程的最后一个步骤，它基于码校验的结果，并对其进行扩展。在检错的过程中，校验子是核心的数学要素。

校验子

如果传输的数据比特集在传输过程中发生了错误，它就不能产生相同的系统码了，也就是说，它与接收的系统码进行异或的结果将不会为零。类似地，如果接收的系统码不正确，则异或的结果也同样不会为零。

这个非零的异或结果称为校验子，实际传输得到的系统码与本地接收机复现的系统码之间产生差异，是产生非零校验子的原因。产生非零校验子时表示一个或多个接收到的数据码位或系统码位产生了错误。对于接收到的码 V，由真实的码和误码构成，校验子可表示为

$$S = VH^T = (C + e)H^T = CH^T + eH^T = M[GH^T] + eH^T = 0 + eH^T \quad (4.16)$$

根据奇偶校验矩阵的定义有 $GH^T = 0$，因此校验子 S 变成了码中错误序列与奇偶校验矩阵 H 的乘积。这也可以从另一个角度进行论证：如果 $e = 0$，即接收的码没有错误，校验子 S 也将为零。校验子 S 有助于接收机检测错误并对误码进行纠正。校验子通常被用来检测系统分组码中的误码，也用于卷积码的硬件解码。纠错参数产生过程在精选补充 4.1 中有详细介绍。

到本节我们已经学习了检错与纠错的基础理论，并理解了分组码和卷积码的特性，以及如何将它们应用到卫星导航系统中（Lin and Costello，2010）。

精选补充 4.1　纠错编码

下面将通过 4 比特的消息位以及 7 比特的码字生成器来介绍纠错编码的过程。选定一个生成矩阵如下：

$$P = \begin{bmatrix} 1 & 0 & 0 \\ 0 & 0 & 1 \\ 1 & 1 & 0 \\ 0 & 1 & 1 \end{bmatrix}$$

系统码生成器为

$$G = [I \mid P] = \begin{bmatrix} 1 & 0 & 0 & 0 & 1 & 0 & 0 \\ 0 & 1 & 0 & 0 & 0 & 0 & 1 \\ 0 & 0 & 1 & 0 & 1 & 1 & 0 \\ 0 & 0 & 0 & 1 & 0 & 1 & 1 \end{bmatrix}$$

选择如下的两个 4 比特消息字：

$$m = \begin{bmatrix} 0 & 1 & 1 & 0 \\ 1 & 1 & 1 & 0 \end{bmatrix}$$

则选定的消息产生的两个 7 位码字为

$$C = m \times G = \begin{bmatrix} 0 & 1 & 1 & 0 & 1 & 1 & 1 \\ 1 & 1 & 1 & 0 & 0 & 1 & 1 \end{bmatrix}$$

假设两个具有 7 位码字的误差随机序列如下：

$$e = \begin{bmatrix} 1 & 0 & 1 & 1 & 1 & 1 & 1 \\ 0 & 1 & 1 & 0 & 1 & 1 & 0 \end{bmatrix}$$

对于添加误差后的两个码，接收到的结果是

$$R = c \oplus e = \begin{bmatrix} 1 & 1 & 0 & 1 & 0 & 0 & 0 \\ 1 & 0 & 0 & 0 & 1 & 0 & 1 \end{bmatrix}$$

通过生成矩阵获得的结果矩阵为

$$H = [P^{\mathrm{T}} \mid I] = \begin{bmatrix} 1 & 0 & 1 & 0 & 1 & 0 & 0 \\ 0 & 0 & 1 & 1 & 0 & 1 & 0 \\ 0 & 1 & 0 & 1 & 0 & 0 & 1 \end{bmatrix}$$

最后，通过接收到的码 R 乘以 H^{T} 获得校验子

$$S = RH^{\mathrm{T}} = \begin{bmatrix} 1 & 1 & 0 \\ 0 & 0 & 1 \end{bmatrix}$$

4.2.5　本节附录

导航系统电文信息所包含的数据量其实很小，因此，在保证一定误码率的条件下，系统

可以传输更多的信息。也就是说，可以将实现其他功能的信息与导航信息一起通过导航信号进行播发，除了传输核心的导航信息以外，可以利用剩余容量附加另外的数据以实现其增值服务。比较实际的应用是搜救和地标信息的传播，例如气象、自然灾害以及其他信息等。我们将在最后一章对其进行介绍。

要实现导航，单纯的信息传输是不够的，还需要附加信息，以扩展其可靠性和安全性。这些信息不仅需要在任何信道条件下无误地播发给用户，同时还需要保证信号的安全性，即信号不能被未授权的用户解析。除此之外，由传输而引起的衰落（比如多径和干扰）都会对信号产生影响。这些话题涉及了信号的其他参数性能，我们将在后面的章节进行讨论。

4.3 测距码

卫星到接收机的距离可以由接收机测量出来，并通过测量到的距离实现定位，这是导航系统运行的基本前提。在 CDMA 系统中，不同卫星的信号播发频率相同，它们需要被接收机同时接收，且不能相互干扰。以上这些条件是在基本的数据安全传输准则之外的，也是导航系统运行的前提条件。

以上需求可以通过一个简单的方案实现：将电文数据与伪随机二进制序列相乘，这是我们首次提到伪随机二进制序列这个名词，后面将对其进行更详细的介绍。

大体上讲，伪随机二进制序列包括固定和有限长度的随机二进制码位，称为码片，一段完整长度的码片组成一段码。这些码片以固定长度的 N 个码片重复产生，因此同样的码序列，即相同的码将不断地重复。这些码片是以相对较高的速率生成的，是导航电文数据率的整数倍。因此，在一个数据周期内，不仅会产生很多码片，也可能产生很多码序列。如果数据率为 R，考虑到 1 个数据周期可容纳 p 个完整的码周期，码周期的重复率就是 $p \times R$。如果 N 是码长，码片重复率就是 $N \times p \times R$。

这些码片都是与导航电文数据同步产生的，并且将它们相乘后共同进行播发，这意味着电文数据位的上升沿应该与码片的上升沿相匹配。在此基础上，结合上文所提到的速率，相同数据的下降沿也会与第 $N \times p$ 个码片的下降沿相匹配。只要码片和导航电文码是同步的，数据和码片的乘积也会产生一段与码速率相同的二进制序列。如果二进制序列以 +1 和 -1 的电平表示，当数据为 +1 时，序列也会与原来的伪随机（PR）序列保持一致，当数据为 -1 时，序列反转。同时，信号带宽会相应地增加。

4.3.1 伪随机噪声序列

以逻辑 0 和 1 或者以 +1 和 -1 的表示的二进制比特位随机出现所组成的序列称为随机二进制序列。为与携带信息的数据码或纠错码相区别，该序列每个单独的比特位称为码片。码周期为 T_c 的随机序列如图 4.4 所示。

在描述伪随机序列之前，先了解逻辑与代数变量的区别。二进制数的符号用两种很好分辨的相反状态来表示，典型的逻辑值为 1 或 0。这些

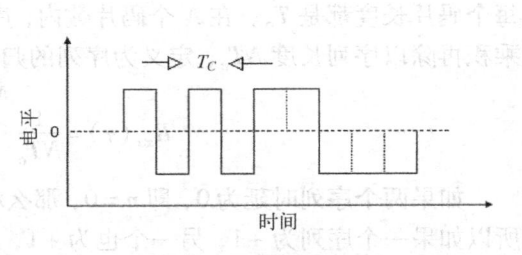

图 4.4 随机噪声序列

逻辑符号也可以通过"好"和"坏",或"是"和"否",再或者"真"和"假"来表示,数字 0 和 1 只是为了表达方便。

代数运算中的乘法、积分或者加法等在逻辑运算中是不允许的,因为逻辑变量是不同于代数变量的。然而,传统的计算方式都是在数据上进行相应的代数运算。因此,为实现序列相关之类的代数运算,以某种逻辑形式表示相应的代数值是有必要的,以便可以将代数运算应用到逻辑运算中。此外,在某些时候,也需要使用代数运算来表示相应的逻辑运算。

异或是在逻辑变量 A 和 B 之间的一种逻辑运算,其运算的结果也是逻辑变量,以 $A \oplus B$ 表示,它是一种测量序列逻辑状态相似性的操作。异或操作的真值表见表 4.1,由此可见,两数相似则得到逻辑值 0,不同则得到逻辑值 1。因此,两个序列对应比特之间进行异或,所得结果中 0 的个数超出 1 的个数的数目,反映了两个序列的相似性。

表 4.1 异或操作中逻辑运算与代数运算的相互转换

A	B	$A \oplus B$	A	B	$A * B$
逻辑值			代数值		
0	0	0	+1	+1	+1
0	1	1	+1	-1	-1
1	0	1	-1	+1	-1
1	1	0	-1	-1	+1

如果逻辑值被代数表达式代替,那么对应的逻辑运算结果就会有匹配的代数结果,即逻辑运算与相应的代数运算等效。以逻辑 1 代替代数 -1,同时逻辑 0 代替代数 +1,异或运算就可以等效为代数运算的乘法。异或运算的逻辑真值表和代数运算表如表 4.1 所示。

比较两种操作,发现异或对逻辑表达式的逻辑运算结果与代数乘法对代数表达式的运算结果一样。因此总结为,当逻辑 0 和 1 分别替代代数 +1 和 -1 时,异或运算可以取代代数运算的乘法。

两个序列间的有效相似性是通过统计相应逻辑变量异或后 0 的个数超出 1 的个数的数量来衡量的。类似地,在代数域,是用两个变量相乘后 +1 的总数加上 -1 的总数的和来表示的。随机序列的一个重要特性就是其相关性,对上述总和进行归一化后的运算结果即为两个序列间的相关性。对于具有特定的时延 τ 的两个时间信号 S_1 和 S_2,其相关函数 A 定义为

$$R_{x1x2}(\tau) = \frac{1}{T} \int_0^T S_1(t) S_2(t+\tau) dt \qquad (4.17a)$$

为理解二进制伪随机序列,考虑一个无限长的二进制码片的序列,逻辑值为 +1 和 -1,每个码片长度都是 T_c。在 N 个码片数内,序列与其自身的滞后项(相对时延为 n 个码片)的乘积再除以序列长度 NT_c,定义为序列的归一化自相关函数,

$$R_{xx}(\tau) = \frac{1}{NT_c} \int_0^{NT_c} S(t) S(t+nT_c) dt \qquad (4.17b)$$

如果两个序列时延为 0,即 $n=0$,那么相同的码片可以互换。因为这正好是两者的叠加,所以如果一个序列为 +1,另一个也为 +1,同样的情况也适用于 -1。总之,当乘以相应的码片时,乘积总是 +1。当将 N 个码片长度的乘积累加起来时,和为 NT_c,此时 T_c 已经被表示

为每个码片在时间上的标度，N 个码片的时间间隔也是 NT_c。所以，从定义知道，如此的序列 S_1 与自身的零时延信号相关变成

$$R_{xx}(0) = \frac{1}{T}\int_0^T S_1(t)S_1(t)\mathrm{d}t = \frac{1}{NT_c}\int_0^{NT_c} a_k a_k \mathrm{d}t = \frac{1}{NT_c}\sum_{k=1}^N a_k^2 T_c$$
$$= \frac{1}{NT_c}\sum_{k=1}^N T_c = \frac{1}{NT_c}NT_c = 1 \qquad (4.18)$$

接下来考虑序列有固定时延 τ 的情形，如图 4.5 所示。图中，时延 $\tau = nT_c$，如果积分的码片数量为 N，式(4.17a)所表示的自相关函数变为

$$R_{xx}(nT_c) = \frac{1}{NT_c}S(t)S(t+nT_c)\mathrm{d}t$$
$$= \frac{1}{NT_c}T_c \sum a_j a_k$$
$$= \frac{1}{N}\sum a_j a_k \qquad (4.19)$$

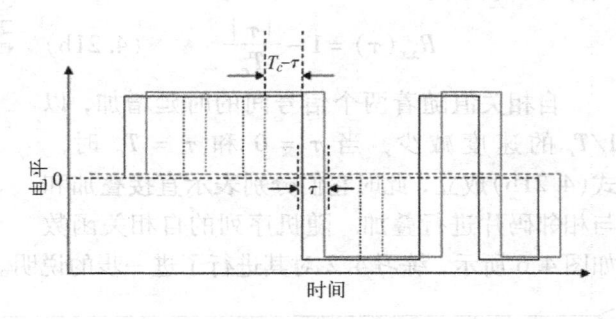

图 4.5 有限时延内的信号自相关情况

其中，码片长度为 T_c，$k = j + n$，即每个码片 a_k 都与其第 n 个码片后的 a_j 相乘。对于 1 比特相对时延的序列，即 $n = 1$，序列中的比特与相邻的比特相乘，如此进行码片的移动，那么自相关将变成

$$R_{xx}(1T_c) = \frac{1}{N}\sum_{i=1}^N a_k a_{k+1} \qquad (4.20\mathrm{a})$$

因为序列中的码是随机的，相邻的两码片既可能相同也可能不同。如果它们相同，即 [+1 & +1] 或者 [-1 & -1]，则乘积为 +1；如果它们相反，即 [+1 & -1] 或者 [-1 & +1]，则乘积变为 -1。对于随机序列，两者都可能发生。因此，当它们的乘积相加时，累加的总和为零。其自相关值为

$$R_{xx}(1T_c) = \frac{1}{NT_c}\sum_{i=1}^N [0.5 \times (+1) + 0.5(-1)] \times T_c = 0 \qquad (4.20\mathrm{b})$$

对于多个码片的时延，此原理同样适用。

当时延不到 1 个码片长度时，即 $0 < \tau < T_c$，对于时间相对位移 τ，n 将变成分数 $\frac{\tau}{T_c}$。此时，不管用何种方式移动序列，只有长度为 $T_c - \tau$ 的码片与相同的码片相乘，剩余长度为 τ 的码片与相邻码片相乘，如图 4.5 所示。因此，每个码片的匹配部分 $\frac{T_c - \tau}{T_c}$ 的乘积和等于式(4.19)的 $\frac{1-\tau}{T_c}$，反之，叠加到相邻码片部分的和为零，如式(4.20)所示。因此，自相关函数变成

$$R_{xx}(\tau) = \frac{1}{NT_c} \sum_{i=1}^{N} \left\{ \left(1 - \frac{\tau}{T_c}\right) \times 1 + \frac{\tau}{T_c} \times 0 \right\} T_c$$

$$= \left(1 - \frac{\tau}{T_c}\right) \frac{N}{N} = 1 - \frac{\tau}{T_c}$$

(4.21a)

此结论对于正、负时延均成立, 即不管是向左或向右移动码片, 相对时延 τ 的自相关表达式都可以表示为

$$R_{xx}(\tau) = 1 - \frac{|\tau|}{T_c} \quad (4.21\text{b})$$

自相关值随着两个信号间的时延增加, 以 $1/T_c$ 的速度减少, 当 $\tau = 0$ 和 $\tau = T_c$ 时, 式(4.21b)成立, 此时它们分别表示直接叠加和与相邻码片进行叠加。随机序列的自相关函数如图 4.6 所示, 练习 4.2 对其进行了进一步的说明。

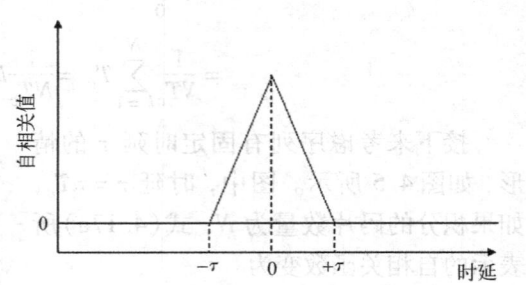

图 4.6 随机序列的自相关函数

练习 4.2 MATLAB 实现自相关

运行 MATLAB 程序 autocorr_rand, 生成一个随机二进制信号的自相关函数。使用 MATLAB 的内部函数 xcorr()生成 1000 比特的随机二进制序列, 采样率为每比特 10 个采样点(见图 M4.2)。

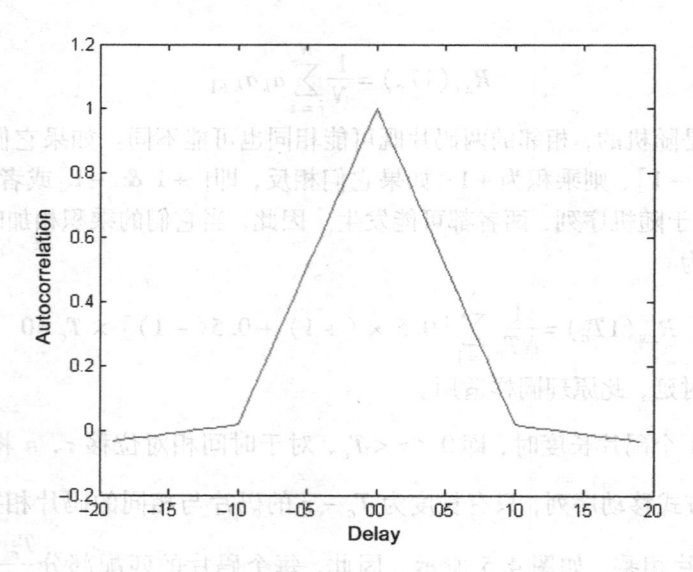

图 M4.2 随机序列的自相关函数

由图 M4.2 可知, 函数相对于零延迟的两侧对称。通过改变 S_1 的域可以不同长度的序列运行程序, 但要控制计算负载不可过高, 同时通过改变上限 t 来改变采样率, 并观察其变化。图像显示的非对称一般是由默认的 xcorr()函数的性质造成的。

类似地，两个不同序列码的积分累加值进行归一化的过程，称为序列的互相关。对于延迟 τ（码宽 T_c 的整数倍），两序列（a 和 b）归一化的离散互相关为

$$R_{xy}(\tau) = \frac{1}{NT_c} \sum_{i=1}^{N} a(t)b(t+\tau)T_c = \frac{1}{N} \sum_{i=1}^{N} a(t)b(t+\tau) \tag{4.22}$$

由此可见，相关值取决于序列的每个码片。

我们已经较全面地了解了随机序列以及序列相关的概念，用于进行积分或求和的比特数 N 被假定为非常大，因为这类参数值是在序列长度范围内定义的，而随机序列的长度是没有任何限制的。

一个伪随机序列，也称为 PRN 码，与一个随机序列差异很小。与随机序列持续到无穷相比，伪随机序列只在有限长度内随机，然后将同样的序列进行重复循环。由随机序列的有限长度部分构成一个明确的模式，称为码。码的每一位称为码片，与携带信息的数据位相区别。序列长度指的是可重复码片的数量，即码中所包含的码片数，通常用 N 表示。整个码的重复时间间隔称为码周期，相当于 NT_c，T_c 是码片宽度。码片宽度 T_c 取决于码速率 R_c，实际上码片宽度也是码速率的倒数，即码速率已确定，码周期取决于码片数量 N。码重复周期也可以表示为 $NT_c = \frac{N}{R_c}$（Cooper and Mc Gillem，1987；Proakis and Salehi，2008）。

由于码的重复周期是明确的，一旦其码片序列和码速率在一次码周期中被识别，其余的序列就可以预测。一个典型的伪随机序列如图 4.7 所示。

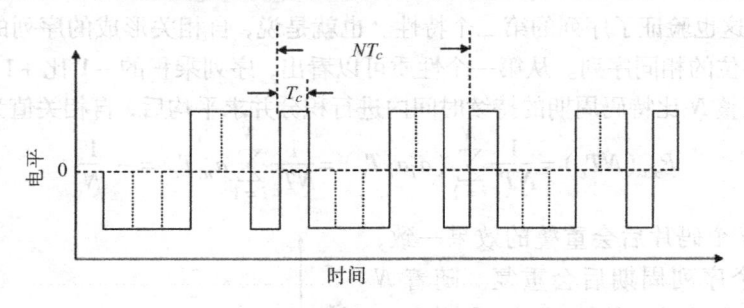

图 4.7 伪随机序列

除了结构特性，伪随机序列的重复特性以及可预测等特点，使得它的自相关及频谱特性与纯随机序列存在一定的差别。

4.3.1.1 最大长度 PRN 序列

正交伪随机序列称为最大长度 PRN 序列，又称为移位寄存码，因为这些码可以通过适当的反馈由移位寄存器产生，通常以 m 位移位寄存器产生一个长度为 2^m-1 的码，称为 m 序列码。术语"最大长度"（ML）指的是用 m 移位寄存器产生的最大序列长度。因为对于 m 比特，排除所有位为零的情况，只有 2^m-1 种可能的离散状态，所以最大长度 PRN 序列每 2^m-1 个码片重复一次。

ML 序列有如下两个重要特性。

1. 序列的平衡特性，即 2^m-1 本质上是一个奇数，序列中 -1 的数量大于 $+1$ 的数量，所以序列中有 2^{m-1} 个 -1，而 $+1$ 的个数是 $2^{m-1}-1$。

2. 序列与有任何移位的相同序列进行异或,将生成具有不同移位的相同序列。

依据这两个特点,下面继续自相关过程的讨论。PRN 序列的自相关定义为在一个码长度内对有相对位移(τ)的相同序列的乘积进行积分的平均值,自相关可以表示为

$$R_{xx}(\tau) = \frac{1}{NT_c} \int_0^{NT_c} s(t)s(t+\tau) \mathrm{d}t \tag{4.23}$$

很显然,零移位序列的自相关等于1。但是,因为序列在有限的 N 个码片后重复,序列无法与移位整个码长度 N 的新序列区别开来。因此,在经过 N 个码片周期的移位后,序列将会与原序列重叠,即每经过一个码周期 NT_c 将会出现重复的自相关峰值。因此,自相关值的重复周期等于码周期。

考虑移位为整数倍码片宽度时的情形。当时延为1比特时,在码长度范围内,除了最后一个码片位于下一个码的第一个码片上,码中每个比特均位于码的下一个比特上;对于2比特的相对移位,码中后两个码片将位于下一个码的前两位码片上,以此类推。因为序列不是无限随机的,所以"同样"的码片对的总概率不等于"不同样"的码片对。因此,它们的累加的乘积和不等于零。对于整数码片长度的移位(不等于 NT_c),它的自相关值不等于零。换句话说,有限序列长度的自相关值是由其中的 +1 和 −1 决定的。

任何整数码片长度移位的自相关为它的内积,即序列内码片之间的代数积。从逻辑的角度看,这不过是与具有一定移位的相同逻辑序列的异或操作。这些序列的异或操作将产生不同移位的相同序列,这也验证了序列的第二个特性。也就是说,自相关形成的序列的代数内积产生了一个有相对移位的相同序列。从第一个性质可以看出,序列乘积的 −1 比 +1 的数目多1个。将序列在一个完整 N 比特码周期的持续时间内进行积分并求平均后,自相关值为

$$R_{xx}(NT_c) = \frac{1}{NT_c} \sum_{i=1}^{N} (a_j a_k T_c) = \frac{1}{NT_c} \sum_{i=1}^{N} a_m T_c = -\frac{1}{N} \tag{4.24}$$

与码片在 N 个码片后会重叠的效果一致,相关函数在整个序列周期后会重复。随着 N 的增大,即码片数量增加的情况下,序列会逐渐逼近真正的随机序列,整数倍码片周期时延的自相关将越来越具有一般性。很显然,从式(4.23)可以看出函数的重复周期也会变长。由此可得出以下结论:随着码长度 N 的增加,自相关函数越来越趋于零,码序列也越来越趋近真正的随机序列。图 4.8 为伪随机序列的自相关特性图。

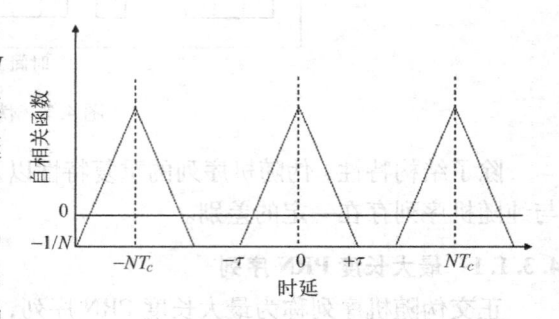

图 4.8 伪随机序列的自相关函数

读者可以通过练习 4.3 加深对自相关概念的理解。

练习 4.3 MATLAB 实现 PRN 序列自相关

运行 MATLAB 程序 autocorr_prn,生成两个不同正时延 PRN 序列的自相关函数。使用自相关的定义可得到下图的单边自相关函数。每个样本的码片和重复数量均是可配置的。类似

地,当两者之间为负时延,也有相同的变化(见图 M4.3)。

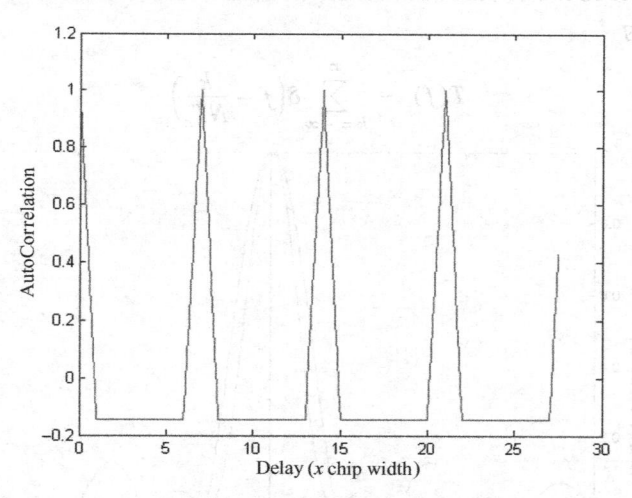

图 M4.3　PRN 序列的自相关函数

注意图 M4.3 与图 M4.2 所示完整随机序列的差异。还要注意循环自相关是如何实现的。建议读者采用其他序列并将可配置的参数设置为其他的值,再次运行这个程序。

1. 码频谱

本节将详细讨论 PRN 序列的频谱特性。码的频谱特性将在随后的讨论中用到,因此这个话题可以视为后续概念研讨的引子。首先介绍幅度谱,然后再讨论相应的功率谱。

PRN 码的幅度谱与一个完全随机序列的略有不同。首先考虑一个码片宽度为 T_c 且码长为 N 码片的码,码周期为 NT_c。

这样的码每经过间隔 NT_c 的时间将重复一次,这种具有特定发生规律的序列的幅度谱可以用 sinc 函数来表示,

$$S(f) = aT_c \frac{\sin(\pi f T_c)}{\pi f T_c} = aT_c \mathrm{sinc}(\pi f T_c) \tag{4.25}$$

由此可见,幅度谱是关于峰值位于 $f=0$,且零点在 $f=\dfrac{1}{T_c}$ 及其倍数点的连续 sinc 函数,如图 4.9(a)所示。

为了更好地理解信号的频谱特性,首先需要了解信号在时域的重复特性,它可以通过将具有 N 码片的单个码与无限序列的单位脉冲相卷积得到,每个脉冲在时间轴上的长度均为码周期长度,即 NT_c,脉冲序列的表达式为

$$\tau(t) = \sum_{k=-\infty}^{\infty} \delta(t - kNT_c)$$

其中,$\delta(\cdot)$ 为克罗内克 δ 函数(Kronecker delta),此函数取值为 $\delta(x=0)=1$ 和 $\delta(x\neq 0)=0$。两个信号 s_1 和 s_2 的卷积定义为

$$h(t) = s_1(t) \otimes s_2(t) = \int s_1(\tau) s_2(t-\tau) \mathrm{d}t \tag{4.26}$$

单位脉冲序列从时域变换到频域上的表现是以 $1/NT_c$ 为间隔的单位脉冲序列。该脉冲序列相应的性质可表示为

$$T(f) \sim \sum_{k=-\infty}^{\infty} \delta\left(f - \frac{k}{NT_c}\right) \tag{4.27}$$

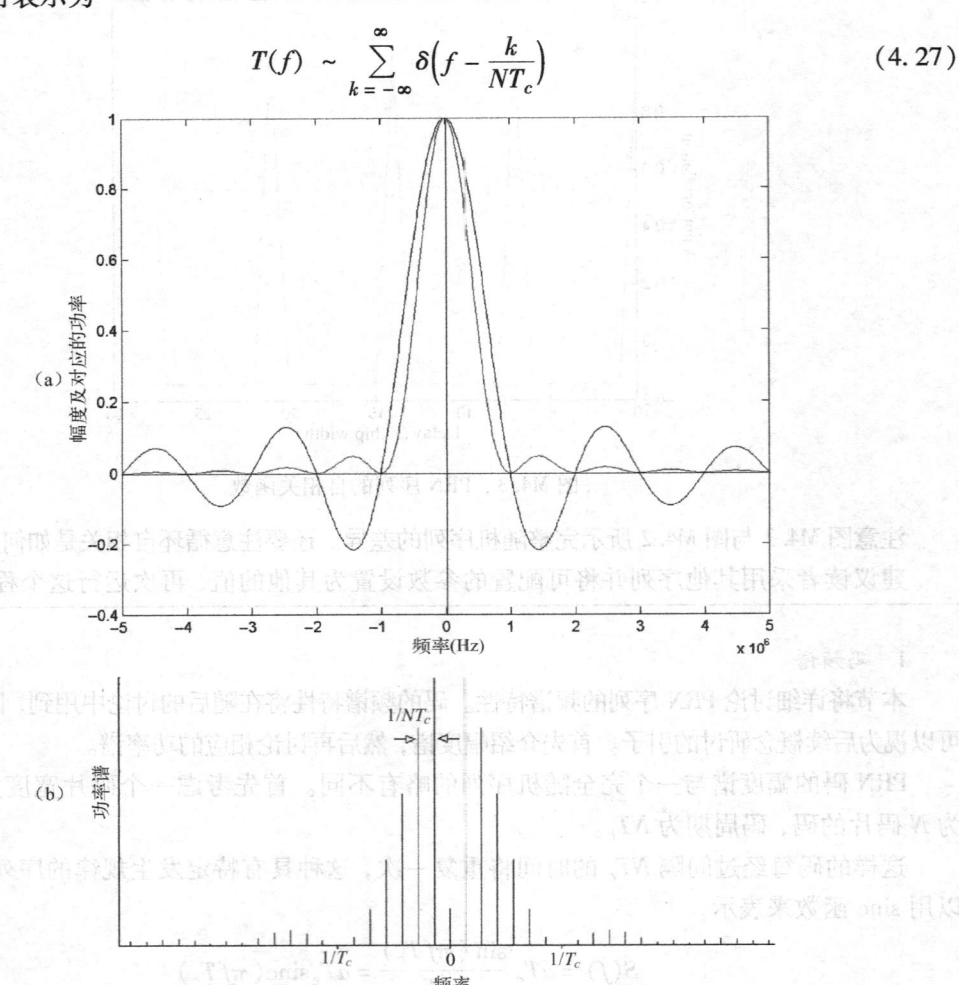

图 4.9 伪随机码序列频谱图

因为信号在时域上是由两个分量的卷积信号组成的,表现到频域就是两者的乘积。因此,合成谱是一个单位脉冲序列与连续 sinc 函数的乘积,并被转化为以 $\frac{1}{NT_c}$ 为间隔的离散谱的形式,其包络表现为第一过零点在 $\frac{1}{T_c}$ 的 sinc 函数。此合成谱如图 4.9(b)所示。特征表达式为

$$S(f) \sim \frac{\sin(\pi f T_c)}{\pi f T_c} \delta\left(f - \frac{k}{NT_c}\right) \tag{4.28}$$

相应的功率谱密度为

$$P(f) \sim \text{sinc}^2(\pi f T_c) \delta\left(f - \frac{k}{NT_c}\right) \tag{4.29}$$

然而,所有的讨论都是基于相对表达式来展示谱的离散脉冲特性的,在实际应用中需要

对上式进行调整，以便让它能在零频以及其他频点准确地表示功率密度，其表达式如下(Cooper and Mc Gillem, 1987)(见练习4.4)：

$$P(f) = \frac{N+1}{N^2}\left[\frac{\sin(\pi f T_c)}{\pi f T_c}\right]^2 \delta\left(f - \frac{k}{NT_c}\right) - \frac{1}{N}\delta(f) \tag{4.30}$$

练习4.4 PRN码的功率谱密度的MATLAB实现

运行MATLAB程序prn_psd，生成PRN码的功率谱密度(PSD)。程序通过重复序列的方式来实现序列的无限重复性。单边PSD是通过对幅度谱的平方做FFT运算获得的，其中每个码和其重复周期均是可配置的。

注意图M4.4(a)和图M4.4(b)的差异，第一个是随机脉冲的功率谱密度，而第二个是PRN序列的功率谱密度。由此可见，周期重复性将使频谱变得离散。建议读者采用其他序列并将可配置的参数设置为其他的值，再次运行这个程序。

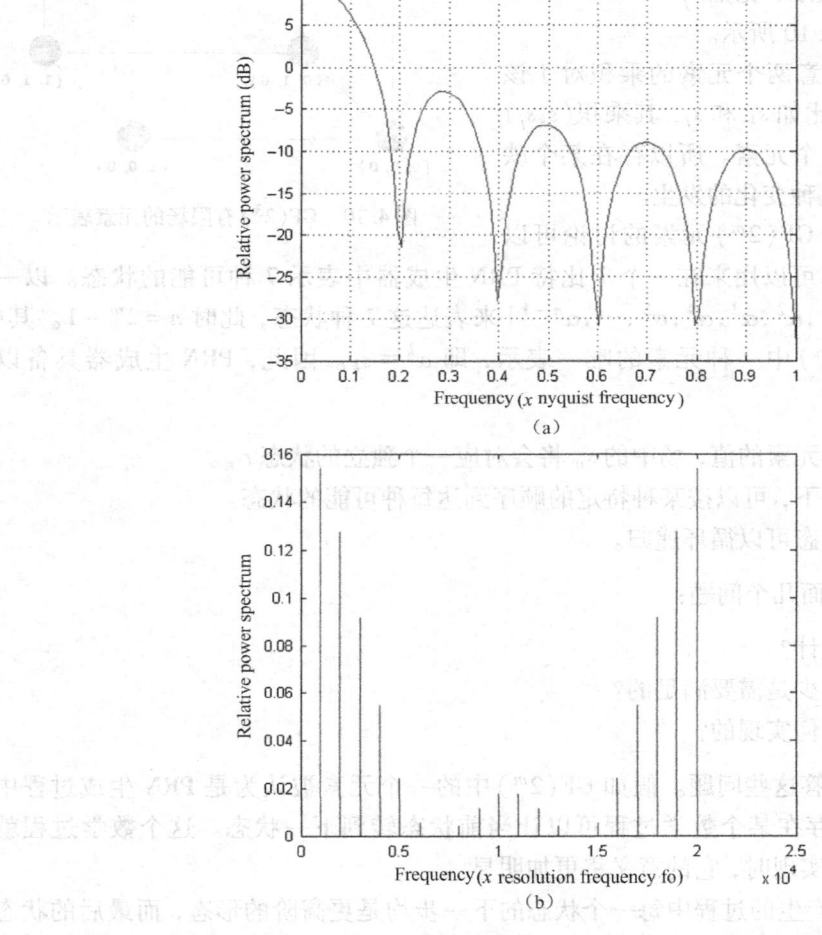

图M4.4 (a)随机脉冲的功率谱密度；(b)PRN序列的功率谱密度

2. PR 码的产生

PRN 序列产生所基于的理论是有限伽罗瓦场理论和循环码理论。下面简要介绍伽罗瓦场的元素。

对于任何质数 p，都有一个包含 p 个元素的有限场 $GF(p)$。比如，二进制场是一个伽罗瓦场 $GF(2)$，而只有两个元素 $\{0,1\}$ 的二进制场的元素不能满足诸如 $X^3+X+1=0$ 的方程，因为这些方程有三个根，而场只有两个不同的元素。

$GF(2)$ 可能被拓展到更高的 m 维以形成一个拓展的场 $GF(2^m)$，这与一维的实数行 $\{R^1\}$ 拓展到三维向量空间 $\{R^3\}$ 表示向量一样。但是在 $GF(2^m)$ 空间，每个维度都被假设为两个值，即 0 或 1。

类似地，一个 $GF(2^3)$ 场只有 $2^3=8$ 个不同元素，这些元素通过 s_k 表示，其中 k 的取值可以从 0 到 7。它形成了一个有限场，其 8 个元素可以通过基 $\{1, X, X^2\}$ 表示；比如 $s_j = \{1X^2 + 0X + 1\} \equiv 1\ 0\ 1$，如图 4.10 所示。

在有限场下，任意两个元素的乘积对于该场而言都是封闭的，比如 s_k 和 s_j，其乘积 $(s_k s_j)$ 将会变成该场中的某个元素。所以存在某个映射方程 $f(X)$ 来定义这种变化的发生。

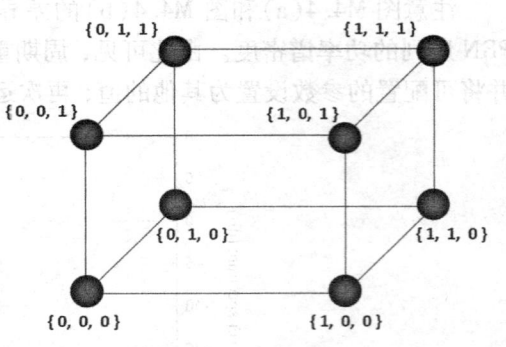

图 4.10 $GF(2^3)$ 有限场的元素表示

很明显，从之前 $GF(2^m)$ 元素的讨论可以看出，比如 $\{0,0,0\}$ 可以用来在一个 7 比特 PRN 生成器中表示 7 种可能的状态。以一种顺序集如 $F=\{\alpha^0, \alpha^1, \alpha^2, \alpha^3, \alpha^4, \alpha^5, \cdots, \alpha^{n-1}\}$ 来表达这 7 种状态，此时 $n=2^m-1$。其中，每种状态都是 $GF(2^m)$ 中一种元素的唯一表示，即 $\alpha^k \equiv s_k$。因此，PRN 生成器具备以下特点：

1. 假设明确一个元素的值，场中的 s_n 将会对应一个独立的状态 α_n。
2. 在不断的触发下，可以按某种特定的顺序到达每种可能的状态。
3. 相同阶数的状态可以循环递归。

因此必须解决下面几个问题：

1. 触发应怎样设计？
2. 这些准则有多少是需要满足的？
3. 整个过程是如何实现的？

下面尝试依次回答这些问题。假如 $GF(2^m)$ 中的一个元素被认为是 PRN 生成过程中的一个状态，那么肯定存在某个数学过程可以让当前状态转到下一状态。这个数学过程就是"触发"过程，在硬件实现时，它的意义将更加明显。

很明显，如果在产生的过程中每一个状态的下一步均是更高阶的形态，而最后的状态将循环到第一个状态，那么每次重复的过程中状态的轨迹都一样。其数学方程表示如下：

1. $\alpha^j \xrightarrow{\text{触发}} \alpha^{j+1}$

2. $\alpha^n = \alpha^0$，其中 $n = 2^m - 1$

如果能够保证有序集的连续元素可以通过某种方式被映射成 2^{m-1} 比特的循环连续码，则可以保证此状态有序集是循环的。此时触发就简化为状态连续变化的过程，并在映射域获得循环码。但在实际运算中，必须有一个限制方程来确定这个过程。为得到这个方程的准确公式，需要利用一些循环码的知识，也就是如何通过循环移位一个有效码来产生另一个有效码。

为方便理解，假设当 $m = 3$ 时将产生一个 $2^3 - 1 = 7$ 比特的 PRN 码，拓展场含有 7 个元素，这些元素映射的循环码为一个 7 比特的码。因此，对于一个 7 比特的循环码，初始码在 7 次移位后再次复现，此时该码映射的状态称为回归。假设一个 $(7,3)$ 循环码的有效生成多项式为 $g(x)$，$c_i(x)$ 是由状态 α_i 产生的相应的码，用多项式来表示 α_i，令其坐标为 $\{1 \quad x \quad x^2\}$，可得

$$\alpha_i = \alpha(x) = a_2 x^2 + a_1 x^1 + a_0 \tag{4.31}$$

同理，生成多项式可表示为

$$g = g(x) = g_4 x^4 + g_3 x^3 + g_2 x^2 + g_1 x^1 + g_0 \tag{4.32}$$

因此，码字可表示为

$$c_i = g(x)\alpha_i(x) \tag{4.33}$$

从循环码的特征可以看出，循环旋转将生成一个新的有效码。因此，对于 7 位码，通过乘以 x 和模除 $x^7 + 1$ 可以实现循环移位，7 个循环移位后将会再现相同的码。如果用 $\mathrm{Rm}[a/b]$ 表示除法 a/b 的余数，则有

$$c_{i+1}(x) = \{xc_i(x)\}\,\mathrm{Mod}(x^7+1) = \mathrm{Rm}\left[\frac{xg(x)\alpha_i(x)}{x^7+1}\right]$$
$$= \mathrm{Rm}\left[\frac{g(x)x\alpha_i(x)}{x^7+1}\right] \tag{4.34}$$

类似地，正如循环码理论所讲，生成多项式是 $x^7 + 1$ 的因子，写成

$$x^7 + 1 = g(x)h(x) \tag{4.35}$$

因为 $\alpha_i(x)$ 是一个二阶多项式而码是 6 阶的，这使得 $g(x)$ 成为一个 4 阶多项式。因此，$h(x)$ 的阶是 3。通过观察发现，$h(x)$ 比 $\alpha(x)$ 高出 1 个阶。对于循环 7 位码，$h(x)$ 也是一个生成多项式(Proakis and Salehi, 2008)。因此式(4.34)可以写成

$$c_{i+1}(x) = \mathrm{Rm}\left[\frac{g(x)x\alpha_i(x)}{g(x)h(x)}\right] = g(x)\mathrm{Rm}\left[\frac{x\alpha_i(x)}{h(x)}\right]① \tag{4.36a}$$

对于接下来的有序序列，码 c_{i+1} 将由 α_{i+1} 产生，即

$$c_{i+1} = g(x)\alpha_{i+1}(x) \tag{4.36b}$$

因此，比较式(4.36a)和式(4.36b)，可得

$$g(x)\alpha_{i+1}(x) = g(x)\mathrm{Rm}\left[\frac{x\alpha_i(x)}{h(x)}\right]$$

即

$$\alpha_{i+1}(x) = \mathrm{Rm}\left[\frac{x\alpha_i(x)}{h(x)}\right] \tag{4.37}$$

---

① 此公式疑为有误。——译者注

式(4.37)回答了两个问题。第一，它表明在码序列产生时，下一状态是由原码乘以 x 再除以 $h(x)$ 得到的。将 $GF(2^m)$ 的 α_1 的元素移位到更高的阶，然后模除 $h(x)$ 得到 α_2，以此类推。

第二，因为循环码来源于状态转换，其 7 种可能值是有顺序的，并将循环回到初始值，即状态量由式(4.33)映射到了唯一的码，表现为该状态符号循环旋转的形式。为使得码可以循环表示状态，需要实现比特由位置 x^7 到位置 $x^0 = 1$ 反馈，可以表示为 $x^7 + 1 = 0$。现在，让我们来看看在实现码的时候怎么得到码的生成公式。

前面已经提到，$h(x)$ 是一个 $2^m - 1$ 比特循环码的生成多项式，与拓展场 $GF(2^m)$ 有相同的阶数。因此，函数 $h(x)$ 可以看成关于 $x^n + 1$ 不可约简的最简因子。$h(x)$ 之所以是最简的，意味着没有其他值 $n' < n$ 可以使 $h(x)$ 完全被 $x^{n'} + 1$ 除尽。对于 7 位 PRN 码，也就是 $GF(2^3)$ 的状态量，它的生成阶数为 3。对于 $m = 3$，$h(x)$ 必须是 $x^7 + 1$ 的函数，分解得到

$$x^7 + 1 = (x+1)(x^3 + x^2 + 1)(x^3 + x + 1) = g(x)h(x) \tag{4.38}$$

由于因式 $(x^3 + x^2 + 1)$ 和 $(x^3 + x + 1)$ 均是不可约的，同时也是互质的，因此可以在这里用作生成多项式。假设选择两个多项式中的一个作为生成多项式，例如 $h(x) = x^3 + x^2 + 1$，令其等于 0，此时有 $x^7 = 1$，即在二进制中 $x^7 + 1 = 0$。这样可以使得码循环旋转得以维持，从而得到状态序列。因此，对于 $x^3 + x^2 + 1 = 0$，相当于在二进制中的 $x^3 = x^2 + 1$，在这个方程中，每当 x^3 对应的比特乘以 x 时，就相当于对 x^2 和 x^3 相应的比特进行异或操作，也就是说，向上移位等同于 x^2 和 x^3 两个位置位的异或操作。

码生成的初始状态称为"种子"，它是从 $GF(2^3)$ 的元素中选取的，假设其值是重复循环的，如果依据 $\{1 \quad X \quad X^2\}$ 的格式有序地排列相应的状态，则将得到

$$S = [\{1 \ 1 \ 1\}, \{1 \ 1 \ 0\}, \{0 \ 1 \ 1\},$$
$$\{1 \ 0 \ 0\}, \{0 \ 1 \ 0\}, \{0 \ 0 \ 1\}, \{1 \ 0 \ 1\}]$$

这些码都是系统码，每个状态都只唯一对应一个明确位置的码。因为码是循环的，移动序列中对应状态的任一比特都会产生 PRN，比如，用 MSB 会产生 PRN 序列 $\{1 \ 0 \ 1 \ 0 \ 0 \ 1 \ 1\}$。由于码是循环的，因此移动其他的比特会得到一个带有移位的相同序列。

为完成这个操作，首先要声明，α_i，$GF(2^3)$ 中的这个元素是一个 3 比特字。将它存于一个 3 比特移位寄存器，为到达下一个状态，序列首先需要乘以 x（可以通过向 MSB 上移 1 比特实现），再将其除以 $x^3 + x^2 + 1$，其余数即为下一个状态（这个过程可通过从 MSB 寄存器输出的反馈同时与 x^2 和 x^0 的内容相加实现，其模为2）。具体实现过程如图 4.11(a) 所示。

类似地，其他最简多项式，如 $x^3 + x + 1$ 是 $x^7 + 1$ 的因式，也可以用来生成其他序列。此时，模除数是 $x^3 + x + 1$，即上移一个序列后 MSB 输出的值，代表了其商，还需要用模 2 加来反馈回 x^1 和 x^0。这个过程如图 4.11(b) 所示（见练习 4.5）。

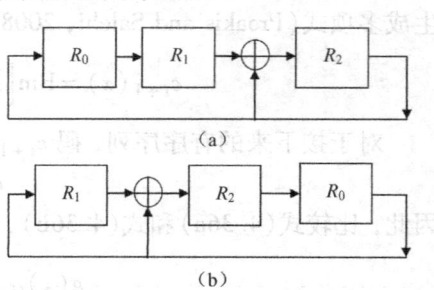

图 4.11 伪随机序列的实现

练习 4.5　MATLAB：ML PRN 码的生成

运行 MATLAB 程序 m_sequence.m，以原始多项式 $h = x^3 + x + 1$ 生成一个 7 位的 m 序列。以状态 $S = [1\ 1\ 1]$ 为初始相位，最后生成的重复序列是

$$P_1 = [1\ 1\ 0\ 0\ 1\ 0\ 1]$$

变量 S 代表了状态变量，是一个三元码字，带有 S 的三个元素。状态变量 S 元素的变化量 $S(1)$，$S(2)$ 和 $S(3)$ 遵循给定的关系，如图 M4.5(a) 所示。

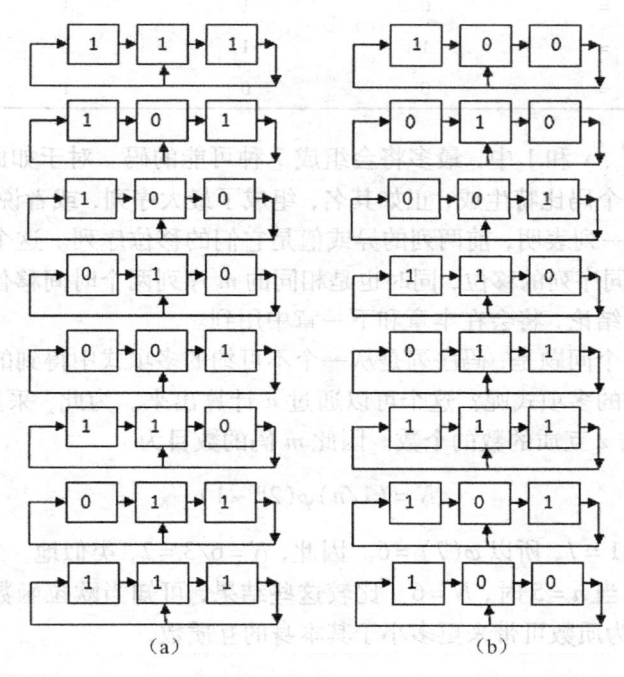

图 M4.5　本原多项式 $h = x^3 + x + 1$ 生成的 7 比特 m 序列的状态转换

需要确认的是，对于这个多项式，如果使用另一个起始状态，那么同一组的状态是否会每 7 个步骤重复。通过改变初始值 S 从 $[1\ 1\ 1]$ 到 $[1\ 0\ 0]$，运行程序并检查生成的序列。从图 M4.5(b) 显然可看出，在这种情况下，从初始状态 $[0\ 0\ 1]$ 开始是按顺序执行的。图中，X^1 位置为反馈值与 X^0 的模 2 加，另一个反馈则是因为没有其他的输入而直接放置在 X^0。

因此可以看到，两种情况下都导致了相同的每 7 个步骤重复的序列。序列相位的不同取决于何时输出。

另外，可通过改变码顺序来改变原始多项式并查看其生成的序列。

假设 α_j 表示生成的一个明确有效的状态，那么 α_j 将由 3 个因式项的内容所确定。假设 α_j 为 $[0\ 0\ 1]$，那么对于等式 $h = x^3 + x^2 + 1$，α 的更高阶如下表所示（见表 4.2）。

表 4.2 有效状态

序号		x^2	x	1	$x(\oplus)x^2$
α	=	0	0	1	0
α^2	=	0	1	0	1
α^3	=	1	0	0	1
α^4	=	1	0	1	1
α^4	=	1	1	1	0
α^6	=	0	1	1	1
α^7	=	1	1	0	0
α^8	=	1	0	0	1

在三个因式项 x^2、x 和 1 中，最多将会组成 7 种可能的码。对于如此的组合，任何一个比特位置将对应有一个码比特生成，正如其名，组成了最大序列，或者说 m 序列。

此外，表的最后一列表明，前两列的异或值是它们的移位序列。这个结果再次证明了模 2 加的运算结果是相同序列的移位，同时也是相同的 m 序列两个时间移位序列的异或操作结果。这是一个重要的结论，将会在本章和下一章中用到。

还需要回答的一个问题是，码序列是从一个不可约的多项式中得到的，对于 2^n-1 码长，又有多少如此不可约的多项式呢？这个可以通过 n 计算出来。为此，采用欧拉函数 φ，函数 $\varphi(x)$ 表示小于 x 并与 x 互质的数的个数。因此 m 码的数目为

$$N = (1/n)\varphi(2^n - 1) \tag{4.39}$$

对于 $n=3$，$2^n-1=7$，所以 $\varphi(7)=6$。因此，$N=6/3=2$，类似地，当 $n=4$ 时，$\varphi(15)=8$，因此 $N=8/4=2$，当 $n=5$ 时，$N=6$。比较这些结果，可知当欧拉函数的定义域本身是质数时，其值越大，因为质数可带来更多小于其本身的互质数。

4.3.1.2 Gold 码

在所有的正交二进制随机序列中，Gold 码凭着自己独特的有界最小互相关及方便生成的特性，在通信和导航系统中得到了广泛的应用。在下面的章节中，将会研究其如何在 CDMA 系统中使干扰噪声降到最小。

由欧拉公式我们知道 m 序列的数目随着码长的增加而迅速增加。尽管这些 m 序列具有很好的自相关特性，但大多数序列都不具备导航系统所要求的互相关特性（即要求不同码之间的互相关值越小越好）。

Gold(1967)表明相比于其他相同长度的 m 序列，某些 m 序列会有更好的周期互相关特性。在一个码周期内对某些 m 序列对做互相关，将会生成三值互相关值：

$$R_{xy} = \begin{cases} \frac{1}{N}[-1, -2^{(n+1)/2}-1, 2^{(n+1)/2}-1], & n\text{ 为奇数} \\ \frac{1}{N}[-1, -2^{(n+2)/2}-1, 2^{(n+2)/2}-1], & n\text{ 为偶数} \end{cases} \tag{4.40}$$

这类 m 序列称为"优选序列"，将这些码长相同的优选序列对进行异或运算，就可以得到

一个新的序列，也就是 Gold 或 Kasami 序列，通常被称为"Gold 码"。

改变两个成对的 m 序列之间的相位差将会产生同一类的不同 Gold 码。换句话说，由相同的父集的序列生成的 Gold 码将构成一个码族，它们之间有相同的三值互相关。因此，一个具有优选互相关特性的长度为 n 的 m 序列，可以生成 n 个有相似互相关特性的 Gold 码。

为了解 Gold 码的特性，我们需要回顾一下，异或两个不同相位偏移的相同 m 序列将产生一个具有新的相位偏移的同一 m 序列。因为同一类的两个 Gold 码是由两个相同 m 序列优选对异或产生的，因此这两个 Gold 码具有相同的元素，但相对相位偏移量不同，这两个 Gold 码可以表示为

$$G_{1k} = M_1(t) \oplus M_2(t+k_1)$$
$$G_{2k} = M_1(t) \oplus M_2(t+k_2) \tag{4.41}$$

以上的 m 序列是可生成三值互相关的优选对之一。

M_1 和 M_2 是构成 m 序列的逻辑比特序列。将逻辑值由等值代数 m_1 和 m_2 代替，异或运算由乘法代替，可得

$$g_1(t) = m_1(t) m_2(t+\delta_1)$$
$$g_2(t) = m_1(t) m_2(t+\delta_2) \tag{4.42}$$

其中，$\delta_j = k_j T_c$，k_j 为整数。因此，当上述两个 Gold 码进行互相关时，等同于将两个不同相位的同一 Gold 码对进行相乘，可得

$$\begin{aligned} R_{xy}(g_1,g_2,d) &= \frac{1}{T}\int g_1(t) g_2(t+d)\,\mathrm{d}t \\ &= \frac{1}{T}\int m_1(t) m_2(t+\delta_1) m_1(t+d) m_2(t+d+\delta_2)\,\mathrm{d}t \end{aligned} \tag{4.43}$$

这个乘积也可视为两个分别生成各自 Gold 码的 m 序列的乘积，即

$$\begin{aligned} R_{xy}(g_1,g_2,d) &= \frac{1}{T}\int [m_1(t) m_1(t+d)][m_2(t+\delta_1) m_2(t+d+\delta_2)]\,\mathrm{d}t \\ &= \frac{1}{T}\int m_1(t+\Delta_1) m_2(t+\Delta_2)\,\mathrm{d}t \end{aligned} \tag{4.44}$$

上式可以看成带有某个新的相位差 $\Delta_2 - \Delta_1$ 的具有相同结构 m 序列的互相关。因此，互相关也是一个三值函数，且对于不同的 d 值，会有不同的相位差。

此外，由于 m_1 和 m_2 相位偏移的乘积是相同类型中的一种新的 Gold 码，有

$$\begin{aligned} R_{xy}(g_1,g_2,d) &= \frac{1}{T}\int m_1(t+\Delta_1) m_2(t+\Delta_2)\,\mathrm{d}t \\ &= \frac{1}{T}\int g(\tau)\,\mathrm{d}t \end{aligned} \tag{4.45}$$

由此可见，对同一类型的两个 Gold 码的互相关，就是在码周期 NT_c 内对一个新的 Gold 码进行积分后再进行归一化的过程。因此，互相关无非是在码周期内合成码的平均时间积分值。

当生成的新 Gold 码是平衡码时，互相关值为 $-\frac{1}{N}$。然而，并不是所有生成的复合 Gold 码

都是平衡码,此时互相关值为两个可能值之一,当 n 为奇数时互相关值为 $\frac{1}{N}[\pm 2^{(n+1)/2}-1]$,当 n 为偶数时为 $\frac{1}{N}[\pm 2^{(n+2)/2}-1]$(见练习4.6)。

▷ **练习4.6　PRN 码相关的 MATLAB 实现**

运行 MATLAB 程序 autocorr_gold,由两个7位 m 序列生成 Gold 码,然后估计它们的相关值。

选择两个 m 序列分别为 [1 1 1 0 0 1 0] 和 [1 1 1 0 1 0 0]。这些码被转换为等价的代数形式,并产生了三值互相关,如图 M4.6 所示。

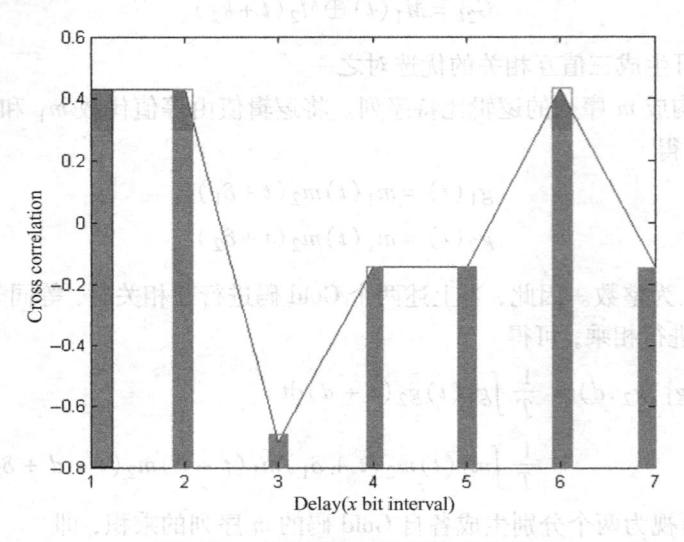

图 M4.6　两个 Gold 码序列的互相关

分别查看 -0.7143、0.4286 和 -0.1429 的互相关值,当 $n=3$,即 $N=7$ 时,这些值与表达式 $\frac{1}{N}(2^{(n+1)/2}-1)$ 和 $-\frac{1}{N}$ 是完全匹配的。

序列的所有可能的异或结果为

$$G = \begin{bmatrix} 1 & 1 & 1 & 1 & -1 & -1 & 1 \\ -1 & 1 & 1 & -1 & 1 & 1 & 1 \\ -1 & -1 & 1 & -1 & -1 & -1 & -1 \\ 1 & -1 & -1 & -1 & 1 & 1 & 1 \\ -1 & 1 & -1 & 1 & -1 & 1 & -1 \\ 1 & -1 & 1 & 1 & 1 & 1 & 1 \\ 1 & 1 & -1 & -1 & 1 & -1 & -1 \end{bmatrix}$$

这7个码构成同一类的 Gold 码。随意选择两个生成的码,并以不同的延迟进行互相关,以不同延迟获得的互相关如图 M4.6 所示,其互相关结果也为三值函数,遵循给定的 $n=3$ 表达式。

以不同的相对延迟异或其中两个(上式的最后两个码)Gold 码产生的码阵列如下所示,由此可见,新生成的码只是此类码的移位版本。

$$GX = \begin{bmatrix} 1 & -1 & -1 & -1 & 1 & -1 & 1 \\ 1 & 1 & -1 & -1 & 1 & 1 & 1 \\ 1 & 1 & 1 & -1 & 1 & 1 & -1 \\ -1 & 1 & 1 & 1 & 1 & 1 & 1 \\ -1 & -1 & 1 & 1 & -1 & 1 & -1 \\ -1 & -1 & -1 & 1 & -1 & -1 & -1 \\ -1 & -1 & -1 & -1 & -1 & -1 & 1 \end{bmatrix}$$

可以选择其他 Gold 码序列并运行这个程序。

4.3.2 测距码的调制

在导航信号中,频率为 $R_d = 1/T_d$ 的电文数据与同步的频率为 $1/T_c$ 的伪随机码相乘,而伪码速率比电文速率快得多,因此乘积序列的比特重复率等于伪码速率。为了与正常的电文数据比特以及伪码码片进行区分,这些携带信息的电文数据与伪码之积称为编码数据码(EDC)。

PRN 的优势不仅在于码片的序列,而且也在于其相对于电文的高速率(通常伪码速率是数据速率的一百万倍)。将伪码与电文相乘会产生两方面的影响:频域的影响是信号的扩频效应,时间域的影响是给信号提供了一个较好的相关属性。这两个概念构成了导航信号应用的基础,包括测距、多址以及数据安全。接下来我们将详细讨论这些影响。

4.3.2.1 扩频

读者通过 4.3.1 节已经了解了 PRN 序列的频谱。我们知道,序列在时间域的乘积等效于频域的卷积,序列在时域上以 NT_c 的周期重复,在频域上的表现是其频谱为 $1/NT_c$ 间隔的离散序列,其完全的频谱在式(4.30)中给出。电文数据的频谱是连续的 sinc 函数,即

$$S_d(f) = AT_d \frac{\sin(\pi f T_d)}{\pi f T_d} \tag{4.46}$$

由于电文数据位宽为 T_d,因此其频谱的过零点位于 $1/T_d$ 处。因此,当两个频谱在频域实现卷积后,每个离散码序列将扩频到信息谱的两个对称谱中。

通常情况下,$T_d > NT_c$,即 $1/NT_c > 1/T_d$。因此,过零点和因此得到的数据频谱主瓣宽度都远小于离散序列的间隔,而且在间隔之内没有混叠。

在某些情况下,当码周期远远大于码片宽度时,$1/NT_c$ 是不够容纳数据谱的两半的,即 $2/T_d$ 的总宽度会导致混叠,从而改变总谱的形状。因此,调制信号产生的形状取决于 $1/T_d$ 和 $1/NT_c$ 的相对大小。

如果码周期很大而导致码的重复间隔很大,其谱线就会彼此接近,以至于它们看起来像一个连续谱,而且总谱显得像一个第一过零点在 $1/T_c$ 处的连续 sinc 函数。可以预期,重复周期越大意味着信号越趋近随机序列,而随机序列的频谱是一个连续的 sinc 方程。对于这样的情况,有效谱就是两个 sinc 函数的卷积,其中之一来自于宽度为 $1/T_c$ 的码序列,另一个来自

于宽度为 $1/T_d$ 的数据序列。但随着 $T_c \ll T_d$，后者的频谱与前者相比几乎变成了直线，因此其有效频谱将与伪码频谱几乎相同。

此外，数据本身的频谱宽度为 $1/T_d$，在乘以伪码后其将有效地扩频到 $1/T_c$。扩展频谱的宽度与原始数据谱的宽度比值称为带宽扩频因子（Proakis and Salehi, 2008）。它等于码片速率 R_c 与数据速率 R_d 的比值，为

$$\mathrm{BE} = \frac{\frac{1}{T_c}}{\frac{1}{T_d}} = \frac{T_d}{T_c} = \frac{R_c}{R_d} \tag{4.47}$$

由此可见，电文数据与伪码码片相乘有效地在频域拓宽了信号，因此又称为扩频系统，产生的谱也称为直接序列扩频谱。这样的系统在设计上通常用于在极低信噪比条件下进行信息通信、抗干扰传输以及多址通信。

4.3.2.2 正交性和自相关特性

调制的伪码在扩频和解扩中发挥着重要的作用，因此在任何扩频系统中，选择适当的码至关重要，而其选择依据主要由码的特点决定。前一节中已讨论了信号的内积（相关），即两个码的比特位相乘并在整个码周期内做平均。当一个码的码字与其相乘的码字一致时，将得到最大的相关性。对于几乎类似的码而言，相关值很大；对于中等相似的码而言，相关值也为中等大小；而对于几乎没有相似的码而言，相关值接近零。当两个码的内积为零或接近零时，称这两个码是正交的。

从统计的角度看，正交意味着完全不相关。从先前的定义知道，相关只是内积在整个编码长度内的平均。以矢量内（点）积类比，如果两个码具有零或非常低的相关值，则它们是正交的。对信号而言，大部分情况下，正交性质是信号最应该具有的特性。与两个信号以相同频率的正弦和余弦载波调制后不相干类似，携带不同数据的两个信号乘以正交码后彼此之间也是不相干的。因此，正交编码在卫星导航技术中至关重要，它允许数字信号在相同的载频和相同的带宽上传输不同数据，也就是所谓的码分复用，本章后面小节将对其进行介绍。从导航信号的需求出发，导航信号所采用的伪码应该具备极小的互相关值。为此，在导航信号的设计中，正交码的选择也是一个非常重要的环节。

4.3.3 导航信号中扩频码的作用

4.3.3.1 测距

伪随机测距码与电文数据的相乘使我们能够测量从卫星到接收机的准确距离。这不仅适用于卫星导航，在单向卫星测距和雷达系统中也得到广泛应用。

发射机和接收机之间的几何距离可以通过测量无线电信号的传播时间然后乘以光速获得。本节仅对测距进行简要介绍，并将在第 5 章对其技术细节进行详细讨论。

测距原理中利用了码的自相关特性。我们已知，码的相关结果取决于码的相对位移，如果接收机与发射机可以同步生成相同的码，那么卫星和接收机可以在一个确定的时刻同时生成相同相位的码。复现的测距码相位定义为伪码的当前状态，即当前正在生成的码片整数部分及其小数部分之和。

卫星生成的码相位是以信号的形式经过一定的时间由卫星传输到接收机的，发射和接收之间的时间差，就是码相位的传输时间。当接收机接收到信号时，接收机在本地同步地生成与发射信号相同、但可能存在一定相位延迟的伪码序列。这些码相位差代表了传输时间在本地码相位上产生的位移，因此与传输时间成正比。输入信号的相对码相位是通过信号与本地生成的码序列的自相关进行估计的。当自相关值最高时，我们认为输入信号与本地信号已经完全匹配，此刻的时间差是本地即时码与输入信号的相对延迟，即传播时间。伪码的码速率越高，输入信号与本地信号的自相关函数就越陡峭，自相关函数越陡峭则时延估计值就越精确。被估测到的时延值乘以传播速度（即电磁波穿过介质的速度），就可以算出发射机到接收机的距离。更多关于位置解算的相关内容将在下一章中讨论。

4.3.3.2 多址

在某些卫星导航系统中，所有卫星信号的载波频率都相同，这使得用户接收机前端可以工作在较小的带宽上。在此类系统中，不同卫星的信号通过不同正交编码的伪码实现信号分离以避免干扰。当复合信号到达接收机时，与接收机通道中所需的伪码进行相关，此时复合信号的其他所有分量都被排除，只有与之关联的伪码及其携带的信息被保留下来。这就是为什么在导航系统设计中需要选择具有良好相关特性码元的主要原因。

多址是信号传输的一个独立特性，其中包括其他类型的多址，比如 FDMA 等，后面章节将单独讨论这个主题。

4.3.3.3 处理增益

发射端信号带宽的扩频和接收端对所需信号的解扩将产生系统处理增益。在导航和其他扩频系统中，术语"处理增益"(PG)是一个很重要的定义，它指的是接收机的输出对输入信号噪声比（信噪比，SNR）的改善程度

$$PG = 10\log\frac{(SNR)|_{输出}}{(SNR)|_{输入}} dB = 10\log\frac{(带宽)|_{输出}}{(带宽)|_{输入}} dB \tag{4.48}$$

处理增益的实现可解释为：经过编码的信号具有更大的带宽，而信号和噪声的功率是在同一带宽中进行考量的，假设 P 是总信号功率，N_0 是噪声功率密度，解扩前的信号信噪比为

$$SNR^- = \frac{P}{WN_0} = \frac{P}{R_cN_0} \tag{4.49}$$

其中，假设扩频后的带宽等于码片带宽 R_c。

在接收机中，通过将输入信号与相同的复现码相乘来恢复导航数据电文，码的乘法可以去除信号调制中的伪码从而只留下数据分量。因此，信号在解扩后将宽带又压缩回原始数据带宽范围内，信号功率未被衰减从而实现信号的无损接收，解扩后的信号功率仍然是 P。信号中的随机白噪声分量，在解扩过程中也乘以了接收机的码，保留了随机性质，当本地码是 -1 时，其振幅保持不变而相位反转。因此，噪声的频谱性质并未改变，功率谱密度也没有改变。解扩前信号的所有功率都包含在信号的有效带宽内，解扩后则包含在数据的有效带宽内，相应地，附加在信号上的噪声也因为相同的处理过程降低到数据带宽内。解扩后总噪声功率是 $N = N_0R_d$。

因此，解扩前和解扩后的信号总功率保持不变，噪声功率则因为有效带宽的减少而减少。此时信噪比变成

$$\text{SNR}^+ = \frac{P}{R_d N_0} = \frac{P}{R_c N_0} \times \frac{R_c}{R_d} = \text{SNR}^- \times \frac{R_c}{R_d} \qquad (4.50a)$$

所以有

$$\frac{\text{SNR}^+}{\text{SNR}^-} = R_c/R_d = \text{BE} \qquad (4.50b)$$

其中，BE 为带宽扩频因子。此时，通过扩频及解扩过程，获得了处理增益 PG，根据定义可以表述为

$$\text{PG} = 10\log\left(\frac{\text{SNR}^+}{\text{SNR}^-}\right) = 10\log\left(\frac{R_c}{R_d}\right) = 10\log(\text{BE}) \qquad (4.51)$$

由此可见，处理增益只不过是带宽扩频因子以 dB 为单位的一种表示形式。同时也可以写成

$$\text{PG} = 10\log(\text{BE}) = 10\log\left(\frac{R_c}{R_d}\right) = 10\log\left(\frac{T_d}{T_c}\right) \qquad (4.52)$$

典型情况下，R_c 是 R_d 的百万（10^6）倍，这种情况下的处理增益为

$$\text{PG} = 10\log(10^6) = 60 \text{ dB}$$

由此可见，系统可以在很低的传输信噪比的情况下，通过在接收端获取处理增益而获得原来的信噪比，这是导航系统保障数据安全的基础。

4.3.3.4 数据安全和信号鲁棒性

通过以上讨论，我们已知导航数据与伪码相乘后被扩频到一个相对较大的带宽。总功率最初包含在数据带宽 R_b 内，在传输过程中扩频到宽度 R_c。因此，信号功率密度将会降低。

当数据乘以一个适当速率的伪码后，功率密度水平可能会降低很多，加上通道、大气和接收机的噪声，以至于对任何频率来说，它甚至会低于传统的噪声水平，导致信号很难被检测到。

一旦信号乘以相同的伪码实现解扩后，扩频信号功率恢复到原始数据带宽内。对于知道确切伪码的接收机而言，相关后的信号为

$$S(k) = a(k)\frac{1}{T}\int C_i(k)C_i(k)\text{d}t = a(k)R_{xx}(0) = a(k) \qquad (4.53)$$

因为码的自相关是具有唯一性的，它能让接收机复现出原始数据位。也就是说，扩频信号与本身伪码相乘的结果，可以将信号功率由伪码带宽还原到原始信号带宽，从而获得了信号信噪比的增量，这就是信号处理增益的来源。

现在，剩下的问题是：什么时候接收机能够识别正确的伪码？在不知伪码的情况下，任何接收机都是无法解扩的。利用任何与信号伪码不相符的码进行解扩，都会得到如下相关函数：

$$p(k) = a(k)\frac{1}{T}\int C_i(k)C_j(k)\text{d}t = a(k)R_{xy}(\delta) \sim 0 \qquad (4.54)$$

因为导航系统的优选码的互相关值很小，具有良好的信号排他性。如果没有采用正确的扩频码，则互相关的结果将会成为噪声，无法恢复数据。因此，导航信号中的伪码也有助于确保数据的安全性，使得未经验证的用户（不知道真实伪码的用户）无法获取相关数据。

在外界干扰和人为干扰条件下，扩频形式有利于增强信号的鲁棒性。从前面章节中已知，将携带原始数据的扩频信号与伪码相乘，会得到解扩后的原始数据，且变成窄带信号。

那么在干扰环境下，将会发生什么呢？信号在传输过程中，干扰分量添加到了扩频信号中，因此在解扩的过程中，接收机将本地伪码与复合信号相乘时，干扰信号首次乘以伪码，从而将被扩频。所以，如果干扰信号的总功率为 I，在接收机进行相关后，其将值变为 $\frac{I}{\text{PG}}$。

由此可见，通过解扩过程，原始信号功率被集中于数据带宽内，从而功率谱密度增加，而干扰信号和噪声的功率密度则会因为扩频效应而将受到减弱，只有部分的干扰信号会留在数据带宽中，与数据信号合并，共同组成新的信噪比。此时的信噪比 SNR 为

$$\text{SNR} = \frac{P_S}{N_0 R_d + \frac{I}{\text{PG}}} \tag{4.55}$$

其中，P_S 是信号总功率，N_0 是单边噪声密度，R_d 是数据带宽，I 实际上是出现在相关带宽中的总干扰功率，而 PG 是处理增益。对于给定带宽，PG 越大，系统抗干扰的鲁棒性就越好。在实际应用中，码速率比数据速率高出许多倍，码速率越快，就会获得更高的 PG 和更好的信噪比，这也使得信号具备了更高的抗干扰性。

通过这些应用我们了解到，所选择的伪码相关性越好，其扩频性能也会更好。正如在前面的小节中所讨论的，码长越长、码速率越高，那么系统将会具有更好的性能。但是，在实际应用中也会带来一些其他问题，我们将在下面的章节进行讨论。

4.4 加密

从上一节可知，数据乘以伪码可以保护信号不受未验证用户窃取，但是这还远远不够。一些导航服务还需要相应的信号能够非常可靠地不被任何未验证用户使用。因此，还需要对信号进行加密处理。

通信系统中的加密一般应用于基带数据，而卫星导航系统中的加密一般是给伪码数据而不是导航电文数据加密。

在理解加密过程之前，需要知道信号的哪个层次需要加密，也就是说，在实际应用中最想保护的是什么，是数据还是伪码或者两者都是？大多数情况下，不仅仅关注数据，也关注伪码。因为在导航系统中，伪码决定了传输精度，即使数据率保持不变，码速率越高，所得到的定位精度也就越高。如果想要选择性地获取精度，必须具备两种码：一种码用于传输正常精度的，另一种码用于传输更精确的，后者需要被加密。这样处理的结果是，在使用相同的电文数据情况下，只有特定的用户才可以使用更好的加密码，从而实现更高的定位精度，而非授权用户将无法得知码元的加密方式，也不可能复现同样的码以获得数据信息或者进行测距。

此外，传输的数据也可能是不同的。与普通服务相比，用于特殊服务的数据可能携带一些附加信息。一种可能的情况是，传输的信息将包括更精确的星历、时间戳、时钟修正信息等，从而确保用户能够提取出更精确的卫星位置和时钟修正值。另一种可能的情况是，在非加密传输时，这些值可能在一定程度上被有意地干扰，从而使用其参数只能得到相对较差的结果。前者通过加密来保证只有有效的用户才能获取相关精度，而其他用户只能利用较差精度的数据。加密信号也可以给被选用户提供一些增值服务。因此，有可能对数据、伪码或者两者同时进行加密，以给不同用户提供有选择性的精度服务。另外，加密不只为了安全，也

为了鉴权，导航数据可以通过加密以保护其真实性。

为了能在本书有限的篇幅中有效地理解加密，我们将介绍密码学中的某些术语（Katz，2007）。密码学是研究编译密码的科学和学科，现代密码学通常用来保护介质中的数据传输，以防被非验证用户使用或被篡改。原始的可读二进制信息被转换为一种明显随机排列的组成码，称为密码。从原文到密文的转换过程称为加密，而其逆过程称为解密。控制加密和解密的关键因素就是密码学中所称的密钥，而对于转换过程，其可能含有一个或多个密钥。

加密过程包括算法和密钥。密钥是独立于消息的二进制序列，它控制数据的流动和算法中的参数选择。因此，某个时间由某算法生成的密码取决于其所采用的特定密钥，密钥更换也意味着同一算法下相同消息的密码发生了变化。密码一旦被接收，用户可以通过解密算法与加密所用的密钥获取原始消息。实际上，加密和解密过程可以具有不同的密钥。

本书将涉及并拓展具有代表性的加密方案、标准和算法。标准加密方案的强度、计算量和被破密的可能性都是衡量加密过程的要素。一般来说，密码学系统由五部分构成：

1. 明文，$M = m$
2. 密文，$C = c$
3. 密钥，$K = k$
4. 加密算法，$E_k: m \rightarrow c$ 当 $K = k$
5. 解密算法，$D_k: c \rightarrow m$ 当 $K = k$

对于给定的 k，D_k 是 E_k 的倒数，即对于每个明文 m，有 $D_k(E_k[m]) = m$。图 4.12 演示了数据加密和解密过程。

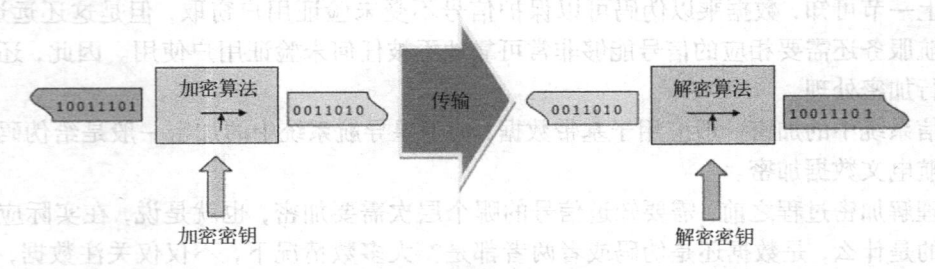

图 4.12 数据的加密和解密

有效加密过程需要满足以下三个要求：
1. 密钥必须有效的进行加密和解密转换。
2. 系统必须方便使用。
3. 系统安全性必须只由密钥的安全性决定，与算法 E 或 D 的安全性无关。

最后一个要求的隐含意思是：加密和解密算法应该先天就很强大。也就是说，它不应该由于加密方法被公开而可能被解密，这是因为算法可能为一类公开方法，甚至是众所周知的。但是，它对于安全和鉴权仍有特别的要求。

4.4.1 安全要求

1. 即使对应的明文消息已知，任何系统地从密码 C 确定解密算法 D_k 都应是不可行的。

在导航系统中，对于特殊用户和普通用户而言，只有伪码是加密的，而传输的电文数据是相同的。也就是说，对于导航系统而言，安全性的要求是，解密算法不能通过比对明文及密码 C 来获取，这一点在导航系统中显得非常重要。

2. 任何系统地通过密码 C 来确定明文 M 都应是不可行的。

虽然保密只要求保护解密密钥，但事实上该情况下仍存在被欺骗的威胁。欺骗是指传输数据看起来像一个真正的卫星导航数据，但其所携带的信息是错误的，从而将导致错误的定位结果。因此，必须要采取相应的预防措施来确保数据的真实性。

4.4.2 鉴权要求

1. 即使对应的明文 M 已知，在已知 C 的情况下系统地确定加密变换 E_k 都应是不可行的。如之前的例子，用户不能由比较公开的导航数据与加密消息来获取加密算法。
2. 即使 $D_k(C')$ 即为明文 M，任何通过计算的方式系统地找到密文 C' 都应是不可行的。

由此可见，鉴权要求保护加密密钥。因此，为满足鉴权要求和安全性要求，需同时保护两种密钥。

密码系统可以分为对称密码与非对称密码。

对称或一键密码系统　在对称密码中，加密和解密的密钥是相同的或可以很容易地确定对方。因此，在对称密码系统中，保密性和鉴权性是没有分别的。

不对称或两键密码系统　加密和解密密钥是不同的，通过计算的方法由一个确定另一个是不可行的。这种情况下，可以分别通过解密密钥 k_d 来保护 D_k，以保证系统的保密性，通过加密密钥 k_e 来保护 E_k，从而保证系统的真实性。

在卫星导航系统中，系统对数据进行加密，而解密是在用户端完成的。因此，解密密钥和加密密钥是一致的，不管其是否对称或不对称，都需要真实地传输给用户，此时，必须通过一些保护方式来防止非验证用户的访问。因此导航系统中密钥的分发通常体现为一个运营管理问题。

4.5 多址

导航卫星将信号播发到地面再由接收机进行接收，在同一时刻，位于不同轨道空间的多颗卫星均在进行信号播发。多址（MA）就是保证接收机能够同时接收不同卫星信号且彼此互不干扰的能力。

在实际应用中，不能无限增加接收机前端带宽，因此需要选择一个有效的多址方案，以确保接收机可以同时接收最大数量的卫星信号。目前卫星导航系统主要采用两种类型的多址接入技术：CDMA 和 FDMA。下面将对其进行介绍。

4.5.1 码分多址

通过前面的章节我们已经了解到，在传输过程中，信号通过与不同的正交 PRN 码相乘来进行区分。在接收机中，通过选取对应的伪码进行解扩以获取所需的卫星电文数据。

在接收机的处理过程中，需要将接收到的复合信号与相应的正交码相乘，当复合信号中的伪码与接收机中的伪码一致时，其自相关值较大，可以提取出相应导航电文信息；当与其他信号相乘时，互相关值较低，无法从噪声中将电文信息提取出来。这就是 CDMA 系统的基本原理。

在导航系统中，卫星的电文数据与特定的正交码相乘，每颗卫星的正交码均不相同，生成的复合信号可表示为

$$S(t) = D_1(t)g_1(t) + D_2(t)g_2(t) + D_3(t)g_3(t) + \cdots$$
$$= \sum D_i(t)g_i(t) \tag{4.56}$$

其中，$S(t)$ 为复合信号，$D_i(t)$ 和 $g_i(t)$ 分别为第 i 颗卫星在时间 t 的电文和伪码分量。当这种复合信号与一个有效的伪码 $g_k(t)$ 相乘时，乘积可表示为

$$P(t) = S(t)g_k(t) = \sum D_i(t)g_i(t)g_k(t)$$
$$= D_1(t)g_1(t)g_k(t) + D_2(t)g_2(t)g_k(t) + \cdots + D_k(t)g_k(t)g_k(t) + \cdots \tag{4.57}$$

对数据周期内的乘积求积分并归一化后，可得

$$p(k) = \frac{1}{T_d}\int P(t)dt$$
$$= \frac{1}{T_d}\Big[\int D_1(t)g_1(t)g_k(t)dt + \int D_2(t)g_2(t)g_k(t)dt + \cdots$$
$$+ \int D_k(t)g_k(t)g_k(t)dt + \cdots\Big] \tag{4.58}$$

由于在整个数据周期内进行积分，数据位保持不变，有

$$p(k) = \sum \frac{1}{T_d}\Big[D_i(t)\int g_i(t)g_k(t)dt\Big] = \sum D_i(t)\Big[\frac{1}{T_d}\int g_i(t)g_k(t)dt\Big] \tag{4.59}$$

方程右边的每个分量都变成了信号中的每个伪码分量与接收机中的伪码的相关值。

对于除了第 k 个分量的其他所有分量，信号伪码与接收机中的伪码是不一致的，因为码的正交性，它们的互相关值非常低，无法从噪声中将信号提取出来。事实上，可将这些分量信号的相关值视为噪声 n。然而，对于第 k 个分量（即 $i=k$ 时），由于这两个码是相同的，它们将获得较大的自相关值，可以从噪声中提取出相应的导航电文。在数学上可表示为

$$p(k) = \sum \frac{1}{T_d}\Big[D_i(t)\int g_i(t)g_k(t)dt\Big]$$
$$= \sum D_i(t)\Big[\frac{1}{T_d}\int g_i(t)g_k(t)dt\Big]$$
$$= D_1(t)R_{xy}(g_1, g_k) + D_2(t)R_{xy}(g_2, g_k) + \cdots + D_k(t)R_{xx}(0) + \cdots \tag{4.60}$$
$$= D_k(t)R_{xx}(0) + n$$
$$= D_k(t) + n$$

因此，相关过程完成后，包括互相关噪声在内的信噪比为

$$\text{SNR}_k = \frac{P_k}{N_0R_b + \sum\limits_{i=1,\,i\neq k}^{N} R_{xy}(\tau)} \tag{4.61}$$

接收机接收信号时获得了处理增益 PG，考虑到其接收信号的平均功率 P 是从 N 颗卫星获取

的，因此 SNR_k 可以更方便地表示为

$$\text{SNR}_k = \frac{P}{N_0 R_b + (N-1)\dfrac{P}{\text{PG}}} \tag{4.62}$$

4.5.2 频分多址

卫星和接收机之间的介质可以在某个有限的带宽内有效地传输无线电波。分配用于导航的带宽是有限的，每个独立系统所使用的带宽都是该分配带宽下的明确的一部分。在FDMA系统中，各个卫星的载波频率都是明确的，每颗卫星都在离散的信道频率下播发信号，每个信道的频率范围是不同的，但包含在系统分配的总带宽内，如图4.13所示。在载波上携带电文数据和伪码的过程称为调制，我们将在4.6节对其进行介绍。

不同卫星共享系统分配的总带宽，因此两个不同卫星所使用的相邻通道的带宽之间应留有间隔，以避免可能的干扰，称为"保护带"。

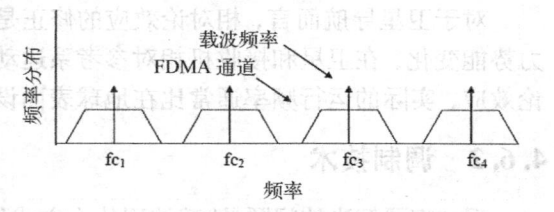

图4.13 FDMA信号频谱分布图

在FDMA系统中，接收机将接收具有离散带宽的信号，因此对于此类接收机而言，前端应有在足够的带宽以容纳所有可用通道，信号再进一步分发给单个接收处理链路，每个处理链路都应有与单颗卫星信号的载波频率对齐的中心频率和足够的带宽，以接收每个独立的信号。

在这种处理方式下，每颗卫星都需要一个分隔带宽，当卫星数目较多时，系统所需的总带宽和因此造成的接收机前端带宽都非常宽。在实际应用中，可通过卫星的频率复用来缓解此类问题。由于星座中位于相反位置的卫星不会在同一地点同时被观测到，因此它们可以共用同一频率。这种处理方式可减少近一半的频段需求。然而，FDMA接收机所需的接收链路数量仍然取决于它想要同时处理的卫星通道数。

4.6 数字调制

电文数据和伪码的乘积组成的复合信号是由卫星传输到用户的。在信号发送过程中，此信号不能以二进制基带形式发送，原因有两个：首先，为实现有效传输，发射天线需要与信号波长同阶，导航信号的编码数据主要集中在较低频率范围内，因此波长非常大，这导致了直接发射信号需要一个非常大的发射天线；其次，信号传输的通道不能有效地传播直流分量，从而不能实现带通滤波功能。基于以上原因，信号发射通常是加载到合适的高频载波上实现的。将基带数字信号放在一个高频无线电波上发射，以便它有效地实现从发射机到接收机之间的传输，该过程称为"调制"。高频载波相应地降低了天线尺寸，也通过非衰减通道传输了信息。此外，更高的频率调制还可以使用多址技术，如FDMA和CDMA，能够让信号更好地抵御来自低频噪声源的干扰。

综上，在导航系统中，编码导航数据称为基带信号，其被调制到了频率远高于码速率的载波上。

4.6.1 载波波形

载波是携带信号编码数据码片的正弦高频无线电波。载波信号的选择主要是选择其频率,对于导航信号而言,载波频率的选择取决于整个系统的设计。事实上,导航系统所选择的宽载波频率是通过提案被国际电信联盟(ITU)指定的。

对于采用 CDMA 多址体制的导航系统,不同卫星使用的载波频率是相同的,而对于 FDMA 系统,载波频率不同但互相接近,其载波频率差为信号的带宽。在 CDMA 系统中,由于不同的数据已经由正交码分隔开,相同的载波可以在同一时间携带不同的信号而不互相干扰。同时,在同一卫星上,相同载频的正弦和余弦信号正交,也可以携带不同的信号。

对于卫星导航而言,相对论效应的修正是通过传输载波信号完成的。由于卫星会经历重力势能变化,在卫星和接收机相对参考系运动的过程中,为了缓解影响卫星时钟因素的相对论效应,实际的运行频率通常比在地球表面设计的频率低。

4.6.2 调制技术

现在需要解决的问题是"载波用什么方式传送信息?"载波波形的主要参数是它的幅度、频率和相位。作为载波调制的一大特点,正弦载波调制的特征是:其根据携带信息的编码码片的不同而不同,即表现为基带的不同。因此,信息是通过载波的某些变化实现空间传播的。

对于数字信号,信息是由离散的电平表示的,不仅表现为电平值是离散的,其变化时间也是离散的。对于二进制数据,基带信号只有两种可能的电平。所以,一旦调制,无论是载波的相位、频率还是振幅,都在两个固定值之间变化,这两个值代表了基带信号的两个二进制电平。进一步讲,这些变化发生在具有固定时间间隔的离散时间内。根据载波参数的变化,调制可以分为二进制相移键控、频移键控或振幅键控。实际上,调制方式也包括多电平调制,但我们的讨论仅限定在二进制电平的导航数据。二进制键控方式具有较好的误差性能,但数据传输率较低。由于卫星导航的数据量较小但对数据准确传输的要求较高,因此采用二进制键控传输的方式是合理的。

在接收机端,原始二进制信息的反向恢复过程称为解调。由于接收机必须准确地从被随机噪声覆盖的非常微弱的接收信号中恢复出原始信号,因此根据调制类型的不同,解调的过程可能会很复杂。

调制的过程会分离或频移原始信号的频谱,其量相当于频率轴上正向和负向的载波频率,而不会改变原始信号频谱的形状。然而,在某些特定的调制下,这些频移信号会部分重叠,从而导致其频谱形状与原始信号不同。

BPSK 是导航系统中最常用的调制方式,其他的调制方式,如 BOC 调制等,因具有某些独特性能而在某些特定场合下采用。

4.6.2.1 二进制相移键控(BPSK)调制

BPSK 是导航系统最常用的调制方案之一,其调制信号的幅度为常值,且在一个符号周期内频率保持不变,但它的相位在每个数据符号变化时会发生离散的变化。因此,调制信号的当前相位是由当前的数据符号决定的。目前 BPSK 调制的实现技术已经较为成熟了。

1. BPSK 时域表达形式

BPSK 调制信号在时域的表现为载波信号随时间变化,其相位也随调制信号变化。下面将以编码数据码为例进行介绍。

因为信号相位的变化范围为 $0 \sim 2\pi$,相同的频率下两个信号的最大相位差为 π。因此,在 BPSK 调制中,载波相位是由两个相位差为 π 的分离值来表示二进制数据的两种可能状态的,而其振幅和频率不受数据位影响。对于载波信号 $S = \cos\omega t$,BPSK 调制后,信号时域为

$$s(t) = \cos\{\omega t + \varphi(t)\} \tag{4.63}$$

其中,ω 是载波角频率,$\varphi(t)$ 是在时间 t 的相位。这里 $\varphi(t)$ 是实际承载信息的变量,并根据不同的基带数据而变化。基带信号是二进制的,代表不同电平 $a_k = -1$ 和 $a_k = +1$。因此,φ 可以是离散值 $\varphi = \varphi_0 + 0$ 和 $\varphi_0 + \pi$,以表示数据的两个二进制状态 a_k,其中 φ_0 是任意的初始相位。所以,已调信号变成

$$\begin{aligned} a_k = +1 \text{ 时}, s(t) &= +\cos(\omega t + \varphi_0 + 0) \\ &= +1\cos(\omega t + \varphi_0) \\ &= a_k\cos(\omega t + \varphi_0) \end{aligned} \tag{4.64}$$

和

$$\begin{aligned} a_k = -1 \text{ 时}, s(t) &= +\cos(\omega t + \varphi_0 + \pi) \\ &= -1\cos(\omega t + \varphi_0) \\ &= a_k\cos(\omega t + \varphi_0) \end{aligned} \tag{4.65}$$

因此,BPSK 调制信号可表示为

$$s(t) = a_k\cos(\omega t + \varphi_0) \tag{4.66a}$$

其中,a_k 是 t 时刻的第 k 个编码数据码片 ($k = \lfloor t/T \rfloor$)。

从这些方程可看出,BPSK 调制也可以表示为载波与数据码的乘积。这是因为改变相位 $\pi/2$ 只是转换了信号的极性,相当于原始信号乘以相反符号的数据码。在任何情况下,调制信号的振幅将保持不变(见图 4.14)。

类似地,如果相位值在 $\varphi = \varphi_0 + \pi/2$ 和 $\varphi = \varphi_0 - \pi/2$ 之间变化,那么分别对于 $a_k = -1$ 和 $a_k = +1$,其与前面例子的相位正交。因此,它可能被视为一个初始相位为 $\varphi_0 - \pi/2$ 而不是 φ_0 的余弦载波。也就是说,有效载波可以认为是一个初始相位为 φ_0 的正弦信号。此时,信号可以表示为

$$s(t) = a_k\sin(\omega t + \varphi_0) \tag{4.66b}$$

2. 频谱与带宽

展开式 (4.66a),可得 (Chakrabarty and Datta, 2007)

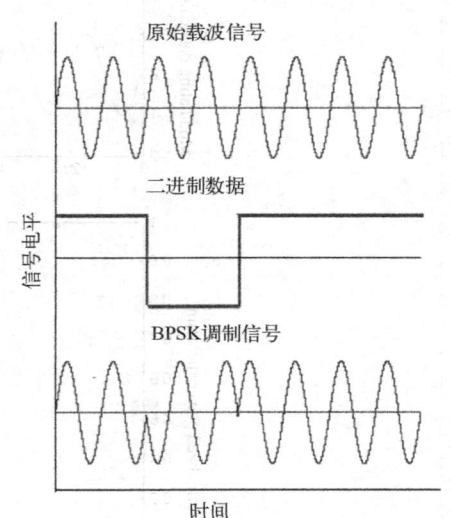

图 4.14 BPSK 调制

$$\begin{aligned} s(t) &= a_k(\cos\omega t\cos\varphi_0 - \sin\omega t\sin\varphi_0) \\ &= (a_k\cos\varphi_0)\cos\omega t + (-a_k\sin\varphi_0)\sin\omega t \end{aligned} \tag{4.67a}$$

这意味着信号可等效为具有相同幅度 a_k 和频率 ω 的正弦和余弦载波的组合,分别为 $a_k\cos\varphi_0$

及 $a_k \sin\varphi_0$，I 和 Q 支路分别由 $\cos\omega t$ 和 $\sin\omega t$ 的正交方程轴定义。

众所周知，编码数据码片代表最终载波调制的二进制基带，它有一个确定的频谱。当调制载波时，其合成谱和原来一样，只不过频率中心被搬移了载波频率的量，即

$$S(f) = aT_c \mathrm{sinc}\frac{\pi(f-f_c)}{R_c} \qquad (4.67b)$$

因为信号是编码数据码片，其码速率为 $R_c = 1/T_c$，谱包络的过零点为 $f = f_c \pm R_c$，然后依次以 R_c 的间隔出现在 f_c 两侧。所以，第一瓣的总宽度为 $2R_c$，而旁瓣宽度都是 R_c。大多数的能量仍然集中在包络的第一瓣中，第一过零点的宽度称为信号带宽，即调制信号的总带宽为 $2R_c$。练习 4.7 描述了 BPSK 调制在时间域和频域的表现形式。

▷ **练习 4.7　BPSK 调制的 MATLAB 实现**

运行 MATLAB 程序 bpsk_mod，生成 BPSK 调制信号。在这个程序中，正弦波和方波分别代表载波和编码数据码片。图 M4.7 显示了调制信号的时序变化。

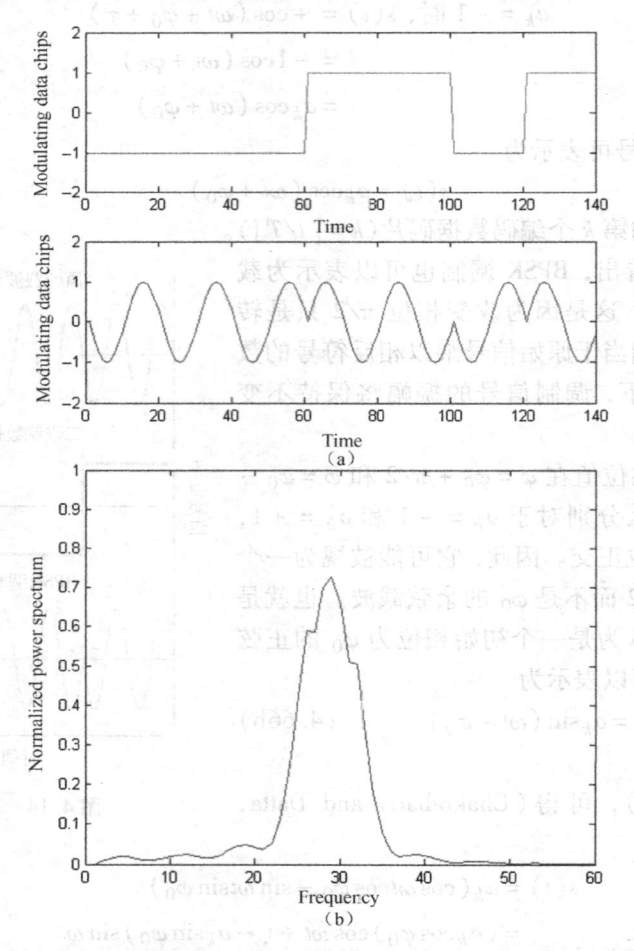

图 M4.7　(a) 调制的编码数据码片及 BPSK 信号；(b) 调制信号的功率谱密度函数

程序中，载波频率为码速率的4倍，相比于码速率，程序运行的频率更高。此外，可以尝试使用不同的码速率，用余弦载波替代正弦载波。初始相位 f_{i0} 的默认值为零，更改这个值并运行程序。

图 M4.7(b) 为已调信号的功率谱。注意观察频谱随频率增加时的变化，这种变化是由调制产生的。根据码速率改变相对载波频率并观察这种变化。

4.6.2.2 二进制偏移载波(BOC)调制

BOC(binary offset carrier)调制实际上是 BPSK 调制的拓展，将 BPSK 信号乘以一个方波子载波就产生了 BOC 信号(Betz, 2001)，子载波方波可能有正弦相位或余弦相位两种形式。更传统的正弦相位 BOC 信号可以在数学上表示为(Binary Offset Carrier(BOC), 2011)

$$s(t) = c(t)\text{sign}[\sin(2\pi f_s t)]\cos(2\pi f_c t) \tag{4.68}$$

其中，$s(t)$ 是 t 时刻的调制信号，$c(t)$ 是编码数据，f_s 是子载波的频率，$\text{sign}[\sin(2\pi f_s t)]$ 代表子载波相位为 $0 \sim \pi$ 时其值是 $+1$，相位为 $\pi \sim 2\pi$ 时其值为 -1，f_c 为载波频率。类似地，可以定义余弦 BOC。子载波频率 f_s 比载频 f_c 小得多，但通常为伪码速率 R_c 的几倍。

因此，BOC 调制的导航信号包括正弦载波、方波子载波、PRN 扩频/测距码和导航电文序列，最终的信号是这些分量在时间域的乘积。电文、PRN 码和载波的乘积组成 BPSK 信号，其频谱以载波频率为中心对称分布，在这个乘积结果的基础上，再乘以一个二进制值的方波子载波时，其频谱会再次分裂并扩频。同时，其频谱的中心会偏离载波频率，即被偏移，这种偏移是通过二进制子载波实现的，即偏移调制。

实际上，对于 BOC 信号来说，载波频率、子载波频率 f_{sc} 和编码速率 R_c 都是参考频率 f_0 的整倍数，即

$$\frac{1}{T_s} = f_s = m \cdot f_0$$
$$\frac{1}{T_c} = R_c = n \cdot f_0 \tag{4.69}$$

在这种情况下，BOC(m, n)调制的参考频率 f_0 通常选为 1.023 MHz。此外，如果认为 k 是在一个完整的码片周期内的子载波的总数，则有

$$k = \frac{T_c}{T_s} = \frac{f_s}{R_c} = m/n \tag{4.70}$$

根据 T_c 和 T_s 的相对值，k 值也被确定了。这个值并不总是一个整数，它也可能是半整数值，例如 BOC(5, 2)。因为一个方波的完整周期有两个方形脉冲元素，一个正极，一个负极，是 k 值的两倍，即 $2k = 2m/n$，代表此方波在一个码片内的脉冲总数，可用 N_{BOC} (Binary Offset Carrier Modulation, 2009)来表示，也用来表示 BOC 信号的许多其他特征。

让我们用一个简单的例子来理解 BOC 信号在时间域的调制。在 BOC(1, 1)调制中，一个码片周期内有一个完整的方波振荡周期。比如，一个"+1"码片将变成一个"+1 -1"的序列，同时一个"-1"码片乘以方波后将转换成"-1 +1"序列。我们称这些由 BOC 乘法获得的合成码片为"BOC 码片"，以此与原来的子载波码片及编码数据码片区分开来。BOC(m, n)调制中，对任意调制顺序，编码码片的"1"或"+1"值将变成一个含 $2(m/n)$ 个"+1 -1

+1 -1 +1 …"元素的交替序列,同时"-1"值成为一个"-1 +1 -1 +1 …"交替序列,也为$2(m/n)$个元素。因此,当BOC调制应用到PRN编码以导航二进制信号时,每个原始编码数据码片都被分为更精细的宽度为$T_s/2$的N_{BOC}个码片。BOC(5,2)的示例如图4.15所示。

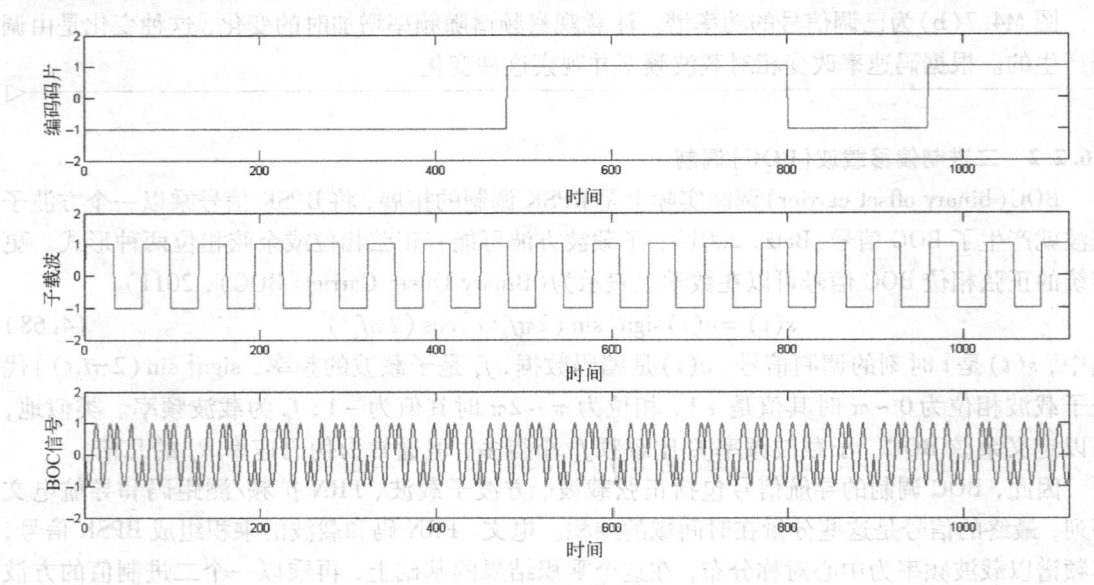

图4.15 BOC(5,2)调制信号时域变化

在码片周期内有N_{BOC}个子间隔,每个子间隔都交替携带"+1"或"-1"的码片。当m/n为整数时,BOC调制码片的数量是偶数,同时在每个码片宽度内的"+1"和"-1"数量相等。这使得信号平均电平完全为零,并因此让数据的直流功率也为零。当该比率为非整数时,符号在码片周期内的数量是奇数,因此在码片周期内不会平均到零,从而体现出一些有限的直流功率。

接下来将讨论BOC信号的频谱。我们知道,将一个时间域信号乘以频率的载波的影响是在频域产生值为f的频移。那么,方波是由什么组成的呢?事实上,重复频率为f_s的方波信号可由一系列独立的正弦和余弦波的组合信号表示,也就是说,可以由基准频率为$\pm f_s$及其整数倍频率(可扩展到无穷,但幅度递减)的组合信号表示。

当偏移载波与原始信号相乘时,相当于后者乘以方波的每个分量,使得编码信号的扩频变为$\pm n f_s$,其中n是一个整数,其结果是合成的频谱为原始信号在载波频率f_c两边频移$\pm f_s$及其整倍数。频移谱的形状都与原频谱相同,可以通过滤波来消除,同时也可以用来解调。

sinc函数的过零点(基带的过零点)可表示数据编码码片的频谱,位于R_c整数倍的位置。当m/n为整数时,即f_s为R_c的整数倍,此时子载波调制将会使原始信号频谱产生f_s的频移,但是不管对于正偏移还是负偏移,将会在载波频率f_c处产生一个过零点,即f_c处的信号频谱振幅为零。因此,在信号解调时,频谱的直流分量为零,即信号的平均功率为零。

然而,如果这个比率不是整数,例如为3/2或5/2时,频谱的分裂及偏移将发生在载波频率f_c的旁瓣峰值,因此它不能消除直流分量。这个结论与时域信号中观察到的平均功率不为零的情况相符。BOC信号的频谱如图4.16所示。图中频率轴是相对于载波频率的,与参考频率f_0具有比例关系。

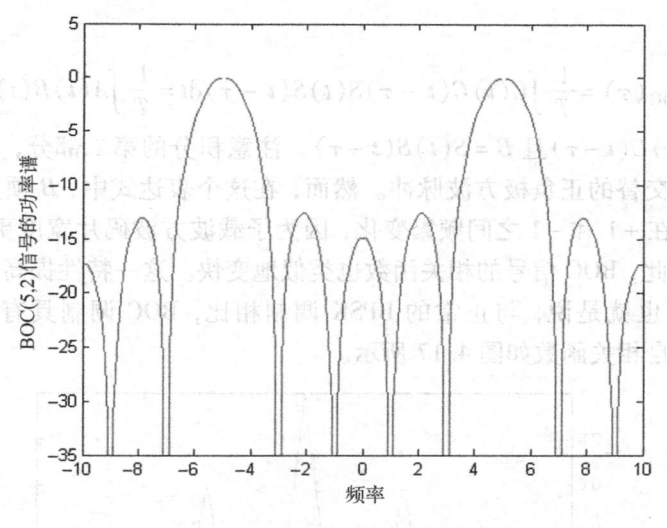

图 4.16 BOC(5,2)信号的频谱

BOC(f_s, R_c)信号的 PSD 表达式可以通过自相关函数的傅里叶变换进行推导。当 k 为整数，即 N_{BOC} 为偶数时，表示为

$$G(f) = f_c \left[\frac{\sin\left(\frac{\pi f}{f_s}\right)\sin\left(\frac{\pi f}{2f_s}\right)}{\pi f \cos\left(\frac{\pi f}{2f_s}\right)} \right]^2 \tag{4.71}$$

对于 BOC(5,2) 信号，原始编码数据的频谱对称地分布于载波两侧 2 MHz 处。同理，对于子载波频率为 5 MHz 的 BOC 信号，当原始信号与子载波相乘后，在载波 f_c 处将会有 ±5 MHz 的频谱分离，因此载波正负两侧的主峰间隔为 5×2 = 10 MHz。此外，每个原始谱的主瓣宽度为 ±2 MHz，即主峰与第一过零点的间隔。考虑这两个相互分离的主峰宽度，信号带宽变成 2 + 10 + 2 = 14 MHz。对于 BOC 调制，可以通过选择需要的子载波频率而使信号频谱相对于载频具有合理的偏移。相对应地，必须增加接收机带宽以实现对 BOC 信号的正确接收。

对于 BOC 调制，一个显而易见的问题是"我们到底获得了什么优势？"BOC 调制的主要思想是，通过这种调制方式，总频谱从原来的载频 f_c 搬移了 f_s。目前，卫星导航系统所占用的频谱资源非常有限，有可能需要在相同的载波频率上运行两个 BPSK 信号，将会导致两组同频的信号产生互扰。考虑到 BPSK 调制的信号的大部分谱功率集中在主瓣，以 f_c 为中心对称分布，而在 BOC 调制中，原始信号乘以一个方波子载波后将会实现频谱分离，在距中心频率 f_c 两侧的 f_s 处生成了频移谱瓣。因此，在使用了相同的主载波频率和相同的主调制信号的条件下，BOC 调制有效降低了与原始 BPSK 调制信号之间的干扰。

BOC(m, n) 的自相关函数可以从它的时域特性进行推导。由于编码码片与子载波相乘，时域信号进一步被细分为更精细的 BOC 码片，其宽度为 $T_s/2$，比原来的码片宽度小 N_{BOC} 倍。因此，如果相对延迟为零的相同 BOC 信号相乘，其自相关值为 1。而当两个信号之间具有相对延迟时，码片乘积积分均会发生改变，而且子载波的乘积变化会以 N_{BOC} 倍的速度更快地出现。这种情况下，码片乘积随时间在 +1 和 –1 之间变化。

相关函数为

$$R_{\text{BOC}}(\tau) = \frac{1}{T}\int C(t)C(t-\tau)S(t)S(t-\tau)\,\mathrm{d}t = \frac{1}{T}\int A(t)B(t)\,\mathrm{d}t \qquad (4.72)$$

其中，假设 $A = C(t)C(t-\tau)$ 且 $B = S(t)S(t-\tau)$。注意积分的第二部分，B 为延迟为 τ 的子载波的乘积，也是交替的正负极方波脉冲。然而，在这个表达式中，B 项是位移 τ 的一个复现周期函数，其值在 +1 和 −1 之间频繁变化，因为子载波方波码片宽度更小，乘积 $B(\tau)$ 的变化速度更快。因此，BOC 信号的相关函数也类似地变快。这一特性提高了通过相关性进行测距的估计精度，也就是说，与正常的 BPSK 调制相比，BOC 调制具有更高的测距精度。BOC(5, 2) 信号的自相关函数如图 4.17 所示。

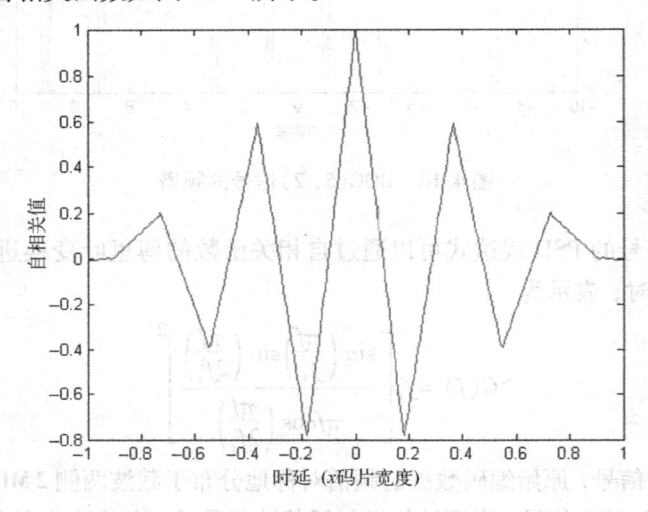

图 4.17 BOC(5, 2) 信号的自相关函数

练习 4.8 BOC 调制的 MATLAB 实现

运行 MATLAB 程序 boc_mod，生成 BOC 调制信号。程序中默认的 PRN 以频率比 1∶1 乘以一个正弦二进制子载波。BOC 信号及其自相关函数分别如图 M4.8(a) 和图 M4.8(b) 所示。

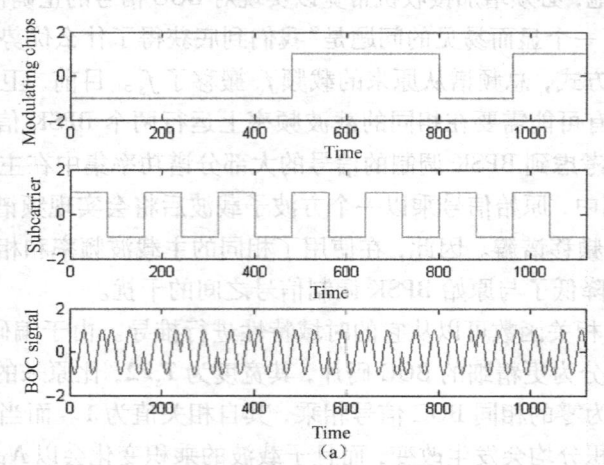

图 M4.8　(a) BOC(1, 1) 信号的不同组成部分；(b) BOC(1, 1) 信号的自相关函数

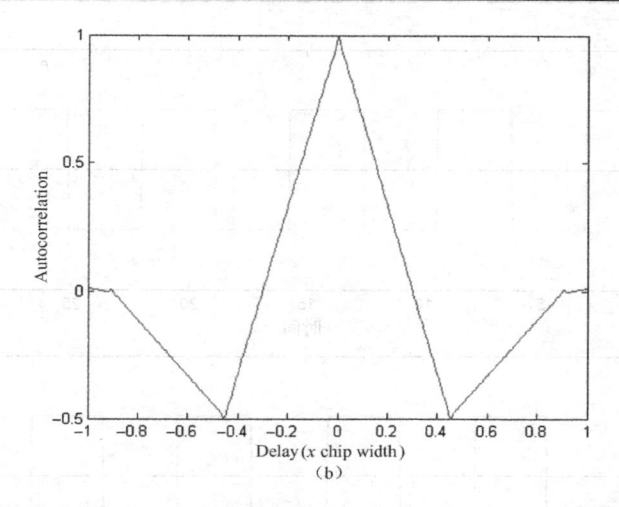

图 M4.8　(a)BOC(1,1)信号的不同组成部分;(b)BOC(1,1)信号的自相关函数(续)

通过改变程序中的 m 和 n 的值,可改变子载波速率与伪码速率的比值。观察载波相位变化情况,同时也注意包络内自相关函数的变化。

尽管 BOC 调制通常代表的是 BOC(m, n)信号,但 BOC 调制也有几种变化形式。一个常用的类型是 Alt-BOC,下文对此信号进行讨论。

4.6.3　交替二进制偏移载波(Alt-BOC)调制

如前面章节所介绍的,BOC 调制是数据、伪码、子载波和载波的乘积形式。在这些元素中,载波和子载波是具有正交性的。也就是说,载波可能是正弦或余弦波,类似地,子载波可能也是正弦相位或余弦相位的,在一个完整的周期内内积为零。它们随时间的变化如图 4.18 所示。

从图 4.18 中可见,在整数倍的码片周期内,子载波的内积为零。因此,一个完整的方波子载波的四个相位分别为 $0 \sim \pi/2$, $\pi/2 \sim \pi$, $\pi \sim 3\pi/2$ 和 $3\pi/2 \sim 2\pi$,每个相位的间隔时间为 $T_s/4$,以 $S_s = [+1 \quad +1 \quad -1 \quad -1]$ 和 $S_c = [+1 \quad -1 \quad -1 \quad +1]$ 分别代表正弦和余弦相位的方波向量。这两个子载波的内积为零,即它们是正交的。其数学表达式为

$$\begin{aligned}
P &= \int_0^T S_s(t) * S_c(t) \mathrm{d}t \\
&= \int_0^{T/4} S_s(t) S_c(t) \mathrm{d}t + \int_{T/4}^{T/2} S_s(t) S_c(t) \mathrm{d}t + \int_{T/2}^{3T/4} S_s(t) S_c(t) \mathrm{d}t + \int_{3T/4}^{T} S_s(t) S_c(t) \mathrm{d}t \\
&= (T/4)(+1)(+1) + (T/4)(+1)(-1) + (T/4)(-1)(-1) + (T/4)(-1)(+1) \\
&= +T/4 - T/4 + T/4 - T/4 \\
&= 0
\end{aligned} \tag{4.73}$$

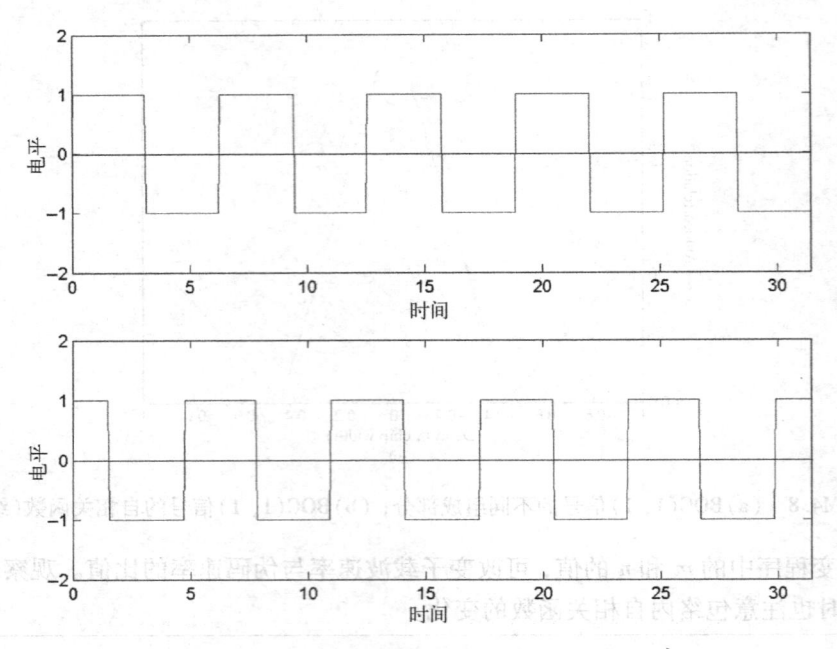

图 4.18 正弦和余弦相位的二进制偏移载波

这个特性使得 BOC 信号同其他载波一样,可以由两个信号独立地携带不同的信息。

在 Alt-BOC 调制中,正弦相位二进制子载波分别乘以正弦和余弦载波,形成一组两个正交复合载体分量。类似地,余弦相位二进制子载波在相同的正弦和余弦载波上形成另一组两个正交的载波。这两组分量同时也继承了两个正交的子载波的正交性。因此,共形成了四个相互正交的复合载波,即子载波分量,每个分量携带一个独立的不相干的编码基带数据组(Margaria et al.,2007;Betz,2001)。因此,Alt-BOC 信号可以表示为

$$\begin{aligned}S(t) = &D_1(t)c_1(t)\text{sign}[\sin(2\pi f_s t)]\cos(2\pi f_c t) + \\&D_2(t)c_2(t)\text{sign}[\sin(2\pi f_s t)]\sin(2\pi f_c t) + \\&D_3(t)c_3(t)\text{sign}[\cos(2\pi f_s t)]\cos(2\pi f_c t) + \\&D_4(t)c_4(t)\text{sign}[\cos(2\pi f_s t)]\sin(2\pi f_c t)\end{aligned} \quad (4.74)$$

四通道的四个正交码产生了额外的频谱隔离。然而,在某些时候正交通道可能使用相同的数据或伪码。更有甚者,某些通道可能没有调制数据,被称为导频通道。不同于 BOC 调制,在 Alt-BOC 调制中,必须巧妙地选择伪码和子载波,使得信号频谱只对任意一个关于载波的上或下子载波变化(AltBOC Modulation,2013)。Alt-BOC 调制过程如图 4.19(a)所示,其频谱如图 4.19(b)所示。

当子载波与 BPSK 信号相乘生成 BOC 信号时,其振幅保持不变,合成信号具有恒幅度值。但是,当这些单个信号组合起来形成复合 Alt-BOC 信号时,分量相位的恒幅度特性就不复存在了。因此,Alt-BOC 调制信号的振幅不是常数,这种体制称为非恒包络 Alt-BOC 调制,对接收机有一定的负面影响。因此,在实际应用中,通常不采用非恒包络的 Alt-BOC 调制。

第4章 导航信号

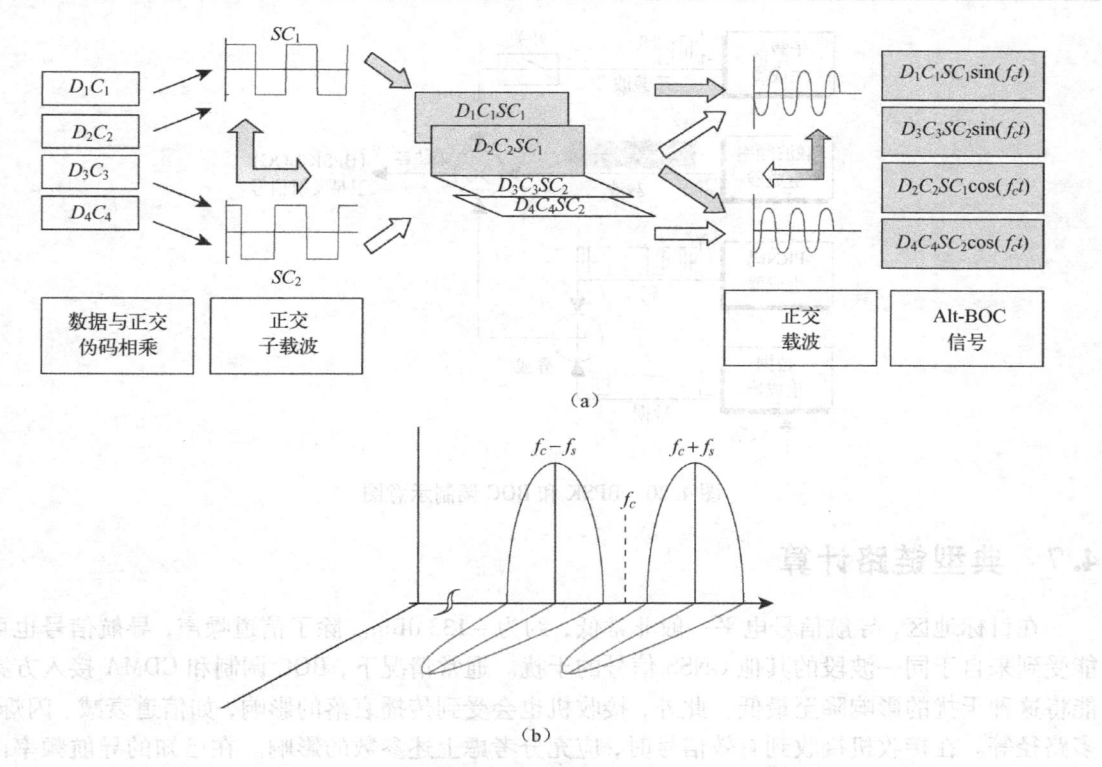

图4.19 （a）Alt-BOC调制示意图；（b）Alt-BOC信号频谱

为了解决这个问题，引入了一个恒包络调制的Alt-BOC改进信号（Betz，2001）。在这种调制算法中，引入了一个新的称为互调项的分量信号，以实现恒包络调制，它是由单个分量组成的一个确定组合，但并不包含其他有用信息（Soellner and Erhard，2003；Ward et al.，2006）。

对于 $N_{\text{BOC}} = 2f_s/f_c$ 的偶数和奇数值，Alt-BOC信号的功率谱密度分别为（Shivaramaiah，Dempster，2009）

$$G(f) = 8T_c \left[\frac{\sin(\pi f T_c)}{\pi f T_c \cos\left(\frac{\pi f}{f_s}\right)} \right]^2 \left\{ 1 - \cos\left(\frac{\pi f}{f_s}\right) \right\}$$

$$G(f) = 8T_c \left[\frac{\cos\left(\frac{\pi f}{f_c}\right)}{\pi f T_c \cos\left(\frac{\pi f}{f_s}\right)} \right]^2 \left\{ 1 - \cos\left(\frac{\pi f}{f_s}\right) \right\}$$

(4.75)

BPSK或BOC调制信号生成如图4.20所示。图中，生成的信号可以通过选择开关生成其中一个信号，开关打开则输出BPSK调制信号，而开关闭合则生成BOC调制信号。

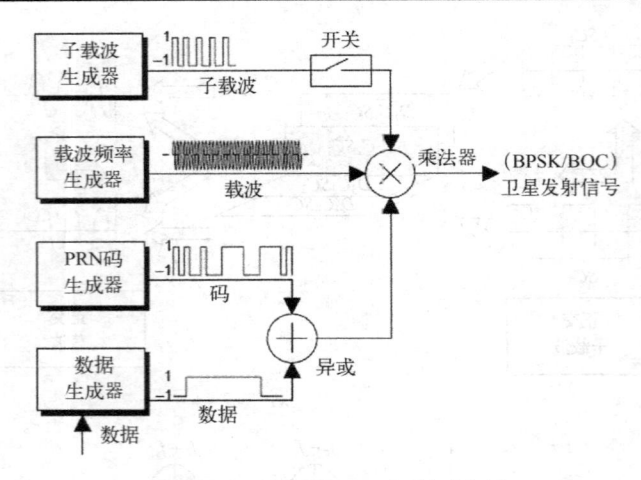

图 4.20　BPSK 和 BOC 调制示意图

4.7　典型链路计算

在目标地区，导航信号电平一般非常低，约为 −133 dBm。除了信道噪声，导航信号也可能受到来自于同一波段的其他 GNSS 信号的干扰。通常情况下，BOC 调制和 CDMA 接入方案能将这种干扰的影响降至最低。此外，接收机也会受到传播衰落的影响，如信道衰减、闪烁、多路径等。在接收机接收到有效信号时，应充分考虑上述参数的影响。在已知的导航频率内的典型链路计算如表 4.3 所示。

表 4.3　链路计算表

类型	单位	值
频率	GHz	1.57542
波长	m	0.1904
等效全向辐射功率(EIRP)	dBw	23.00
传播距离	km	20 000.00
路径损耗	dB	182.00
大气损耗	dB	1.00
总衰减	dB	183.00
接收功率	**dBw**	**−160.00**
大气温度	K	250.00
LNA 的噪声温度	K	80.00
等效系统噪声温度	K	330.00
等效系统噪声温度	dBK	25.20
玻尔兹曼常数	dB	−228.60
LNA 的噪声功率密度	dBw/Hz	−203.40
噪声带宽	dB	63.00
噪声功率	**dBw**	**−140.40**

从表 4.1 中可以看出信号功率比噪声功率低 20 dB。在接收的信号中，因为伪码已知，接收机可直接求相关，从而通过解扩提高信号功率。

思考题

1. 在单颗卫星信号的接收过程中，接收机有无可能只用高增益天线而不与本地码进行自相关来将信号功率提高到噪声门限？
2. 如果发射机的数据和测距码不同步，将会导致什么问题？

参考文献

AltBOC Modulation, 2013, ESA Navipaedia, http://www.navipedia.net/index.php/AltBOC_Modulation (accessed 01.12.13).

Betz, J.W., 2001. Binary offset carrier modulations for radionavigation. Navigation: Journal of The Institute of Navigation 48 (4), 227−246.

Binary Offset Carrier (BOC), 2011, ESA Navipaedia, http://www.navipedia.net/index.php/Binary_Offset_Carrier_(BOC) (accessed 17.01.14).

Binary Offset Carrier Modulation, 2009, Wikipaedia, http://en.wikipedia.org/wiki/Binary_offset_carrier (accessed 23.12.13).

Chakrabarty, N.B., Datta, A.K., 2007. An Introduction to the Principles of Digital Communications. New Age International Publishers, New Delhi, India.

Cooper, G.R., McGillem, C.D., 1987. Modern Communications and Spread Spectrum. Mcgraw Hill, USA.

Global Positioning System Directorate, 2012a. Navstar GPS Space Segment/Navigation User Interfaces: IS-GPS-200G. Global Positioning System Directorate, USA.

Global Positioning System Directorate, 2012b. Navstar GPS Space Segment/User Segment L1C Interfaces: IS-GPS-800C. Global Positioning System Directorate, USA.

Gold, R., 1967. Optimal binary sequences for spread spectrum multiplexing. IEEE Transactions on Information Theory IT-13, 619−621.

Katz, J., 2007. Introduction to Modern Cryptography. Chapman & Hall/CRC.

Kovach, K., Haddad, R., Chaudhri, G., 2013. LNAV Vs. CNAV: More than Just NICE Improvements, ION-gnss$^+$—2013. Nashville Convention Centre, Nashville, USA.

Lathi, B.P., 1984. Communication Systems. Wiley Eastern Limited, India.

Lin, S., Costello Jr, D.J., 2010. Error Control Coding. Pearson Education, Inc.

Margaria, D., Dovis, F., Mulassano, P., 2007. An innovative data demodulation technique for Galileo AltBOC receivers, journal of global positioning systems. Journal of Global Positioning Systems 6 (1), 89−96.

Mutagi, R.N., 2013. Digital Communication: Theory, Techniques and Applications. Oxford University Press, New Delhi, India.

Proakis, J.G., Salehi, M., 2008. Digital Communications, fifth ed. Mc Graw Hill, Boston, USA.

Shivaramaiah, N.C., Dempster, A.G., 2009. The Galileo E5 AltBOC: Understanding the Signal Structure, IGNSS Symposium 2009-Australia. International Global Navigation Satellite Systems Society.

Soellner, M., Erhard, P., 2003. Comparison of AWGN code tracking accuracy for alternative-BOC, complex-LOC and complex-BOC modulation options in Galileo E5-band. In: Proceedings of the European Navigation Conference. ENC-GNSS, Graz, Austria.

Spilker Jr, J.J., 1996. GPS signal structure and theoretical performance. In: Parkinson, B.W., Spilker Jr, J.J. (Eds.), Global Positioning Systems, Theory and Applications, vol-I. AIAA, Washington DC, USA.

Ward, P.W., Betz, J.W., Hegarty, C.J., 2006. GPS signal characteristics. In: Kaplan, E.D., Hegarty, C.J. (Eds.), Understanding GPS Principles and Applications, second ed. Artech House, Boston, MA, USA.

第5章 导航接收机

摘要

第5章详细描述了导航接收机的各个功能模块，首先从通用接收机的结构和分类进行展开，介绍了本章所必需的一些基础知识，如噪声以及信号处理的一些基本方法。在此基础上，详细描述了接收机各功能模块的技术细节，包括射频前端、相关器及定位解算等，以及低噪声放大器(LNA)、模数(AD)转换器、捕获和跟踪中的相关器性能及其不同实现方法。接下来介绍了诸如参考点位置解算和测距等功能及其技术的新发展。最后，本章介绍了定位解算的处理过程。

关键词

acquisition	捕获	integer ambiguity	整周模糊度
analog to digital conversion	模数转换	LNA	低噪声放大器
antenna	天线	loop bandwidth	环路带宽
AWGZN	加性高斯白噪声	mixing	混频
band pass noise	带通噪声	navigation processor	导航定位解算
band pass sampling	带通采样	noise figure	噪声系数
carrier phase ranging	载波相位测距	parallel search method	并行搜索算法
code phase ranging	码相位测距	phase locked loop	锁相环
code wipe off	伪码剥离	quantization noise	量化噪声
delay locked loop	延迟锁定环	serial search method	串行搜索算法
early-late discriminator	超前滞后鉴别器	sky noise	空间噪声
heterodyne	外差	tracking	跟踪

在第2章中，我们了解了接收机是连接导航信号与其所服务用户的接口，它接收导航信号并对其进行处理，以达到导航服务的目的。本章将从通用接收机的结构及其分类开始，详细介绍接收机的各功能单元。

5.1 导航接收机

在空间段中，卫星的任务是发射导航信号，而接收机的任务是接收这些信号，并使用现成的或者从信号中获得的信息来估计自身的位置。为了完成这一任务，导航接收机需要同时接收不同卫星播发的信号并有效地进行处理。这就是导航接收机———一种用户用以确定自身位置的仪器。

5.1.1 通用接收机

从系统的角度来看，导航接收机与其他的数字通信接收机并没有很大的区别。与通信接收机一样，它需要接收信号，从信号中获取数据并将其用于各种用途，所以通信模块是导航接收机的主要组件。然而，在处理能力上，导航接收机与典型的通信接收机相比有一些附加的特征，这源于导航信号的特性及其获取相关信息的处理技术不同。此外，根据导航接收机所要实现的目标，其相关的用途也与典型的通信接收机不同。

本章将详细地阐述导航接收机的工作方式。在此过程中，我们将坚持以接收机体系结构设计中最常见的实现方法为例，从理论方面特别是工作原理方面对接收机进行分析。

接收机的主要特点是由它所接收的信号的特征来定义的，因此，为了了解接收机是如何工作的，必须从与其相互作用的导航信号开始研究。在上一章里，我们学习了信号特征以及信号是如何生成和发射的，此处再回顾一下之前所学的内容。

导航信号中所包含的基本导航信息是以分层的结构嵌入其中的，接收机的功能就是从导航信号中分离出单独的信号并从中提取导航信息。

从前面的章节还可知道，导航信号以码分（CDMA）或频分（FDMA）的方式发射以实现多址，从而使接收机能够同时从不同的卫星接收信号并且互不干扰。而无论使用哪一种多址接入技术，通常均使用伪随机码与导航信息相乘后再调制到载波上，以达到测距的目的。

本章将介绍接收机是如何捕获导航信号并进行进一步处理的。从不同卫星发射来的信号被公用接口接收，经过公用前端的处理后，相互独立的信号被分离出来并在接收机的不同通道中被捕获并做相应处理。至此，这些相互独立的通道将得到频率相同而测距码不同的信号（在采用 CDMA 的系统中），或者是测距码相同而频率不同的信号（在采用 FMDA 的系统中）。

这些信号以已知的极化方式（通常是圆极化）调制在预定的载波频率上——导航电文被测距码扩频，并调制在正弦载波上。虽然导航信号中最常用的调制类型是二进制相移键控（BPSK），但其他类型的调制方式，包括二进制偏移载波（BOC）调制也是可选的方案。显然，接收机需要提前已知导航信号所采用的调制类型，以实现针对这种调制技术的解调处理。

接收机在完成载波解调和伪码解调后，将使用测距码计算卫星距离。接收机需要预先知道这些测距码的相关参数如码序列、码长、码率等。除此之外，如果测距码使用了加密技术，那么接收机需要知道加密的细节，包括加密算法、密钥以及其他用于解密的资源。这样，就可以使用测距码来获得接收机与卫星的距离。在载波和伪码剥离之后，剩下的导航电文就能够通过预定的结构进行解析。这些导航参数反过来被用于确定用户与卫星的距离、卫星位置并最终确定用户的位置。

导航卫星在所分配的频带内以给定的等效全向辐射功率（EIRP）发射导航信号。然而，信号在穿过中间路径到达目标区域后功率将会降低。除此之外，导航信号还会受到相同频带内其他信号的干扰，这些信号可能来自其他的卫星，也可来自同一卫星的多径延迟效应，这两种干扰都会使接收信号的信噪比（SNR）降低。因此，需要使用合适的调制方式或相关设计使干扰降至最小（Global Positioning System Directorate, 2012 a & b）。

基于此，接收机的基本结构由三个部分组成：
1. 信号接收与信号调理
2. 信号处理与电文提取
3. 数据处理与位置估算

通用接收机的原理图如图5.1所示。

图5.1 通用接收机功能划分

5.1.2 用户接收机的类型

对导航接收机的讨论将从其不同的分类开始。严格地讲，不可能将接收机绝对地区分开，因为从不同的角度出发，同样的接收机有可能属于不同的种类，例如，"基于载波相位测距的接收机"也可以是"高精度接收机"。这些分类虽然不完全标准，但却给出了对接收机的各种不同特性的理解。根据接收机特性，其基本分类如下。

5.1.2.1 接入技术

导航接收机可以根据不同的依据进行分类。从系统的角度来看，不同的导航系统使用不同的接入技术，因此接收机可以根据接入技术分为以下几类。

CDMA 接收机

CDMA 接收机与 CDMA 系统联合工作，在 CDMA 系统里，不同卫星发射载波频率相同但测距码不同的信号，因此可以获得较简单的信道及较小的接收机的前端带宽。然而这样做的代价是必须正确识别信号中的测距码，从而产生额外的处理负荷及处理时间。

FDMA 接收机

FDMA 接收机与 FDMA 系统联合工作，在 FDMA 系统里，不同卫星发射载波频率不同但测距码相同的信号。因此，组合信号的信道带宽相对较宽，足以容纳所有可用的信号。与 CDMA 接收机不同，FDMA 接收机需要相对较少的处理时间去识别不同的分离载波，然而却需要更宽的前端工作带宽。不过，正如在前一章所提到的，可以恰当地通过使用频率复用方案来减小系统的前端带宽。

5.1.2.2 测距技术

接收机的一项重要任务是实现对卫星距离的测量。前文提到过，卫星距离是通过信号发送和接收的时间差计算出来的。因此，根据测距时所使用信号的参数是码相位还是载波相位，接收机可以分为以下类型。

基于码相位测距的接收机

通过一个特定的码相位从卫星到接收机的传播时延来计算卫星距离时，这种接收机称为基于码相位测距的接收机。这一传播时延是任何已确定的码相位的接收时间与发射时间的差，即当前时间与当前正在接收的码相位的发射时间的差。通过这种处理方法测得的卫星距离会存在噪声，从而带来位置估计的误差。

基于载波相位测距的接收机

通过测量特定的载波相位的传播时延进行测距，这种接收机称为基于载波相位测距的接收机，可以通过测量测距码来辅助其相位测量。基于载波相位测距的接收机通常用于高精度定位，它增加了接收机的复杂性并增加了计算负荷，从而成本更为高昂。

5.1.2.3 精度

接收机也可以根据它们所能提供的精度进行分类。精度决定了接收机的应用范围。虽然接收机的精度主要取决于它被设计用于提供哪一类服务，但是在接收机的结构中仍有助其达到所需精度的其他因素，这些因素意味着接收机的算法和硬件需要有所提升。因此，接收机可以从这个角度进行类别区分。

通用(标准)接收机

这种接收机给用户提供标准精度的定位服务，它们被设计用于标准服务，相对来说尺寸更小，成本更低。这也使得这种接收机流行于通用导航应用中。

专用(精密)接收机

这种接收机用于精密定位应用中，例如勘测及其他大地测量应用，还可能用于战略用途。虽然精密定位服务用于受限制的用户，但这种接收机有可能通过其解密能力获得精密定位服务，而其他没有解密能力的高精度接收机则使用差分定位、对信号载波相位的处理或其他相似的方法来提高其性能。精密接收机所使用的硬件单元也有所不同，比如根据应用需求而使用恒温晶体振荡器或者原子钟。基于接收机所附属于的服务类型，接收机还有常用接收机和差分接收机之分，但是此处不对此展开讨论，第 8 章描述了差分定位之后再进行论述。

5.1.3 测量、处理及估计

接收机的最终目标是确定自身的位置。因此，它需要从信号中获取各种必不可少的参数。接收机通过两个主要步骤来确定其位置，即参考点位置解算和测距。下面几个小节将对这两个步骤及其相关的处理分别进行阐述。

5.1.3.1 参考点位置解算

参考点位置解算就是确定作为参考的卫星的精确位置的过程。为此，卫星在信号中反复播发卫星星历，即卫星位置估算所需的开普勒参数。第 2 章已讲过，这些开普勒参数在地面段计算并被上传至卫星，然后由卫星播发至用户。通过第 3 章可知，估算卫星位置最少需要 6 个参数。卫星信号中还有附加的参数用于处理由于摄动而产生的轨道偏差。

真实的卫星轨道与其预定轨道是不同的，它随时间不断变化，使得这些开普勒参数产生相应的变化。因此，卫星需要即时更新嵌入在导航信号中的最新的星历信息，以及相关的摄动参数。利用这些星历信息和摄动参数，接收机能够在任意时刻根据第 3 章中的公式和方法计算出卫星的位置。

5.1.3.2 测距

测距指的是测量每颗参考卫星到用户的距离，这对估算用户的位置是必要的。这一距离是通过信号从卫星传送到用户所花费的时间获得的，因此被测距离为

$$R = c(t_2 - t_1) \tag{5.1}$$

其中，t_1 是信号的某一特定相位的发射时间，t_2 是这一相位的接收时间，R 是被测距离，c 是真空中的光速。这一距离计算方法的潜在假设是电磁波以恒定的速度进行传播。然而，这样的假设会带入某些误差，我们会在下一章对此进行介绍。这样，卫星距离就能够用当前时间 t_2 与当前接收相位的发射时间 t_1 之差计算出来。当前时间，即当前相位的接收时间是从接收机的同步时钟获得的，而发射时间是从测量接收信号的当前码相位和信号的时间戳获得的。本章后面将详细地讨论这种方法，读者将了解接收机如何确定时间 t_2 和 t_1，并了解执行这一操作的相应模块。

5.1.3.3 信号处理

显然，刚刚讨论的两个估计值都需要从携带了信息的信号中获取，因此，获取信息的第一个基本要求就是捕获信号。

为了捕获信号并获取后续的信息，首先要做一些初步的信号处理。现在来讨论这些信号处理的理论要点。

复合调制信号在接收机输入端表现为其电场相位的变化，这一变化被转换为接收机中电流或者电压的等效模拟变换，并最终被转换为用于表示数字电平的二进制数字，其中的数字电平表示的是参数的数值。对于正常的导航信号，所有的信息都被编码为信号的相位变化。因此，接收机首先需要从这些接收到的电平中跟踪输入信号的相位变化。

跟踪相位变化是通过比较输入信号与接收机中产生的同频的作为参考的本地载波信号的相位变化实现的。比较输入信号与这一参考信号的相位便能得到两者之差，从而可以对这一相位差进行修正，并使得两个信号在相位上对齐。因此，输入信号中任何进一步的相位变化都可以由后续产生的相位差确定。

为了估算相对相位差及其变化，本地参考信号的频率必须与输入信号的频率一致。然而，当接收机与卫星之间存在相对运动时，由于多普勒效应，输入信号的频率与发射频率并不是严格保持一致的。因此，除了初始相位之外，由于多普勒效应产生的初始频率偏差也需要进行估计。一旦本地信号与接收信号的相位对齐，通过跟踪输入信号的瞬时相位，本地参考信号便易于跟踪任何微小的频率变化，这是因为数字编码码片的宽度也将随着多普勒频率变化而成比例地变化。接收机在载波层次上获得的这些数值在进行电文解调时也是同样有用的。

在进行测距和参考点位置解算之前，还有许多相关的信号处理操作需要进行，包括对接收信号的模数转换、信号捕获与跟踪、信号解调。我们将在讲述接收机的不同模块的时候对这些处理过程进行讨论。

在了解更多的细节之前，先讨论一些非常基本的数学概念。为了更容易理解整个处理过程，我们将信号当成向量进行分析。

假设有两个正交的参考坐标轴 X 和 Y，两个互相正交的向量 A 和 B 处在这一坐标系中，A 与 X 轴的夹角为 θ，因此 B 与 Y 轴的夹角也为 θ，如图 5.2 所示。

第 5 章　导航接收机

因此，A 与 B 在 X 轴上的组合投影，也就是 $A+B$ 与 X 的点积为

$$C_x = A\cos\theta + B\sin\theta \tag{5.2a}$$

A 与 B 在 Y 轴上的组合投影，也就是 $A+B$ 与 Y 的点积为

$$C_y = A\sin\theta + B\cos\theta \tag{5.2b}$$

由此生成的向量保持不变，因为 $C_x^2 + C_y^2 = A^2 + B^2$。此外，如果 $B=0$，那么 $C_y/C_x = \tan\theta$ 且 $C_x^2 + C_y^2 = A^2$。

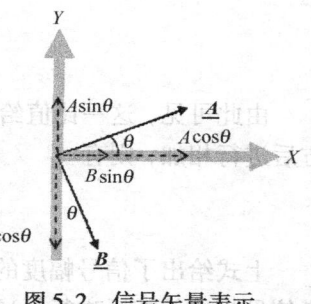

图 5.2　信号矢量表示

考虑两个正弦波 $S_c = a\cos(\omega t + \phi)$ 和 $S_s = b\sin(\omega t + \phi) = b\cos\{(\omega t + \phi) - \pi/2\}$，这两个正弦波的相位相差 $\pi/2$，因此它们相互正交。事实上，它们的内积为零也证明了这一点。两个函数的点积即它们的内积，由下式给出：

$$\langle S_c, S_s \rangle = \frac{1}{T}\int_0^{2\pi} S_c(t) S_s(t) dt = \frac{ab}{2T}\int_0^{2\pi} \sin(2\omega + 2\varphi) dt = 0 \tag{5.3}$$

这两个正弦波可以看成两个向量 A 和 B，那么当 $S_c(t)$ 和 $S_s(t)$ 之间的相位差保持为 $\pi/2$ 时，就可以把它们看成两个正交的向量，且它们的内积为零。

单一信号 $\cos\omega t$ 和 $-\sin\omega t = \cos(\omega t + \pi)$ 构成了参考系，这些参考信号分别类似于 X 轴和 Y 轴，并且可以一起表示为 $X + jY$。当两个正弦信号 $S_c(t)$ 和 $S_s(t)$ 与正交参考信号 $X = \cos\omega t$ 和 $Y = -\sin\omega t$ 相乘时，得到的乘积为

$$\begin{aligned}(S_c + S_s) \times (X + jY) &= \{a\cos(\omega t + \varphi) + b\sin(\omega t + \varphi)\}\{\cos\omega t - j\sin\omega t\} \\ &= \frac{a}{2}[\{\cos(2\omega t + \varphi) + \cos\varphi\} - j\{\sin(2\omega t + \varphi) - \sin\varphi\}] \\ &\quad + \frac{b}{2}[\{\sin(2\omega t + \varphi) + \sin\varphi\} - j\{-\cos(2\omega t + \varphi) + \cos\varphi\}]\end{aligned} \tag{5.4}$$

经过低通滤波之后，剩余的部分为

$$C = C_i + jC_q = \left[\frac{a}{2}\cos\varphi + \frac{b}{2}\sin\varphi\right] + j\left[\frac{a}{2}\sin\varphi - \frac{b}{2}\cos\varphi\right] \tag{5.5}$$

考虑到式(5.5)中的正弦信号与参考信号的相位夹角 φ 与式(5.2)中的向量之间的夹角 θ 等效，式(5.5)与式(5.2a)和式(5.2b)是类似的。因此，信号相位 φ 与式(5.2a)和式(5.2b)中的向量角度 θ 有着相同的含义。

那么，比较这些等效的方程，信号与正交参考正弦信号相乘并进行低通滤波的过程，可以等效地看成把向量分解到参考坐标轴上。

下面讨论式(5.5)中的一些特殊情况。如果信号里只有同相分量 S_c，也就是 $b=0$，那么余弦分量和正弦分量的乘积将分别是

$$C_i = \frac{a}{2}\cos\varphi \tag{5.6a}$$

$$C_q = \frac{a}{2}\sin\varphi \tag{5.6b}$$

由此可知，这两个分量的比值为

$$\frac{C_q}{C_i} = \tan\varphi \tag{5.6c}$$

由此可见,这一比值给出了信号与参考信号之间的相位差。此外,如果将这两个分量平方后进行相加,则有

$$R = (C_i^2 + C_q^2)^{\frac{1}{2}} = \frac{a}{2} \tag{5.6d}$$

上式给出了信号幅度的模值,信号中只有 S_s 分量时这一结论也是成立的。将信号与参考信号相乘并随后进行低通滤波的过程称为混频,在接收机的信号处理中将会多次使用这一操作。

5.1.4 接收机中的噪声

在接收机中,噪声的概念十分重要。当信号通过接收机中的各个单元时,一些无用且不相关的寄生性的随机电学变量叠加到了信号上,称为噪声。噪声将导致在识别正确的信号并从中获取正确的参数值时产生误差,并最终影响接收机的测量工作。这就像在一个拥挤的房间里想要听某人发表讲话,而房间里很多人都在各自交谈一样,把注意力集中在演讲者身上,而人们讲话的串音却产生了很多背景噪声,使我们很难听清演讲者实际上在讲什么。越多的人讲话,噪声就越大,理解演讲者的演讲内容就越困难。在到达某一程度后就完全不知所云了。

当信号以电磁波的形式在介质中传播时,其他自然的或人为的随机电磁辐射会存在于信号带宽内。这些电磁辐射叠加在实际信号上,就变成了噪声。类似地,当信号被接收机接收并转换为接收机中的电压、电流等电学参数时,处于一定温度中的相关硬件也会产生类似的随机电学变化,这些滋扰成分附着在有效电压信号中,叠加到了噪声上。

所有这些多余的成分在性质上是加性并随机的,所以任何时刻它们的数值均与其他时刻的数值没有任何关系。当这些噪声值经过一段相当长时间的累加后,它们的总和会变为零。这意味着噪声的均值为零。这些噪声值的平方在进行时间平均之后得到噪声的方差为 σ^2,称为噪声强度指数。此外,噪声通常遵循一定的幅度概率分布统计,即零均值的高斯分布,如图 5.3(a)所示。

这些噪声全天候地分布于所有的空间里,问题是到底有多少噪声叠加到了有效信号上呢?这无法从时域分析中得到答案,需要看信号的频谱分布,即需要看看噪声在所有频率上是怎样分布的。

如果观察这一噪声的频谱,我们会发现在感兴趣的频带内,它在不同频率上拥有相等的分量,称为白噪声。因此,假定一种简单的热噪声模型的功率谱密度 $G_n(f)$ 在所有频率上是平坦的,如图 5.3(b)所示,将其表示为单边谱(Maral and Bosquet, 2006)

$$G_n(f) = N_0 \tag{5.7}$$

由此可见,这一热噪声是零均值的加性高斯噪声。

我们已经看到,噪声存在于所有频率上,也就是白噪声。在感兴趣的频带内,其幅度谱在所有频率上都是一样的。基带信号分布在零频率附近,其中也分布着基带噪声。但是,噪声叠加主要发生在信号是已调制形式的情况下,因此实际上噪声主要是带通的。在这种情况

下，带通形式的噪声则是便于处理的。随机噪声可以表示为如式(5.8a)的带通形式(Lathi, 1984)

$$n(t) = n_c(t)\cos(2\pi f_c t) + n_s(t)\sin(2\pi f_c t) \tag{5.8a}$$

其中，n_s 和 n_c 是直流附近的低频噪声分量，当已调信号的带宽为 $2f_m$ 时，其带限为 f_m，f_c 是射频信号的载波频率。该式表明，信号带宽内的噪声与搬移到该频带内的等带宽噪声的低通分量相等。这是噪声的带通表达式，其中 n_c 和 n_s 分别是噪声幅度的余弦分量和正弦分量，每个分量的平均噪声功率是一样的，即 $\overline{n_c^2} = \overline{n_s^2} = \overline{n^2}$。该噪声也可以用向量和来表示，其相应的相位为

$$n(t) = n_r\cos(2\pi f t + \varphi) \tag{5.8b}$$

其中，$n_r = (n_c^2 + n_s^2)^{\frac{1}{2}}$ 且 $\tan\varphi = n_s/n_c$。由于 n_c 和 n_s 都是缓慢变化的随机分量，$|n_r|$ 和 φ 都以随机方式缓慢变化。

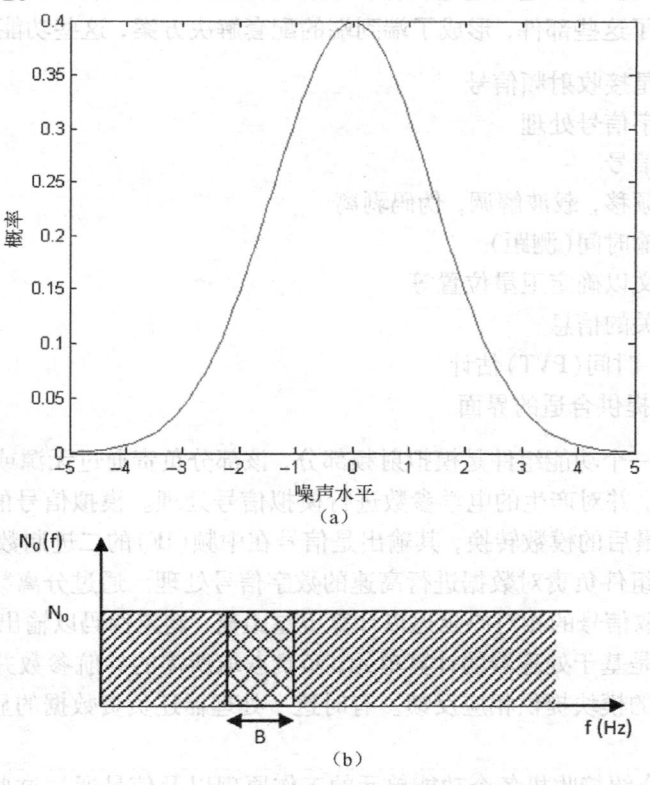

图5.3 (a)噪声概率分布；(b)噪声功率谱密度

根据帕斯瓦尔定理，对于任何功率信号，其频率上的功率谱密度与幅度谱的平方成正比，对于噪声来说亦如此。因此，噪声功率谱密度可以表示为一个常量，正如式(5.7)所示。怎样表示信号是十分重要的，如果信号被表示为既有正频率也有负频率的双边频谱，噪声也应该类似地被表示为双边谱，且其功率谱密度为 $N_0/2$。这种表示方法主要用于已调制形式的射频(RF)信号。信号在接收机中经过滤波且被外差至基带，则其通常表示为单边谱形式较为方便，那么此时噪声也应该表示为单边谱的形式，其功率谱密度为 N_0。所以，接收机接

收到的带宽为 B 的信号含有的噪声功率为 N_0B。

最后，由于噪声是由物体的热状态产生的，所以它可以表示为温度 T 的线性函数

$$N_0 = kT \tag{5.9}$$

其中，k 是比例常数，称为玻尔兹曼常数。T 称为噪声温度，它不一定是物体的实际物理温度。基于这些关于噪声的介绍说明，现在回到我们的主题上，介绍接收机的组成结构。

5.2 用户接收机的功能单元

5.2.1 典型结构

导航接收机的典型结构通常由三个不同的功能模块组成，这是由 5.1.1 节中提到的接收机的作用目标决定的。为了达到这些目标，每个模块也由不同的功能部件组成。典型的接收机中或多或少包含了这些部件，形成了端到端的配套解决方案，这些功能如下：

- 从不同的卫星接收射频信号
- 进一步的数字信号处理
- 捕获所需的信号
- 去除多普勒频移，载波解调，伪码剥离
- 测量信号传输时间(测距)
- 解码导航电文以确定卫星位置等
- 获取其他相关的信息
- 位置、速度、时间(PVT)估计
- 显示 PVT 并提供合适的界面

接收机中的第一个功能组件是模拟射频部分，该部分负责通过无源或有源天线从介质中接收原始电磁信号，并对产生的电学参数进行模拟信号处理。模拟信号的处理包括放大、滤波、频率搬移以及最后的模数转换，其输出是信号在中频(IF)的二进制数字流。

接下来的功能组件负责对数据进行高速的数字信号处理。通过分离数字信号将信号从中频解调至基带，获取信号的相对码延迟以计算卫星距离，剥离伪码以输出导航电文比特流。

最后一个组件是基于处理器的计算单元，负责获取所需的导航参数并最终实现定位。这一组件还可给之前的模块提供相应反馈。有时这一处理器还负责数据的显示以及接收机的总体控制。

5.2 节将详细介绍接收机各个功能单元的工作原理以及信号通过这些单元时的状态，这些功能模块是接收机实现其最终目标的构成组件。在每一部分，还将介绍在通用接收机中，噪声在这些模块里是如何变化及影响信号的。

5.2.2 射频接口

5.2.2.1 天线

卫星发射的信号是连续的电磁能量流，接收机的第一个任务是接收这一能量并将它转换为电流、电压等用于信息获取的电学参量，这一任务是由天线完成的。

第5章 导航接收机

天线的设计使它能够在整个信号带宽上接收信号,并且在(所需的)信号的中心频率处具有必要的灵敏度、增益以及对应的极化方式,即天线按照预先指定的频率和极化方式以及必要的增益模式进行设计,防止不必要信号成分的进入。为了容纳多个频率上的信号,接收机有可能使用大带宽的单天线,或者在不同的频带采用多副天线,后者适用于频带之间频率之差过大的情况。

天线还需要从空间中的任何位置以及接收机的任意方向接收信号,因此它需要在附近一个比较大的角度范围内保持同等增益。也因为天线的低方向性,它在整个范围内的绝对增益不会太高。于是,当一个被扩频至宽频谱的微弱的信号被天线接收时,信号有可能会淹没在噪声之下。

信号传播途径中的大气也会以一种电磁形式发射能量,产生噪声。与信号不同的是,由此产生的噪声在本质上由不相干的辐射组成,因为噪声在所有频率上辐射,在接收机带通中的噪声则被接收机的天线非相干地接收,所以这类噪声称为大气噪声或空间噪声。

在信号被传输到下一个单元,即低噪声放大器(LNA)的过程中,信号将叠加某些噪声,称为连接线的损耗。同时,在通过连接线时空间噪声和信号也将被衰减,这些被接收的信号及噪声将在接收机的下一个组件(LNA)中进一步处理。

5.2.2.2 低噪声放大器

正如前面所提到的,导航接收机与其他数字接收机在接收模式上没有什么不同,它的前端与典型的接收机完全一样,在射频部分对导航信号的处理与通信接收机处理通信信号的方式一致。天线的设计使其没有办法给信号电平提供附加的增益,接收的功率很低,导航信号被淹没在噪声中,因此必须保证在后面的处理过程中信号不会被进一步衰减。

当信号通过接收机的硬件时总会伴随着噪声的增加,所以,如果在一开始没有多余的噪声叠加,接收到的信号就会在很大程度上被放大,而随后叠加的噪声在等比例的情况下将会变小,这样噪声对信号的影响就不会很大。相反地,后期的放大器对信号和噪声均进行同样程度地放大,即不会提高信噪比(SNR)。也就是说,在第一个放大器的输入端获得的信噪比在之后的阶段将近似保持不变。因此,为了达到放大信号的目的,最重要的是保证第一个放大器本身不会加入太多的噪声,所以这里采用了低噪声放大器。

低噪声放大器的目的是放大射频输入信号,同时尽可能加入最少的噪声。为了达到这一目标,在低噪声放大器之前一般会放置一个滤波器,用来排除信号频带外的频率,以减少不必要的噪声混入。这一滤波器需要有一个大的带宽,这是因为导航电文与测距码相乘后,信号频谱被扩展了。低噪声放大器及其之前的滤波器合称前置放大器。前置放大器通常放置在靠近天线的位置,以减少由连接线和滤波器引入的噪声的影响。

设 S 是低噪声放大器及其输入端的信号功率,N 是相关的噪声功率,则信噪比为 S/N。实际上,任何放大器除了放大其输入端中已有的噪声之外,还会叠加本身产生的噪声。存在噪声的放大器可以等效地视为一个无噪声的放大器加上输入端附加的噪声,放大器的输出噪声等于两者叠加起来的效果。放大器叠加的噪声可用它的噪声系数 F 定量表示,F 是由输入噪声与放大器噪声两部分造成的输出端的总的噪声功率与仅仅只由输入噪声造成的输出噪声功率的比值。所以,如果输入噪声为 N_0,由增益为 A 的放大器加入的噪声为 N_A,则放大器的噪声系数为(Maral and Bousquet, 2006)

$$F = \frac{N_0 A + N_A}{N_0 A} \tag{5.10a}$$

放大器贡献的噪声 N_A 可以等效看成被放大器放大的输入噪声 N_a，即 $N_A = A N_a$

$$F = \frac{(N_0 + N_a)A}{N_0 A} = \frac{N_0 + N_a}{N_0} = 1 + \frac{N_a}{N_0}$$

或表示为

$$F = 1 + \frac{T_a}{T_0} \tag{5.10b}$$

在此使用了关系式 $N = kT$。为了给所有的放大器建立一个共同的参考，噪声系数 F 定义为放大器的输入噪声温度为预定的标准值290K，即 T_0 为290K时。此时，一个放大器的噪声贡献可等效地转换为输入噪声温度，即

$$T_a = (F-1)T_0 \tag{5.10c}$$

因此，由放大器造成的在输入端的有效噪声温度为 $(F-1)T_0$，相应产生的噪声为 $k(F-1)T_0$。这使得放大器输入端总的有效信噪比（考虑了放大器加入的噪声）为

$$\frac{S}{kT_i + (F-1)kT_0} \tag{5.11}$$

其中，T_i 是放大器输入端的噪声温度，即已经存在于信号中的噪声温度。

以此类推，下一个放大器在其输入端叠加的等效噪声为 $k(F_1-1)T_0$。为了将所有噪声累加放在同等的参考标准下，来计算它在低噪声放大器输入端的等效噪声。低噪声放大器后的第一个噪声系数为 F_1，放大倍数为 A_1 的放大器在低噪声放大器输入端产生的等效噪声为 $(F_1-1)kT_0/A$。由此可见，相比于信号，低噪声放大器后的下一个放大器加入的噪声的影响由于低噪声放大器增益的因素急剧减少。因此，下一个噪声系数为 F_2，放大倍数为 A_2 的放大器加入的噪声等效到低噪声放大器输入端，为 $(F_2-1)kT_0/(A_1 A)$。这样，后续的放大器产生的噪声影响就更不明显了。考虑所有噪声的叠加，当低噪声放大器输入端的信号中的噪声分量为 N_i 时，有效噪声为

$$N_{\text{eff}} = N_i + (F-1)kT_0 + \frac{(F_1-1)kT_0}{A} + \frac{(F_2-1)kT_0}{A_1 A} + \frac{(F_3-1)kT_0}{A_2 A_1 A} + \cdots \tag{5.12}$$

5.2.3 射频前端

天线系统接收到的信号的射频分量通过前置放大器后在接收机中继续传输。在这一部分里，通过信号修正为后续处理做好准备。这些活动在接收机的前端进行，通常称为信号调理。这些活动包括将信号下变频至中频(IF)、滤波、采样以及将信号转换为数字信号。本节将按顺序对以上步骤进行讨论。然而，为了进行这些处理，需要一个时间基准，因此需要一个时钟系统。在卫星导航的范畴中，精确时间源是十分重要的，所以我们将从时间开始进行讨论。典型的导航接收机前端的结构如图 5.4 所示。

5.2.3.1 时钟

基准振荡器是接收机内的所有时钟的根源，它为接收机提供时间和频率基准。接收机内

生成的所有本地信号均来自本地振荡器(模拟信号)或时钟(数字信号),而本地振荡器(LO)和时钟均由基准振荡器驱动。

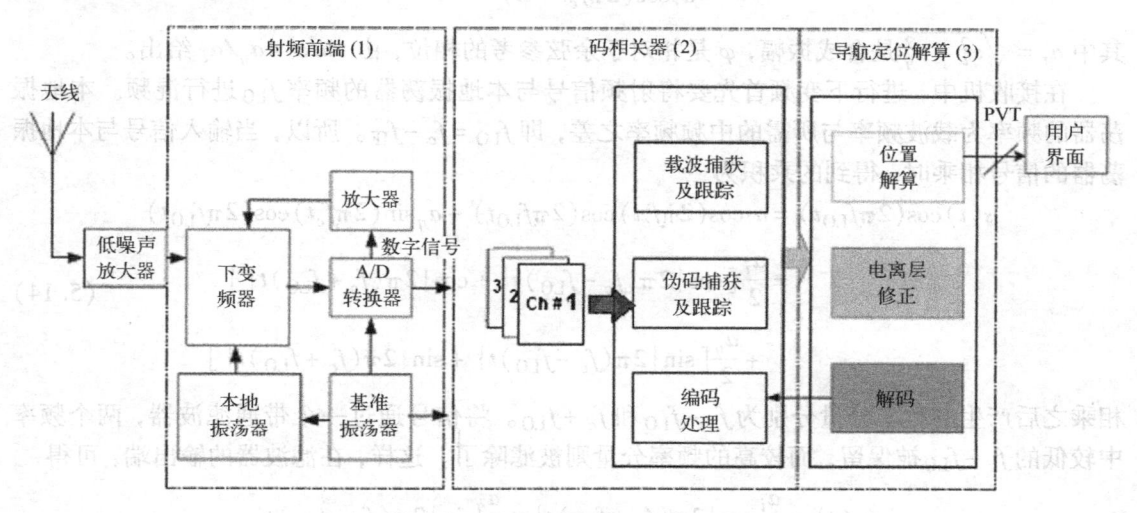

图 5.4 接收机的典型结构

因为基准振荡器服务于整个接收机的时间系统,它的稳定性会影响到所有由它产生的时间和频率,所以接收机的性能取决于振荡器的精度。除了短期和长期稳定性外,相位噪声、功率以及基准振荡器的尺寸也是决定接收机特性的重要方面。

标准的接收机通常使用石英晶体振荡器作为频率标准。这种振荡器对温度敏感,在典型的工作温度范围内可能会变化 $10^{-5} \sim 10^{-6}$(Grewal, Weill and Andrews, 2001)。通常通过温度控制来限制它的频率漂移,即温控晶体振荡器。一种更为有效的方式是使用恒温晶振,然而,从设备成本和体积方面考虑,恒温晶振一般用于高精度和大型的接收机。

当尺寸和成本不受限制时,可以采用精准的原子钟,通常用在监控空间段或者精密应用型(如大地测量)的接收机上。此外,芯片级原子钟近些年也开始被采用,这种原子钟重量为零点几克,相比于晶体振荡器其性能更好、功率更低。

5.2.3.2 下变频

天线接收的信号首先经过滤波并在前置放大器处放大,然后在数字化之前转换为较低的频率,以方便进行进一步的滤波和放大,这个过程称为下变频处理。下变频使接收机能够使用更低的采样频率进行信号处理,从而降低了硬件要求并减少了处理负荷。这一合适的较低的频率值称为中频(IF),它比载波频率低几个数量级,而降低频率的操作称为下变频。

然而,伴随着数字信号处理能力越来越强大,射频采样或直接数字化也开始流行,即经过有限的滤波放大之后直接在射频频率上进行数字化和进一步的信号处理。

传统的下变频将信号频率从载波 f_c 变频至中频 f_{IF},这种方式可以很方便地通过外差法实现,也就是将两个不同频率的信号进行混频,并从结果中选取较低的频率分量,即将本地振荡器的输出与输入信号进行混频。混频也就是将两个信号相乘,这是通过将两个信号的和通过非线性器件实现的。相乘产生两个分量,一个是和频,另一个是差频。随后的低通滤波器可在将和频分量去除的同时保留差频信号。将输入信号表示为相位正交的形式为

$$s(t) = a_i\cos(2\pi f_c t) + a_q\sin(2\pi f_c t)$$
$$= a_r\cos(2\pi f_c t - \varphi) \tag{5.13}$$

其中 $a_r = \sqrt{a_i^2 + a_q^2}$ 是合成振幅，φ 是相对于余弦参考的相位，由 $\tan\varphi = a_q/a_i$ 给出。

在接收机中，进行下变频首要将射频信号与本地振荡器的频率 f_{LO} 进行混频。本地振荡器的频率为载波频率与所需的中频频率之差，即 $f_{LO} = f_c - f_{IF}$。所以，当输入信号与本地振荡器的信号相乘时，得到的乘积为

$$s(t)\cos(2\pi f_{LO}t) = a_i\cos(2\pi f_c t)\cos(2\pi f_{LO}t) + a_q\sin(2\pi f_c t)\cos(2\pi f_{LO}t)$$
$$= \frac{a_i}{2}[\cos\{2\pi(f_c - f_{LO})t\} + \cos\{2\pi(f_c + f_{LO})t\}] \tag{5.14}$$
$$+ \frac{a_q}{2}[\sin\{2\pi(f_c - f_{LO})t\} + \sin\{2\pi(f_c + f_{LO})t\}]$$

相乘之后产生的频率分量分别为 $f_c - f_{LO}$ 和 $f_c + f_{LO}$。将信号通过一个带通滤波器，两个频率中较低的 $f_c - f_{LO}$ 被保留，而较高的频率分量则被滤除了。这样，在滤波器的输出端，可得

$$s_{IF}(t) = \frac{a_i}{2}\cos\{2\pi(f_c - f_{LO})t\} + \frac{a_q}{2}\sin\{2\pi(f_c - f_{LO})t\}$$
$$= \frac{a_i}{2}\cos(2\pi f_{IF}t) + \frac{a_q}{2}\sin(2\pi f_{IF}t) \tag{5.15}$$

式(5.15)表明，下变频仅仅将频率从射频降至中频，而保持了信号的其他特征不变。此外，带通滤波器还阻止了带外噪声进入接收机。在中频频率上，除了方便进行信号处理外，还能够以充足的滚降特性将带外噪声滤除。下变频的原理图如图5.5所示。

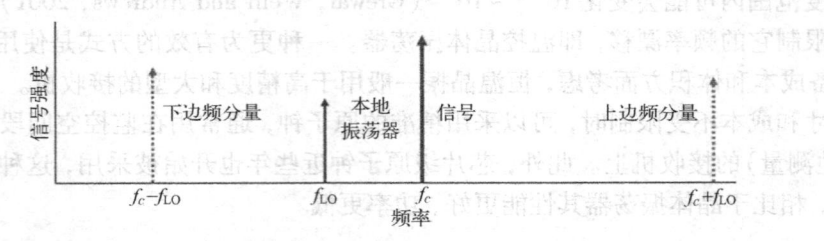

图 5.5 下变频信号频率变化

在与本地振荡器的输出相乘时，频率为 $f_{LO} - f_{IF} = f_c - 2f_{IF}$ 的信号也会产生在频率 $f_c - f_{LO}$ 上的分量，这一信号称为镜像信号，因为它的频率与 f_{LO} 频率的距离与实际信号与 f_{LO} 频率的距离相等，但位于 f_{LO} 频率的另一侧。镜像频率上的信号不是我们想要的信号，应对其进行限制，以防止其混频后进入中频信号。因此，在进行混频之前，可以在前置放大器这一层级上通过合适的滤波去除加在镜像频率上的噪声。既然信号和它的镜像信号之间的频率间隔为 $2f_{IF}$，那么更高的中频频率值将会使两者分隔得更远，从而提高对镜像信号的排除。为了更好地排除镜像信号，信号向中频的转换有时候分为两个连续的阶段完成。此外，如果射频信号中存在多普勒频率，那么这一频移将会保留在中频。图5.5显示了下变频中的信号载波、本地振荡器频率以及差频在频谱上的位置分布。

考虑噪声分量，当本地振荡器信号与输入信号混频时，它与输入信号的噪声乘积为

$$n_{LO} = n_c\cos(2\pi f_c t)\cos(2\pi f_{LO}t) + n_s\sin(2\pi f_c t)\cos(2\pi f_{LO}t) \qquad (5.16)$$

经过低通滤波，由此产生的分量为

$$n_{IF} = \left(\frac{n_c}{2}\right)\cos(2\pi f_{IF}t) + \left(\frac{n_s}{2}\right)\sin(2\pi f_{IF}t) \qquad (5.17)$$

所以，下变频对噪声的影响是它在中频产生了类似的带通噪声。比较混频之前和之后的噪声，可以发现这一处理前后信号的信噪比保持不变。

另外一种下变频的技术是在采样中完成下变频，称为带通采样（BPS），它通过选择合适的采样率使采样后信号的频谱在预定范围内。我们将在介绍信号的采样处理时讨论 BPS 方法。

5.2.3.3 模数转换

到目前为止，获得的信号都是随着时间连续变化的模拟信号，它的带宽称为预相关带宽。模数转换器（ADC）指的是在输入端获得连续信号的模拟量，将其转换为离散形式的转换器。这些模拟量首先以一定的离散时间间隔进行选值，而在这些离散时刻之外的所有时间则不选值，这一过程称为采样，被选定的值形成了模拟信号的采样值。这些离散的采样值首先被表征，再通过二进制编码将它们的电平转换为相应的数字编号，即量化。采样和量化的过程如图 5.6 所示。

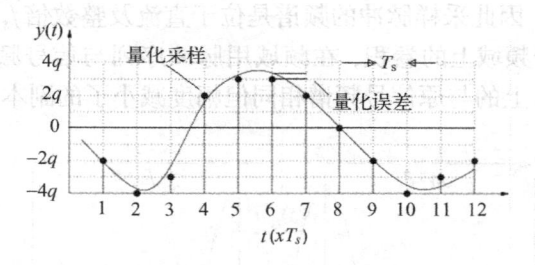

图 5.6 量化采样

5.2.3.4 采样

如今的接收机基本上都是数字化的，只能根据离散的数字值进行工作。为了能够在数字域进行处理，连续信号一般在基带之前即中频时被采样。

采样是按固定的离散时间间隔测量连续信号的幅度。它仅仅在这些离散的时刻收集信号的信息，并忽略所有这些时刻之外的信号。根据采样定理，如果以足够高的速率进行采样，那么这些离散时刻之间的数据就能够被恢复，从而整个信号也能够被恢复。

在之前的小节中提到，采样可以直接在射频频率完成而无须将频率降至中频。直接数字化的优点是不需要混频器和本地振荡器，混频器会在附近频率产生无用的杂散信号，对输出产生污染并使结果恶化。本地振荡器可能很昂贵并且它产生的任何频率误差或者杂质都会出现在数字化后的信号中。不过，直接数字化并不能去除用于模数转换器的振荡器（或者时钟）。直接数字化的主要缺点是，除非使用带通采样，否则模数转换器（ADC）必须有更高的输入带宽和采样速率来容纳较高的射频载波的输入频率。此外，在采用直接数字化时，采样频率必须保持非常精确，而这一点有时很难实现。

为了进行首选的中频采样，下变频后的信号被适当地放大到一个可行的电平上。采样需要确保采样值仍然包含信号的所有信息，从而能够根据这些采样值重建原始信号。那么问题是，应该以怎样的速率对信号进行采样才能恢复信号所包含的所有信息？这由奈奎斯特采样定理来决定。

奈奎斯特定理指出，对于一个带限的模拟信号，如果采样速率超过了原始信号中包含的最高频率的两倍，那么它能够从采样值的完整序列得到完美重建。

对我们来说，采样是在信号被下变频至中频后进行的，这在某种程度上降低了对快速采样及相应处理速度的需求。

编码数据被扩频至中频频率 f_{IF} 的两侧。根据采样定理，ADC 的采样速率必须超过中频频率和信号单边带宽之和的两倍，以防止混叠效应。编码数据的码片周期为 T_c，信号中包含的最大频率为 $f_{IF} + 1/T_c$，从而使采样率为 $2f_{IF} + 2B$，其中 $B = 1/T_c$。与此同时，为了防止频谱交叠使信号失真，f_{IF} 的最小值必须超过单边的预相关带宽，即 $f_{IF} \geq B$。结合两者可以看出，最小采样速率可以由关系式 $f_s \geq 2(2B)$ 决定。因此有必要保持采样率大于信号主峰左右零点间预相关带宽的两倍。

可以从频谱的角度对采样过程进行进一步理解。采样是通过位于固定采样时间间隔 T_s 上的单位脉冲与随时间变化的信号相乘实现的。这一系列的单位脉冲变换到频域就是一系列间隔为 $1/T_s = f_s$ 的脉冲，因此采样脉冲的频谱是位于直流及整数倍 f_s 的谱线上的脉冲（Lathi，1984）。时域的相乘等于频域上的卷积，在频域用脉冲序列与信号频谱卷积，得到一系列移动到每一个脉冲位置 nf_s 上的与原信号频谱相同但幅度减小了的副本，如图 5.7 所示。

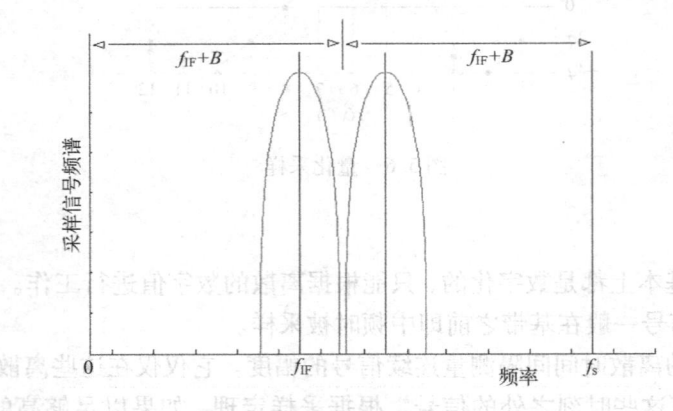

图 5.7 采样信号频谱

将这一系列频谱通过带通滤波器以恢复原信号，为了防止相邻频率重叠，即保证没有混叠发生，两个相邻脉冲之间的间隔必须能容纳信号的两个单边带宽。即

$$f_s \geq 2(f_{IF} + B)$$

因为 $f_{IF} \geq B$

所以 $f_s \geq 4B$ (5.18)

在下变频采样中，能够避免混叠以及频谱交叠的最优采样率是信号单边带宽的 4 倍。但这仅仅是中频频率最低时的特殊情况，对于其他的中频频率值，所需的采样率比这更高。

同理，如果信号是射频信号，那么采样所需满足的条件是 $f_s > 2(f_c + B)$，其中 f_c 是射频信号的载波频率，即采样率将会变得极高并且难以处理。已调制的导航信号本质上是带通信号，它有有限的带宽，分布在其中心频率附近。可以利用这一有限的频谱范围，以低采样率在射频上直接对信号进行采样。换句话说，可以利用图 5.7 中频率 $f=0$ 和 $f=f_c - B$ 之间频谱空缺的特点来降低采样速率。

假设以速率 f_s 进行采样，其中 f_s 满足 $nf_s = f_c - B$。在这种情况下，采样信号的谱线将位于零频两侧（正轴和负轴）的 f_s 倍数上，而信号频谱则在 f_c 附近。为了方便起见，图 5.8(a) 示出了这一情况。

因此，信号频带中心相邻的两个谱脉冲分布在频带中心两侧，一个与频带中心相距 B，另一个与频带中心相距 $f_s - B$，卷积后将会在每两个连续的采样谱线之间产生重复的信号频谱，如图 5.8(b) 所示。

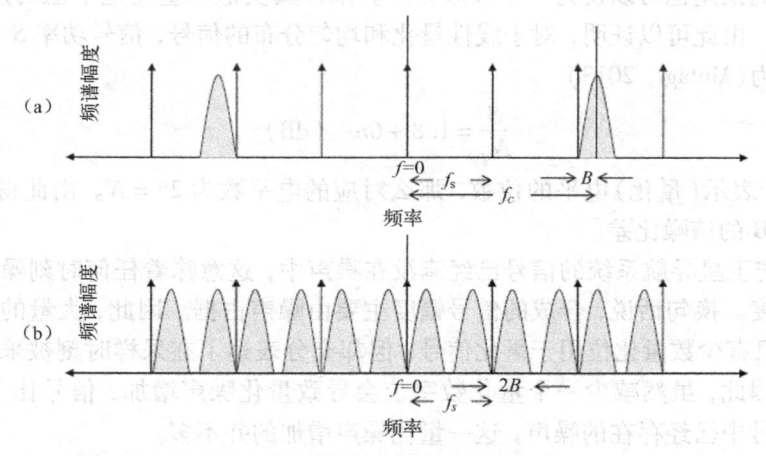

图 5.8 降低采样率的频谱图

与先前的情况不同，为了在两个连续的采样谱线之间容纳信号频谱并且同时避免混叠，两条采样谱线之间的间隔必须能够容纳两倍的总带宽 $2B$，即

$$f_s > 4B \tag{5.19}$$

这种方法称为带通采样（BPS），它是一种利用信号的带通特性对已调制信号进行欠采样以实现频率转移的技术。这样，即使在有限的中频频率中，对采样速率的要求也有可能减少到一个最小值。在带通采样中，可以以信号带宽两倍的采样率对信号采样，从而与奈奎斯特采样定理保持一致。

由此可见，为了避免频谱混叠，所需的最小采样速率是已调制导航信号的单边带宽的两倍。但是，信号通常在 I 和 Q 支路上携带不同的信息，有时需要将这两个相位正交的携带不同信息的信号分开进行处理，因此它们需要从复合信号中二选一地独立采样。所以在这种情况下，需要同时满足两个信号的最小采样率在原来的基础上又增加了一倍。

在实际运用中，为模数转换器选取合适的采样率时应该视具体情况而采用以上两种采样方法之一。在真实的导航信号中，导航数据位是通过伪随机码进行了扩频编码的，为了确保采样值在码相位和载波相位上有变化，采样速率应该与中频和码片速率保持异步，从而使采样值涵盖整个信号波形（Groves，2013）。

5.2.3.5 量化

被采样后的信号样本仍然具有连续的电平值。量化指的是将已采样的信号近似到一些离散电平上,然后用一些已知的数字编码表示这些离散电平。将信号整个可能的采样值范围划分为若干个更小的范围,在每个小范围里确定一个离散电平,称为量化电平,用于表示处在相应范围里的所有采样值。每一个量化电平都被唯一的数字编码进行数字化表示。这些数字编码主要由有限的二进制位构成,其位数决定量化电平的数目,因此只能取到有限的数值。这一过程称为量化。

在量化的过程中,用一个单一数值来表示整个采样电平范围,这对于真实值而言将会产生有效误差,称为量化误差。这一误差主要源于有限的编码表示,因此,当同样的采样值范围内的量化电平数增加时,这一误差会减少。

量化产生的误差也可以视为一个等效噪声。采样真实值和量化电平值的差被视为噪声,称为量化噪声。由此可以证明,对于线性量化和均匀分布的信号,信号功率 S 与量化噪声 N_q 的比可以表示为(Mutagi, 2013)

$$\frac{S}{N_q} = 1.8 + 6n \quad (\text{dB}) \tag{5.20}$$

其中,n 是用于表示(量化)电平的位数,那么对应的电平数为 $2^n = N$。由此得出,一个位的差异将导致 6dB 的信噪比差。

然而,传统卫星导航系统的信号已经淹没在噪声中,这意味着任何时刻噪声的幅度都远高于信号的幅度。换句话说,合成的信号幅度主要由噪声占据。因此,大量的量化位将被用于表示噪声,只有少数量化位用于量化信号,但却充分表达了在采样时刻被采样的嘈杂信号的电平极性。因此,虽然减少一个量化数字位会导致量化噪声增加,信号比下降大约 6dB,但是相比于信号中已经存在的噪声,这一量化噪声增加的并不多。

提高采样速率或者加大量化位数将增加接收机后续处理的负担,从而增加接收机成本。所以,低成本的接收机可能使用一位量化采样,但这样也因此降低了有效信噪比,称为量化损耗,其原因已在前面说明。当采用两位或者多位表示量化电平时,接收机能够获得更好的性能,虽然这在射频阶段看起来提升不大,但是它影响着最终的定位精度。

量化处理通常可以通过自动增益控制(AGC)来进行改进。因为在导航系统里信号的幅度是恒定的,信号幅度没有携带任何信息,所以在没有失真或者信息损失的情况下,由各种因素导致的信号幅度的变化将能够得到补偿和修正。

由于振幅的变化,信号的变化可能会跨越了量化处理的标称动态范围,处理这一问题需要大动态范围的放大器,这通常是很难实现的。这种情况下,自动增益控制可以起到有效的作用,它通过改变模数转换器输入端的放大倍数以保持输入与动态范围匹配。但是,它仅仅保证混合了噪声的混合信号保持在量化范围内,而淹没在噪声中的信号电平仍会变化。

▷ **精选补充 5.2 量化误差**

有效信噪比可以用信号信噪比 SNR_n 和量化噪声 SNR_q 形成的信噪比表示为

$$\text{SNR}_{\text{eff}} = (\text{SNR}_n^{-1} + \text{SNR}_q^{-1})^{-1}$$

对于两位量化，SNR_q 为 $12+1.8=13.8 \text{ dB}=10^{1.38}=24$，而 $SNR_n = -20 \text{ dB} = 1/100$。

所以，考虑到量化噪声和信号噪声，有效信噪比 SNR 为

$$SNR_{eff} = \left(100 + \frac{1}{24}\right)^{-1} = \frac{1}{100.04}$$

以对数形式表示，有效信噪比为

$$SNR_{eff} = -10\log(100.04) = -20.01$$

由此可见，由于使用更少的量化位造成的信噪比的损失可以忽略不计。

5.2.4 基带信号处理器

接收机前端接收的信号是接收机可见的所有卫星信号的混合信号。并且，每一个信号均是由数据码、伪码以及载波这些分量组成的。混合信号将会进入接收机的一个模块，这个模块的目标是识别每个独立的信号并将它们分离，并进一步地剥离伪码和载波以获取导航电文。为了实现这一目标，经采样和数字化但仍调制在中频上并附有多普勒频率的信号将在基带信号处理器中进行处理，处理的细节将会在本节进行介绍。

基带信号处理器通过使用内部复现的伪码和载波与输入信号做相关运算，实现载波和伪码的剥离，解调经过采样的信号并恢复导航电文，因此接收机的这一部分称为相关器和数据解调器。除了将伪码和载波从信号中去除以外，基带信号处理器同时还进行基于伪码或基于载波的测距，或者同时使用两者进行测距。

相关器的结构可以划分为不同的并行处理通道，这些通道可以并行且独立地处理信号。对于 CDMA 接收机，同样的混合信号进入每一个通道作为输入信号；而对于 FDMA 接收机，混合信号首先通过滤波器进行分离，然后各处理分支再加载独立的通道信号。

为了清楚地了解这个模块是怎么运作的，我们从一个简单的情况开始讨论。除了关于载波频率(已被下变频至中频)的先验知识外，假设任意时刻的载波相位都是已知的，同时在那一特定时刻的码相位也是已知的，当然这是一个假设的情况，因为在真实的场景中这是永远不会发生的，而这正是接收机试图达到的理想状态。所以，从这一简单情况开始，就能让我们理解在整个处理过程中接收机试图实现(达到)的目标是什么。

将载波从信号中去除后，如果将得到的分量与同步的伪码相乘，那么伪码也会被去除而仅仅剩下数据位，这是在专为载波和伪码剥离设计的组件中完成的。接收机这一部分的原理如图 5.9 所示。

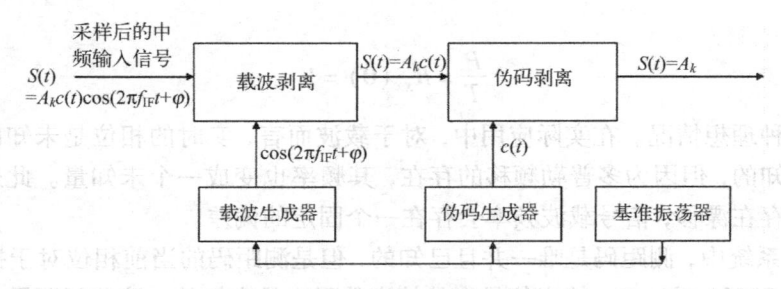

图 5.9 伪码和载波剥离示意图

这里有两个不同的部分，一个是载波剥离，另一个为伪码剥离，如图5.9所示，这两个部分的设计都是开环的。

假如已知载波的频率和相位，接收机需要做的工作是混乘一个同步的正弦波以剥离载波，这是很容易用本地载波做到的。在载波剥离过程中，以一个估计的频率和相位生成本地载波，这一本地参考与输入信号混频而产生的乘积在低通滤波之后为

$$s(t) = A_k c(t) \cos(2\pi(f_{IF} - f_{LO})t + \delta\varphi) \tag{5.21a}$$

假设本地振荡器与载波频率准确同步，并且相位偏移 $\delta\varphi$ 已知，可以把 $f_{IF} = f_{LO}$ 和 $\delta\varphi = 0$ 代入这个等式。那么，输入信号的载波将被消除，可得

$$s(t) = A_k c(t) \tag{5.21b}$$

如果由于频率或者初始相位有偏差而存在相位差，就能从混频之后的低通滤波乘积得到总的相位差，如式(5.21a)所示。

本地生成的载波与此时此刻接收的信号载波在频率和相位上保持连续的同步。当本地载波与接收信号混频并经过低通滤波后，接收信号被载波解调，仅仅剩下编码数据电平$A_k c(t)$。伪码剥离与载波剥离原理类似，可以通过两个要点来加强理解：第一，把一个完整的伪码周期看成一个完整的正弦载波振荡周期；第二，低通滤波是一个频域概念，它等效于时域上的积分。这样，就可以类似地使用本地产生的相干伪码实现伪码剥离，以恢复导航电文。

在载波剥离的过程中，将输入信号与本地载波相乘然后对乘积进行低通滤波。类似地，我们生成一个本地的伪码副本，并与输入信号中的伪码相乘，将该乘积在几个整数倍码长的时间上进行积分，得到的结果为

$$P = \int c(t) c(t + \tau) \mathrm{d}t \tag{5.22}$$

其中，本地伪码与输入信号伪码的相位时延为 τ。

为了方便，以上的讨论均没有显示数据位，因为这些操作都是在一个数据位的时间间隔内进行的，且假设没有发生数据位反转，这与式(5.21a)和式(5.21b)的载波跟踪类似。进行积分的时间必须是伪码重复周期的整数倍。当将积分值除以积分时间进行单位化后，可得伪码与其延迟码的自相关函数，即

$$\frac{P}{T} = \frac{1}{T} \int_0^T c(t) c(t+\tau) \mathrm{d}t = R_{xx}(\tau) \tag{5.23a}$$

当接收机准确地识别出输入信号的伪码相位，并生成与之同步的本地伪码时，上式的相关值变为

$$\frac{P}{T} = R_{xx}(0) = 1 \tag{5.23b}$$

但这仅仅是一种理想情况。在实际应用中，对于载波而言，实时的相位是未知的，其频率在设计之初是已知的，但因为多普勒频移的存在，其频率也变成一个未知量。此外，因为卫星的时钟可能会存在漂移，信号载波频率会存在一个固定的偏差。

在FDMA系统中，测距码是唯一并且已知的，但是测距码的当前相位对于接收机来说还是未知的。在CDMA系统中，特定信号中的特定伪码也是未知的。这些问题需要在接收机中得到解决。

为了实时地知道这些信号的准确参数，通过开环估计是做不到的，需要使用一个闭环决策系统来解决这些问题，其通用结构如图 5.10 所示。

当接收机第一次开机或者一颗新的卫星进入视野中时，其对于伪码和载波的状况是完全未知的，这就是通常所说的冷启动。在冷启动的情况下，接收机需要获知并锁定载波及伪码的频率，并实时跟踪其相位。

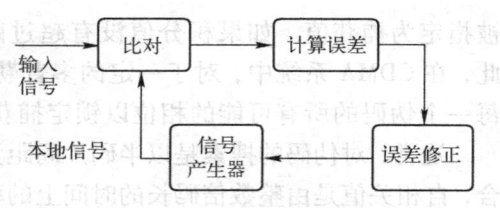

图 5.10 信号闭环跟踪结构图

识别并锁定信号相关参数并为后期跟踪做好准备的过程，称为信号捕获，它的主要目标是估算信号的伪码和载波相位及多普勒频移。

5.2.4.1 信号捕获

无论使用什么技术来去除伪码和载波，接收机首先需要使用一个独立的步骤将本地载波和伪码生成器大致地调整到一个与输入信号频率和相位接近的位置，这个过程称为信号捕获。

接收机可能会将其振荡器调谐在中频频率 f_{IF} 上，这样就可以在载波剥离环节中将中频频率从信号中去除。但是，信号中仍然存在一个缓慢变化的由多普勒频移引起的残余载波，这将会影响伪码剥离。

在卫星导航这种特定的信号格式中，捕获操作从信号中大概的多普勒频率及码相位开始搜索。此外对于 CDMA 系统，在码相位识别之前，还需要识别信号中的伪码。

多普勒频移由用户和接收机的相对运动决定，因此对不同的信号其变化是不同的。此外，信号的测距码虽然从不同的卫星同步地发射，但是由于各卫星的距离不同，它们到达接收机的相位是不同的。所以，信号捕获需要回答的问题是：

- 信号的残余多普勒频率是多少？
- 在所有可能的范围内，信号的测距码是什么？
- 假如用码片数及其小数部分表示，信号的码相位是什么？

回答这些问题需要在时间和频率的两维空间上搜索信号载波和伪码的相位和频率。

接收机需要在信号本身淹没于噪声中的条件下，在短时间内捕获信号，因此捕获过程需要既快速又灵敏。传统的捕获方法是通过硬件在时域中进行搜索，而伪码在不确定的情况下可以串行或并行地进行搜索。伪码捕获最常用的方法有以下两种：

1. 串行搜索捕获
2. 伪码及频率并行搜索捕获

串行搜索算法

串行搜索以顺序方式在码相位和多普勒频率的可能范围内搜索这些参数的不同数值。多普勒频率的离散值由接收机顺序生成并与输入信号混频。对于这样生成的每一个频率值，接收机在整个码相位范围内进行排查。对于每一个被选择的伪码，依次生成每一个码相位并与输入信号相乘，得到的乘积随后在有限的时间内被积分以获得自相关值。如果积分值超过了某一阈值，则表明搜索值匹配成功，所选择的频率和伪码及其相应的码相位则被指定为捕获值。如果积分值没有超过阈值,就使用新的搜索值组合再次进行尝试。因此,在 CDMA 系统中,对于一定的多普勒频率,接收机需要依次检查所有可能的伪码以及每一个伪码的所有可能的相位以锁定捕获值。

通常,对伪码的搜索是以半码片间距为步长进行的。对于每一个频率和码相位的特定组合,自相关值是由整数倍码长的时间上的积分来进行估算的。搜索的每一个码相位和多普勒频移称为一个"窗",而每个码相位和多普勒频移的组合称为一个"单元"。在每一个单元上,信号相关所消耗的时间称为"滞留时间"(Groves, 2013)。实际上,对信号完成采样值积分和阈值检查的过程称为积分清除电路。

串行搜索是所有众所周知的算法中最简单的一种。但是,由于这种算法需要依次尝试所有可能的多普勒频率与码相位的组合,直到超过阈值,所以它需要很长的锁定时间。然而,对于 FDMA 系统,因为只使用唯一的一个测距码,仅仅需要确定码相位,这使得串行搜索过程更快速。尽管如此,相比于其他算法,串行搜索算法在嘈杂环境下的效果更好。

为了查看信号在捕获过程的不同阶段的数值变化,任意时刻 t 的采样值可表示为

$$S(t) = A_k c(t) \cos\{2\pi(f_{IF} + f_d)t + \varphi\} \quad (5.24a)$$

其中,A_k 是第 k 个数据的电平,$c(t)$ 是伪码,f_d 是多普勒效应及其他原因引起的频偏,φ 是信号的相位。假设多普勒频率的捕获值为 f'_d,其相位为 φ',所选择的码相位相对于采样信号相位的差对应于时延 τ。因此,频率 $f_{IF} + f'$ 加载到振荡器上用于载波剥离后,载波剥离环节的输出为

$$S(t) = \frac{A_k}{2} c(t) \cos(2\pi \Delta f t + \Delta \varphi) \quad (5.24b)$$

其中,$\Delta f = (f_d - f'_d)$ 是多普勒残差,也就是载波的真实频偏和本地复现载波的频偏之差,$\Delta \varphi = (\varphi - \varphi')$ 则是相位偏移。类似地,由于所选的码延迟为 τ,所以本地复现的伪码为 $c(t + \tau)$。乘以该伪码后,信号变为

$$S_{acq} = \frac{A_k}{2} c(t) c(t + \tau) \cos(2\pi \Delta f t + \Delta \varphi) \quad (5.24c)$$

这些采样值在一定的时间间隔上累积,这一时间间隔通常是一个数据位宽的一半,正好是码长的整数倍。因此,在时间 T 中,对这些乘积采样值求和,又由于采样值之间足够接近,可以将求和视为积分,从而得到(Van Dierdonck, 1996)

$$S_{int}(t) = A_k R_{xx}(\tau) \text{sinc}(\pi \Delta f T) \cos(\Delta \varphi) \quad (5.24d)$$

当 Δf、$\Delta \varphi$ 和 τ 趋于零时,表达式 S_{int} 的值将增加。当这个值超过一个预定的阈值后,则认为信号捕获成功。这一表达式本质上是频率偏移的 sinc 函数,并且显而易见的是,在一定的频偏上会出现次高峰。类似地,对于 CDMA 系统,即使是不同的伪码,由于码间互相关函数的局限性,次高峰也可能出现。

尽管如此,由于相关函数的函数特性是已知的,它的峰值分布也是已知的(可知的)。所以,阈值应该进行相应的设置,以使次高峰保持在阈值之下,并且即使存在预期的噪声,次高峰也不应被检测到。此外,当获得正确的相关峰值时,理论上其两边相同的偏移造成的误差是一样的。这一特征是旁瓣所没有的,所以这可以作为正确捕获的检验依据。

由多普勒效应或其他原因引起的频率不确定性,可用于设置预相关滤波器带宽。如果接

收机中没有先验知识，那么初始的不确定性更大，有更多的频率窗需要搜索，需要大量的时间来捕获信号。伪码搜索从超前端开始，以避免错锁在多径分量上。

信号中存在的噪声会使自相关结果恶化。但是，通过在更长的时间间隔上进行积分，即在多个整数倍码长的时间上进行积分，噪声的影响可以减小，但这受限于数据位的长度。在相关积分的过程中，任何数据位反转都会使结果恶化。这就是为什么在某些预期信噪比低的情况下，会独立于数据通道，同步发送只包含伪码和载波乘积，却没有数据位的导频通道的原因。没有数据位反转，信号捕获的积分时间将不再受限。所以，即使在弱信号以及低信噪比的情况下，通过使用更长的积分周期，也可以捕获信号。一旦导频通道捕获信号，数据通道和导频通道之间的同步性允许接收机无须进一步捕获就能切换到数据通道。

如果对一个曾经捕获过但此后又失去锁定的信号进行重捕，那么可从上次获得并存储的信息中提取关于时间、载波以及码偏移的信息。这就是所谓的"热启动"，它大大地减少了捕获时间，有助于加快捕获的进程。但是，在使用上次保存的信息之前，应检查其数据的有效性。某些信息还可以从用户动态或者卫星历书中获取，通过通道的专属性（即在整个捕获过程中不存在两个通道搜索相同的卫星）也可以提高搜索效率。

当参与相关的信号分量之间完全匹配时，自相关值自然变高。对于 CDMA 系统，混合信号中存在的不同伪码将会产生互相关噪声，这对选择合适的伪码提出了新的要求，即伪码应有合适的相关特性，其互相关噪声不会累积到像自相关峰值一样的级别，从而导致错锁。噪声会极大地影响捕获的性能，增加漏检以及错锁的概率。

并行搜索算法

并行搜索算法是一种将串行搜索算法中的多普勒频率、伪码及载波相位的顺序搜索替换为等效的并行处理，以加快搜索速度的方法（Scott et al.，2001）。相对于串行搜索算法来说，这是一种降低时间成本的选择，它的理论基础是维纳辛钦定理。

维纳辛钦定理（Proakis and Salehi，2008）指出，对于一个宽平稳过程 $x(t)$，其功率谱密度 $P_{xx}(f)$ 是它的自相关函数 $R_{xx}(\tau)$ 的傅里叶变换。类似地，两个宽平稳过程 $x(t)$ 和 $y(t)$ 的互谱密度 $P_{xy}(f)$ 是它们的互相关函数 R_{xy} 的傅里叶变换。所以，如果用 $F[\cdot]$ 表示傅里叶变换，则有

$$F[R_{xx}(\tau)] = P_{xx}(f) = X(f) \cdot X(f) \tag{5.25a}$$

$$F[R_{xy}(\tau)] = P_{xy}(f) = X(f) \cdot Y(f) \tag{5.25b}$$

$x(t)$ 的信号样本可以使用快速傅里叶变化（FFT）来形成其频谱。相应地，由参考信号 $y(t)$ 的 FFT 可获得 $Y(t)$。现在，假设将这两个由时域信号变换得到的频谱在频域相乘，若这两个码相同，则得到功率谱密度，若这两个码不同，则得到它们的互谱密度（Proakis and Salehi，2008）。通过对频谱乘积做傅里叶逆变换（IFFT），就同时得到输入信号与参考信号对不同延迟的相关值。这样，对所有可能的相对码相位延迟的顺序搜索过程就被替换为一个一次性操作。如果 IFFT 结果显示出某个峰值超过了阈值，那么所使用的伪码就是被捕获的伪码，相位延迟就可以从峰值的相对位置估算出来。

但是，为此付出的代价是相关器计算过程复杂度的提升。这一处理可能仅用于在载波完全剥离后进行的伪码搜索，或者可以相应地调整 $Y(f)$ 的频域分量，以与参考信号的适当频偏相符合。对于不同的频偏，可以重复同样的过程以获得对于频率和相位偏移两个维度上的相

关结果。因此，通过这一过程获得的峰值，可以同时确定相位偏移和多普勒残差。也就是说，并行频率搜索算法在一次搜索过程中就能得到所有可能的伪码偏移的相关值，进而大大减少捕获的搜索时间，但是它比串行搜索更为复杂，并且在嘈杂条件下效果较差。

不论使用哪一种方法进行捕获，接收机必须知道所有可能的伪码是什么以及预期的信号的多普勒频率范围，这就界定了相关过程中的不确定度，进而也决定了相关前滤波器的带宽。相应地，捕获精度也决定了信号相关后的不确定度。

5.2.4.2 信号跟踪

捕获仅仅提供了频率和码相位的近似估计值。有了这些值，在捕获过程完成后，接收机开始进行伪码和载波解调。虽然捕获几乎完全剥离了载波和伪码，但并不精确，仍有一些残差遗留在信号中。此外，一旦估算出了信号频率、相对载波相位和码相位，就认为它们的值会永远保持不变，这种想法是不正确的。其原因是卫星和接收机的动态情况会继续发生变化，多普勒效应会使这些值发生改变，而且信号中存在的频率漂移和相位噪声也会添加到偏差中。所以，即使完成了信号捕获，信号中也会存在残余的频差和相差，如果放任不管的话，它们将会累积。

为了应对这些影响，用于载波剥离的本地振荡器和用于伪码生成的时钟必须能够以更高的分辨率改变自身频率进而改变相位，才能准确地跟踪上输入信号的载波频率和相位。

为了实现这一目标，用数控振荡器(NCO)取代固定频率振荡器来生成信号。数控振荡器是一种数字信号发生器，它以固定的分辨率产生完整正弦波的离散值。这些离散值以固定的时间间隔，在与输入时钟同步的离散时刻上产生。每经历1个时钟周期，数控振荡器的相位累加器（实际上就是一个N位计数器）就加1。每1个计数表示了相位的最小增量$2\pi/2^N$，即振荡器的分辨率。每经过1个时钟周期，累加器的相位就以这个增量进行累加。由于计数器的模值为2^N，所以相位也从0累加至2π然后重置。对于每一个相位，数控振荡器都有对应的已存储的正弦值。在任意时刻，相位幅度转换器会输出对应的相位幅度值，以产生离散的波形。所生成波形的频率取决于N以及输入的时钟频率。如果时钟频率为R_{clk}，数控振荡器输出的频率为$f_N = R_{clk}/2^N$。

通过数控振荡器驱动载波和伪码生成器，精确跟随输入信号的载波和码相位，这称为接收机的跟踪，接下来，我们将对此进行详细讨论。

载波跟踪

在载波跟踪的起始阶段，捕获过程中获得的载波频偏值以及固定的中频频率f_{IF}被馈送给数控振荡器，以产生相应的频率。至此，捕获之后信号的标称载波已经被剥离，大部分多普勒频偏被去除。为了消除信号中剩下的频偏及其进一步的变化，载波跟踪开始进行。跟踪的主要目标是使信号中残余的载波频偏和相位差值最小化，并跟踪其随时间的变化，这是通过紧密地跟随输入载波的相位变化并相应地改变本地复现载波的相位来实现的。

本地载波的相位和频率都可以进行调整，以跟踪输入信号的相应参数。相位跟踪可以通过锁相环(PLL)实现。锁相环是一种闭环模式，但对于大的频率偏差，使用锁相环来跟踪信号时需要有非常大的操作范围，并且非常耗时。此外，在低信噪比和高动态环境下，载波频率跟踪相对于相位跟踪更为健壮，即使有较大的误差也能够保持信号锁定。这就是为什么很多接收机中优先选择频率锁定并使用锁频环（FLL）进行载波跟踪的原因。不过，频率跟踪不能像相位跟踪那样，直接提供积分多普勒值。在一些接收机中，锁频环用于跟踪的初始阶段，作为捕获和相位跟踪的中间过程。

在准确捕获信号后，锁相环可对载波相位进行准确的跟踪，从而自然地使频率持续跟随输入信号。本地信号源的优化调整可以利用载波的相关属性来实现：当两个参与相关的波形同相时，即在时间上准确对齐时，相关值最大。稍后我们将看到，这个原理也同样适用于伪码跟踪。

锁相环的工作原理是对本地参考载波相位进行离散微分调节，它是一个封闭的环，其中包含了载波剥离装置，载波剥离后的输出信号通过处理器的处理后，反馈给振荡器，再对振荡器进行控制。总的控制环路如图5.11所示，其执行过程包括以下步骤：

1. 产生一定频率和相位的参考信号
2. 将其与输入信号进行比较并找出频率和相位上的误差
3. 从误差中导出修正项
4. 使用修正项调整振荡器中参考信号的频率和相位，产生修正后的参考信号

参考载波由数控振荡器生成，并与输入信号混频，再乘以码环同步输出的本地伪码，将伪码也从信号中去除。最后通过一个极窄的低通环路滤波器将仅存在误差相位的正弦波信号分离出来，处理器从这一信号中获取修正项，并反馈给振荡器，完成环路的闭环。这些处理步骤随时间不断循环，因此在每一个时刻，本地生成的载波与输入信号的相位将精确保持一致。锁相环的通用框图如图5.10所示，其具体实现如图5.11所示。

由于无论中频采样信号什么时候到达，它的准确相位都是未知的，所以它将与两

图5.11 锁相环的结构图

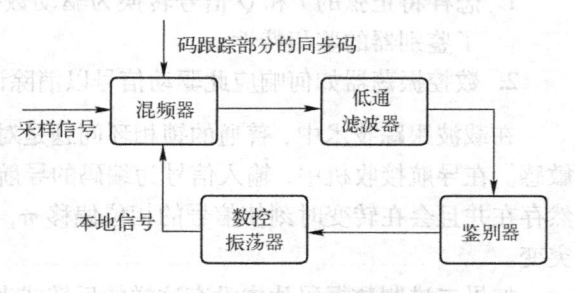

个相互正交的本地参考信号相乘。本地信号最初设置在中频，但可以被调谐到附近的频率。当它们的乘积通过低通环路滤波器时，输入信号也相应地投影到了这些参考信号上，5.1.2节已经对此进行了论证。把输入信号投影在参考信号上的余弦分量和正弦分量分别称为同相分量 I 及正交分量 Q。从这些分量中，能够获得输入信号与本地参考信号之间的相对相位角。

假设中频输入信号采样值的表达式如下：

$$S(t) = A_k \cos\{2\pi(f_{\text{IF}} + f_d)t + \varphi\} \tag{5.26}$$

其中 A_k 是数据电平。

两个相位正交的本地参考载波可以表示为

$$S_c(t) = \cos(2\pi f_{acq} t) \tag{5.27a}$$

$$S_s(t) = \sin(2\pi f_{acq} t) \tag{5.27b}$$

其中，f_{acq} 是捕获完成后振荡器所设置的标称频率，是 f_{IF} 和捕获估算的多普勒频移 $f_{d'}$ 的和。输入信号首先与 S_c 和 S_s 混频。这里不考虑伪码，假设其已经通过同步剥离了。混频结果通

过环路滤波器后，分别得到

$$I(t) = \frac{A_k}{2}\cos\{2\pi\delta ft + \varphi\} \tag{5.28a}$$

$$Q(t) = \frac{A_k}{2}\sin\{2\pi\delta ft + \varphi\} \tag{5.28b}$$

环路滤波器输出端获得的信号频率为 $\delta f = f_d - f_{d'}$。由此可见，输出的相位和频率分别等于输入信号与参考信号的相差和频差。

如果两个信号完美匹配，那么理想情况下，混频后的信号经过滤波之后应该为直流。而实际上，其将具有一定的但较低的频率，包含的仅仅是误差频率，所以这里使用的低通滤波器可以是窄带宽的。但是，由于导航信号存在不确定的多普勒频移，而非常窄的带宽不允许有大的频偏，因此锁相环非常容易失锁。反过来，更宽的带宽允许更多的噪声进入环路，将会降低系统的精度。

混频后的信号随后被送入鉴别器，用于生成修正项。鉴别器将误差信号转换为修正项，驱动数控振荡器产生正确的相位。鉴别器本质上就是一个相位振幅转换器。如此一来，通过相应地加快或减慢数控振荡器的时钟速率，达到本地参考信号与输入信号同步的目的。这一过程随时间持续进行，以保持对信号相位变化的跟踪。这里存在的问题是：

1. 怎样将正弦的 I 和 Q 信号转换为驱动数控振荡器的修正信号？这个问题的答案定义了鉴别器的鉴相特性。
2. 数控振荡器如何响应此驱动信号以消除误差？

在载波跟踪技术中，普通的锁相环问题是对相位反转敏感，也就是信号中的 π 相位偏移敏感。在导航接收机中，输入信号为编码的导航数据位，即使成功剥离了伪码，数据位 A_k 仍然存在并且会在转变时刻使信号的相位偏移 π，从而使得输入信号与参考信号的相位差发生突变。

如果二进制数据码片中没有这样的反转或者锁相环鉴别器对 π 相位偏移不敏感，这个问题就可以得到解决。本节仅讨论对数据位变化不敏感且可以从本质上对相位反转进行处理的鉴别器算法。

鉴别器就是通过从 I 和 Q 信号获取误差项，产生一个修正值用于驱动振荡器，并存于处理器中。它工作的前提是数据位反转对信号的 I 分量和 Q 分量的作用是一致的。通用科斯塔斯鉴别器使用 I 分量和 Q 分量的乘积作为鉴别器输入，这两个分量的乘积为

$$\begin{aligned}I(t)Q(t) &= \frac{A_k^2}{4}\cos(2\pi\delta ft + \varphi) \times \sin(2\pi\delta ft + \varphi) \\ &= \frac{A_k^2}{8}\sin\{2 \times (2\pi\delta ft + \varphi)\} = \frac{A_k^2}{8}\sin 2\Theta\end{aligned} \tag{5.29}$$

因为输出为 A_k 的平方，所以位反转不会对其产生影响。由此得到误差函数为 $\sin 2\Theta$。

还有一种表示方式为

$$D_{\text{DXI}} = \frac{I(t)Q(t)}{\left(\dfrac{A_k^2}{8}\right)} = \sin 2\Theta \tag{5.30}$$

第 5 章 导航接收机

那么，当总的相位变化为 Θ 时，鉴别器输出的误差参数为 $\sin 2\Theta$。虽然它提供了两倍的标称敏感度，但由于正弦函数每 π 弧度重复一次，它不能区分 φ 和 $\pi + \varphi$。所以，这种鉴别器具有局限性，它在 $-\pi/2 < \varphi < \pi/2$ 范围内能完美运行，但是超过这一界限便会出现符号误差。

可将该算法进行略微修改，即将 I 轴和 Q 轴上分量之比作为鉴别函数。由这两个分量之比推断出相位差，并相应地产生修正项。由式(5.28a)和式(5.28b)，这两个分量可以写为

$$I(t) = \frac{A_k}{2}\cos(2\pi\delta ft + \varphi)$$
$$Q(t) = \frac{A_k}{2}\sin(2\pi\delta ft + \varphi) \tag{5.31}$$

那么，两个分量之比(Q 值与 I 值之比)为

$$D_{Q/I} = \frac{Q}{I} = \tan\Theta \tag{5.32}$$

所以，当误差为 Θ 时，所得的误差参数为 $\tan\Theta$。而这一等式也以非线性方式将误差与控制项联系在一起。因此，可以通过对这一比值取反正切函数进行线性化，得到修正项，而不是直接取三角形式的修正项，这样修正项为

$$D_{\text{atan}} = \arctan\frac{Q}{I} = \Theta \tag{5.33}$$

这是输入信号与本地参考信号在时刻 t 的总相位差。因此，任何时刻信号的 Q 和 I 分量之比的反正切即为总的相位误差。

鉴别器的输出即为总相位误差的函数，称为鉴相特性。这三种方法的鉴相特性如图 5.12 所示。由图可知，当相位误差比较小时，非线性的鉴别特征可以近似为线性。

因此，所得到的信号由鉴别器转换为误差项，成为驱动数控振荡器的参数。数控振荡器接收这一误差项用于修正，并相应地调整其产生的信号以跟随输入信号。

因为数据位反转不影响载波跟踪，所以载波跟踪可以不考虑数据位反转。当载波完全同步时，延迟锁定环中用于伪码跟踪的信号中的正弦变化已经被完全去除，这将简化伪码跟踪过程。

然而，以上讨论的都是无噪声的情况，下面我们将单独讨论噪声的影响。

存在噪声时的载波跟踪性能

信号中的噪声是一种加性变化，会显著影响修正项，进而使环路失锁，不能准确跟踪输入信号。但是因为这一加性噪声是零均值且随机的，所以修正项的相应变化也将是随机的。

信号中频引入的噪声将会全部体现在环路的输入端，并在混频时下变频为低通噪声。这些总的噪声中有多少会通过鉴别器，取决于环路滤波器的带宽，也就是环路带宽，它也将影响跟踪环路的精度。

通常情况下，环路采用较窄的环路带宽。窄带宽可以限制大部分噪声，否则噪声会使本地振荡器的调谐精度恶化，因此较窄的环路带宽能提高鉴相性能。但是，环路带宽不能无限地变窄，因为过窄的带宽不能容忍实际的信号频率变化。

输入端的信号加上噪声项可以表示为

$$S(t) = A_k\cos(2\pi ft + \varphi) + n(t) \tag{5.34}$$

正如在式(5.8b)中所看到的，在频率 $f = f_1$ 上的噪声分量的带通表示为

$$n = n_r \cos[2\pi f_1 t + \varphi_1(t)] \tag{5.35}$$

在与本地参考信号 S_c 相乘并滤波之后，I 分量上的噪声为

$$N_i = \frac{1}{2} n_r \cos\{2\pi\delta f_1 + \varphi_1\} \tag{5.36a}$$

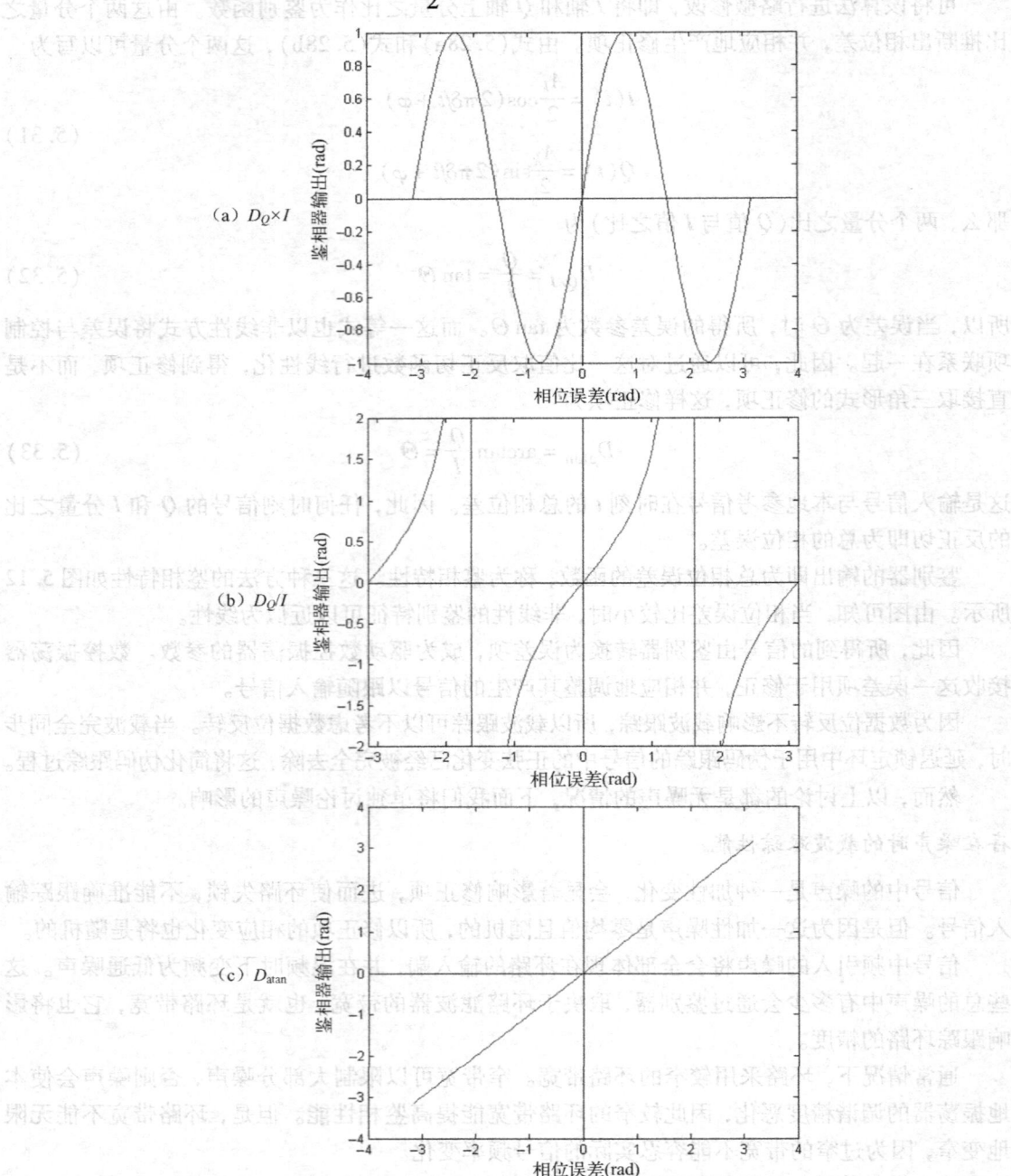

(a) $D_Q \times I$

(b) D_Q / I

(c) D_{atan}

图 5.12　鉴别器的鉴相特性

类似地，Q 分量上的噪声为

$$N_q = \frac{1}{2} n_r \sin\{2\pi\delta f_1 + \varphi_1\} \tag{5.36b}$$

对于鉴别器 $D_{Q\times I}$，$I(t)$ 与 $Q(t)$ 相乘，并加上有效噪声后变为

$$N(t) = N_i(t) N_q(t) = \frac{1}{8}[n_r^2 \sin 2\{2\pi\delta f_1 t + \delta\varphi_1(t)\}] \tag{5.37}$$

根据式(5.30)所给出的鉴别特征，包含噪声的修正项误差为

$$\varepsilon(t) = \frac{N(t)}{\left(\frac{a^2}{8}\right)} = \frac{n_r^2}{a^2} \sin 2\{2\pi\delta ft + \delta\varphi(t)\} \tag{5.38}$$

因此，鉴别器输出的用于驱动本地振荡器的校正信号中，误差的总量 ε 将是来自整个环路带宽 B_{loop} 中所有此类噪声频率分量贡献的误差量的总和，其表达式为

$$\varepsilon = K \int B_{\text{loop}} \varepsilon(f) \mathrm{d}f = \frac{K}{a^2}[B_{\text{loop}} N_0]$$
$$= K \times \text{噪声功率} / \text{信号功率} = \left(\frac{K}{S/N_0}\right) B_{\text{loop}} \tag{5.39}$$

因为 S/N_0 是一种信号特征，所以 ε 仅仅决定于环路带宽 B_{loop}，也就是说环路带宽 B_{loop} 决定了所有可能进入环路中的噪声量。

伪码跟踪

在捕获估算了近似的载波和码相位的条件下，接收机开始进行伪码跟踪。与载波变化的原因一样，伪码的相位和频率也会随时间变化，因此需要跟踪信号的码相位。

接收机估算伪码相位有两个非常重要的作用。第一个作用是可以用于剥离伪码以提取导航数据位，第二个作用是可以通过码相位实现对卫星与接收机距离的估计。

因此，最初假设伪码剥离时使用的开环设计需要以一定的规则进行修改，以改变本地伪码的码速率。与载波的情况类似，伪码需要使用码数控振荡器进行驱动。与参考载波偏移在载波数控振荡器中产生一样，伪码以同样的方式在码数控振荡器中产生。因此，必须产生一些参数来控制数控振荡器运行的快慢以匹配输入信号，这反过来又需要有一个闭环结构。因此，伪码跟踪与载波跟踪的流程类似，且基本思想与图5.10原理图中所讨论的一致。

伪码跟踪是接收机跟踪输入信号码相位变化(由信号传输延迟变化引起的)的过程，它是通过估算输入信号的码相位与接收机生成的本地伪码的相位差来跟踪码相位变化的，这可以通过延迟锁定环(DLL)来实现。正如锁相环，延迟锁定环是一种用于检测伪码相位差的闭环结构，由伪码剥离后将其输入到积分清除电路(捕获过程中所描述的)实现。积分结果驱动鉴别器产生修正信号控制码数控振荡器，后者反过来相应地调节时钟速度以匹配输入信号的码相位。

通常在伪码跟踪之前，可通过载波跟踪时所复现的本地载波实现载波剥离。然而，在某些情况下，在载波没有去除的条件下仍然能够进行伪码跟踪，称为非相干跟踪。

在载波已经完全锁定并从信号中剥离的情况下，可以使用相干伪码跟踪。在这个过程中，可以使用载波辅助伪码跟踪来消除多普勒效应对码相位的影响，从而为码跟踪环路提供剥离载波的二进制编码信号。但是，在跟踪的起始阶段实现相干一致是很难的，因此在实际情况中，最初总是以非相干模式开始跟踪。在非相干模式中，伪码剥离部分的样本积分有一

个频率偏移 δf，累积样本的数目是 $M_e = T/T_s$，其中 T 是积分时间，T_s 是采样间隔。由于非相干操作中存在码多普勒，这一数字可能会有点变化，但这一变化在 1 ms 内是极小的，因此可以忽略不计(Van Dierdonck, 1996)。

因为捕获过程已经得到了粗略的码相位，所以跟踪系统的任务仅仅是对相位做微调，并且实时跟踪后续的码相位变化。为了跟踪码相位的变化，跟踪系统首先由积分值估计一个误差值来表示当前的码延迟，从而指示数控振荡器进行相应的偏移，数控振荡器驱动信号发生器或快或慢地产生信号以匹配输入信号。

回顾一下，在载波跟踪时，将输入信号与本地载波相乘，然后对乘积进行低通滤波，以获得相位差。使用这一相位差对载波数控振荡器进行修正。如图 5.11 所示，与载波跟踪环相比，只需要记住两件事情：第一，把一个完整的伪码周期看成一个完整的正弦波振荡周期。第二，对载波混频和随后的低通滤波操作等效于伪码的自相关。类似地，复现生成一个本地伪码并将它与编码信号的 I 支路和 Q 支路相乘，这两个支路是通过将正交的本地载波信号与实际输入信号相乘后进行低通滤波获得的。然后在数个码长整数倍的时间上对两个支路上的乘积进行积分，得到的结果为

$$P_I = A_k \int c(t)c(t+\tau)\cos(2\pi\delta ft + \delta\varphi)\mathrm{d}t \tag{5.40a}$$

$$P_Q = A_k \int c(t)c(t+\tau)\sin(2\pi\delta ft + \delta\varphi)\mathrm{d}t \tag{5.40b}$$

其中，τ 是本地伪码相对于输入信号的偏移量。为方便起见，这里不考虑数据位的变化，因为这些操作都是在一个数据位的间隔内进行的，且假设这个过程中不发生数据位反转。

当积分值除以积分时间进行归一化后，获得了与载波跟踪同样的表达式，如

$$\begin{aligned}\frac{P_I}{T} &= \frac{A_k}{T}\int c(t)c(t+\tau)\cos(2\pi\delta ft + \delta\varphi)\mathrm{d}t \\ &= A_k R_{xx}(\tau)\mathrm{sinc}(\pi\delta fT)\cos\delta\varphi\end{aligned} \tag{5.41a}$$

类似地，有

$$\begin{aligned}\frac{P_Q}{T} &= \frac{A_k}{T}\int c(t)c(t+\tau)\sin(2\pi\delta ft + \delta\varphi)\mathrm{d}t \\ &= A_k R_{xx}(\tau)\mathrm{sinc}(\pi\delta fT)\sin\delta\varphi\end{aligned} \tag{5.41b}$$

在前面介绍信号基本特征的章节中，我们知道，当两个波形精确叠加时，其相关值最大，且随着两个信号的位移变大而变小。当两者之间的相对移动达到一个完整的码片偏移或者更多时，相关值下降到最低值，为 $-1/N$，这一变化是两侧对称的。因此，对于两个精确匹配的序列，如果其中的一个相对于另一个有同等程度的超前或者滞后，超前和滞后的相关值是相等的。对于正常的 BPSK 信号，$+\tau$ 和 $-\tau$ 的相对移动都会得到相同的相关值，由下式给出 (Cooper and McGillem, 1986)

$$R_{xx}(\tau) = 1 - \frac{|\tau|}{T_c} \tag{5.42}$$

由此可见，相关值的差可以表示两个信号之间的延迟，同时也是输入伪码相对于本地参考伪码的偏移，所以这一延迟量需要被准确地估计。但是，与载波相位的情况不同，由于最大相

关值是接收信号强度的函数，实际的相关值降低量无法直接进行估算，也就是说，我们无法直接获得确切的延迟值。

这个问题可以通过码相关特性的对称性质（即自相关对于正的延迟和负的延迟 δ 是对称相等的）解决，方法是使用两个额外的本地伪码，一个相对于参考伪码（即时码）同等程度地超前，另一个则相对于即时码同等程度地滞后。

以上构成称为早迟门延迟锁定环（Early-Late gate DLL）(Cooper and McGillem 1987；Van Dierendonck et al., 1992；Spilker, 1996；Van Dierendonck, 1996；Ward et al., 2006；Groves, 2013)，它是保证数字信号精确同步的最佳跟踪方法，因此被广泛应用于伪码跟踪。如上所述，早迟门包含了一个超前本地伪码及一个滞后本地伪码，这两个伪码同时与输入信号计算相关值。通过比较这两个相关运算所得的结果，可以获得所需移位的大小和方向，从而使本地的即时码与输入信号的伪码对齐。大部分现代接收机均采用这种方法，它的原理如图 5.13 所示。

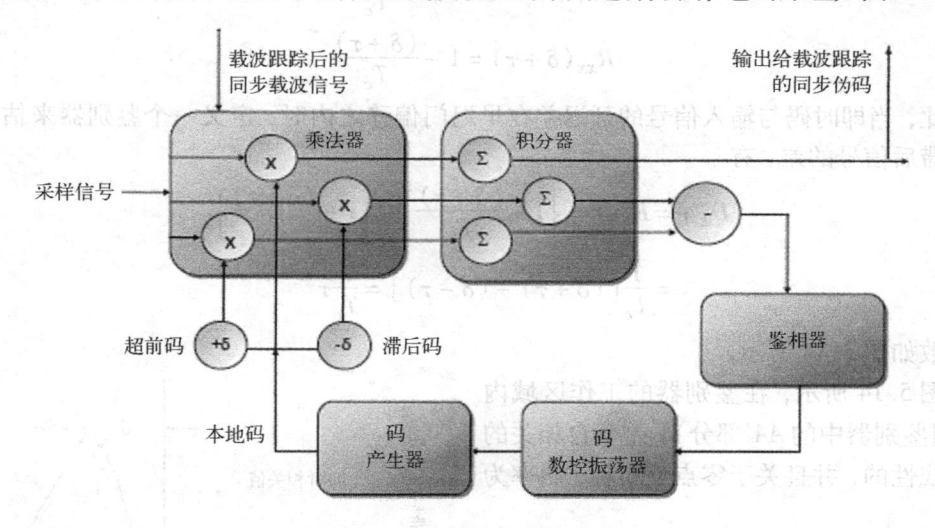

图 5.13 延迟锁定环结构示意图

接下来我们将介绍如何使用数学推导和自相关的知识来估算码延迟。在早迟门延迟锁定环中，生成的两个相对于即时码有同样偏移值 δ 的伪码被用于相关运算，其中一个伪码的相位相对于即时码超前，称为超前码，另外一个伪码的相位落后于即时码，称为滞后码。假设即时码相对于输入信号伪码有一个特定的延迟 τ，那么超前码相对于输入的偏移为 $dE = \delta - \tau$，而滞后码相对于输入的偏移则为 $dL = \delta + \tau$。因为准确的延迟不能由单独的相关值来确定，所以延迟值是使用相关过程中的差获得的。相关器中的相应结构如图 5.13 所示。

与式(5.42)类似，超前码和滞后码与 I 和 Q 信号进行相关，在时间 T 上的积分值可以表示为(Van Dierendonck, 1996；Groves, 2013)

$$I_E = R_{xx}(\delta - \tau)\operatorname{sinc}(\pi\delta fT)\cos\delta\varphi \qquad (5.43a)$$

$$Q_E = R_{xx}(\delta - \tau)\operatorname{sinc}(\pi\delta fT)\sin\delta\varphi \qquad (5.43b)$$

$$I_L = R_{xx}(\delta + \tau)\operatorname{sinc}(\pi\delta fT)\cos\delta\varphi \qquad (5.44a)$$

$$Q_L = R_{xx}(\delta + \tau)\operatorname{sinc}(\pi\delta fT)\sin\delta\varphi \qquad (5.44b)$$

这些等式表明积分累加值决定于频率差 δf 以及相位差 $\delta \varphi$。

相干伪码跟踪

对于相干跟踪，载波是完全同步的，因此 $\delta f = 0$ 且 $\delta \varphi = 0$。在这样的条件下，只有 I 分量存在，而 Q 分量消失或者其上只有噪声。即时、超前及滞后相关器的输出分别为

$$P = I_p = R_{xx}(\tau) \tag{5.45a}$$
$$E = I_E = R_{xx}(\delta - \tau) \tag{5.45b}$$
$$L = I_L = R_{xx}(\delta + \tau) \tag{5.45c}$$

对于 BPSK 调制，获得的相关运算的表达式由式(5.42)给出，那么在式(5.45)中获得的这些分量的表达式将变为

$$R_{xx}(\delta - \tau) = 1 - \frac{(\delta - \tau)}{T_c} \tag{5.46}$$

$$R_{xx}(\delta + \tau) = 1 - \frac{(\delta + \tau)}{T_c} \tag{5.47}$$

对此，当即时码与输入信号的延迟差在早迟门偏移之内时，定义一个鉴别器来估计超前信号和滞后信号的差，有

$$\begin{aligned} D_{E-L} &= E - L = \left\{1 - \frac{(\delta - \tau)}{T_c}\right\} - \left\{1 - \frac{(\delta + \tau)}{T_c}\right\} \\ &= \frac{1}{T_c}[(\delta + \tau) - (\delta - \tau)] = \frac{2}{T_c}\tau \end{aligned} \tag{5.48}$$

鉴别函数如图 5.14 所示。

如图 5.14 所示，在鉴别器的工作区域内（早迟门鉴别器中的 AA' 部分），差分自相关的特性是线性的，并且关于零点反对称，斜率为 $2/T_c$。

如果输入信号的伪码与即时码对齐，那么它对于这两个伪码（超前码与滞后码）有等量的相位偏移，从而与这两个伪码产生的相关值相等，其差值为零。如果输入信号伪码偏向其中一个，那么对应的相关值将会高于另外一个。如果偏向相位超前的伪码，那么相关值的差值将是正的，如果偏向相位滞后的伪码，那么差值将是负的。由差值的大小可以确定相位偏移的大小，同时信号到达时间也可以由相应的偏移量测量得到。

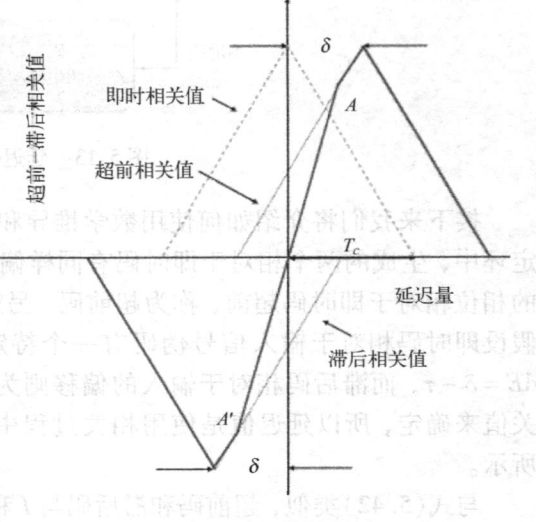

图 5.14 鉴别器特性

很显然，即时码的正负偏移都可以通过自相关差值确定。当 $\tau = 0$ 时其达到平衡状态，此时可以认为即时码与输入伪码对齐。对于任何非零差值，可以移动即时码以及它的超前码和滞后码来达到平衡。早迟相关器的输出与偏移 τ 成比例，可将它作为修正因子来控制伪码数控振荡器，从而反过来调整码相位的偏移以使两个伪码对齐，从而达到跟踪的目标。

当$|\tau|>|\delta|$时，即延迟偏差超出了延迟锁定环工作范围时，从特征曲线中可以看出其将永远无法达到平衡状态。在这种情况下，无论是超前还是滞后偏移都需要拓宽，否则就要求信号的捕获精度更高。

同时，超前和滞后的偏移将偏移响应梯度从独立自相关函数的$1/T$增加到了$2/T$，从而提高了系统的灵敏度，但也减少了处理过程中的线性工作范围。

此外，由于鉴别器反过来依赖于时间T，当（数据）位宽度更小时，即码速率更高时，鉴别器将具有更高的灵敏度，因此当误差增大时，它的响应急剧上升。对于较低的斜率，如果延迟误差很小，那么相关值没有什么变化，然而当斜率很大时，相关值则会有相当大的差别。也就是说，在第一种情况（斜率低）中无法区分相关值差异的接收机在后面一种情况（斜率高）中则可能区分出来。

这种方法虽然对数据位反转敏感，但却可以使用相干点积的方法得到优化，其鉴别特征为

$$D_{\text{dot}} = (E-L)P$$

此时，输出仍然与相对延迟误差τ成比例，但与即时码相乘后（位反转在此发生）将抵消位反转的影响。

非相干伪码跟踪

前一小节假定信号的相干条件存在，即通过匹配参考信号的相位和频率，可完全剥离载波。然而，许多实际情况并非如此，因此有了非相干跟踪。为了进行相干伪码跟踪，前提条件是必须进行精确的载波跟踪，而实际上，载波跟踪和伪码跟踪之间有很大程度上的相互依存关系，这使得它们相当脆弱。非相干延迟锁定环将处理存在残余多普勒频移、数据调制以及未知载波相位的信号，以进行伪码跟踪。在这种情况下，超前伪码和滞后伪码与信号相关后进行积分累加的结果如式（5.43a）、式（5.43b）、式（5.44a）和式（5.44b）所示。

伪码跟踪有多种非相干鉴别算法，其中最常用的是早迟功率鉴别器。这里分别将信号的I支路和Q支路平方后相加，获得这两个正交分量的总功率，而不是直接计算它们的差，有

$$P_E = I_E^2 + Q_E^2 = R_{xx}^2(\delta-\tau)\text{sinc}^2(\pi\delta f\tau)$$
$$P_L = I_L^2 + Q_L^2 = R_{xx}^2(\delta+\tau)\text{sinc}^2(\pi\delta f\tau)$$
(5.49)

在此基础上再次做差，从超前信号功率中减去滞后信号功率，可得

$$\begin{aligned}P_E - P_L &= \left[\left\{1-\frac{(\delta-\tau)}{T}\right\}^2 - \left\{1-\frac{(\delta+\tau)}{T}\right\}^2\right]\text{sinc}^2(\pi\delta fT)\\&=\frac{4}{T}\left(1-\frac{\delta}{T}\right)\tau\text{sinc}^2(\pi\delta fT)\end{aligned}$$
(5.50)

由此可见，对于任何载波相位偏移，信号都可以用相干模式的方法进行跟踪，即假设频率偏移δf在这一过程中保持不变，其鉴别器的输出与码偏移τ成一定的比例。

5.2.4.3 BOC信号的跟踪

BOC(m,n)信号可视为一个另乘以速率为伪码速率m/n倍的方波的BPSK信号，因此跟

踪 BOC 信号也以类似于跟踪 BPSK 信号的方式完成。对此有两种有效的伪码跟踪技术：
1. 极早极迟门(VEVL)相关器
2. 双重估算算法(DET)

极早极迟门相关器

从前面的章节我们已经知道，BOC 信号理想的自相关特性是规则的双极三角函数，且其幅度在正常扩频码的自相关函数包络内，如图 5.15 所示。其轮廓是在正中间位置有一个主峰，在主峰的两侧，与子载波频率相匹配的固定延迟间隔上分布着多个副峰。

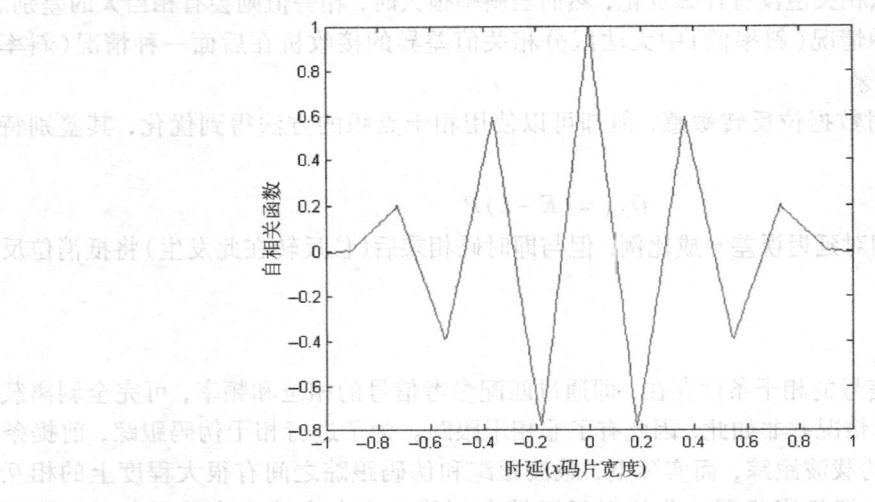

图 5.15　BOC 信号的自相关函数特性

"极早极迟门"的基本思想是采用额外的极早(VE)和极迟(VL)相关器，将其布置在远离即时和(通用的)早迟相关器处，这些相关器的主要功能是监测相关函数中副峰的幅度。由于包络的对称性，在中心峰值两侧与中心峰值等距离的副峰有着相同的峰值高度。因为子载波周期是已知的，所以副峰与主峰的延迟距离是可以预知的，VE 和 VL 相关器选择相应的偏移值分布在即时相关器的两侧。

因为副峰峰值在主峰的两侧对称地下降，所以当即时码在包络中心与输入伪码对齐时，VE 和 VL 相关器将获得相等的峰值。如果根据 E-L 门判断出即时码与一个峰值吻合，但比较 VE 或 VL 门时仍有一个幅度偏高，这意味着即时码锁定的是一个副峰，此时需要对伪码进行移位以达到平衡。然而，因为副峰值以子载波周期的时间间隔 T_s 出现，接收机必须向正确峰值的方向跳跃 $+T_s$ 或 $-T_s$，直到 VE 和 VL 的自相关值相等为止。

双重估算算法

BOC 调制可以看成伪码扩频了的电文数据与被子载波调制了的载波的乘积。子载波调制是通过乘以一个方波完成的，也可以认为是一个正常的 BPSK 调制乘以一个方波。BOC(m,n) 调制信号在 n 个完整的伪码码片里有 m 个完整的方波，所以 BOC 伪码跟踪可以通过以非相干模式依次跟踪 PRN 码和方波子载波完成，而 PRN 码和方波的跟踪与前一小节讨论的伪码跟踪方法类似。

5.2.4.4 跟踪损耗

相关损耗

相关损耗的定义是在相同的带宽下，理想的相关接收机从卫星发射信号所预期获得的信号功率与接收机实际恢复的信号功率的差。由于信号带宽的特定部分被削减，特别是高频部分，典型的导航接收机内会产生相关损耗。虽然之前已经表明，大部分信号功率处在信号频谱的第一零点内，但去除其他的频谱会对数据位的形状产生一些影响。而在传输通道里，总是保持整个频谱是不可能的，这一限制的结果是，完整频谱的一些高频分量会被切掉。这在时域上的表现是去除了数据位的尖锐边缘，而在上升沿和下降沿处产生小而有限的弧度。当对这些数据位进行相关计算时，产生的峰值的顶部不是尖锐的而是弯曲的，零延迟处的相关值相对于预期的单一峰值的减少量就是相关损耗（见图 5.16）。

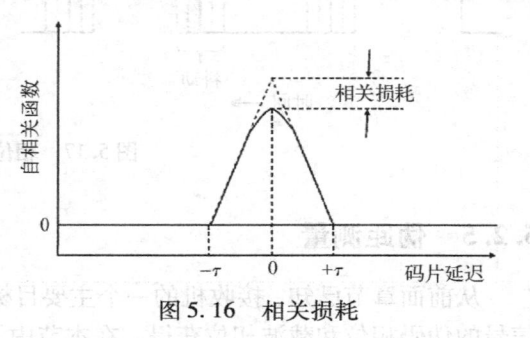

图 5.16 相关损耗

相位抖动与相位噪声

相位抖动和相位噪声是对同样的物理效应的不同感知。抖动是一个二进制位随时间变化的波动，特别是在其发生位翻转的时刻。从频域来看，相位噪声是多余频率分量的表现。

下面举一个实例来加深理解。假设对一个纯粹的正弦信号的相位进行连续的计数和跟踪，那么它的相位应该是线性增加的，其模为 2π，也就是从 0 到 2π 的锯齿变化。然而，在实际情况中，由于某些原因，信号的相位将显示出小幅的随机变化，从而导致信号的频谱从单一谱线被扩展开并在附近频率上出现额外的分量。这不仅会导致受污染的时间信号产生相位偏差，还会使相位的边缘发生偏离，并有可能在任意时刻改变信号的频谱。

产生的多余频率分量的幅度越小，信号的相位变化也就越小。因此，由相位噪声引起的偏差可以通过在工作范围内的不同频率上的多余分量的相对幅度来表示，有时也用相对功率密度表示，单位为 dBc/Hz。

很显然，对于相移键控信号，数据是通过相位及其变化来识别的，接收机对相位的变化非常敏感。当使用接收机生成的本地载波进行解调后，这些突然的相位变化会使其相对于由纯粹的输入信号解调得到的信号相位提前或滞后。因此，信号的相位突变使得已调制信号中的相位反转出现在与真实位置稍有偏差的地方，其导致的结果是，接收机识别到的数据位跳变相对于理想的数据位转变时刻存在时间偏差，称为二进制数据的相位抖动（见图 5.17）。

在导航系统中这个问题显得尤为严重，因为卫星距离是通过测距码或者载波的某一特定的相位传输时延来获取的，而信号相位或者位转变时间的偏差会导致测距（信号传输时延）的误差。由于相位抖动使得解调后的伪码产生偏离，从而导致传输时延估算偏差，并最终降低定位精度。

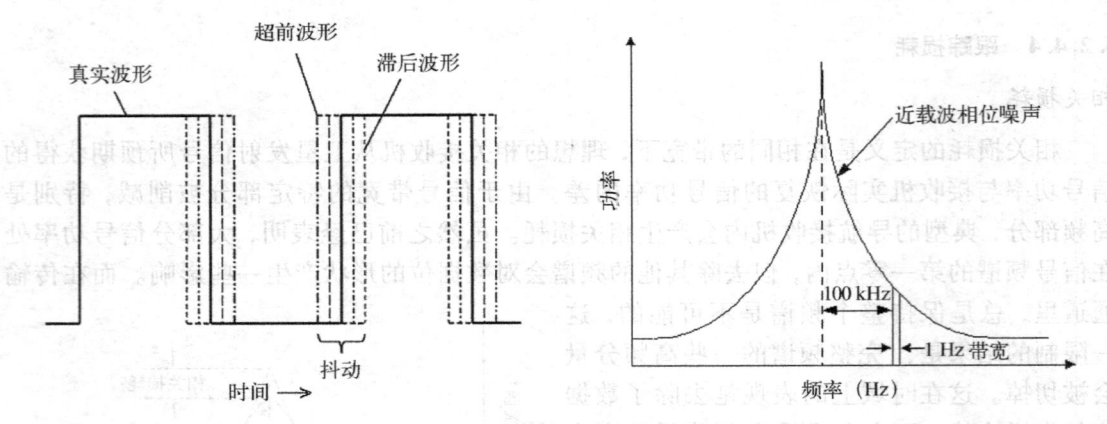

图 5.17　相位抖动及相位噪声

5.2.5　伪距测量

从前面章节已知，接收机的一个主要目标是进行卫星测距，而卫星距离可以从卫星发射信号的伪码相位和载波相位获得。在本节中，我们将了解这一工作原理。

伪距是由接收机测量的卫星到接收机的近似距离，因其中包含了测量误差而与真正的几何距离有所差异。伪距是从满足最佳位置估计的多个卫星中选取的，第 7 章将对选星标准进行介绍。

要理解测距，可以从一个简单的问题开始：怎样测量物体在空间中由点 A 移动到点 B 的移动时间？答案很简单：检查其在点 A 开始移动的时间（开始时间），以及到达点 B 的时间（结束时间），移动时间就是这两个时间的差。在移动时间已知的情况下，如果知道它的移动速度，就可以计算它的移动距离。当然这有一个前提条件，即它在整个过程中以恒定速度移动。

同理，为了测距，需要找到以恒定速度从卫星向接收机移动的载体，而卫星系统与用户接收机相连接的唯一方式是导航信号，且因为它是电磁波，以恒定的光速 c 进行传输。因此，需要寻找的载体必须是附在这一信号上与信号一起传输的一些具有标志性的特征，这样才能确定它是从什么时候开始传输并且是什么时候到达接收机的。现在的任务是：

1. 确定这个信号参数
2. 确定它离开卫星的时间
3. 确定它到达接收机的时间

如果能成功地做到了这些，那么目的就达到了。

前面我们已经学习过关于信号结构的内容，信号的三个要素分别是电文、伪码和载波。其中，电文是随机的，而伪码和载波则是有固定结构的，使用后两者的一些特征来检测传输时间是可行的，并且伪码和载波相位是信号中仅有的具有与时间线性相关特性的物理量。这意味着如果频率保持不变，则伪码和载波的相位值随着时间线性增长，因此可以用于检测信号的传输时间。

因此，卫星和接收机之间的距离（即伪距），可以通过载波或伪码的某一相位从卫星到

接收机的传输时间进行测量,被测得的距离为传输时间与传输速度的乘积,其表达式为

$$R = c(t_2 - t_1) \tag{5.51}$$

其中,t_1 是信号某一相位的发射时间,t_2 是同一相位在接收机中的接收时间,R 是被测距离。c 是信号相位或伪码在空间中的传输速度,这里取为真空中的光速。这种计算距离的方法的前提是电磁波以恒定的速度 c 进行传播。因此,被测距离也可以认为是当前时间与当前接收相位的发送时间之差乘以 c。由此可见,必须以同等的精度确定当前的接收相位及发射时刻的相位。

在以上测距方法中存在两个问题,一是相位只能以 2π 为模进行测量,二是卫星(发射时间)与接收机(接收时间)的时钟不统一。接下来的两个小节将介绍在存在这两个问题的情况下,如何利用伪码和载波相位来测距。

在本章的开头我们了解到接收机可以根据测距的类型分为基于伪码和基于载波的测距,下面我们将对两种测距方法进行详细阐述。

5.2.5.1 基于伪码相位测距

无论在 CDMA 系统还是 FDMA 系统中,为了进行距离测量,都在信号中加入了测距码,即一个与数据码及载波保持同步的伪随机码。在基于伪码的测距技术中,导航接收机测量的是某一特定的伪码相位从卫星到接收机的传输时间,然后将这一时间乘以 c,从而获得接收机与卫星之间的距离。

在前面的章节中,一个完整的正弦波振荡周期对应到伪码就是一个完整的伪码周期,因此,可将当前的码相位表示为由整数部分(其在整个伪码周期中所包含的完整码片数)及其小数部分(在当前所在码片中的分数比)组成,也可以表示为当前伪码在整个伪码周期中的分数比。

然而,所有这些测量均需要基于一个参考时间,即相对于发射时间和接收时间,这个参考时间必须是共同的。对于基于伪码的测距,参考时间可以是系统的基准时间,因为数据码和伪码是同步的,可以利用数据中的时间戳来获得当前时刻所接收到的码相位的发射时间,而码相位的接收时间可以从锁定状态下的接收机时钟获得。这两个时间的差即信号传输时间,可用于计算接收机与卫星的距离。

测距算法

基于伪码相位测距的前提是假设卫星和接收机时钟是同步的。虽然两个系统使用了不同的时钟,但首先可以假设它们在时间上是同步的,这样使用其中一个时钟的时间和使用另外一个时钟的效果是一样的。下一节将讨论这一假设不成立的情况,但此处为了便于理解,我们先假设时间是同步的。

如果假定时钟是同步的,那么卫星发射器和接收机在同一时刻将产生同样的码相位。因此,任何时刻接收机接收的码相位将会滞后于接收机当前产生的码相位。这源于卫星信号到达接收机所用的传输时间。因为码相位随时间线性变化,所以传输时延可以从这一相位的滞后时间获得。

在任一时刻,当前接收的码相位被作为参考相位,卫星与接收机的距离可从这一参考相位获得。首先,这一参考相位的接收时间,即接收机的当前时间,是很容易由接收机获知的。

此外，还必须确定当前码相位的发射时间，这是通过以下方式完成的。

导航电文是按照固定的结构发射的，称为帧，一个帧或子帧的起始端是已知的，可将其作为时间周期的参考点。这些点具有时间标记（时间戳）并以电文的形式进行传播。因此，参考点的发射时间可由时间戳获得。现在，为了获取码相位的传输时间，需要知道当前的码相位以及从参考点到本地开始生成当前伪码所花费的总时间。

所以，在参考点的发射时间已知的情况下，第一项要做的工作是找到当前接收的码相位相对于参考点的相位差。

接收机在接收到参考点之后，开始对已接收到的完整码片的总数进行计数，直到接收到当前伪码的起始端。除了需要计算从参考时间开始经过的码片数的整数部分外，还需要知道当前伪码中已经接收的小数部分，也就是当前的码相位。相比之下，获取码片的小数部分更为容易，它是通过将本地复现伪码与输入伪码做自相关获取的，在具有最大自相关值的延迟部分即为已接收的伪码的小数部分。

因为伪码的自相关值与相对相移有明确的线性关系，所以本地伪码相位和接收的伪码相位的相位差可以通过自相关值估算出来。由于本地伪码的相位在任何时刻都是已知的，所以该时刻接收到的伪码的相位可以从相位差的估算值获取。设伪码的小数部分为 f，T_0 是标记参考点的发射时间，n 是从这一时间开始经过的完整伪码的码片总数，则当前接收的码相位的发射时间 t_1 可以表示为

$$t_1 = T_0 + n\tau + f\tau = T_0 + nNT_c + fNT_c \tag{5.52}$$

其中 $\tau = NT_c$ 是伪码周期，N 是一个伪码周期中所包含的码片数，T_c 是码片长度（见图5.18）。

一旦参考时刻，即帧、子帧的起始端被确定，接收机就可以对接收到的完整伪码码片进行计数，并将它保存为一个单独的计数值 n，即为从参考时刻开始已经接收的完整码片数。接收机当前正在接收的伪码的小数部分，是通过将本地伪码与接收的伪码对齐获取的，此时即时码与输入伪码的偏移量相对于总的伪码周期的比就是当前接收伪码的小数部分 f。在伪码跟踪中已经看到这一相位可以利用伪码的自相关特性获取，即通过早迟门延迟锁定环获得。在每一个测距时刻都需要对 n 和 f 进行估算。

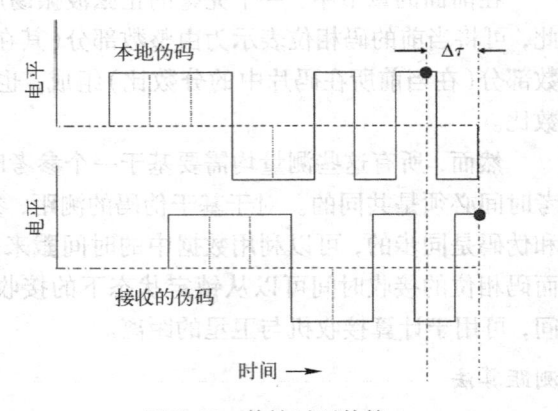

图 5.18 传输时延估算

一旦 t_1 和 t_2 的值都被计算出来了，时间差 $t_2 - t_1$ 乘以光速 c 即为接收机到卫星的距离。但是，由于传输路径和其他理想假设的原因，这个估算值带有偏差，这些具有偏差的由时间延迟测量的距离称为伪距。

因为这种算法利用帧的起始端作为时间参考点，所以它只能在信号被解调且获得数据位后使用。因此，基于伪码的测距只有在确定导航数据帧从而获得了参数值之后才能开始。

此外，接收机时钟不太可能从一开始就与卫星的发射时钟同步。在刚开始进行测量时，时钟同步误差将会影响距离测量精度，然而，一旦接收机位置被估算出来，时钟偏移量也就

同时被确定了，这一时钟偏移的估算值可用于接收机时间与系统时间对齐，此后接收机时间将连续地与系统时间保持严格同步。

5.2.5.2 基于载波相位测距

基于载波相位的测距技术也是在发射时钟与接收时钟同步的前提下进行的。在此假设条件下，在同一时刻，卫星发射器和接收机将会产生相同的载波相位。同理，任一时刻接收机接收的载波相位将会滞后于接收机本身在那一时刻产生的载波相位。这一滞后即信号的传输时间，因为载波相位与时间具有成比例的线性关系，可以进行互相转换。类似地，可用接收机当前接收的特定相位代表它的发射时间 t_1，当前时刻接收机产生的载波的相位代表当前时间 t_2。那么根据两者之间的相位差可以得到传输时间。用光速与传输时间相乘，就得到了基于载波相位的伪距（见图 5.19）。

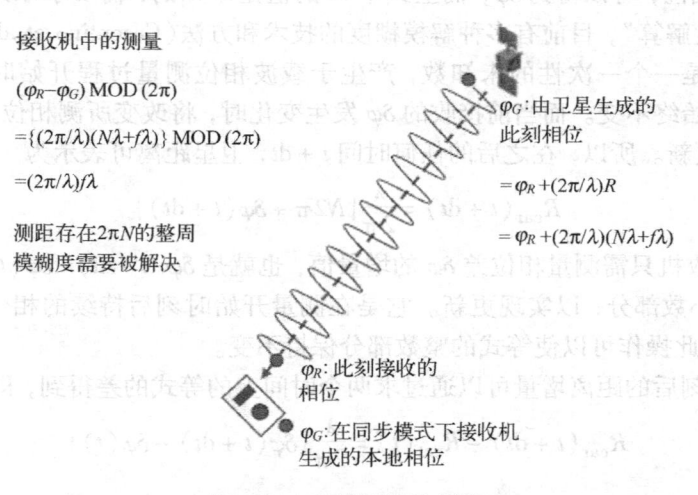

图 5.19 载波测距示意图

如图 5.19 所示，与基于伪码的测距不同，载波相位的发射时间无法从导航电文中获取，因此这种测距方法很难准确地测量信号的发射时间。由于相位测量只能以 2π 为模，连续的载波相位无法得到区分，信号中不存在可以用于确定上述载波相位差的参考点。

任意起始时刻的发射时间 T_t 以及接收时间 T_r 可以表示为

$$T_t = k(n_1 2\pi + \varphi_t) \tag{5.53a}$$

$$T_r = k(n_2 2\pi + \varphi_r) \tag{5.53b}$$

其中，$(n_1 2\pi + \varphi_t)$ 和 $(n_2 2\pi + \varphi_r)$ 分别是发射和接收的载波相位。n_1 和 n_2 是两个未知的整数，表示从任意参考时刻开始经过的完整 2π 弧度的数目，φ_t 和 φ_r 是相应的相位的分数部分，k 是常数，它将相位转换为相对于起始时刻的时间。显然因子 k 为 $T/2\pi$，其中 T 是载波的时间周期。求这两个时间之差，得到

$$T_r - T_t = k\{(n_2 - n_1)2\pi + (\varphi_r - \varphi_t)\}$$
$$\delta T = kN2\pi + k\delta\varphi(t) \tag{5.54}$$

其中，δT 是传输时间，$\delta \varphi$ 是所测相位差的分数部分，N 是 n_2 和 n_1 的差，N 代表信号相位从卫星到接收机的过程中所经历的完整 2π 弧度的数目。

因为相位测量值只能以 2π 为模,所以只有 φ_r 和 φ_t 值是已知的,也就是说只能得到分数部分相位的差 $\delta\varphi$,但是整数部分 n_1 和 n_2 无法直接测量,所以它们的差 N 也是未知的,称为"整周模糊度"。为了进行正确的测距,需要求取这个值,这是一个比较复杂的过程,它将增加接收机的复杂度。

将传输时间乘以光速 c,得到距离 R_{car},等式变为

$$c\delta T = ckN2\pi + ck\delta\varphi \tag{5.55a}$$

因 $ck = \dfrac{cT}{2\pi} = \dfrac{c}{\omega} = \dfrac{\lambda}{2\pi}$,上式可替换为

$$R_{car} = \dfrac{\lambda}{2\pi}\{N2\pi + \delta\varphi(t)\} \tag{5.55b}$$

以 2π 为模测量相位,可以得到 $\delta\varphi$,而上式中 N 的值是未知的,需要求取这个值,这个过程称为"整周模糊度解算",目前有多种解模糊度的技术和方法(Cosentino et al.,2006)。

整周模糊度是一个一次性的未知数,产生于载波相位测量过程开始时,随着时间的推移,等式的 N 值始终不变。而当前接收的 $\delta\varphi$ 发生变化时,将改变所测相位的分数部分,R_{car} 和 $\delta\varphi$ 的值则被更新。所以,在之后的任何时间 $t + dt$,卫星距离可表示为

$$R_{car}(t + dt) = \dfrac{\lambda}{2\pi}\{N2\pi + \delta\varphi(t + dt)\} \tag{5.56}$$

上式中,接收机只需测量相位差 $\delta\varphi$ 的增量值,也就是 $\delta\varphi(t + dt) - \delta\varphi(t)$ 的值,将其加到式(5.55b)中的小数部分,以实现更新。它是在测量开始时刻后持续的相位差累加,因此其值可超过 2π,如此操作可以使等式的整数部分保持不变。

测量开始时刻后的距离增量可以通过求两个时间上的等式的差得到,即

$$R_{car}(t + dt) - R_{cat}(t) = \dfrac{\lambda}{2\pi}\{\delta\varphi(t + dt) - \delta\varphi(t)\} \tag{5.57a}$$

或

$$\Delta R_{car} = \dfrac{\lambda}{2\pi}\Delta\delta\varphi \tag{5.57b}$$

等式左侧是相对于测量过程开始时的距离差,等式右侧是累积的相位差。它是从测量开始时刻随着时间积累的相位差的累积量。因为距离的瞬时变化会导致多普勒效应,所以等式左侧的距离差 ΔR_{car} 也可以替换为等效的多普勒频移。

结合上面的等式,并将多普勒频率表示为 f_d,得到

$$\dfrac{\lambda}{2\pi}\Delta\delta\varphi = \Delta R_{car}$$

或

$$= \int \dfrac{dR_{car}}{dt}dt \tag{5.58}$$

或

$$= \dfrac{\lambda}{2\pi}\int f_d dt$$

其中,距离差可以看成速度(距离的微分)对时间的积分(等式右侧),而相位差则是多普勒频率对时间的积分(等式左侧)。

在基于伪码的测距方法中,相位鉴别可能出现的最大误差为一个码片的偏移,其可能发生的最大距离误差由下式给出:

$$\delta R_{\text{cod}} = c \times 码片宽度 = \frac{c}{码片速率} = \frac{c}{R_c} \tag{5.59}$$

对于基于载波相位的测距,如果整周模糊度问题得到了解决,那么相应的距离误差为

$$\delta R_{\text{car}} = c \times 载波周期 = \frac{c}{载波频率} = \frac{c}{f_c} \tag{5.60}$$

那么,两种测距方法的最大距离误差的比值 E 为

$$E = \frac{\delta R_{\text{Cod}}}{\delta R_{\text{car}}} = \frac{f_c}{R_c} \tag{5.61}$$

因为载波频率比伪码速率大很多倍,载波相位从多方面减少了测距的不准确性,因此载波相位测距比码相位测距的精度更高。虽然载波相位测距提高了接收机性能,但是在实现时却提高了计算的复杂度和负荷,需要解决诸如周跳和相位闪烁等问题。

当接收机连续不断地测量接收信号的载波相位时,所测的相位会有突变或者相位值不连续的现象,称为周跳,它会导致式(5.57b)或式(5.58)中的多普勒积分项 $\Delta\delta\varphi$ 产生错误。周跳可能是由诸如接收信号强度过低、接收机异常、干扰或者电离层扰动等原因造成的。因此,接收机处理算法必须足够健壮以识别出载波相位测量中发生的周跳,并对其进行修复。处理周跳的一个简单方法是一旦发生周跳,就重置所有的累积值,重新启动基于相位的测距。

5.2.6 导航定位解算

定位解算是用户接收机的重要组成部分之一,如图 5.4 中第(3)部分所示。导航信号携带着导航电文,导航电文的格式是接收机先验已知的。定位解算从它前面的模块中同时接收来自所有可见卫星的编码数据以及每颗卫星的估算距离,然后对它们进行处理,以计算卫星的位置,并最终计算出用户的位置。虽然测距也是在接收机的处理器中完成的,但它与定位解算处理器是明确区分的,因为它们在功能上有明显的差异。

为了达到定位解算的目的,处理器需要接收来自不同通道的已解调的数据流,对数据进行校对及存储,最后通过相应的算法实现定位。

导航定位解算模块除了利用导航电文数据并最终实现定位外,还包括用户界面显示、用户接口、与外部设备进行数据交互等相关的任务。在某些接收机中,将会存在一个单独的逻辑模块用于上层任务处理,以实现接收机状态监控和管理的功能。下面将按本模块获取的导航电文的处理顺序来进行讨论。

5.2.6.1 导航电文处理

导航定位解算的第一步工作是检索并存储导航电文。在这一步骤中,定位解算处理器对连续接收的数据流进行处理,根据电文的特定格式,识别帧头并从所规定的相关参数的特定位置确定各参数值。因此,对接收机而言,如何确定数据位流中的消息帧是从什么时候开始的(即帧头位置)显得尤为重要。当然,在这一个过程中,需要对信道进行正确的解码。

数据结构的识别一般使用前导码。帧同步和帧识别是通过利用信号发射的帧起始端的一个特定数据位实现的,当接收机在数据比特流中定位到这一数据位时,定义为一个帧的开始。前导码的设置是为了识别帧头,所以必须选择使两个帧之间的数据中出现同样数据位模

式的概率很小的前导码，否则将会出现检测错误。因此，随着前导码长度的增加，错误检测率将会随之降低，但同时增加了帧长度。在实际的信号格式设计中，前导码在每一个帧结束之后重复一次，而消息正文中出现类似的重复的数据位模式几乎是不可能的。

与此同时，由于通信中的错误导致前导码没有被正确接收时，也有可能出现漏检情况。此时，接收机无法识别前导码，从而继续进行搜索，直到找到下一个前导码。

考虑到前导码一定会在固定的位间隔后重现，为了避免误检和漏检，可以利用前导码的重复特性来对前导码进行验证，由此可以定义一些合适的算法来确保前导码已经被识别。例如，当连续正确地检测到4个以帧宽度为间隔的前导码时，就可以认为帧被锁定了。

此外，在接收机中还存在一些其他阻碍帧同步的因素，比如由于抖动而引起的位宽度的变化等。

在数据被检查修正且数据帧被准确识别的情况下，需要将导航电文中的构成参数提取出来并与数据时间及其有效期一同进行存储，这是因为同样的导航数据仅在有限的时间间隔内保持有效，其有效性是否已经过期，需要在每次使用时进行检查。当然，通常在此期间数据已经更新好了，其有效性自然得到了进一步延伸。存储的数据已经进行了解密或解码，此后这些数据将被进一步处理以获取用户的位置。

5.2.6.2 星历提取与参考点位置解算

导航信号中所包含的星历信息是求取各颗卫星位置所必需的参数，它选自于已经存储的资料组，且在一段时间范围内保持有效，当星历数据进行更新时，接收机将会再次重复获取星历信息。需要注意的是，在从导航数据中获取星历表的值以及其他参数时，需要选用合适的比例因子。当星历已知时，当前的卫星位置就可以通过第3章中所描述的关系式求取。

5.2.6.3 选星

第6章将会讲到，在普通的接收机中，要计算出用户的位置和时间至少需要4颗卫星，并且位置估算的准确度决定于用户和这4颗卫星的相对几何关系，通过一个称为几何精度因子（GDOP）的术语来表示。导航定位解算的下一项工作是根据GDOP选择最佳的4颗卫星。然而，要得到GDOP，用户接收机和卫星的近似位置就需要先验已知。如果接收机不知道用户的近似位置，那么一种替代方案是在开始时先使用任意4颗卫星获得第一个位置估计，尽管可能会导致位置精度有所下降，但可以在获取近似位置的情况下求取DOP值并选择最合适的4颗卫星来进一步获得精确位置。

由于用户和卫星之间的相对动态，几何精度因子会随着时间持续变化，因此即便不在每一次位置估算时进行更新，这些几何精度因子的值也必须以相对频繁的时间间隔进行更新，以保证定位精度。

5.2.6.4 测距误差修正

地球周围的大气影响着射频信号的传播速度，从而引起信号传输延迟误差（即测距误差）。这些误差量可以从导航电文中所包含的修正参数获得，也可以通过双频测距的方法直接求取，从而对已获取的测距结果进行修正。此外，对于除了传输延迟之外的原因造成的测距误差，也可以通过类似的方法进行修正。

5.2.6.5 计算用户位置和时间

利用修正后的伪距测量值和已获取的的卫星位置,可以通过下面的距离方程得到用户位置坐标以及接收机时钟相对于卫星的时间偏移,如

$$R_i = \sqrt{\{(x_i-x_u)^2+(y_i-y_u)^2+(z_i-z_u)^2\}}+b_u \tag{5.62}$$

其中(x,y,z)是用户位置坐标,卫星坐标(x_i,y_i,z_i)可从星历表数据获取,其中i是卫星编号,即1,2,3和4。4颗卫星的伪距R_i可以通过测量信号的传输延迟估算得到。在下一章将会讨论位置估计的相关算法,此外,在位置估计过程中,可以使用卡尔曼滤波来提高定位精度,这部分内容将在第9章中简要介绍。

5.2.6.6 坐标转换

由以上方程计算的用户位置是在笛卡儿坐标系中的位置,人们通常需要将位置转换为大地坐标,并用纬度、经度和海拔来表示位置。我们可以从数据资料中获得地球的形状参数,有了这些参数,可以很容易地实现位置的坐标转换。

5.2.6.7 用户界面

由接收机获得的位置和时间需要通过合适的界面呈现给用户。通常除了位置信息以外,其他的信息如信号强度、卫星位置以及预期精度也可一同显示。图形显示也很常见,如显示卫星位置的天空图和显示用户位置的地理网格等。

除了显示位置之外,用户界面还需要用于诸如接收机配置、数据格式转换、通过合适的应用界面与其他设备交换数据以及存储等用途。此外,用户界面还需要支持加密密钥等功能。

最后,整个接收机以适合于用户的形式进行封装。为任何特定应用开发的接收机需要有适用于该特定应用的合适的外壳。图5.20展示了一种完整的导航接收机。

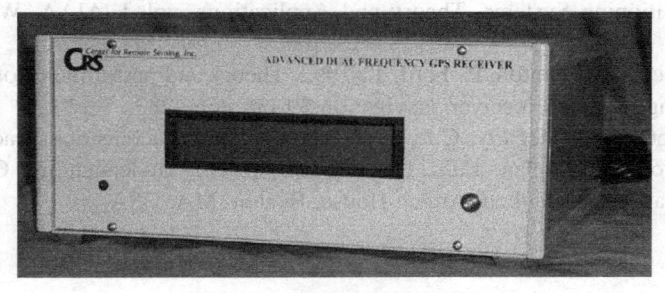

图 5.20 导航接收机实物图

思考题

1. 如果早迟相关器的间隔变化了,你认为测距的精度会变化么?
2. 当正在从存储的导航文件读取数据时,一组新的数据到达了,接收机怎么应对这一情况?
3. 在进行基于载波相位的测距时,同时进行基于伪码的测距是如何起到辅助作用的?
4. 在伪码跟踪时,使用早迟功率鉴别器相对于使用早迟门鉴别器的优势是什么?
5. 当大偏差以有限的概率出现时,在所提及的锁相环(PLL)鉴别器中,你更偏向于使用哪一种?

参考文献

Cooper, G.R., McGillem, C.D., 1986. Modern Communications and Spread Spectrum. Mcgraw Hill, USA.

Cosentino, R.J., Diggle, D.W., de Haag, M.U., Hegarty, C.J., Milbert, D., Nagle, J., 2006. Differential GPS. In: Kaplan, E.D., Hegarty, C.J. (Eds.), Understanding GPS Principles and Applications, second ed. Artech House, Boston, MA, USA.

Global Positioning System Directorate, 2012a. Navstar GPS Space Segment/Navigation User Interfaces. IS-GPS-200G. Global Positioning System Directorate, USA.

Global Positioning System Directorate, 2012b. Navstar GPS Space Segment/User Segment L1C Interfaces. IS-GPS-800C. Global Positioning System Directorate, USA.

Groves, P.D., 2013. Principles of GNSS, Inertial and Multisensor Integrated Navigation System. Artech House, London.

Lathi, B.P., 1984. Communication Systems. Wiley Eastern Limited, India.

Maral, G., Bosquet, M., 2006. Satellite Communications Systems, fourth ed. John Wiley & Sons Ltd., U.K.

Mutagi, R.N., 2013. Digital Communication: Theory, Techniques and Applications. Oxford University Press, New Delhi, India.

Proakis, J.G., Salehi, M., 2008. Digital Communications, fifth ed. Mc Graw Hill, Boston, USA.

Scott, L., Jovancevic, A., Ganguly, S., 2001. Rapid signal acquisition techniques for civilian and military user equipments using DSP based FFT processing. In: Proceedings of 14th International Technical Meeting of the Satellite division of The Institute of Navigation, Salt Lake City, UT, pp. 2418−2427.

Spilker Jr., J.J., 1996. Fundamentals of signal tracking theory. In: Parkinson, B.W., Spilker Jr., J.J. (Eds.), Global Positioning Systems, Theory and Applications, vol. I. AIAA, Washington DC, USA.

Van Dierendonck, A.J., 1996. GPS receivers. In: Parkinson, B.W., Spilker Jr., J.J. (Eds.), Global Positioning Systems, Theory and Applications, vol. I. AIAA, Washington DC, USA.

Van Dierendonck, A.J., Fenton, P., Ford, T., 1992. Theory and performance of narrow correlator spacing in a GPS receiver. Navigation 39 (3), 265−283.

Ward, P.W., Betz, J.W., Hegarty, C.J., 2006. Satellite signal acquisition, tracking and data demodulation. In: Kaplan, E.D., Hegarty, C.J. (Eds.), Understanding GPS Principles and Applications, second ed. Artech House, Boston, MA, USA.

第6章 定位解算

摘要

第6章主要讲解卫星导航中最重要的一步：位置估计。首先，我们用比较直观的语言来描述获得位置估计的过程。然后，逐一介绍位置估计所需的观测量及其数学模型。随后详细介绍位置估计的数学方法，其中包括线性技术的介绍，还有其他处理方法，比如Bancroft方法和基于多普勒处理的相应技术。此外，位置估计过程中的复杂度也有提及。本章最后介绍了位置解算的方法。

关键词

Bancroft's method　Bancroft方法　　　　linearization　线性化
clock stability　时钟稳定性　　　　　　　observation equation　观测方程
constraint equation　约束方程　　　　　　Taylor's theorem　泰勒理论
doppler　多普勒

位置解算是卫星导航定位中最重要的一个过程，它也是卫星导航的全部意义所在，本章将对这一过程进行数学推导。本章首先直观地介绍位置信息的求解方法，然后介绍用于位置解算的数学方程中相关输入信息的获取，最后对位置解的线性化求解方法及其复杂性进行介绍。作为扩展，本章还对其他位置解算方法进行简要介绍。

6.1 基本概念

在现实生活中，所有的距离都是在三维空间(3D)中测量的。在第1章中提到，可以用一个参考系来描述空间中的点的位置，只需确定该位置在三个相互正交方向上的距离即可。下面从空间几何角度对这三个正交方向上的距离进行描述。三维空间中的一个点是由三个不平行的平面相交所形成的。因此，确定空间中某个点的位置就转化为确定空间中的三个平面的位置。一旦参考系确定了，那么参考系的原点和三个相互正交的方向也就确定了，其中坐标原点(或者参考系原点)的坐标是(0,0,0)。为了确定点$P(x_1,y_1,z_1)$的位置，首先需要在x轴上找到距离x_1，于是可以定义平面$x=x_1$，它平行于yz平面。距离x_1指的是该点沿x轴到原点的距离。如果沿x轴方向平移x_1的距离，所要定位的点就在这个平面，其坐标为$(x_1,0,0)$。接下来定义另外两个正交于上述已定义平面的平面。其中一个平面为$y=y_1$，它平行于xz平面，并且与原点之间的距离为y_1，因此这个点的轨迹就被限制在一条平行于z轴的直线上，这条直线由已定义的两个平面相交形成。如果沿y轴方向平移距离y_1，就得到这条直线上的一些点

$(x_1,y_1,0)$。最后，定义平面 $z=z_1$，它与 z 轴正交，并且它和上述直线在 $z=z_1$ 处相交，所以再沿 z 轴方向平移 z_1 的距离，就得到了这三个相互正交平面的交点 (x_1,y_1,z_1)。通过上述三次相互正交的平移就确定了点 $P(x_1,y_1,z_1)$，如图 6.1 所示。

因为只需要确定三个平面，所以可使用相对距离来描述上述所求空间点相对于参考系中任意点的位置。因此，如果知道了新增的辅助参考点在原参考系中的位置，上述所讨论的空间待求点相对于原来参考点的位置便得以确定。为了确定相对于任意参考点的平面，可以通过这些平面的矢量距离表示。矢量距离是指这个新参考点到所求点之间对应于三个独立基或坐标轴的距离。需要注意的是，这里所说的矢量距离并不是简单的距离，它需要同时确定方向和大小。

但是，如果只知道从这个新参考点到待求点之间的径向距离而不是矢量距离，又会怎样呢？三维空间中的任意距离向量都有三个独立的组

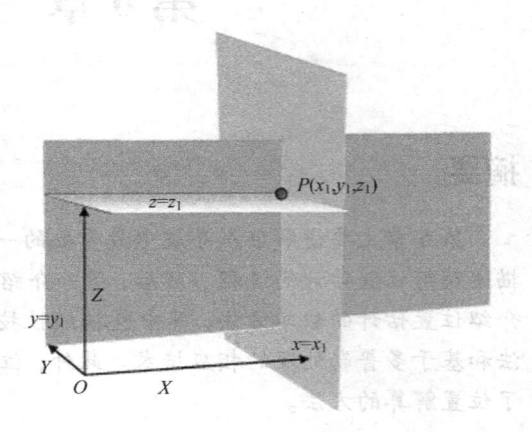

图 6.1 三维平面中位置的确定

成分量。在球面体系中，这三个坐标分量分别是径向距离以及两个与固定平面所形成的夹角。所以，当只提及距离时，就意味着丢失了三个信息中的其他两个角度信息。不过，在这种情况下，待求点的确切位置仍能通过引入某些独立的信息来获得，这些新引入的信息能有效地补偿上述角度信息的损失。具体的方法是通过引入待求点与其他已知位置的新参考点之间独立距离测量值来实现，其基本思路是通过形成特定的相交面从而使可能的相交点集合缩小为一个点。

卫星导航的原理正是如此。所形成的新平面与不同的参考点相关，这些参考点是所在参考系内绝对位置已知的三颗卫星。从这些卫星到待求点之间的距离组成了独立的观测信息，从这些信息中可以得到三个独立的球面。通过这些信息便可以推导出待求点的位置，它位于绝对参考系的交点上。但是，由此产生的曲面是非线性的，因此需要足够数量的这类曲面来明确表示这个位置。

在三维空间中，两个平面相交可以形成一条直线，它是坐标的线性函数。同理，两个球面相交形成一个圆，它是一个二次函数。所以，不同于前者，再有一个附加的平面就足够充分地定义一个点，但一个附加的球面与圆相交于两个不同的点，这对于明确地固定一个点是不够的。

因此，需要多少信息才能满足这个需求呢？下面通过一个例子来进行说明。首先，想象这样一个场景：如何试图表示一个位于 xy 平面，即二维(2D)空间中的点 P 的位置。

在二维空间中，P 的位置有两个未知数。在笛卡儿坐标系中，x 和 y 是相对于绝对参考点，即坐标轴原点 O 的位置。该点也可以通过它到原点的距离和与两轴的夹角所给定的方向来表示，其中距离可从独立笛卡儿坐标经 $r=\sqrt{x^2+y^2}$ 计算得到，而角度公式为 $\theta=\arctan\left(\dfrac{y}{x}\right)$。

在只知道它与参考点之间的径向距离的情况下，此时只能表示出距离，为

$$r^2 = x^2 + y^2 \tag{6.1a}$$

这是一个以原点为中心、半径为 r 的方程。因为是平方值，实际上已经失去了关于它的符号信息，并且无法通过该式求出 θ，即丢失了关于该点确切方向的信息。

进一步地，如果有额外附加的这类距离信息，即从某个新的参考点 (x_1, y_1) 到该点的径向距离为 r_1，即

$$(x - x_1)^2 + (y - y_1)^2 = r_1^2 \tag{6.1b}$$

上式表示中心位于 (x_1, y_1)、半径为 r_1 的另一个圆。将式(6.1a)代入式(6.1b)中可得

$$x_1^2 + y_1^2 - 2xx_1 - 2yy_1 = r_1^2 - r^2 \tag{6.2}$$

它的形式是一个线性方程 $ax + by = c$，其中 $a = 2x_1$，$b = 2y_1$，$c = r^2 - \{r_1^2 - (x_1^2 + y_1^2)\}$。因此，由二维空间中的两个观测量所形成的两个二次方程表示两个圆，这两个圆相交于两个点，它们落在由 x 和 y 的线性函数所表示的直线上。但是，待求点的坐标值仍无法确定，其结果需要由一个附加的方程来获得。在数学上，由距离方程的二次特性可知，它的解是未知量的两个可能根，还需要一个额外的方程才能得到确切的解。

从与方程对应的几何学中也可以明显地得到同样的结果（见图6.2）。在二维空间中，当仅使用与两个相对参考点 A 和 B 之间的距离信息 R_1 和 R_2 时，由于都满足这两个方程，因此只能获得 P_1 和 P_2 两个不确定点的位置。如果已知 P 点与另一个相对参考点 C 的距离为 R_3，则它必然位于一个以 C 点为圆心且半径为 R_3 的圆周上。这样，便可以确定两个可能点中的点 P_1 为所求点。也只有这样，才能明确地得到 P 点的位置。

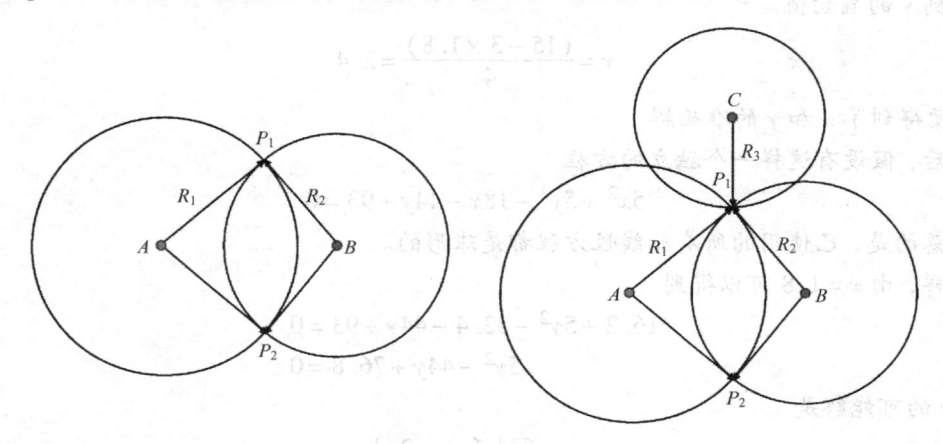

图 6.2 二维空间中的位置确定

类似地，可以将这一结论推广到有更多未知数的高维空间。对于 k 个未知数，k 个二次非线性方程有两个等概率的解。因此，需要增加另一个方程来确切地求解未知数，这样总共需要 $k + 1$ 个方程。所以，在实际应用中，三维空间中的观测方程是二次的，它需要 $3 + 1 = 4$ 个方程来确切地求解位置。

▷ **精选补充 6.1 位置求解对方程的要求**

下面用简单的例子来说明在球形非线性情况下，位置求解对方程数目的要求。通过两种情况对这一问题进行讨论：一种情况是附加约束方程，另一种情况是附加球形特性观测方程。

假设有一个二阶方程

$$x^2 + y^2 = 9 \qquad (Ⅰ)$$

为解出变量 x, y，还需要更多此类的方程。另一方程为

$$x^2 + y^2 - 10x + 9 = 0 \qquad (Ⅱ)$$

联立方程（Ⅰ）和（Ⅱ），得到 x 的值为

$$x = \frac{18}{10} = 1.8 \qquad (Ⅲ)$$

因此，对于同时满足这两个方程的点来说，x 的值为 18/10。把由式（Ⅲ）得到的 x 代入式（Ⅰ）或式（Ⅱ）中，可以得到关于 y 的二次表达式。把它代入式（Ⅰ）中，结果是

$$\left(\frac{18}{10}\right)^2 + y^2 = 9$$

或

$$100y^2 = 576$$

或

$$y = \pm 2.4$$

因此，即使在二维情况下也不能通过方程（Ⅰ）和（Ⅱ）得到 (x, y) 的准确解。即还需要增加一个新的方程。

首先，假设增加一个约束方程

$$3x + 4y = 15 \qquad (Ⅳ)$$

上述约束方程表明，所求的解也应同时满足由它限定的直线。把 $x = 1.8$ 代入该约束方程中可以得到 y 的确切值

$$y = \frac{(15 - 3 \times 1.8)}{4} = 2.4$$

这样，便得到了 x 和 y 的准确解。

然后，假设有这样一个独立的方程

$$5x^2 + 5y^2 - 18x - 44y + 93 = 0 \qquad (Ⅴ)$$

需要注意的是，已使用的所有非线性方程都是球形的。

同样，由 $x = 1.8$ 可以得到

$$16.2 + 5y^2 - 32.4 - 44y + 93 = 0$$

或

$$5y^2 - 44y + 76.8 = 0 \qquad (Ⅵ)$$

因此，y 的可能解是

$$y = 6.4 \text{ 和 } y = 2.4$$

因此，从三个独立的方程中可以得到，(x, y) 的实际解是 $(1.8, 2.4)$。

关于以上讨论中的几个知识点，总结如下：

1. 首先，通过参考系中新参考点的位置和从待求点到相关参考点之间的矢量距离，可知任何未知点的位置都可以在一个参考系中表示出来。

2. 如果没有矢量距离，只有径向距离已知，通过增加足够数量的同类距离信息可以弥补矢量方向信息不足的缺陷，并确切地给出所求点的位置，这些额外的信息是它与其他已知位置点之间的距离。

6.2 观测方程的建立

根据卫星导航的要求，观测通常是在三维空间中完成的。

在卫星导航系统中，优选的绝对参考系是以地心为中心的地心地固参考系(ECEF)。不过，它也可以根据需要转换到其他任何参考系中。参考系中任意一点的位置可以通过一个新的参考点表示出来，比如天空中的导航卫星。对于这种情况，需要知道卫星的绝对位置以及卫星到该点的矢量距离。然而，前文中已谈到的矢量距离通常是无法获得的，但如果已知该点到其他位置已知卫星的距离，那么对该点的定位仍然可以实现。这就是众所周知的三角测量原理，它是基于对三个或更多已知位置参考点的距离测量来精确地估计被测点位置的测量方法。

要使用卫星导航系统来估计待测点的位置，需要知道以下两类信息：卫星的位置以及从这些卫星到待测点的距离。根据这些信息可以建立距离观测方程组，进而通过求解这些方程，估计出待测点在三维空间中的位置。对此，以下两方面的信息至关重要：

1. 获得所需的距离观测信息
2. 求解方程组

上述第一点已经在前面的章节中讨论过，下面对第二点进行介绍。

待测点与卫星之间的距离由接收机测量得到。如果从三颗卫星 $S1$、$S2$ 和 $S3$ 测得的距离分别是 R_1、R_2 和 R_3，这样就得到了由三个参考点和相应距离测量值组成的三个二次方程。它们可分别表示为

$$R_1 = \sqrt{(x_{S1}-x)^2 + (y_{S1}-y)^2 + (z_{S1}-z)^2} \qquad (6.3a)$$

$$R_2 = \sqrt{(x_{S2}-x)^2 + (y_{S2}-y)^2 + (z_{S2}-z)^2} \qquad (6.3b)$$

$$R_3 = \sqrt{(x_{S3}-x)^2 + (y_{S3}-y)^2 + (z_{S3}-z)^2} \qquad (6.3c)$$

其中，x_{Si}，y_{Si} 和 z_{Si} 是第 i 颗卫星的坐标 ($i=1, 2, 3$)，x, y, z 是用户的待测位置，由此构成了一组观测方程。

从几何角度讲，上面的第 i 个方程表示用户位于以卫星 (x_i, y_i, z_i) 为中心，以 R_i 为半径的球面上。从两个这样的参考点同时得到测量值时，用户的可能位置将缩小为两个球体的交点处。也就是说，当使用式(6.3)中的前两个方程时，用户的可能位置将缩小为由 (x, y, z) 组成的线性方程，它表示相应两个球体的交点所形成的平面几何图形。在三维空间中，用户所有可能位置的轨迹实际上是位于这个平面上的一个圆。

通过第三颗参考卫星及其与用户间的距离测量值，可以建立第三个观测方程(6.3c)。这个方程包含了之前获得的有效相交圆，将用户点的可能位置减少到两个解，这两个位置解的概率相等。因此，要么需要从第四颗卫星中得到一个附加的距离测量值，要么在用户的坐标之间必须存在一些独立的约束关系，后者称为约束方程。所附加的信息是对上述三个观测方程的补充和增强，从而足以获得用户位置的确切解。

因此，距离方程的非线性问题需要通过 4 颗导航卫星来解算，从而得到未知点的位置坐标。但是，解算非线性问题可以用一种不同的方法来实现。不过，下文将会谈到，即使没有

非线性问题，仍然需要通过4颗卫星来解算用户位置，并将在下一节中进行详述。下面首先介绍非线性问题的解决方法。

6.3 线性化

从上节的讨论可知，固定位置的问题可以简化为求解联立二次方程的问题。因为二次方程使得未知变量有两个可能的解，通过式(6.3)的三个联立二次方程无法确切地解得未知数x、y和z，因此需要更多的信息来解这些未知数。

有三种不同的方法来解决这个问题。一是增加一个独立的观测方程，解四个联立二次方程。二是增加一个约束方程，约束方程表示未知变量之间保持的确定性关系，以解决三个二次方程求解的不确定性。最后一种方法是导航接收机中最常用的方法，是将这些二次方程线性化成三个线性微分方程。下面将对此进行介绍。

这里定义的线性化(Kaplan et al., 2006)是在一个固定的近似位置处将二次观测方程转化为线性微分方程的方法，近似位置即一个假设的初始值。然后通过标准方法求解这些线性方程，得到真实坐标位置与假设初始位置的差值。差值被估计出来后，可将其与初始假设值相加，获得绝对位置解。

为了对此进行详细说明，首先介绍泰勒定理。泰勒定理是指，如果一个多变量的函数$f(X)$在点X_0的值已知，在附近的一个点X的取值为

$$f(X) = f(X_0) + f'(X_0)\mathrm{d}X + \frac{1}{2}f''(X_0)\mathrm{d}X^2 + \cdots \tag{6.4}$$

其中，f'和f''分别是函数f在X处的一阶导数和二阶导数，它们由已知位置X_0获得。

在定位解算中，R是指用户位置P到卫星位置的距离，它是与用户位置$P=(x,y,z)$和卫星位置$P_s=(x_s,y_s,z_s)$有关的函数。因此，可以将观测方程$R=R(x_s,y_s,z_s,x,y,z)$表示为

$$R = \sqrt{(x_s-x)^2 + (y_s-y)^2 + (z_s-z)^2} \tag{6.5}$$

对于任意时刻(假设在那个瞬间冻结了时间)，已知的卫星位置是固定的，此时距离仍是未知用户位置变量(x,y,z)的函数。在这一刻，让我们考虑一个近似的(实际上足够接近)用户位置$P_0=(x_0,y_0,z_0)$。将距离函数在点P_0利用泰勒定理展开，表示真实位置P的距离，这里只考虑到一阶导数，由式(6.4)可得

$$R(x,y,z) = R(x_0,y_0,z_0) + \frac{\partial R}{\partial x}\bigg|_{P_0}\Delta x + \frac{\partial R}{\partial y}\bigg|_{P_0}\Delta y + \frac{\partial R}{\partial z}\bigg|_{P_0}\Delta z$$

或 $\quad R(x,y,z) - R(x_0,y_0,z_0) = \dfrac{\partial R}{\partial x}\bigg|_{P_0}\Delta x + \dfrac{\partial R}{\partial y}\bigg|_{P_0}\Delta y + \dfrac{\partial R}{\partial z}\bigg|_{P_0}\Delta z \tag{6.6}$

由于假设近似位置和实际位置十分接近，高阶倒数可以忽略。这里，两个点之间的坐标之差为

$$\begin{aligned}\Delta x &= x - x_0\\ \Delta y &= y - y_0\\ \Delta z &= z - z_0\end{aligned} \tag{6.7}$$

假设从P_0到卫星的计算几何距离为R_0，即

第6章 定位解算

$$R_0 = \sqrt{(x_s - x_0)^2 + (y_s - y_0)^2 + (z_s - z_0)^2} \tag{6.8}$$

那么式(6.6)可以写成

$$R - R_0 = \left(\frac{\partial R}{\partial x}\Delta x + \frac{\partial R}{\partial y}\Delta y + \frac{\partial R}{\partial z}\Delta z\right)\bigg|_{P_0}$$

$$\Delta R = \left(\frac{\partial R}{\partial x}\Delta x + \frac{\partial R}{\partial y}\Delta y + \frac{\partial R}{\partial z}\Delta z\right)\bigg|_{P_0} \tag{6.9}$$

其中，$\Delta R = R - R_0$，是真实位置和近似位置之间的有限距离差，如图6.3所示。

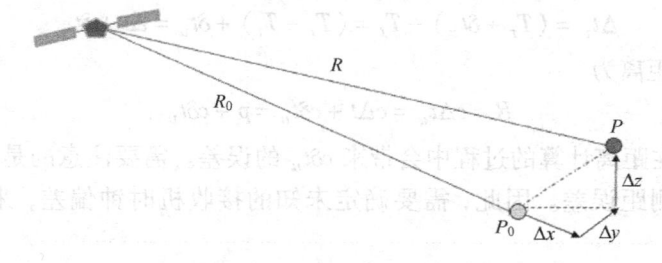

图 6.3 线性化处理

将距离方程在近似位置 $P_0(x_0, y_0, z_0)$ 处对 x, y, z 求偏微分，并把微分值代入式(6.9)中，可得

$$\Delta R = -\frac{(x_s - x_0)}{R_0}\Delta x - \frac{(y_s - y_0)}{R_0}\Delta y - \frac{(z_s - z_0)}{R_0}\Delta z = g_\alpha \Delta x + g_\beta \Delta y + g_\gamma \Delta z \tag{6.10}$$

其中，g_α、g_β 和 g_γ 是距离在近似位置点分别关于 x，y 和 z 的偏导数。因为近似点位置的坐标(x_0, y_0, z_0)是已知的，g_α、g_β 和 g_γ 的值很容易确定。它们代表了从卫星指向近似点向量的方向余弦，负号则表示 Δx 的增加会导致距离误差更加严重。

因此，关于未知坐标的非线性距离方程就变为一个与先验近似位置有关的线性化微分方程，该方程的未知数为相对位置误差。求解这样一组线性观测方程，可获得每个坐标的位置误差。因为假设的近似位置的坐标是已知的，实际位置可以通过将解得的相对误差与近似点的坐标相加来确定。

尽管如此，在线性化之后仍然需要4颗卫星来解算位置和时间。为了更好地理解，让我们回顾一下用户接收机是如何测量每颗参考卫星的距离的。概括地说，接收机通过测量时延来获得距离，时延是通过卫星发射与接收机接收的信号的相位差来计算的。其根本问题是，接收机如何知道任意一个信号什么时候正在由卫星发射？这就涉及了测距码。在第4章我们已经了解到，在卫星导航系统中，测距码与导航数据和载波相位同步传输，使得每一个码或其中的部分相位的发送时刻，可以准确地从信号目前的时间戳和码片速率推导出来，接收时间可从接收机的时钟导出。因此，传输时间是测量一条消息从被发送到在接收机处被接收的时间差，将该时间间隔与光速 c 相乘就得到了距离。

发射和接收时间从两个不同的时钟获得：前者从卫星时钟获得，后者从接收机时钟获得。但这里的问题是，接收机时钟与卫星时钟相比不具有那么高的精度和准确度。卫星时钟是高稳定性的原子钟，稳定性约为 10^{-13}，时间稳定性非常高。而接收机时钟很便宜，所以稳定性低，它的稳定性约为 $10^{-6} \sim 10^{-9}$。因此，接收机的时钟与卫星的原子时钟不同步，它相对于后者有漂移，导致相对时间偏差。同时，卫星和接收机的时钟之间还存在固有时间延迟（或提前）。这些因素都将导致测距过程和测距结果中存在测距误差，且测距误差为两个时钟间的偏差与光速的乘积。

定义信号的某个确定相位在真实的卫星时钟时间 T_t 进行发射。在一段传输时间 $\Delta t = T_r - T_t$ 之后，这一相位在真实时间 T_r 被接收。在接收的瞬间，如果接收机时钟相对于卫星时刻有一个偏移量为 $+\delta t_u$，则接收机寄存器接收到该相位的时间为 $T_r + \delta t_u$。因此，对于接收机来说，传输时间为

$$\Delta t_u = (T_r + \delta t_u) - T_t = (T_r - T_t) + \delta t_u = \Delta t + \delta t_u \tag{6.11a}$$

在接收机处获得的距离为

$$R = c\Delta t_u = c\Delta t + c\delta t_u = p + c\delta t_u \tag{6.11b}$$

由于时钟的偏移，在距离计算的过程中会带来 $c\delta t_u$ 的误差。需要注意的是，1 μs 的时间误差将会导致 300 m 的测距误差。因此，需要确定未知的接收机时钟偏差，来对测量距离进行修正。

在位置解算时，由时间引起的距离偏差将作为一个未知量进行解算。所以，即使是线性方程，除了三个未知位置坐标变量之外还有一个未知数。因此，为了得到这四个未知变量的解，需要四个线性观测方程，故有必要增加一个参考卫星及其测距值。因此，需要四颗卫星来进行位置和时间估计。

6.4 位置解算

由于引入了新的未知量，即接收机时钟相对于卫星时钟的偏移，观测方程变为

$$R_i = \rho_i + c\delta t_u \tag{6.11c}$$

其中，R_i 是第 i 颗卫星的伪距测量值，ρ_i 是相应的几何距离，δt_u 是接收机时钟相对于卫星时钟的偏移，又称为"接收机钟差"。在实际中，由于所有的卫星时钟是相互同步的，因此接收机钟差相对于所有卫星的观测量都是相同的。为了将其转化为有效的距离误差，通常将钟差 δt_u 乘以真空中的光速 c 来表示。

将几何距离表示为坐标的函数，四颗卫星的观测方程即为

$$R_1 = \sqrt{(x_{S1} - x)^2 + (y_{S1} - y)^2 + (z_{S1} - z)^2} + c\delta t_u$$
$$R_2 = \sqrt{(x_{S2} - x)^2 + (y_{S2} - y)^2 + (z_{S2} - z)^2} + c\delta t_u$$
$$R_3 = \sqrt{(x_{S3} - x)^2 + (y_{S3} - y)^2 + (z_{S3} - z)^2} + c\delta t_u$$
$$R_4 = \sqrt{(x_{S4} - x)^2 + (y_{S4} - y)^2 + (z_{S4} - z)^2} + c\delta t_u \tag{6.12}$$

将上述观测方程在近似值 $X_a = (x_0, y_0, z_0, c\delta t_{u0})$ 处进行线性化，有

$$\Delta R_1 = -G_{\alpha 1} \cdot \Delta x - G_{\beta 1} \cdot \Delta y - G_{\gamma 1} \cdot \Delta z + \Delta b$$
$$\Delta R_2 = -G_{\alpha 2} \cdot \Delta x - G_{\beta 2} \cdot \Delta y - G_{\gamma 2} \cdot \Delta z + \Delta b$$
$$\Delta R_3 = -G_{\alpha 3} \cdot \Delta x - G_{\beta 3} \cdot \Delta y - G_{\gamma 3} \cdot \Delta z + \Delta b$$
$$\Delta R_4 = -G_{\alpha 4} \cdot \Delta x - G_{\beta 4} \cdot \Delta y - G_{\gamma 4} \cdot \Delta z + \Delta b \tag{6.13a}$$

上式中符号的含义与式(6.6)至式(6.10)中的定义一致，对四颗不同的卫星进行了编号。Δb

表示一个误差量,是由接收机钟差与假设的初始钟差不一致造成的,即 $\Delta b = c(\delta t_u - \delta t_{u0})$。
将式(6.13a)写成矩阵的形式,有

$$\Delta R = G_a \Delta X_a \tag{6.13b}$$

其中

$$G_a = \begin{pmatrix} -G_{\alpha 1} & -G_{\beta 1} & -G_{\gamma 1} & 1 \\ -G_{\alpha 2} & -G_{\beta 2} & -G_{\gamma 2} & 1 \\ -G_{\alpha 3} & -G_{\beta 3} & -G_{\gamma 3} & 1 \\ -G_{\alpha 4} & -G_{\beta 4} & -G_{\gamma 4} & 1 \end{pmatrix}$$

$$\Delta R = [\Delta R_1 \quad \Delta R_2 \quad \Delta R_3 \quad \Delta R_4]^T, \qquad \Delta X_a = [\Delta x \quad \Delta y \quad \Delta z \quad \Delta b]$$

ΔX_a 可通过最小二乘进行解算,通常可采用迭代最小二乘法、简化最小二乘法或加权最小二乘法等(Axelrad and Brown, 1996; Strang, 2003)。最小二乘解可表示为

$$\Delta X_a = (G_a^T G_a)^{-1} G_a^T \Delta R \tag{6.14}$$

将得到的 ΔX_a 叠加到初始的假设近似位置 X_a 中,即可得到真正的位置解 $X = X_a + \Delta X_a$。

回顾最初的假设,若近似点接近真实的位置,则可以很好地保证误差的线性条件,从而可忽略泰勒定理中的高阶微分项。但是,通常情况下接收机初始化时的位置是未知的,并不能保证总能找到这样的近似位置。因此,在实际应用中,通常选择任意一个泰勒高阶项存在的位置当成初始值,开始进行最小二乘的迭代估计。由于在估计过程中忽略一些高阶项,这样得到的解一定会带有一些误差,但是它会更接近真实位置。此时,可将第一次估计求解出的位置作为初始值,使用同一组数据再次迭代求解,将得到更准确的位置。如此以来,对于单个确定的点经过几次迭代,所得到的解会收敛到真实位置。上述情况通常需要通过迭代的过程进行求解,即上述步骤需要不断重复,直到获得正确的位置解。练习6.1介绍了基于上述迭代求解位置的流程。

▶ **精选补充6.2　位置解算**

假设地球的半径 R_e 和卫星与地心的距离 R_s 为常数,表示如下:

$$R_e = 6.3781 \times 10^3$$

$$R_s = 2.6056 \times 10^4$$

令用户的真实位置为:北纬22°,东经88°,那么在ECEF参考系下的坐标如下:

$$x_t = 206.3853 \text{ km}$$

$$y_t = 5.9101 \times 10^3 \text{ km}$$

$$z_t = 2.3893 \times 10^3 \text{ km}$$

假设用户接收机钟差初始值为 $c\Delta t = b = 15$ km。这些初始值是不准确的,只有卫星位置和测量距离是已知的。由测量距离和近似位置,通过迭代获得的位置解将收敛于真实值。

基于卫星发送的星历信息,可解算出卫星的空间坐标 $S1$、$S2$、$S3$、$S4$,在地心地固坐标系下可表示为

卫星 S1   卫星 S2   卫星 S3   卫星 S4
$x_{S1} = 2.1339 \times 10^3$ $x_{S2} = 0.0$ $x_{S3} = 4.1006 \times 10^3$ $x_{S4} = 2.0581 \times 10^3$
$y_{S1} = 2.4391 \times 10^4$ $y_{S2} = 2.4484 \times 10^4$ $y_{S3} = 2.3256 \times 10^4$ $y_{S4} = 2.3525 \times 10^4$
$z_{S1} = 8.9115 \times 10^3$ $z_{S2} = 8.9115 \times 10^3$ $z_{S3} = 1.1012 \times 10^4$ $Z_{S4} = 1.1012 \times 10^4$

接收机至卫星 S1、S2、S3 和 S4 的测量值为

$$R_{t1} = 1.9708 \times 10^4$$
$$R_{t2} = 1.9702 \times 10^4$$
$$R_{t3} = 1.9773 \times 10^4$$
$$R_{t4} = 1.9714 \times 10^4$$

开始解算时，由于不知道用户的真实位置，假设用户在 ECEF 坐标系下的坐标为

$$x_{a0} = 458.9177 \text{ km}$$
$$y_{a0} = 5.8311 \times 10^3 \text{ km}$$
$$z_{a0} = 2.5433 \times 10^3 \text{ km}$$
$$b_{a0} = 10 \text{ km}$$

基于上述初始近值可得到 4 颗卫星的距离

$$R_{a01} = 1.9703 \times 10^4$$
$$R_{a02} = 1.9726 \times 10^4$$
$$R_{a03} = 1.9723 \times 10^4$$
$$R_{a04} = 1.9691 \times 10^4$$
$$\Delta R_{a0} = [4.2000 \quad -23.5262 \quad 50.2975 \quad 23.1277]$$

近似位置与卫星 S1 的方向余弦如下所示。需要注意的是，由于采用的是用户的近似值，该方向余弦值可能是错误的。

$G_{\alpha 1} = 0.0851$ $G_{\alpha 2} = -0.0233$ $G_{\alpha 3} = 0.1847$ $G_{\alpha 4} = 0.0813$
$G_{\beta 1} = 0.9424$ $G_{\beta 2} = 0.9461$ $G_{\beta 3} = 0.8839$ $G_{\beta 4} = 0.8990$
$G_{\gamma 1} = 0.3234$ $G_{\gamma 2} = 0.3230$ $G_{\gamma 3} = 0.4296$ $G_{\gamma 4} = 0.4303$

观测方程经过线性化之后变为

$$04.2 = -0.0851 dx - 0.9424 dy - 0.3234 dz + db$$
$$-23.5262 = +0.0233 dx - 0.9461 dy - 0.3230 dz + db$$
$$50.2975 = -0.1847 dx - 0.8839 dy - 0.4296 dz + db$$
$$23.1277 = -0.0813 dx - 0.8990 dy - 0.4303 dz + db$$

也可以表示为 $\Delta R = G_a \Delta X_a$

$$\begin{pmatrix} 04.20 \\ -23.5262 \\ 50.2975 \\ 23.1277 \end{pmatrix} = \begin{pmatrix} 0.085055 & 0.94244 & 0.32337 & 1 \\ -0.023277 & 0.94611 & 0.32301 & 1 \\ 0.184740 & 0.88393 & 0.42959 & 1 \\ 0.081258 & 0.89903 & 0.43029 & 1 \end{pmatrix} \begin{pmatrix} dx \\ dy \\ dz \\ b \end{pmatrix}$$

可得 ΔX_a 为 $\Delta X_a = G_a^{-1} \Delta R$

$$\Delta X_a = \begin{pmatrix} -252.9364 \\ 73.1880 \\ -156.2947 \\ 1.1212 \end{pmatrix}$$

因此,第一次迭代之后的新位置 $X_{a1} = X_{a0} + \Delta X_a$ 为

$$x_{a1} = 458.9177 - 252.9364 = 205.9813 \text{ km}$$
$$y_{a1} = 5.8311 \times 10^3 + 073.1880 = 5.9043 \times 10^3 \text{ km}$$
$$z_{a1} = 2.5433 \times 10^3 - 156.2947 = 2.3870 \times 10^3 \text{ km}$$
$$b_{a1} = 10 + 001.1212 = 11.1212 \text{ km}$$

经过第一次迭代,得到了比初始估计位置更靠近实际位置的解。

现在,用新得到的 x, y, z 和 b 值重复上述步骤。由第一次迭代后得到的位置作为初始估计位置,计算得到 4 颗卫星的距离为

$$R_{a11} = 1.9710 \times 10^4$$
$$R_{a12} = 1.9704 \times 10^4$$
$$R_{a13} = 1.9775 \times 10^4$$
$$R_{a14} = 1.9716 \times 10^4$$
$$\Delta R_{10} = [\ -2.3798 \quad -2.3653 \quad -2.3110 \quad -2.3670\ ]$$

需要注意的是,观测量残差的绝对值与第一次迭代相比已经变小了。卫星 S1 与近似位置的方向余弦如下所示。类似地,该方向余弦的计算也是可能有错误的。

$$G_{\alpha 1} = 0.0979 \quad G_{\alpha 2} = -0.0105 \quad G_{\alpha 3} = 0.1971 \quad G_{\alpha 4} = 0.0940$$
$$G_{\beta 1} = 0.9385 \quad G_{\beta 2} = 0.9435 \quad G_{\beta 3} = 0.8779 \quad G_{\beta 4} = 0.8942$$
$$G_{\gamma 1} = 0.3312 \quad G_{\gamma 2} = 0.3313 \quad G_{\gamma 3} = 0.4364 \quad G_{\gamma 4} = 0.4377$$

观测方程变为以下形式:$\Delta R = G_a \Delta X_a$

$$\begin{pmatrix} -2.3798 \\ -2.3653 \\ -2.3110 \\ -2.3670 \end{pmatrix} = \begin{pmatrix} -0.0979 & -0.9385 & -0.3312 & 1 \\ 0.0105 & -0.9435 & -0.3313 & 1 \\ -0.1971 & 0.8779 & -0.4364 & 1 \\ -0.0940 & -0.8942 & -0.4377 & 1 \end{pmatrix} \begin{pmatrix} dx \\ dy \\ dz \\ b \end{pmatrix}$$

得到 ΔX_a 的解 $\Delta X_a = G_a^{-1} \Delta R$ 为

$$\Delta X_a = \begin{pmatrix} 0.4042 \\ 5.8132 \\ 2.3114 \\ 3.8808 \end{pmatrix}$$

因此,经过第二次迭代之后更新的位置 $X_{a2} = X_{a1} + \Delta X_a$ 为

$$x_{a2} = 205.9813 + 000.4042 = 206.3855 \text{ km}$$
$$y_{a2} = 5.9043 \times 10^3 + 005.8132 = 5.9101 \times 10^3 \text{ km}$$
$$z_{a2} = 2.3870 \times 10^3 + 002.3114 = 2.3893 \times 10^3 \text{ km}$$
$$b_{a2} = 11.1212 + 3.8808 = 15.0020 \text{ km}$$

经过两次迭代之后，解收敛到真实位置。

练习 6.1　位置解算的 MATLAB 实现

在 MATLAB 中运行程序 position_main.m，从已知的卫星位置和相应的测距值获得位置解。程序的输入是预装到文本文件中的导航和观测信息。从存于原文件中的导航数据，可以获得任一时刻可见卫星的位置，而相应的距离信息将从后者获得。在运行程序时，可以按顺序获得以下信息。

卫星位置和测距值为

$$x = 22657881.0793 \text{ m}$$
$$y = 13092933.5636 \text{ m}$$
$$z = 5887881.983 \text{ m}$$
$$R = 22889484.2157 \text{ m}$$

然后假定一个近似位置并进行显示。

假设近似位置为

$$x\_apx = 302536.5663 \text{ m}$$
$$y\_apx = 5772741.575 \text{ m}$$
$$z\_apx = 2695567.787 \text{ m}$$
$$b\_apx = 10 \text{ m}$$

从这些数据中，4 颗卫星的最佳组合由获得的最小精度因子(DOP)选择出来，在程序中的输出为：

获得的最小 DOP 值为 0.094484。

程序开始根据用户输入的迭代所需次数进行位置迭代计算。

该程序将依次显示它计算的结果。

迭代次数设计为 n: 1 + eration#n

到所选定的 4 颗卫星的距离分别是

1.0e+007 * [2.2673 2.3734 2.1757 2.0181] in m

距离的差为 dR

1.0e+004 * [-3.9911 -4.5629 -4.5205 -4.5642] in m

观测方程线性化为 dR = G * dX。

 -39910.5553 = 0.4043 * dx + -0.74338 * dy + 0.53285 * dz + 1 * db
 -45629.4328 = -0.5439 * dx + -0.04069 * dy + -0.83816 * dz + 1 * db
 -45204.8555 = 0.0474 * dx + -0.58482 * dy + -0.80978 * dz + 1 * db
 -45641.5591 = -0.2551 * dx + -0.95848 * dy + -0.12731 * dz + 1 * db

dX 的解为 GT * inv(GT * G)

1.0e+004 * [0.4120; 0.3869; 0.3305; -4.0461] in m

经过 n 次迭代后的解为

1.0e+006 * [1.1965 6.2759 1.5954 0.1143] in m

最后，经过反复的必要次数的迭代结束之后，显示了最终的解。

用户坐标的最终解是

$$1.0e+006 * [\,1.1965 \quad 6.2759 \quad 1.5954 \quad 0.1143\,] \quad \text{in m}$$

6.5 位置解算的其他方法

6.5.1 非线性化测距方程的解算

本节将介绍如何利用相同的距离观测量以及不同的方法来解算用户位置。目前，已经提出了很多二次观测方程的解算方法，但这里只介绍其中的两种：第一种方法利用约束方程完成位置解算，另一种方法根据实际逻辑从两个可能的解中选出真实的位置解。

6.5.5.1 利用约束方程的解算方法

如前所述，可以从尚未线性化的二次方程解出四个未知数。为此，除了四个二次方程外，需要一个限定坐标固定关系的约束方程。这样一共有五个方程，与之前观测方程需求一致：四个未知数和一个约束方程即可消去二次不确定性。

有一种约束条件是，假设用户位置的平方与由钟差引起的误差的平方的差值是一个常数（Grewal et al. , 2001）。该约束在数学上表示为

$$(x^2 + y^2 + z^2) - b^2 = k^2 \tag{6.15}$$

这个约束方程可以使计算简单化。除此之外，也可以是与位置和钟差相关的其他约束条件，只要是独立的约束方程即可。

第一个观测方程为

$$R_1 = \sqrt{(x_{S1} - x)^2 + (y_{S1} - y)^2 + (z_{S1} - z)^2} + c\delta t_u \tag{6.16}$$

展开平方项，将 $c\delta t_u$ 表示为 b，得到

$$R_1 = \sqrt{x_{S1}^2 + x^2 + y_{S1}^2 + y^2 + z_{S1}^2 + z^2 - 2x_{S1}x - 2y_{S1}y - 2z_{S1}z} + b \tag{6.17a}$$

将上述方程整合为

$$R_1^2 = x_{S1}^2 + x^2 + y_{S1}^2 + y^2 + z_{S1}^2 + z^2 - 2x_{S1}x - 2y_{S1}y - 2z_{S1}z + 2R_1 b - b^2 \tag{6.17b}$$

将约束方程(6.15)代入方程(6.17b)中，得到

$$R_1^2 - k^2 - R_S^2 = -2xx_{S1} - 2yy_{S1} - 2zz_{S1} + 2R_1 b \tag{6.18a}$$

$$\text{或} \quad A_1 x + B_1 y + C_1 z + D_1 b = k_1 \tag{6.18b}$$

其中，$A_1 = 2x_{S1}, B_1 = 2y_{S1}, C_1 = 2z_{S1}, D_1 = -2R_1, k_1 = R_S^2 + k^2 - R_1^2$。每个观测方程都可以构造上述线性方程，并加上约束方程，即可解出四个未知数。由此形成的联立方程为

$$A_1 x + B_1 y + C_1 z + D_1 b = k_1$$
$$A_2 x + B_2 y + C_2 z + D_2 b = k_2$$

$$A_3x + B_3y + C_3z + D_3b = k_3$$
$$A_4x + B_4y + C_4z + D_4b = k_4 \qquad (6.19\text{a})$$

写成矩阵的形式如

$$GX = K \qquad (6.19\text{b})$$

其中

$$G = \begin{pmatrix} A_1 & B_1 & C_1 & D_1 \\ A_2 & B_2 & C_2 & D_2 \\ A_3 & B_3 & C_3 & D_3 \\ A_4 & B_4 & C_4 & D_4 \end{pmatrix}$$

$$X = [x \quad y \quad z \quad b]^\mathrm{T}, \quad K = [k_1 \quad k_2 \quad k_3 \quad k_4]^\mathrm{T}$$

使用标准最小二乘法，X 的解变为

$$X = (G^\mathrm{T}G)^{-1}G^\mathrm{T}K \qquad (6.20)$$

6.5.1.2 班克罗夫特方法

在有关方程求解的讨论中，将原始二次型的观测方法进行线性化是比较方便的。上一小节讨论了在用户位置参数上增加一个约束条件进行求解的方法。在班克罗夫特方法中，方程保持二次性，利用给定的关系对方程进行一些数学变换，使其退化为最小二乘问题；进而，可以求出两个可能的解，再从逻辑上选出真实的解。这一求解方法属于代数方法，而且是非迭代的，它的计算效率更高且更稳定，并允许扩展成批处理的模式（Bancroft, 1985）。班克罗夫特方法是处理二次方程的典型方法，并由 Abel and Chaffee(1991) 和 Chafee and Abel (1994) 进行了进一步的改进。

根据卫星位置、用户位置和接收机偏移，观测方程可表示为

$$R = \sqrt{(x_S - x)^2 + (y_S - y)^2 + (z_S - z)^2} + b \qquad (6.21\text{a})$$

将观测方程中的平方项展开，作为用户和卫星未知数的函数，变为

$$x_S^2 - 2x_Sx + x^2 + y_S^2 - 2y_Sy + y^2 + z_S^2 - 2z_Sz + z^2 = R^2 - 2Rb + b^2 \qquad (6.21\text{b})$$

将方程整合为

$$(x^2 + y^2 + z^2 - b^2) - 2(x_Sx + y_Sy + z_Sz - Rb) + (x_S^2 + y_S^2 + z_S^2 - R^2) = 0 \qquad (6.21\text{c})$$

方程可以看成一个通用的二次方程的形式 $X^2 + kX + c = 0$，其中 $X = [x \quad y \quad z \quad b]^\mathrm{T}$ 为四维向量。

该方法的优点就在于此。与直接求解 X 相反，二次未知项 $(x^2 + y^2 + z^2 - b^2)$ 是标量形式。根据狭义相对论，可以认为这种形式类似于洛伦兹方程。因此，该复合项称为 X 的洛伦兹内积。这个函数可定义为

$$\lambda = <X * X> = x^2 + y^2 + z^2 - b^2 \qquad (6.22)$$

需要注意的是：λ 是 X 中未知变量的一个标量函数。类似地，定义向量 $S = [x_S \quad y_S \quad z_S \quad R]^\mathrm{T}$，则有

$$<S * S> = (x_S^2 + y_S^2 + z_S^2 - R^2) = \alpha \qquad (6.23)$$

根据以上定义，方程变为

$$\lambda - 2\beta X + \alpha = 0 \qquad (6.24\text{a})$$

其中，α 和 β 是已知量，λ 和 X 是未知量，$\beta = [x_S \quad y_S \quad z_S \quad -R]$，方程可等效为

$$\beta X = \frac{1}{2}\lambda + \frac{1}{2}\alpha \qquad (6.24\text{b})$$

这个方程对每颗卫星都成立,类似的方程可由 n 个不同的卫星形成,组成如下矩阵方程:

$$BX = \frac{1}{2}\Lambda + \frac{1}{2}A \qquad (6.24\text{c})$$

λ 是用户位置的标量函数,在所有卫星的观测方程中保持一致。因此,$\Lambda = \lambda U$,且 $U = \begin{bmatrix} 1 & 1 & 1 & \cdots \end{bmatrix}^{\mathrm{T}}$,它们均为 $n \times 1$ 矩阵。α 是常数,但它在不同卫星的观测方程中是不同的,形成矩阵 A。有

$$B = \begin{pmatrix} x_{S1} & y_{S1} & z_{S1} & -\rho_{S1} \\ x_{S2} & y_{S2} & z_{S2} & -\rho_{S2} \\ x_{S3} & y_{S3} & z_{S3} & -\rho_{S3} \\ & & \vdots & \\ x_{Sn} & y_{Sn} & z_{Sn} & -\rho_{Sn} \end{pmatrix}$$

且 $A = \begin{bmatrix} \alpha_1 & \alpha_2 & \alpha_3 & \cdots & \alpha_n \end{bmatrix}^{\mathrm{T}}$。

如果有 n 颗卫星,那么 B 是 $n \times 4$ 矩阵,U 是 $n \times 1$ 向量,A 是 $n \times 1$ 向量。如果有足够多的卫星,利用最小二乘法就可求解这个常规方程。由式(6.24c)可以推导出 X 的最小二乘解为

$$X^* = (B^{\mathrm{T}}B)^{-1}B^{\mathrm{T}}\left(\frac{1}{2}\Lambda + \frac{1}{2}A\right) = K\left(\frac{1}{2}\Lambda + \frac{1}{2}A\right) \qquad (6.25)$$

其中,$K = (B^{\mathrm{T}}B)^{-1}B^{\mathrm{T}}$ 是 $4 \times n$ 矩阵;X^* 与 λ 相关,λ 也是 X 的函数。将 X^* 代入标量 λ 的定义式,则有

$$\lambda = <\frac{1}{2}K(\Lambda + A) * \frac{1}{2}K(\Lambda + A)> \qquad (6.26\text{a})$$

$$= \frac{1}{4}\lambda^2 <KU * KU> + \frac{1}{2}\lambda <KU * KA> + \frac{1}{4}<KA * KA>$$

$$\lambda^2 <KU * KU> + 2\lambda(<KU * KA> - 2) + <KA * KA> = 0 \qquad (6.26\text{b})$$

$$\lambda^2 c_1 + 2\lambda c_2 + c_3 = 0 \qquad (6.26\text{c})$$

这是关于 λ 的标量二次方程,可以通过比较构造矩阵的维度和方程包含的所有标量系数来进行验证。由于所有分量都是已知的,这三个方程皆可以解算。因此,可以得到 λ 的两种可能解(λ_1 和 λ_2)。这两个解都是有效的,但它们只是 X 的标量函数,而不是 X 本身。将 λ 的值都代入式(6.25),得到 X 的近似值,即

$$\begin{aligned} X_1 &= K\left(\frac{1}{2}\lambda_1 U + \frac{1}{2}A\right) \\ X_2 &= K\left(\frac{1}{2}\lambda_2 U + \frac{1}{2}A\right) \end{aligned} \qquad (6.27)$$

这其中只有一个解是合乎逻辑的。例如,对于地面用户,X 的解将有一个在半径为 R 的地球表面上,另一个则不在地球表面。因此,通过合理地推理即可选出用户真实的位置。与此等价的即是一个约束方程。练习 6.2 介绍了班氏法求解位置的过程。

精选补充6.3　班氏法求解

下面给出一个利用测量距离和卫星位置解算点位置的例子。通过卫星发送的星历信息解算出卫星的空间坐标 $S1$、$S2$、$S3$、$S4$，在 ECEF 坐标系下表示为

卫星 $S1$	卫星 $S2$	卫星 $S3$	卫星 $S4$
$x_{S1}=2.1339\times10^3$	$x_{S2}=0.0$	$x_{S3}=4.1006\times10^3$	$x_{S4}=2.0581\times10^3$
$y_{S1}=2.4391\times10^4$	$y_{S2}=2.4484\times10^4$	$y_{S3}=2.3256\times10^4$	$y_{S4}=2.3525\times10^4$
$z_{S1}=8.9115\times10^3$	$z_{S2}=8.9115\times10^3$	$z_{S3}=1.1012\times10^4$	$z_{S4}=1.1012\times10^4$

地球上点 P 位置到卫星的测量距离经修正后为

$$R_{t1}=1.9708\times10^4$$
$$R_{t2}=1.9702\times10^4$$
$$R_{t3}=1.9773\times10^4$$
$$R_{t4}=1.9714\times10^4$$

如果要想解出点 P 的位置，首先是利用位置和距离信息构成矩阵 $\boldsymbol{B}$，具体为

$$\boldsymbol{B}=\begin{bmatrix} 0.2134 & 2.4391 & 0.8912 & -1.9708 \\ 0 & 2.4484 & 0.8912 & -1.9702 \\ 0.4101 & 2.3256 & 1.1012 & -1.9773 \\ 0.2058 & 2.3525 & 1.1012 & -1.9714 \end{bmatrix}\times10^4$$

由矩阵 $\boldsymbol{B}$ 可以推导出矩阵 $\boldsymbol{K}$

$$\boldsymbol{K}=\begin{bmatrix} 0.06 & -0.06 & -0.02 & 0.02 \\ 0.38 & -0.37 & -0.39 & 0.39 \\ 0.11 & -0.16 & -0.16 & 0.21 \\ 0.52 & -0.54 & -0.56 & 0.57 \end{bmatrix}\times10^{-2}$$

由于 $\boldsymbol{KU}$ 和 $\boldsymbol{KA}$ 的值都是已知的，故可以生成系数 c_1，c_2 和 c_3，如式(6.26b)

$$c_1=-1.1445\times10^{-9},\quad c_2=-0.810,\quad c_3=1.4786\times10^8$$

因此，方程(6.26c)的解就可以直接利用解二次方程的标准方法得到

$$\lambda_1=-8.5821\times10^8,\quad \lambda_2=1.5053\times10^8$$

把这些值代入方程(6.27)，得到向量 $\boldsymbol{X}_1$ 和 $\boldsymbol{X}_2$

$$\boldsymbol{X}_1=[0.041\quad 1.137\quad 0.468\quad 16.026]\times10^3$$
$$\boldsymbol{X}_2=[0.223\quad 6.464\quad 2.619\quad -1.979]\times10^3$$

为了验证这两个结果的正确性，计算相对应的半径，对应 $\boldsymbol{X}_1$ 和 $\boldsymbol{X}_2$ 分别是 R_1 和 R_2

$$R_1=1.2299\times10^3\text{ km}$$
$$R_2=6.9787\times10^3\text{ km}$$

考虑到接收机的真实位置是在地球表面，第一个解得到的半径太小，从而不满足这种情况，而第二个解是满足的，由此可知 $\boldsymbol{X}_2$ 是真实的位置解。

练习 6.2　班克罗夫特方法的 MATLAB 实现

运行 MATLAB 程序 Bancroft.m，以获得如上所示的解。从外部文件获得关于卫星的位置和所测量距离的信息。由程序通过在线命令读出 sat_pos.txt 文件。

运行程序，并使用不同的数据集来检查以下内容：

1. 矩阵 B 的状态是如何随着附近的卫星而变化的？
2. 当所测量的距离是准确的，即 $x_s^2 + y_s^2 + z_s^2 - R^2 = 0$，如何使得 $A = 0$？

6.5.2　其他方法

6.5.2.1　多普勒定位

在其他解算方法中，多普勒定位是十分重要的方法。它是最先用于卫星导航系统的技术，并在卫星 Sputnik 中第一次使用，卫星的位置是由与已知位置的接收机间的多普勒频率来确定的。在本节，我们将介绍利用多普勒观测值（Axelrad and Brown, 1996）进行位置估计的基本原理。

首先定义多普勒频率为接收信号的频率漂移，它是由发射机和接收机之间信号传输时的径向相对运动引起的。如果 v_{rs} 是接收机相对于发射机的径向速度，由多普勒效应引起的信号波长为 λ，则接收到的频移为

$$\Delta f = \frac{-v_{rs}}{\lambda} \tag{6.28}$$

我们通常约定，当相对速度增加时，多普勒频移是正值。也就是说，当径向距离减小，即发射器和接收器相互接近时，频率就会增加，从而引起了正的多普勒频率；反之，当它们相互离开而使径向距离增加时，所接收的频率会降低，从而引起负的多普勒频率。另外，因为信号的波长 λ 是固定的，所以相对速度 v_{rs} 在任何时刻可以反推出多普勒频移。在本节中，将术语"多普勒频移"和"相对径向速度"作为同义词。

当发射机的速度和位置精确已知时，多普勒及积分多普勒可用于确定接收机的位置。由接收机测量的距离可表示为

$$R_1 = \sqrt{(x_{S1} - x)^2 + (y_{S1} - y)^2 + (z_{S1} - z)^2} + b \tag{6.29}$$

其中，每个符号均保持它们通用的含义。由于相对速度是距离的变化率，则可得

$$v_{rs} = \frac{dR}{dt} = (\alpha_s v_{sx} - \alpha_r v_{rx}) + (\beta_s v_{sy} - \beta_r v_{ry}) + (\gamma_s v_{sz} - \gamma_r v_{rz}) + \frac{db}{dt} \tag{6.30}$$

其中，$\alpha_s = \frac{\partial R}{\partial x_s}, \beta_s = \frac{\partial R}{\partial y_s}, \gamma_s = \frac{\partial R}{\partial z_s}$。类似地，$\alpha_r = \frac{-\partial R}{\partial x_r}, \beta_r = \frac{\partial R}{\partial y_r}, \gamma_r = \frac{-\partial R}{\partial z_r}$。$v_{sx}, v_{sy}$ 及 v_{sz} 分别代表的是卫星速度沿 X 轴、Y 轴和 Z 轴的分量。v_{rx}, v_{ry} 和 v_{rz} 是接收机速度分别沿 X 轴、Y 轴和 Z 轴的分量。$\frac{d\delta t_u}{dt}$ 是接收机时钟漂移率。卫星和用户的这些速度分量，乘以其各自的投影因子 α, β 和 γ，得到用户接收机和卫星连线的径向合速度。

为了去除位置计算中接收机自身速度的影响，假设观测期间接收机保持静止，v_{rx}, v_{ry} 及 v_{rz} 的值为零，前面的公式简化为

$$v_{rs} = \alpha_s v_{sx} + \beta_s v_{sy} + \gamma_s v_{sz} + \frac{db}{dt} \tag{6.31}$$

其中，导数 α_s、β_s 和 γ_s 是卫星和接收机连线矢量的方向余弦，是笛卡儿坐标系中单位矢量 e 沿卫星方向上的轴分量。因此，可以将式(6.31)写成

$$v_{rs} = [v_{sx} \quad v_{sy} \quad v_{sz1}] \begin{bmatrix} \alpha_s & \beta_s & \gamma_s & \frac{db}{dt} \end{bmatrix}^T = [v_s \quad 1] \cdot G \tag{6.32}$$

这里给出了多普勒频移 v_{rs} 和用卫星绝对速度 v_s 表示的未知位置 G 之间的关系。因此，如果可以从传输信号中获得卫星位置和速度，由多普勒导出相对速度 v_{rs}，接收机可以利用式(6.32)计算它自身的位置。

在式(6.32)中，参数 α_s、β_s 和 γ_s 取决于发射机和接收机的相对位置，它们是接收机位置 x_r、y_r 和 z_r 与卫星位置的非线性函数。

对于一个确定位置的卫星，它和接收机位置连线上的任意一点将有相同的 G 值。但是，当同时考虑多个类似的观测方程时，位置的多解性就会被逐步地消除，从而使得满足条件的解的个数减少到一个。通过前面的章节，我们已知在位置求解的过程中，可对同一接收机与不同卫星的位置距离进行多次测量，从而建立起观测方程组，最后通过非线性最小二乘法求解这个方程组；另外，也可以用相对近似来避免非线性方程的求解。在本节中，为了解算位置，首先假设 X_0 的近似解为 $\left(x_0, y_0, z_0, \frac{db_0}{dt}\right)$，考虑到多普勒变化在不同的位置是有差异的，将它代入观测方程组时，将会得到不同的 v_{rs} 值，并且针对每次观测都会有一个 v_{rs1}，而这两个多普勒值都是为了计算卫星速度 v_s。在整个观测方程组中，以矩阵形式表示微分方程为

$$\Delta v_{rs} = v_{rs} - v_{rs1} = [v_s \quad 1] \cdot [G_{真值} - G_{近似值}] = [v_s \quad 1] \cdot \Delta G = [v_s \quad 1] \cdot \mathrm{grad}(G)\big|_{x_0} \Delta X \tag{6.33}$$

其中，ΔX 是未知量与近似值的差值。

由此，获得了多普勒误差与位置估计误差的关系。此时，方程的求解已转化为未知量与近似值的差值线性方程求解的问题。有很多种代数方法可以对此线性方程进行求解。一旦求解出未知量与近似值的差值，将其加入 X_0 中，即可获得 x、y 和 z 的值。

只有某一确定时刻的单次观测，而没有位置的先验信息，是难以估算精确位置的。但是，若用户在一个特定位置累计足够多的观测数据，就能解算出在最小二乘意义上的满足所有方程的最优位置解。

总之，上述位置估计从一个近似位置开始，并最终确定差分定位误差，它是利用最佳匹配计算的方式通过多普勒观测量的倾斜率来获取位置偏差量的。

6.6 速度估计

由于接收机可以根据观测量实时更新估计位置 P 和时间 T，因此可由位置增量与时间增量的瞬时比来求解速度，在每个轴方向上的比值即为用户在该方向上对应的速度。因此

$$V = \frac{\Delta p}{\Delta t} \tag{6.34}$$

将其分解为沿各方向上的分量为

$$v_x = \frac{\Delta x}{\Delta t}, \quad v_y = \frac{\Delta y}{\Delta t}, \quad v_z = \frac{\Delta z}{\Delta t} \tag{6.35}$$

但是，上述求解速度的方法并不是最优的。由前节可知，接收机的多普勒频移是关于用户与卫星的相对径向速度的函数，由此可以得到求解速度的更好方法（Kaplan et al., 2006）。由式(6.28)很容易理解这一点，将其分解为各方向上的分量，

$$\Delta f = -\frac{v_{rs}}{\lambda} = \frac{-[(\alpha_s v_{sx} - \alpha_r v_{rx}) + (\beta_s v_{sy} - \beta_r v_{ry}) + (\gamma_s v_{sz} - \gamma_r v_{rz})]}{\lambda}$$

或

$$\lambda \Delta f + v_s \cdot G_s = v_r \cdot G_r \tag{6.36}$$

其中，$G_r = (\alpha_r \boldsymbol{i} + \beta_r \boldsymbol{j} + \gamma_r \boldsymbol{k})$ 和 $G_s = (\alpha_s \boldsymbol{i} + \beta_s \boldsymbol{j} + \gamma_s \boldsymbol{k})$ 是沿接收机和卫星方向上的单位向量；λ 是发射信号的波长，等于 c/f_t，c 是光速，f_t 是所发送信号的频率，Δf 是所测量的多普勒频移，v_s 和 v_r 分别是卫星和接收机的速度。

如果用户能接收到信号，测量出多普勒频移 Δf，并且从接收到的星历数据中估计出卫星的速度，就可以利用上述公式估计出接收机速度。

当然，还需要考虑一个问题：如何测量多普勒频移。方法很简单，就是求测量输入信号的频率和已知的信号频率之差。输入频率通常是通过计数1s内接收到信号的振动次数来测量的，已知信号频率是本地时钟给出的。但是，如果接收机中的本地时钟是错误的，那么测量到的频率以及多普勒频移也将是错误的。

对接收机来说，除接收机钟差外，传输频率也并不准确。由于卫星振荡器的漂移，也会存在误差。但是，这个值通常可由系统的地面段进行估计，所需的纠正值会通过导航电文发送给用户。因此，可以认为因此产生的误差是可以全部修正的。

接收机钟差是上述速度估计过程中唯一的误差来源，它包括时钟偏差和时钟漂移两部分。由于在计数振荡的开始时间和停止时间有同样的偏移，所以接收机的固定时钟偏差（即与真实的时间差）在频率测量中是不会引起误差的。

在时间间隔 Δt 内，如果 t' 是时钟漂移，Δt 是开始时间和结束时间之间的差，那么在此期间，时钟偏差可表示为

$$\delta t = t' \Delta t \tag{6.37}$$

其中，δt 为时间误差。假设 n 是时间间隔 Δt 内振荡的总计数，信号的真实频率则为 $f = \frac{n}{\Delta t}$。但是，由于在时间间隔内存在测量误差，实际测得的频率为

$$f_m = f + \Delta f_m = f + \Delta f + \frac{\partial f}{\partial \Delta t} \delta t \tag{6.38}$$

其中，Δf_m 为用户实际测得的多普勒频移，包括由用户和卫星的相对运动引起的多普勒频移 Δf 和由用户钟漂引起的测量误差 δf，

$$\delta f = \frac{\partial f}{\partial \Delta t} \cdot \delta t = \frac{\partial}{\partial \Delta t}\left(\frac{n}{\Delta t}\right) \cdot \delta t = -\frac{n}{\Delta t^2} \cdot \delta t = -\frac{n}{\Delta t^2}(\Delta t \cdot t')$$

$$= -\frac{n}{\Delta t} \cdot t' = -f \cdot t' \tag{6.39}$$

其中，负号是指如果漂移为正则会导致测量频率的递减，所以测量的多普勒频率等于真实多

普勒频率与由钟漂引起的多普勒估计误差之和。因此，对每颗卫星，多普勒频率观测值都可表示为

$$v_r G_r + \lambda f t' = v_s G_s + \lambda \Delta f_m$$

或 $[G_r \quad \lambda f][v_r \quad t']^T = v_s G_s + \lambda \Delta f_m$

或 $G_r'[v_r \quad t']^T = v_s G_s + \lambda \Delta f_m$ (6.40)

其中 $G_r' = [G_r \quad \lambda f]$。

因此，可以构造一个类似的矩阵方程来求解接收机速度，即

$$[v_r \quad t']^T = (G_r')^{-1} G_s v_s + (G_r')^{-1} (\lambda \Delta f_m) \quad (6.41)$$

这个方程有一个隐含的假设，即在估计速度之前，卫星和用户相交的视线是已知的，这样才能得到矩阵 G_r。在估计用户的位置之后，可以用这种方法来估计速度。与位置估计类似，速度是由瞬时测量估计的，在每次有新的观测值时就会被更新。

除此之外，误差也可以由这一估计方程得到，我们将在第7章中进行详细的讨论。当然，也可以用其他方法来估计位置和速度，比如卡尔曼滤波。它是通过引入接收机的状态变量来进行估计的，可以同时确定位置、时间和速度。卡尔曼滤波及其估算过程将在第9章中进行讨论。

思考题

1. 是否有可能从地球上一个已知位置，通过测量其与飞行中的飞机的距离，找到飞机的位置？如果可以，需要多少台这样的接收机？
2. 除了使用所获得的测距值，如果采用观测量差分的方式，消除公共的钟差参数，在方程的左边只保留3个位置参数，那么是否有可能仅使用3颗卫星和相应的3个差分方程就能推导出位置坐标？
3. 在确定位置和速度时使用原子钟有什么优势？
4. 如果使用超过4颗卫星进行导航定位解算，是否可以达到定位精度提高的目的？

参考文献

Abel, J.S., Chaffee, J.W., 1991. Existence and uniqueness of GPS solutions. IEEE Transactions on Aerospace and Electronic Systems 27 (6), 952–956.

Axelrad, P., Brown, R.G., 1996. GPS navigation algorithms. In: Parkinson, B.W., Spilker Jr., J.J. (Eds.), Global Positioning Systems, Theory and Applications, vol. I. AIAA, Washington, DC, USA.

Bancroft, S., 1985. An algebraic solution of the GPS equations. IEEE Transactions on Aerospace and Electronic Systems 21, 56–59.

Chaffee, J.W., Abel, J.S., 1994. On the exact solutions of pseudorange equations. IEEE Transactions on Aerospace and Electronic Systems 30 (4), 1021–1030.

Grewal, M.S., Weill, L., Andrews, A.P., 2001. Global Positioning Systems, Inertial Navigation and Integration. John Wiley and Sons, New York, USA.

Kaplan, E.D., Leva, J.L., Milbet, D., Pavloff, M.S., 2006. Fundamentals of satellite navigation. In: Kaplan, E.D., Hegarty, C.J. (Eds.), Understanding GPS Principles and Applications, second ed. Artech House, Boston, MA, USA.

Strang, G., 2003. Introduction to Linear Algebra, third ed. Wellesley-Cambridge Press, Wellesley, MA, USA.

第7章 误差和误差修正

摘要

伪距测量值的质量决定了位置估计的精度。在实际应用中,伪距测量值中必然会含有各种观测误差。本章介绍了影响定位精度的接收机误差及其估计方法。首先,根据误差的不同特性对其进行分类,描述了接收机测量值中的误差源,并且介绍了一些主要误差的基本理论知识。然后,描述了从测量值中消除这些误差的方法及涉及的相关模型。最后,对这些误差残差对定位结果的影响进行了定量的讨论,并介绍了DOP值的重要性。

关键词

clock drift 时钟漂移	multipath 多径
ephemeris error 星历误差	scintillation 闪烁
group delay 群时延	total electron content 电子总含量(TEC)
Hopfield model Hopfield 模型	tropospheric attenuation 对流层衰减
ionospheric delay 电离层延迟	wet delay 湿延迟

上一章介绍了确定用户位置的理论方法,但是是在理想条件下估算这些参数的,即假定接收机测量条件是理想的,并且认为卫星位置是没有误差的。然而,在实际情况下,接收机测量过程中的误差和卫星位置等误差是不能忽略的。误差将从各个方面渗入观测值,使得位置估算结果产生偏差。要最大限度地避免这种测量的不确定对位置估算带来的影响,就需要了解每一类误差是如何对观测值产生影响的。本章首先确定不同的误差源,并定量地估算其对位置的影响,最后简略地讨论如何处理这些误差。

7.1 误差范围

在卫星导航系统中,信息是通过导航信号发送给用户的。在这个过程中,当接收机接收到信号时已经包含了一些误差,而接收机从信号中提取信息的过程也会相应地产生误差。

值得注意的是,通信误差不会产生测距误差。通信误差仅会导致对导航信息数据比特的错误识别,且这些错误比特可以通过前向纠错字符进行纠正,或者通过循环冗余鉴别错误并存储纠正信息。因此,无论比特流中发生何种误差,这些错误的数据比特要么被修正,要么被丢弃。所以,在这种机制下,接收机数据比特中的误差不会对测距产生影响。

测量值和待估参数的函数关系可通过如下的观测方程表示:

$$R = \sqrt{(x_s - x_u)^2 + (y_s - y_u)^2 + (z_s - z_u)^2} \tag{7.1a}$$

其中，假定接收机时钟偏移通过一个相对于参考时间系统的参数 δt_u 进行补偿，并在方程中加入这一补偿项。那么改进的观测方程为

$$R = \sqrt{(x_s - x_u)^2 + (y_s - y_u)^2 + (z_s - z_u)^2} + c\delta t_u \qquad (7.1\text{b})$$
$$= \sqrt{(x_s - x_u)^2 + (y_s - y_u)^2 + (z_s - z_u)^2} + b$$

其中，b 表示由接收机时钟偏差引起的距离误差，(x_s, y_s, z_s) 和 R 分别表示已知的卫星位置参数和测量距离。通过已知量和未知量的确定关系求解未知参数 $X = (x_u, y_u, z_u, b)$。采用线性化方式对观测方程进行变换并联立方程组

$$G\Delta X = \Delta R$$
$$\Delta X = G^{-1}\Delta R \qquad (7.2\text{a})$$

其中，$G = \dfrac{\partial R}{\partial X}$，$\Delta X$ 表示接收机位置 X 相对于参考位置 X_0 的误差，ΔR 是接收机测量距离与 R_0 的差，R_0 是根据 X_0 计算出来的几何距离。那么，将 $\Delta X = (X - X_0)$ 和 $\Delta R = (R - R_0)$ 代入上式，得到

$$X = X_0 + G^{-1}(R - R_0) \qquad (7.2\text{b})$$

如果测量误差使得测量值 R 变成 $R + \mathrm{d}R$，那么方程的解变为 $X + \mathrm{d}X$，

$$X + \mathrm{d}X = X_0 + G^{-1}(R + \mathrm{d}R) - G^{-1}R_0 \qquad (7.2\text{c})$$
$$\text{或} \quad \mathrm{d}X = G^{-1}\mathrm{d}R$$

也就是说，测量误差 $\mathrm{d}R$ 通过矩阵 G 的逆与解算误差 $\mathrm{d}X$ 相关联。所以，距离测量值中的任何误差最终将导致位置测量误差，且误差的大小取决于相应的几何关系矩阵 G。因此，为了减小位置估算误差，一方面是要使测量值误差 $\mathrm{d}R$ 尽可能小；另一方面，应尽可能使矩阵 G^{-1} 不对 $\mathrm{d}R$ 的误差进行进一步放大。对于任意矩阵 A，有 $A^{-1} = \dfrac{C_A^{\mathrm{T}}}{|A|}$，其中 C_A 是 A 的余子式矩阵。显然，$|G|$ 矩阵不应是奇异的或者近似奇异的。也就是说，G 矩阵必须保证 A 矩阵各行是线性无关的。

要使估计误差 $\mathrm{d}X$ 最小，需要有最小的 $\mathrm{d}R$ 并使得矩阵 G 情况良好。在进行更深入详细的分析之前，首先通过练习 7.1 了解在没有钟差的条件下，伪距中的各种误差如何影响由观测方程解出的位置解。

▷ **练习 7.1 MATLAB 实现**

运行 MATLAB 程序 posi_err.m，可获得已知卫星位置的情况下，测距误差对位置解算的影响，假设其预设位置如下。

卫星位置为

[32.2° N 67.0° E]；[0.5° N 73.8° E]；[-15.3° N 91.4° E]；[5.6° N 117.2° E]

对应的测距误差为

[5.2 4.1 3.7 9.2] m

笛卡儿坐标下，各方向误差为

$$\mathrm{d}x = -6.832 \text{ m}; \quad \mathrm{d}y = 16.259 \text{ m}; \quad \mathrm{d}z = 7.887 \text{ m}$$

由此得到的有效径向误差为 19.749 m。相应的 G 矩阵的条件数为 57.382，显然它比其理想值（近似为 1）大得多。

改变卫星位置，保持测距误差不变，观察位置误差的变化，同时每次都检查 G 矩阵的条件数，并按 G 矩阵的参数对位置误差进行排序。

类似地，保持卫星位置不变，改变测距误差，再查看相应的结果。

7.1.1 误差源

本节讨论引起测量误差的误差源。首先介绍这些误差源的分类，然后详细描述每一类误差。卫星导航系统的三个经典组成部分都会引起误差，这些误差源会引起观测方程中已知量的误差。所以，可以根据误差来源于导航系统的哪些段进行简单分类，再介绍每个段中不同误差的产生原因。

导航系统不同部分的主要误差源如下所示（Parkinson，1996）。

1. 控制段误差源：星历误差
2. 空间段误差源：卫星钟差，卫星码偏差
3. 传播误差源：电离层延迟，对流层延迟或多径
4. 用户段误差源：接收机噪声，接收机偏差

有时也可根据误差的特性将其进行分类。从这个角度，误差可以分为如下几类。

1. 常数误差。无论接收机处于什么地理位置，这些误差都是常数，并且对于所有用户都是一样的。这类误差产生于信号发射之前，所以不受接收机位置影响。这类误差包括卫星钟差，卫星硬件延迟等。
2. 相关误差。这些误差与用户位置有关，并且同一时刻在地理位置上具有相关性，信号在介质传播过程中引入的误差就属此类误差。星历误差、电离层误差和对流层误差都属于此类误差。随着接收机位置的变化，这些误差的大小也随之改变。对于相互邻近的接收机，这种误差的值存在很大的相关性。因此，如果已知邻近用户的此类误差大小，就可以据此推断自身的误差大小。
3. 非相关误差。这类误差同样与用户位置有关，但在地理上不存在相关性。这些误差相互独立，所以就不能从其他位置的相关信息中估计自己的误差大小。多径引起的误差就属于此类误差。

在下一章中将再次回顾这些类型的误差，并对每一项误差进行单独描述。

7.2 控制段误差

星历和星钟修正参数是在控制段中进行计算的。这些值周期性地更新并以导航电文的形式播发给用户，下面将讨论在计算过程中所产生的误差。

7.2.1 星历误差

在计算卫星星历时，控制段使用不同的模型来预测卫星的轨迹。此过程存在模型误差，

从而导致控制段发布的星历产生误差，称为星历误差。

下面估算星历误差对测距的影响。从星历参数中解出卫星位置，这些卫星位置就变成观测方程的一部分，如式(7.1b)，将其再次写出

$$R = \sqrt{(x_s - x_u)^2 + (y_s - y_u)^2 + (z_s - z_u)^2} + c\delta t_u$$

上式将等号左侧的测量距离等同于等号右边的通过用户位置和卫星位置计算出来的欧氏距离理论值。测量值测量的是卫星的真实位置到接收机的距离。然而由于星历误差，使得解算出来的卫星位置存在误差，导致在计算距离的过程中所采用的卫星位置不是真正的卫星位置。因此，它也就不等于真实的测量距离 R，导致了式(7.1)中等号两边的不平衡，并将最终引起用户位置的解算误差。

尽管如此，却没有有效的方法对表达式中的卫星坐标进行直接修正。然而，可以保持公式中的卫星坐标不变，而增加一个补偿项来抵消此项误差的影响。这个额外的参数项补偿了由于不准确的位置坐标引起的距离误差，使得方程两侧等价，即

$$R = \sqrt{(x_s - x_u)^2 + (y_s - y_u)^2 + (z_s - z_u)^2} + c\delta t_u + \delta r_{\text{eph}} \tag{7.3}$$

其中，卫星坐标 x_s，y_s 和 z_s 为根据星历解算出的含有误差的卫星位置，δr_{eph} 是平衡星历误差的补偿项。

图7.1描述了估算的卫星位置和真实位置之间的偏差，图中由星历计算的卫星位置在点 A，真实的卫星位置在点 T。总的偏差 $S = \varepsilon$ 可以分解成 ε_θ 和 ε_R。ε_θ 对于径向距离来说是常数，当接收机在地面进行测量时不会对距离产生影响。ε_R 为径向误差，它沿卫星到用户的径向方向，对实际距离产生了额外的影响。因此，ε_R 是需要关注的影响测距的有效距离误差项，相当于式(7.3)中的 δr_{eph}。

图7.1 星历误差

显然，对于某一个观测量，补偿项 δr_{eph} 与接收机位置有关。若将总的 ε 分成两部分，实际影响距离的是径向误差部分 ε_R，此时 $\varepsilon_R = \varepsilon \cos \alpha$，$\alpha$ 是接收机到卫星的距离和误差向量之间的夹角。对于确定的星历误差，误差向量是确定的，而 α 取决于卫星相对于接收机的位置。所以，对于相同的 ε 值，不同的接收机位置对应不同的 α 和 ε_R。因此，相同的星历误差在不同距离方向上将产生不同的误差。

下面将对星历误差进行数学推导，首先来了解由星历误差引起的误差值很小的 x_s，y_s，z_s 最终如何从实质上影响测距。

当传输的卫星位置坐标与实际的坐标产生偏差 $\text{d}S = [\text{d}x_s \quad \text{d}y_s \quad \text{d}z_s]$ 时，就会产生一个横向误差和一个径向误差 $\text{d}R$。绝对距离的表达式由卫星坐标 x，y，z 表示，据此可以推导出距离误差的表达式。由坐标误差引起的距离误差的微分表示为

第7章 误差和误差修正

$$dR = \left(\frac{\partial R}{\partial x_s}\right)\bigg|_{x_s} dx_s + \left(\frac{\partial R}{\partial y_s}\right)\bigg|_{y_s} dy_s + \left(\frac{\partial R}{\partial z_s}\right)\bigg|_{z_s} dz_s \tag{7.4a}$$

其中，导数为对传输星历中的卫星位置坐标求导，根据式(7.1)，该微分表达式可改写为

$$\frac{\partial R}{\partial x_s}\bigg|_{x_s,y_s,z_s} = \frac{(x_s - x_u)}{\sqrt{(x_s - x_u)^2 + (y_s - y_u)^2 + (z_s - z_u)^2}}$$

$$\frac{\partial R}{\partial y_s}\bigg|_{x_s,y_s,z_s} = \frac{(y_s - y_u)}{\sqrt{(x_s - x_u)^2 + (y_s - y_u)^2 + (z_s - z_u)^2}} \tag{7.4b}$$

$$\frac{\partial R}{\partial z_s}\bigg|_{x_s,y_s,z_s} = \frac{(z_s - z_u)}{\sqrt{(x_s - x_u)^2 + (y_s - y_u)^2 + (z_s - z_u)^2}}$$

可以看出，导数为径向距离方向在各个坐标轴上的方向余弦。所以，这些导数也是各坐标轴单位向量的组成部分。因此，式(7.4a)可写为

$$dR = \left(\frac{\partial R}{\partial x_s}\right)dx_s + \left(\frac{\partial R}{\partial y_s}\right)dy_s + \left(\frac{\partial R}{\partial z_s}\right)dz_s\bigg|_{x_s,y_s,z_s} = \cos\alpha\, dx_s + \cos\beta\, dy_s + \cos\gamma\, dz_s$$

$$= e_x dx_s + e_y dy_s + e_z dz_s = e \cdot dS \tag{7.4c}$$

其中，e 表示沿距离方向的单位向量，e_x，e_y，e_z 是它在三轴方向上的分量。因此，实际的径向误差是卫星位置误差与单位径向向量的点积，那么实际的径向误差与它们之间的夹角有关。很明显，每个分量上的表达式与接收机位置坐标有关，即与用户和接收机的几何结构有关。如图7.2所示，如果 A 和 T 分别表示真实的卫星位置和受星历误差影响的卫星位置，那么相对于接收机 Rx_1，接收机 Rx_2 在距离上受到的误差影响要小得多。

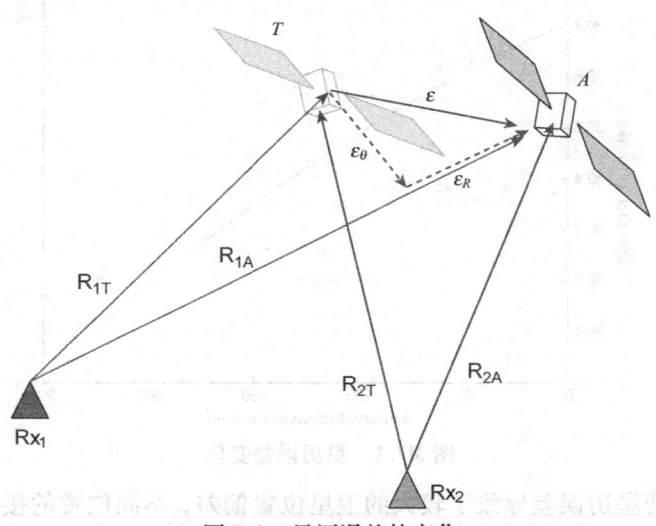

图7.2 星历误差的变化

虽然星历误差值随用户位置的变化而不同，但这个变量却满足一个确定的函数，因此该误差是空间相关的。然而，对于较近的距离来说，这个变量的变化很小，所以该误差可以看成一个常数。图7.2对此进行了说明。

根据式(7.4c)可以将两个位置的星历误差引起的差异表示为

$$\Delta dR = (e_1 - e_2) \cdot dS \tag{7.5}$$

其中，e_1 和 e_2 分别表示当接收机 Rx_1 和 Rx_2 位于相近的位置 $[x_{u_1} \quad y_{u_1} \quad z_{u_1}]$ 和 $[x_{u_2} \quad y_{u_2} \quad z_{u_2}]$ 时分别对应的径向单位向量。将 e_1 和 e_2 展开并用位置坐标表示，上式表示为

$$\Delta dR = \left[\frac{(x_s - x_{u_1})}{\rho_1} - \frac{(x_s - x_{u_2})}{\rho_2}\right] dx_s + \left[\frac{(y_s - y_{u_1})}{\rho_1} - \frac{(y_s - y_{u_2})}{\rho_2}\right] dy_s \\ + \left[\frac{(z_s - z_{u_1})}{\rho_1} - \frac{(z_s - z_{u_2})}{\rho_2}\right] dz_s \tag{7.6a}$$

对于距离相近的观测站，我们通常认为它们到同一颗卫星的距离是相等的，即 $\rho_1 \approx \rho_2 = \rho$。那么，上式可改写为

$$\Delta dR = \frac{(x_{u_2} - x_{u_1})}{\rho} dx_s + \frac{(y_{u_2} - y_{u_1})}{\rho} dy_s + \frac{(z_{u_2} - z_{u_1})}{\rho} dz_s \tag{7.6b}$$

其中，每个系数表示接收机坐标差相对于星地距离所占的比例因子。由于距离相近，上式中每一个比例因子都足够小而可以忽略，这使得上式约等于零。这表明对于两个位置接近的接收机，星历误差几乎是相同的。从练习 7.2 中可以看到对于给定的卫星位置偏差，当接收机位置不同时星历误差对距离的影响。

▷ **练习 7.2 MATLAB**

运行 MATLAB 程序 ep_err.m，通过位置已知的卫星和接收机来计算星历误差，其运行结果如图 M7.1 所示。

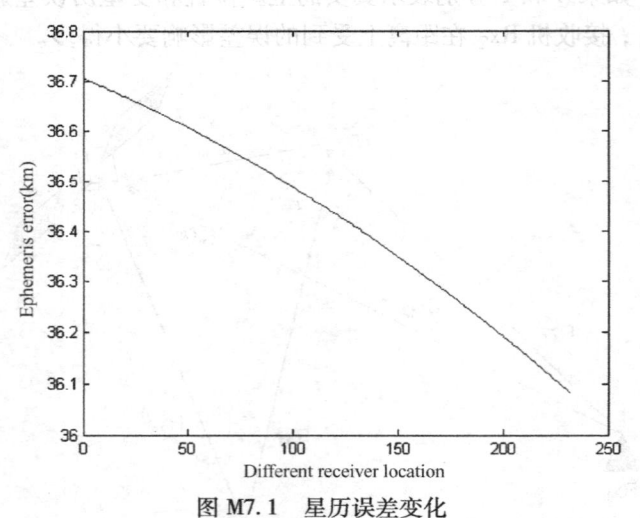

图 M7.1 星历误差变化

由此可见，即使星历误差导致了较大的卫星位置偏差，不同位置的接收机所获得的相对误差也非常小。

改变接收机位置，同时增大的卫星位置误差，再次运行程序，观察运行结果的变化。 ◁

7.3 空间段误差

空间段误差包括所有由于卫星引起的测距误差，主要为卫星钟差和卫星码偏差。

7.3.1 卫星钟差

卫星所配备的原子钟为卫星提供时间和频率的参考,如信号时间戳等。虽然是高精度的原子钟,卫星钟依然有各自的钟差和漂移。钟漂是由原子钟内决定原子转换共振条件的电子产生的。这个误差通常很小,其精度维持在 10^{-13} 或者更高。但是这种误差会逐渐累积,且考虑将时间转化为伪距的时候需要乘以光速 3×10^8 m/s,因此这种小的变化也会引起值得注意的距离误差。由钟差引起的有效距离误差可表示为

$$b_s = -c\delta t_s \tag{7.7}$$

其中,c 为光速,δt_s 为卫星钟差,负号表示当钟差 δt_s 为正时,卫星钟相比系统时提前,卫星处所标记的信号发射时间会晚于真实的时间,即它将引起传输时间减少 δt_s,导致有效计算距离的减少。

从上一节内容可知,这些误差将会由控制段进行估算,得到的修正信息通过信号传输给用户,用户在计算位置时使用修正信息来修正相应误差。但是,由系统控制段估计的修正值不能完全消除卫星钟差,依然会有残余。因此,在经过修正后的距离测量值中会存在一部分有效距离误差。由此可见,最终存在于测距值中的误差是由于地面控制段对卫星钟差估计不准确而产生的残差引起的。因此,式(7.3)可改写为

$$R = \sqrt{(x_s - x_u)^2 + (y_s - y_u)^2 + (z_s - z_u)^2} + c\delta t_u - c\delta t_s + \delta r_{\text{eph}} \tag{7.8}$$

7.3.2 卫星码偏差

卫星导航是通过测量卫星到接收机的信号传输时延来进行测距的。前面的介绍中假设所有卫星的测距码是同时传输的,即所有卫星在同一时刻发送特定的码比特,而且在多个频率上发送的码相位也相同。然而在实际应用中并非如此,不同的信号之间总会存在一些时间偏差。这些偏差一部分是由发射信号时的硬件延迟引起的,即信号从时间戳的标记时间到从卫星天线相位中心发射出去的时间段。硬件延迟的偏差一般在纳秒量级,但即使是纳秒量级的误差也会在测距时产生 1 m 左右的误差。此外,在同一颗卫星的不同频率上发送相同的测距码时,也会存在硬件延迟误差和码偏移误差,这种延迟将在对两个信号进行比对计算时产生一定的误差。

7.4 传播误差和用户段误差

7.4.1 传播误差

传播误差是导航信号在大气层中传播时引起的误差,而大气中不同的层对接收信号产生影响的方式不同。在信号的传播过程中,将先通过电离层,再通过对流层,这两个层都将对信号产生影响并引起测距误差。

7.4.1.1 电离层影响

电离层会对穿过其中的导航无线电信号产生附加时延,而接收机是通过传输时间进行测距的,因此电离层产生的时间延迟在接收机端将转化为测距误差。电离层延迟所引

起的误差占总测距误差的绝大部分,所以对电离层延迟的深入理解就显得非常重要。对电离层的研究是一个很宽泛的主题,在本文中主要讨论其对导航信号的影响。

电离层是距地表 50~1000 km 高度间的大气层。该层中含有大量的由臭氧和氧分子产生的自由电子。因为太阳辐射的作用,这些自由电子可与母分子分离,从而分布较松散。同时,自由电子也可与母体分子重新组合,使自由电子密度减少。分离和重新组合的两个过程同时发生,当两个过程动态平衡时,自由电子的密度维持在一定范围内。然而,电子密度值是太阳辐射通量的函数,随日期、季节、太阳活动周期等因素发生变化。电离层电子密度沿路径的积分称为电子总含量(TEC),因此有

$$TEC = \int N_e(s)\,ds \tag{7.9}$$

假设导航信号穿过电离层的路径为直线,对于单位横截面积,将构成体积 V 的圆柱体,有 $V = 1 \times s$,其中 s 是穿过电离层的直线长度。定义 TEC 为该体积中总的电离层自由电子总和。因穿过电离层的直线长度随卫星仰角不同而不同,不同的路径所包含的电子总数不同;此外,因电子密度随着不同日期和季节变化,同一路径上的电子总数也将随着日期和季节变化。图 7.3 所示的圆柱体 S 所包含的电子数即为该路径上的电子总含量。TEC 的单位为电子/m²,因该单位表述时的数值通常过大,所以使用另一个相对方便的单位 TECU,其中 1 TECU = 10^{16} 电子/m²。

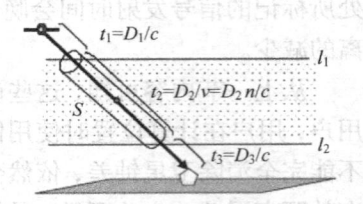

图 7.3 电离层电子总含量和传输时间

电离层的折射率与自由空间不同,用 n 表示。信号通过该区域的速度为 c/n,其中 c 为自由空间中的光速。如果 D_1 和 D_3 是信号传输路径在电离层上方和下方的部分,D_2 为处在电离层区域中的部分,则信号在该路径的传输时间为 $t_1 = \dfrac{D_1}{c}$,$t_2 = \dfrac{D_2 n}{c}$ 和 $t_3 = \dfrac{D_3}{c}$,电离层对信号传播所造成的延迟为

$$\Delta t = \frac{D_1 + D_2 n + D_3}{c} - \frac{D_1 + D_2 + D_3}{c} = \frac{(n-1)D_2}{c} \tag{7.10a}$$

在相同的路径下造成的距离误差为

$$c\Delta t = (n-1)D_2 \tag{7.10b}$$

在下一节中将推导折射率偏差 $(n-1)$ 与 TEC 的关系。图 7.4 显示了地磁赤道附近观测站 TEC 的典型时空变化。

电离层延迟

当无线电波穿过电离层时,电波和电子之间存在相互作用。由无线电波产生的电场将导致介质中的自由电子发生振荡。由于电子处在自由空间中,所以没有其他外力的作用。所受到的作用力为

$$mf = eE\exp(j\omega t) \tag{7.11}$$

其中,m 为电子质量,e 为电荷,f 为加速度,E 是角频率为 ω 的入射电场。对方程进行时间的一次和二次积分,得到电子速度 v 和位移 x,分别为

$$v = \frac{eE\exp(j\omega t)}{mj\omega} \tag{7.12a}$$

第7章 误差和误差修正

$$x = \frac{-eE\exp(j\omega t)}{m\omega^2} \tag{7.12b}$$

由此可见,随着信号角频率 ω 的增加,电子运动的速度和幅度逐渐减小。其中,速度中包含的虚数项 j 表明电子速度与作用电场的方向正交,x 中的负数项表明电子位移与作用电场方向相反。

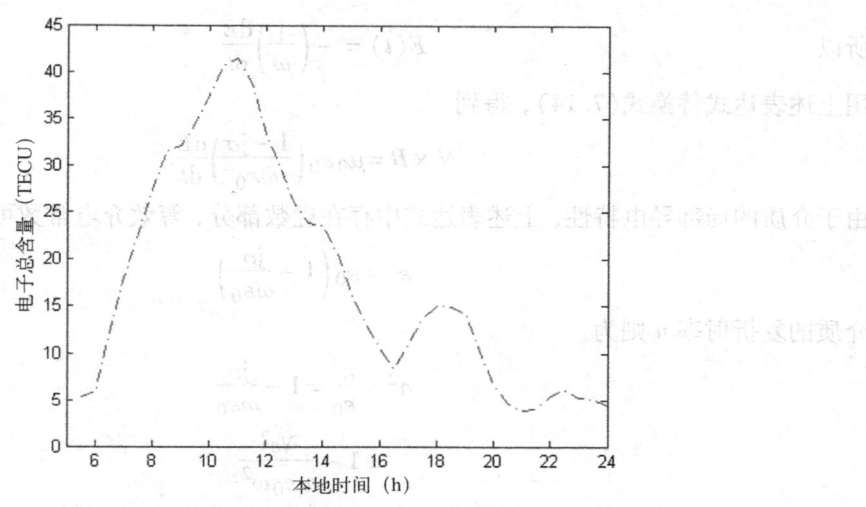

图 7.4 电离层电子总含量与本地时间变化关系

由上面电子运动速度 v 的表达式,可得出电子运动所产生的电流密度为

$$J = Nev = -j\frac{Ne^2}{m\omega} \cdot E \tag{7.13a}$$

其中,N 为该区域的电子密度,其电导率为

$$\sigma = \frac{J}{E} = -j\frac{Ne^2}{m\omega} \tag{7.13b}$$

由此可知,振荡的电子流将产生传导电流且电流随时间变化,产生与原作用场相位相差 90° 的电场,从而该区域的有效电场将变成原电场与由介质中电子振荡所产生电场的矢量和。

因此,对于复合场及在该介质中的任一点,都与原始作用场存在相位偏差,从而组合相位的运行速度与原速度不同。通常情况下,电磁波的相位传播速度比自由空间中的光速 c 稍大,该速度 v_p 称为相速度。然而,能量传输的群速度 v_g 比在真空中或自由空间中的慢。对于电离层,两个速度满足关系式 $v_p \times v_g = c^2$。因此,在整个传输路径中使用自由空间速度进行测距所产生的误差,是电离层对导航信号的主要影响因素之一。

无线电波在介质中的相速度变化可理解为由于自由电子的存在所造成的介质中的折射率相对于自由空间中的折射率存在偏差。介质的有限电导率对折射率的影响可由麦克斯韦方程得到(Feynman et al., 1992; Reitz et al., 1990)。电离层由于自由电子的存在具有有限电导率,这反过来又影响到介质的折射率和有效相对介电常数。所以,相应的麦克斯韦方程可表示为

$$\nabla \times B = \mu_0 J + \mu_0 \varepsilon \frac{dE}{dt} = \mu_0 \sigma E + \mu_0 \varepsilon_0 \frac{dE}{dt} \tag{7.14}$$

其中,σ 是电离层电导率,μ_0 和 ε_0 是磁导率和介电常数,在不存在传导电子的条件下该区域

可以看成自由空间。对于传输场强度为 E 的介质,有电流密度 $J = \sigma E$,复合磁场为 B。考虑到传输信号产生的场为角频率 ω 的正弦形式,有

$$E(t) = E_0 \exp(j\omega t)$$

或

$$\frac{dE}{dt} = j\omega E(t)$$

所以

$$E(t) = -\left(\frac{j}{\omega}\right)\frac{dE}{dt} \tag{7.15}$$

用上述表达式替换式(7.14),得到

$$\nabla \times B = \mu_0 \varepsilon_0 \left(\frac{1-j\sigma}{\omega \varepsilon_0}\right)\frac{dE}{dt} \tag{7.16}$$

由于介质的局部导电特性,上述表达式中存在虚数部分,等效介电常数可转换成复数形式

$$\varepsilon' = \varepsilon_0 \left(1 - \frac{j\sigma}{\omega \varepsilon_0}\right) \tag{7.17}$$

介质的复折射率 n 则为

$$n^2 = \frac{\varepsilon'}{\varepsilon_0} = 1 - \frac{j\sigma}{\omega \varepsilon_0} \tag{7.18a}$$

$$= 1 - \frac{Ne^2}{m\varepsilon_0 \omega^2} \tag{7.18b}$$

$$= 1 - \frac{\omega_p^2}{\omega^2} \tag{7.18c}$$

我们用式(7.13b)替换了上式中的电导率,从而得到式(7.18b)并最终求得式(7.18c)中的 ω_p,称为等离子频率。由此可得到电离层折射率 n 的最终表达式为

$$n = \sqrt{1 - \frac{80.60 N_e}{f^2}} \tag{7.19a}$$

其中,N_e 是电导率为 σ 的自由电子的密度,$f = \frac{\omega}{2\pi}$ 为无线电波频率。对于卫星导航信号,因为其频率特别高,式(7.19a)可近似为(7.19b)

$$n = 1 - \frac{40.3 N_e}{f^2} \tag{7.19b}$$

因此,无线电波相速度为

$$v_p = \frac{c}{1 - \frac{40.3 N_e}{f^2}} > c \tag{7.20a}$$

所以,当电磁波穿过该区域时,它们的相位移动速度比真空中要快,导致接收到的信号存在相位超前。相应的群速度也就是伪码速率为

$$v_g = \frac{c^2}{\frac{c}{1 - \frac{40.3 N_e}{f^2}}} = c\left(1 - \frac{40.3 N_e}{f^2}\right) < c \tag{7.20b}$$

因此,载有能量的信号传播速度比在真空中慢,产生了附加的码延迟。

假设信号传输过程中穿过电离层的路径为 l。由式(7.8)，穿过长度 dl 的路径所需的额外时间为

$$\Delta t(\mathrm{d}l) = \frac{\mathrm{d}l}{v_g} - \frac{\mathrm{d}l}{c} = \mathrm{d}l\left(\frac{v_p}{c^2} - \frac{1}{c}\right) = \frac{\mathrm{d}l}{c}\left(\frac{v_p}{c} - 1\right) = \frac{\mathrm{d}l}{c}\left(\frac{1}{n} - 1\right)$$

$$= \frac{\mathrm{d}l}{c}\left\{\left(1 - \frac{80.6N_e}{f^2}\right)^{\frac{1}{2}} - 1\right\} = \frac{\mathrm{d}l}{c}\left(1 + \frac{40.3N_e}{f^2} - 1\right) = \frac{40.3N_e\mathrm{d}l}{cf^2} \quad (7.21\mathrm{a})$$

对信号传输过程中穿过电离层的总路径 S 进行积分，信号传输总的额外时间为

$$\Delta t(s) = \frac{1}{c}\frac{40.3}{f^2}\int_S N_e \mathrm{d}l \quad (7.21\mathrm{b})$$

该附加延迟与无线电信号沿传播路径上电子密度的积分成正比。$\int N_e \mathrm{d}l$ 为电子密度沿传播路径的积分。单位为电子$/\mathrm{m}^2$ 或 TECU。

假设信号为匀速运动形式，则额外的等效传输路径长度为

$$\delta l = c\delta t(l) = \frac{40.3}{f^2}\int N_e \mathrm{d}l = \frac{40.3}{f^2}\mathrm{TEC} \quad (7.21\mathrm{c})$$

该延迟需要进行修正，具体修正方法将在后面的章节进行讨论。根据精选补充 7.1 中的原理，练习 7.3 演示了如何由伪距推导出 TEC。

▷ **精选补充 7.1　电离层 TEC 测量**

选定一颗卫星，在 1575.42 MHz 和 1227.6 MHz 两个频点上测得的伪距分别为 20217324.41 m 和 20217331.67 m。为了得到真实的卫星距离，假设这两个伪距的差值仅由电离层延迟导致，则有

$$D_1 = D + \delta_1 = D + \left(\frac{40.3}{f_1^2}\right)\mathrm{TEC}$$

以及

$$D_2 = D + \delta_2 = D + \left(\frac{40.3}{f_2^2}\right)\mathrm{TEC}$$

即

$$D_1 - D_2 = \delta_1 - \delta_2 = 40.3\left(\frac{1}{f_1^2} - \frac{1}{f_2^2}\right)\mathrm{TEC}$$

也可以写成

$$\mathrm{TEC} = (D_1 - D_2)/40.3 \times \left(\frac{1}{f_1^2} - \frac{1}{f_2^2}\right)^{-1}$$

将测量值代入，可得

$$\mathrm{TEC} = 7.26/40.3 \times (1/1227.60^2 - 1/1575.42^2)^{-1} \times 10^2$$
$$= 691126.10 \times 10^{12} = 6.9 \times 10^{17} = 69\mathrm{TECU}$$

由此有，D_1 的修正项为 $\delta_1 = 40.3 \times 6.91126 \times 10^{17}/(1575.42 \times 10^6)^2 = 11.22$。
所以，修正后的距离为 20217324.41 − 11.22 m = 20217313.19 m。 ◁

练习 7.3 电离层 TEC 测量的 MATLAB 实现

在指定日期及频率(1575.42 MHz、1227.6 MHz)观测值情况下，运行 MATLAB 程序 TEC_est.m，得到一个处在地磁赤道附近观测站的 TEC 观测值，如图 M7.2 所示，可以看出 TEC 值的变化是比较显著的。

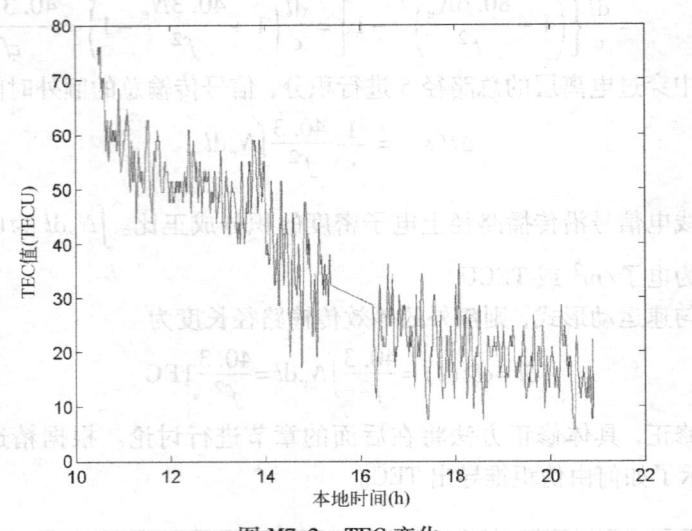

图 M7.2 TEC 变化

遍历程序文件中由测量值得到 TEC 的过程。在程序中找到等效额外距离，修改程序对距离进行修正。描绘测量值和距离修正值之间的变化关系，验证对于所有频率来说距离修正值是相同的。

法拉第旋转

导航信号穿过电离层的另一个影响因素为法拉第旋转。对于有确定极化方向的无线电波，电场在穿过地球磁场时，场方向将发生旋转，且旋转量和 TEC 及路径长度成正比。

电离层多普勒

多普勒效应是指由发射机和接收机之间的相对运动引起的接收信号频率的变化。当发射机和接收机彼此接近时，由于相对速度的影响，接收机接收到的传输信号相位变化比两者相对静止时的相位变化要快，这也导致接收机接收到的信号频率增加。也就是说，当发射机和接收机之间的有效光程距离随时间变化时，将会导致这种现象的产生。用 φ_r 表示接收到信号的相位，则有

$$\varphi_r = \varphi_t - \frac{2\pi}{\lambda} R \tag{7.22}$$

其中，φ_t 是发射机的当前相位，R 是发射机和接收机之间的距离，λ 是波长。当距离 R 随时间变化时，相应的接收信号相位变化为

$$\frac{\mathrm{d}\varphi_r}{\mathrm{d}t} = -\frac{2\pi}{\lambda} \frac{\mathrm{d}R}{\mathrm{d}t} \tag{7.23a}$$

这种相位上的变化是由于在信号传输过程中，路径的改变相对于发射机信号产生一定的

第7章 误差和误差修正

相位偏差，造成额外的频率偏差为

$$\delta f = \frac{1}{2}\pi \frac{d\varphi_r}{dt} = -\frac{1}{\lambda}\frac{dR}{dt} = -\frac{v}{\lambda} \tag{7.23b}$$

由于电离层 TEC 的影响，等效路径长度增加量如式(7.21)所示。当 TEC 随时间变化时，等效路径也在变化，这又导致额外的相位变化，即使卫星与接收机之间的距离保持恒定也会产生频率的变化。所以，总有效路径变化是几何路径变化的总和，是由沿传播路径的 TEC 变化引起的。这种因为传输路径 TEC 的变化导致接收机中的信号相位变化并最终导致频率变化的现象，称为电离层多普勒。

由式(7.17b)可知，由 TEC 产生的额外路径为 $dl = \frac{40.3\text{TEC}}{f^2}$，其变化率为 $\frac{d(dl)}{dt}$。相应的电离层多普勒为

$$df = \frac{1}{\lambda}\frac{40.3}{f^2}\frac{d(\text{TEC})}{dt} \tag{7.24}$$

因此，将电离层多普勒从几何路径变化中分离后，电离层多普勒可用于估算电离层路径延迟(Acharya, 2013)。

电离层闪烁

当电波穿过折射率快速变化的介质时，电波的相位和振幅的快速波动称为闪烁。闪烁主要是由电离层电子密度的变化引起的。在赤道区域当地时间的晚间，电离层会朝较高纬度地区移动，造成电子密度的减小。电离层闪烁也易发生于此(Dasgupta et al., 1982)。具体内容将在第9章进行分析，届时我们将知道，幅度和相位的闪烁均是由电子和离子随机的分离或重组引起的。

电离层闪烁不会影响导航信号基于码的伪距测量值，也不会影响信号的传播时间。然而，较大的闪烁会造成接收信号功率的突然下降，导致接收机失锁，此外，它还会对精度因子造成影响，从而影响定位精度。闪烁的影响，如延迟，在赤道区域和在高太阳活动时间将更严重(Bandyopadhayay et al., 1997)。通常情况下，低频段的 L 波段信号会比较高频段受到的影响更大。

7.4.1.2 对流层影响

对流层是大气层离地球最近的部分。对流层的范围是从地球表面到距地表 12 km 的高度，其中包含对生物最重要的氮气和氧气，除此之外还含有 CO_2，水蒸气以及很少的其他气体。在对流层定义的高度范围内，还有一些液态水和其他沉淀物或者可沉淀元素，这些成分以几乎固定的比例混合在一起。在时间和空间上，它们的变化量都很小。当导航信号通过对流层的干分量和湿分量时，它们会对信号产生相应的影响，从而产生测距误差。

对流层延迟

与真空条件下不同，当导航信号通过大气层中的不同介质时，会产生不同的折射率。因此，这些电磁波在对流层中的传输速度也与在真空中的传输速度 c 不同。根据费马原理，光在任意介质中从一点传播到另一点时，沿所需时间最短的路径传播(Ghatak, 2005)。因此，卫星发射的导航信号在到达地面接收机时产生了额外的延迟。相对于真空条件，介质中的折

射率为 $\Delta n = n - 1$。信号在对流层中传输长度为 dl 时引起的额外延迟可表示为

$$dt = \frac{dl}{v} - \frac{dl}{c} = dl\left(\frac{n}{c} - \frac{1}{c}\right) = \frac{dl}{c}(n-1) \tag{7.25a}$$

由对流层产生的在测距中的有效路径延迟表示为

$$\int dr = \int c dt = \int (n-1) dl \tag{7.25b}$$

对流层折射因子 n 超出真空折射因子的量很小，即 $n-1$ 是一个很小的数。为了使用方便，将对流层折射率乘以 10^6 作为对流层折射数 N。通过这种适当的比例缩放，直接利用 N 来计算延迟。

参数 N 可以分为干分量和湿分量，分别表示为 N_d 和 N_w。干分量主要指气体，而湿分量主要指水蒸气和该区域内的液态水。尽管这两个分量引起的延迟绝对值都相对较小，但相比较而言，干分量引起的延迟远大于湿分量。但是，就变化率而言，湿分量则是干分量的好几倍。这两个分量都会引起信号延迟进而引入接收机的测距误差。不同于电离层，对流层延迟是非弥散的，所以它与电磁波的频率无关，即 $dn/d\omega = 0$。对于不同频率的信号，其对流层延迟是一样的。

为了消除观测量中的对流层延迟，需要知道延迟量的确切值。对于对流层延迟的干分量和湿分量都有相应的模型来计算。

衰减

对流层中的雨、雾、云、水蒸气等通过吸收和散射的方式，使得穿过对流层的电磁波产生衰减。当电磁波与对流层中的上述成分产生相互作用时，就产生了吸收和散射现象。

吸收是指电磁波穿过对流层时产生的能量损耗。在导体或者具有有限导电性的不完全电介质中会产生电子运动，由入射场产生传导电流，引起衰减。雨、云、雾等中的每一个水滴都是一个不完全电介质，当传输信号作为入射波穿过它们时，都会损失一部分能量。

散射是指电磁波的定向能量向不同的方向发散。在传播信号的电场影响下，水分子利用一部分入射能量产生电极化，它产生于入射场的半个完整的相位周期过程中。因此，电磁波的能量转换成了分子的电势能。随后，这些介质中的分子又作为二次散射源将能量释放并通过介质转换到电磁波的另外半个相位周期中。但是，这些释放的能量不仅向电磁波的实际传播方向辐射，同时还在其他所有方向产生散射。因此，最终产生了电磁波能量的损失。

光与水粒子之间的相互作用越强，衰减越大。所以，降雨量越大，通过介质的有效距离越长，影响也就越大。波在通过对流层时也会有相关的闪烁，对于典型的导航信号频率来说，对流层闪烁引起的衰减很小，对测距产生的影响可忽略。

7.4.1.3 多径

多径是由来自不同方向的反射或者散射信号与直射信号进行不相关叠加而形成的一种信号强度的波动现象。由于多径信号传输路径变长，并且在信号反射和散射过程中，电磁波产生了相位突变，所以与直射信号相比，反射或散射信号具有不同的振幅和相位，并使得信号的振幅降低，信号的振幅取决于反射发生的位置。

在第 5 章中，我们知道，接收机接收的信号进入相关器进行相关运算，通过相关运算得到峰值的码偏移量，并以此来计算伪距。峰值的确定是通过比较本地超前码和滞后码与输入信号的相关值来确定的。在鉴相器中，当超前和滞后的自相关值平衡且其差值减小到零时，

输入信号与接收机产生的即时码一致。

对于多径，输入信号是接收机直接接收到的信号和经过衰减的反射信号的混合信号，这些信号具有不同的相位和振幅。

我们来分析多径信号如何对测距产生影响。多径信号的存在将破坏鉴相器的平衡状态。用 N 表示序列中时间间隔 T 内包含的比特总数。Δ 是真实码和接收机即时码之间的延迟，τ 是超前和滞后码的延迟。我们认为延迟 Δ 较小，即 $|\tau| > |\Delta|$，基于此，超前码与输入信号的相关函数表示为

$$\text{Rc}(\Delta + \tau) = \frac{1}{N}\int c(t + \Delta + \tau)c(t)\,\mathrm{d}t$$
$$= \frac{1}{N}\left[1 - \frac{|+\tau+\Delta|}{T}\right] = \frac{1}{N}\left[1 - \frac{(\tau+\Delta)}{T}\right] \tag{7.26a}$$

类似地，滞后码与输入信号的相关函数 Rc 表示为

$$\text{Rc}(\Delta - \tau) = \frac{1}{N}\int c(t+\Delta-\tau)c(t)\,\mathrm{d}t$$
$$= \frac{1}{N}\left[\left(1 - \frac{|-\tau+\Delta|}{T}\right)\right] = \frac{1}{N}\left[1 - \frac{(\tau-\Delta)}{T}\right] \tag{7.26b}$$

因此，通过上面的分析可知，只有当 $|\Delta| < |\tau|$ 时才会产生平衡的情况，且这种情况需要满足

$$\text{Rc}(\Delta+\tau) = \text{Rc}(\Delta-\tau)$$

即
$$\Delta + \tau = \tau - \Delta$$
$$\Delta = 0 \tag{7.27}$$

如果由于多径而接收到额外的延迟信号，那么自相关函数也将随之改变。首先估计最简单的情况，即多径产生的延迟 δ 很小，满足 $|\tau| > |\delta + \Delta|$ 时。由于信号延迟了时间 δ，即信号中的时间参数减小了 δ，延迟信号与超前码的相关函数表示为

$$\text{Rc}(\Delta+\tau) = \frac{1}{N}\int c(t+\Delta+\tau)c(t-\delta)\,\mathrm{d}t$$
$$= \frac{1}{N}\left[1 - \frac{|\tau+\Delta+\delta|}{T}\right] = \frac{1}{N}\left[1 - \frac{(\tau+\Delta+\delta)}{T}\right] \tag{7.28a}$$

相应地，与滞后码的相关函数表示为

$$\text{Rc}(\Delta-\tau) = \frac{1}{N}\int c(t+\Delta-\tau)c(t-\delta)\,\mathrm{d}t$$
$$= \frac{1}{N}\left(1 - \frac{|-\tau+\Delta+\delta|}{T}\right) = \frac{1}{N}\left[1 - \frac{(\tau-\Delta-\delta)}{T}\right] \tag{7.28b}$$

如果假定直达信号与多径信号到达接收机时的信号强度相同，那么平衡的条件变为
$$(\tau+\Delta) + (\tau+\Delta+\delta) = (\tau-\Delta) + (\tau-\Delta-\delta)$$
即
$$\tau+\Delta+\tau+\Delta+\delta = \tau-\Delta+\tau-\Delta+\delta \tag{7.28c}$$
$$4\Delta = -2\delta$$
$$\Delta = -\frac{\delta}{2}$$

所以，与 $\Delta = 0$ 不同，这种情形下的平衡条件是本地码与实际信号的延迟关系为 $\Delta = -\delta/2$。

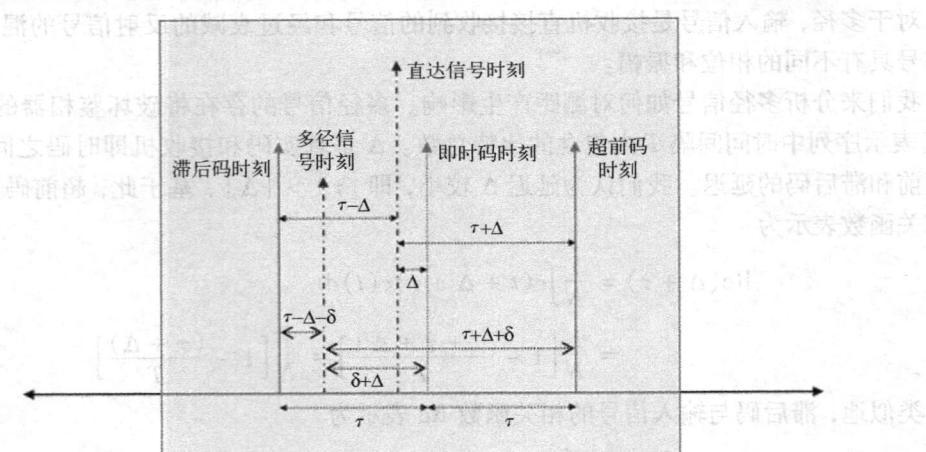

图 7.5 描述了当多径引起的延迟为 δ 时，不同情形下对应的相对码相位变化。

图 7.5　多径条件下的相对码相位变化

从上面的分析可知，在上述情形下，当超前码和滞后码平衡时鉴相器并不精确趋近于零而是会产生一些偏移。这是因为，即使对于直达信号来说，自相关器的超前码和滞后码平衡，多径信号也会向其增加一个非零分量，从而使零正交情形发生偏移，最终引起测距误差。

通常情况下，当多径信号功率衰减因子为 α 时，设 θ_c 为直射信号和多径信号的合成相位，θ_m 为多径信号的相位，鉴相器输出为（Braasch，1996）

$$D(\tau) = [R(\Delta+\tau) - R(\Delta-\tau)] + \alpha[R(\Delta+\tau-\delta) - R(\Delta-\tau-\delta)]\cos(\theta_m - \theta_c) \tag{7.29}$$

7.4.2　用户段误差

7.4.2.1　接收机误差

接收机硬件也会产生一些误差。在接收机接收信号时，其外部环境也会引入噪声，这些噪声混入信号中，使得测量值偏离真实值。接收机热噪声和测量过程中的相位噪声产生的影响已经在第 5 章讨论过。码跟踪过程中产生的估计误差称为环路鉴相器噪声。尽管该噪声的长期平均值为零，但每一个单独的离散测量值为一个随机误差，这使得接收机内部相关器的峰值轻微地偏离了实际值，从而使传播时延估计产生了偏移，并最终产生了测距误差，从而导致用户位置估计误差。有关不同接收机的噪声源已经在第 5 章讨论接收机性能时进行了详细讨论，此处不再赘述。

7.4.2.2　接收机钟差

接收机时钟通常价格便宜且精度相对较低，会随时间产生漂移。因此，在任何时刻，相对于卫星时或者系统时，接收机钟都有一个相对的钟差和钟漂。接收机钟差已经在第 6 章讨论过，该误差产生的影响包含在观测方程中，并可以在位置估计过程中计算出来。

7.4.2.3　接收机硬件延迟

信号通过接收机硬件时需要一定的时间，所以信号到达接收机天线相位中心的时刻与信号在相关器中进行处理的时刻之间存在一些延迟。这些延迟增加了传播时延，并产生了很小

7.4.3 总误差

为了表述方便,再次给出式(7.6)的观测方程

$$R = \sqrt{(x_s - x_u)^2 + (y_s - y_u)^2 + (z_s - z_u)^2} + c\delta t_u - c\delta t_s + \delta r_{\text{eph}}$$

在这个方程中,通常使得等式左边距离 R 的测量值等于其右边的理论表达式。由于实际测距值中包含所有的信号测量误差,所以在距离建模中也必须予以考虑,上式中已经包含了接收机钟差、卫星钟差和星历误差。

不仅如此,传播误差和用户段误差对测距也具有较大影响,因此,这些误差也需要通过等式右边的一些项进行补偿以平衡等式,否则将导致最终的定位误差。

距离 R 实际的观测值可以通过实际几何距离加上各种测距和坐标误差来表示,所以

$$\begin{aligned}R &= \sqrt{(x_s - x_u)^2 + (y_s - y_u)^2 + (z_s - z_u)^2} + c\delta t_u - c\delta t_s + \delta r_{\text{eph}} \\ &\quad + \delta r_{\text{ion}} + \delta r_{\text{trp}} + 其他误差 + \varepsilon\end{aligned} \quad (7.30)$$

其中,δr_{ion} 和 δr_{trp} 表示由电离层和对流层延迟引起的有效距离误差,其他误差包括多径引起的测距误差等,ε 代表噪声引起的误差。

由于这些误差的共同作用,无法知道精确的实际距离。因此,从接收机到用户的实际距离是一个含有误差的估计距离,称为伪距。练习 7.4 列出了各种随机误差和偏移误差对测距的影响。

▷ **练习 7.4 MATLAB**

运行 MATLAB 程序 estimation_error.m,其测距误差为 10 m(1σ),服从正态分布。图 M7.3 显示了不同的测距误差情况下的位置误差。

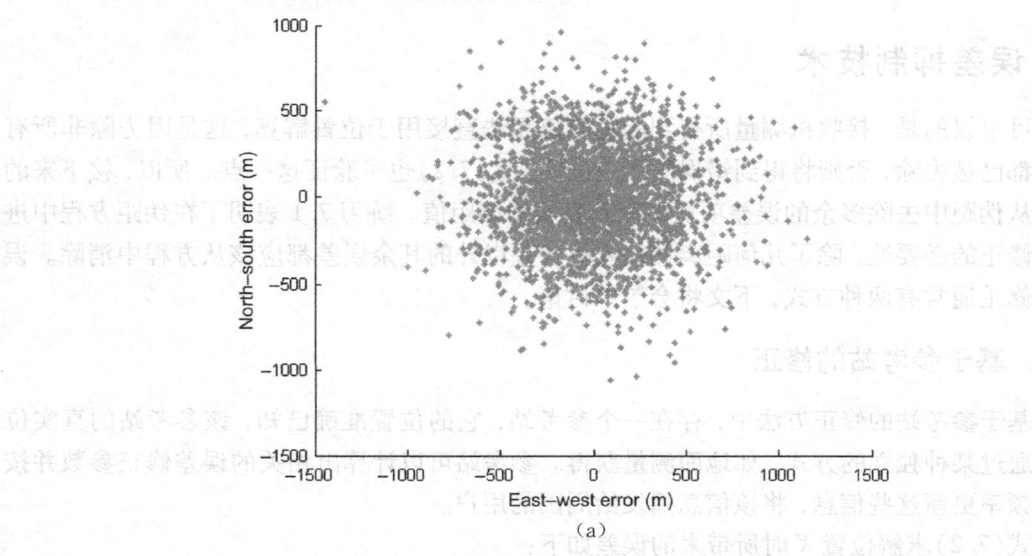

图 M7.3 (a)连续分布随机误差对应的位置误差分布;

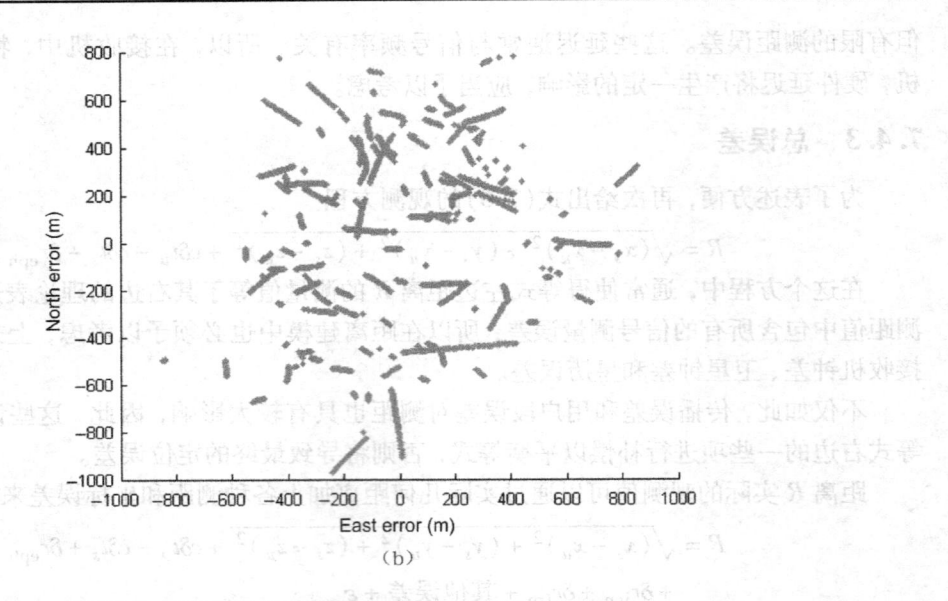

图 M7.3 (b)离散分布随机误差对应的位置误差分布(续)

观察估计位置与实际位置的偏差,该偏差在径向上呈正态分布。可以看出,位置估计误差在幅度上要大于引入的随机误差。

给程序加上离散的随机误差,四个测距方向上的误差分别为 $-5, 0, +5$ 和 $+10$,如图 M7.4 所示,此时误差成组分布,而且在时间上具有突变特性。由此可见,当用于估计用户位置的卫星发生变化时,定位精度会产生突变。

给定不同的 1σ 值作为其输入的随机误差,运行 MATLAB 程序 estimation_err.m,观测位置误差的分布,并进行比较。

7.5 误差抑制技术

无可争议的是,接收机测量所得到的距离值无法直接用于位置解算,这是因为除非所有的误差都已被去除,否则将得到错误的用户位置,式(7.2)也可验证这一点。所以,接下来的目标是从伪距中去除多余的误差项从而得到真实的测距值。练习 7.1 表明了在伪距方程中进行误差修正的必要性,除了几何距离和接收机钟差以外的其余误差都应该从方程中消除。误差项的修正通常有两种方式,下文将会予以讨论。

7.5.1 基于参考站的修正

在基于参考站的修正方法中,存在一个参考站,它的位置准确已知,该参考站的真实位置可以通过某种独立的方式,如地面测量获得。参考站可以计算出相关的误差修正参数并按一定的频率更新这些信息,将该信息播发给周围的用户。

由式(7.2)求解位置 X 时所带来的误差如下:

$$X + \mathrm{d}X = G^{-1}R + G^{-1}\mathrm{d}R$$

或
$$dX = G^{-1}dR$$

其中，dX 是位置解算误差，G 是取决于卫星-接收机二者几何分布的观测矩阵，dR 是测距误差。

假设用户的测距误差 dR 与参考站的 dR 相等。此外，如果用户非常靠近参考站，也可以认为 G 是相同的，这种情形下用户和参考站之间的 dX 也相等。位置误差修正值 dX 通常由参考站计算并提供给用户，参考站通过将自己的真实位置与根据卫星估算出来的位置进行比较来得到这个误差值，并将其播发给附近的用户，用户利用这个误差来修正自身的位置。用户通过测量的距离 R 求出位置 X，并获得 G 的值，然后利用参考站播发的 dX 修正值进行位置修正。

对于大多数实际情形而言，G 在用户和参考站之间并不相等。这种情形下，不同卫星各自的距离误差 dR 将由参考站求出后传送给用户，用户利用这些测距误差来构建自身的观测方程。用户利用所接收到的误差修正值来修正测得的距离 R，并得到矩阵 G 以估算位置 X。只有连续和相关的误差可以在一定的精度上完成修正。但是，仍然会存在一些非相关的误差，它们在参考站位置处和用户处差异明显，这些误差无法用这种方法进行修正。差分修正方法将会在第 8 章中详细介绍。

7.3.1 节已经介绍了卫星时钟漂移。卫星时钟被地面系统连续跟踪，从而产生时钟漂移的修正信息。在主控站（MCS）估算得到的时钟偏差和漂移参数以适当的时间间隔通过导航参数传送给用户，这也是一种基于参考站的修正方法，其中主控站对所有用户扮演着参考站的角色，实时的估计和播发修正值。主控站利用复杂的方法和工具来计算得到卫星时钟的准确误差。尽管这些方法非常准确，但地面段在估计时钟漂移和偏差的过程中仍存在一些误差。当接收机进行距离测量时，一定量的残余误差虽然不是很严重但未被修正。因为这些误差是恒定的并且对所有用户都相同，参考站和用户可以通过各自测量的距离对它们进行修正。因此，只有残余误差及其他相关误差在参考站和用户之间进行传递。

7.5.2 误差的估计

要保存由系统本身的估计和传输产生的时钟误差，并在较大的地理区域上进行基于参考站技术的误差修正，需要一些增强设备来满足用户的误差信息需求。但是，这会导致在区域和兼容性上的使用限制，接收机需要附加额外的硬性要求来接收参考站数据，并显著增加使用和操作成本。

解决以上问题的另一种方式是利用模型和实时测量数据完成对误差的直接估计，下面我们将讨论可以直接估计的各种误差项。

7.5.2.1 电离层误差

在导航服务中，通常使用两个或多个频率用于数据的传输。然而，根据要求，接收机可以是单频、双频或多频类型，前者只能接收一个频率的信号，而后者可以接收和处理两个或更多频率的信号。由于电离层延迟的弥散特性，使用双频或多频接收机可以进行电离层延迟估计。

在距离观测值中，电离层延迟会对真实的几何距离 ρ 造成偏差 δr_{ion}，偏差是频率 f 和 TEC 的函数，如式（7.21），有

$$\delta r_{\text{ion}} = \frac{40.3}{f^2}\text{TEC}$$

接收机在频率 f_1 上的距离观测量叠加上电离层延迟 $\delta r_{1\text{ion}}$ 后，有

$$R_1 = \rho + \delta r_{1\text{ion}} = \rho + \frac{40.3}{f_1^2}\text{TEC} \tag{7.31a}$$

其中，ρ 是真实的几何距离。然而，因为信号的传输路径未知，单频接收机无法得到距离延迟 $\delta r_{1\text{ion}}$。

对于双频接收机来说，在 f_2 频率上有一个独立的距离测量值 R_2，

$$R_2 = \rho + \delta r_{2\text{ion}} = \rho + \frac{40.3}{f_2^2}\text{TEC} \tag{7.31b}$$

求两个测量值之差，共同的真实几何距离被消去，结果为两个频率上延迟量的差：

$$R_1 - R_2 = 40.3(\text{TEC})\left(\frac{1}{f_1^2} - \frac{1}{f_2^2}\right) \tag{7.31c}$$

在上述表达式中，除了 TEC 外其他参数都已知，对表达式进行整理，有

$$\text{TEC} = \frac{R_1 - R_2}{40.3\left(\dfrac{1}{f_1^2} - \dfrac{1}{f_2^2}\right)} \tag{7.32}$$

当沿特定路径下的 TEC 值已知时，可得到真实距离 ρ，

$$\begin{aligned}\rho &= R_1 - \frac{40.3}{f_1^2}\text{TEC} \\ &= R_1 - \frac{40.3}{f_1^2} \times \frac{R_2 - R_1}{40.3\left(\dfrac{1}{f_2^2} - \dfrac{1}{f_1^2}\right)} = R_1 - \frac{R_2 - R_1}{\dfrac{f_1^2}{f_2^2} - 1}\end{aligned} \tag{7.33a}$$

将 (f_1^2/f_2^2) 表示为 μ，得到

$$\rho = R_1 - \frac{R_2 - R_1}{\mu - 1} \tag{7.33b}$$

另一方面，单频接收机可以使用电离层模型来修正电离层误差。在这些接收机中，修正值可使用参数化模型得到，通过使用预定的系数，得到任意地点和时间的电离层延迟。其中两个重要的电离层模型是 Klobuchar 模型和 NeQuick 模型。在 Klobuchar 模型中（Klobuchar，1987），垂向电离层是本地时间和接收机地理位置的函数。它是一种半经验模型，表示为一个半余弦函数，

$$D(\lambda, \phi, \tau) = a + b\cos\frac{\tau - c}{d} \tag{7.34}$$

其中，D 是时间 τ 时的垂向延迟，参数 a 和 c 是常数。参数 b 和 d 分别代表余弦函数的振幅和宽度，依赖于接收机所处位置的地磁纬度 λ 和纬度 φ，可由其多项式求出，统称为 Klobuchar 系数。其中参数 b 在一天中 $|(\tau - c)/d| \geq \pi/2$ 的时间为零，此时延迟量为常数 a。

由此可见，在不需要额外的外部条件下，双频接收机比单频接收机能更好地进行电离层误差修正。

7.5.2.2 对流层误差

湿、干对流层延迟误差都可以使用模型来进行修正。一些熟知的模型有 Hopfield 模型 (Hopfield, 1969) 和 Saastamoinen 模型(Spilker, 1996)。

此类模型给出了高度剖面的对流层反射率 N, $N = 10^6 \times (n-1)$, 其中 n 是折射率。其理论基础是大气层的恒定温度递减率，可用来推导导航信号传播的附加路径。考虑到海拔高度，将"干"和"湿"分别以 h_d 和 h_w 表示，其中指数可以实际测得，则总的天顶延迟可表示为

$$\delta r_{\text{trp}} = 10^{-6} \Big[\int_0^h N_d h_d \Big(1 - \frac{h}{h_d}\Big)^4 \text{d}h + \int_0^h N_w h_w \Big(1 - \frac{h}{h_w}\Big)^4 \text{d}h \Big] \tag{7.35}$$

为了估计用户至卫星的天顶方向大气延迟，湿分量可以被集成到约 12 km 的高度，而干分量因为在这个高度上有折射气体的存在（虽然气体量很少），需要被集中到平流层上进行计算。

7.5.2.3 接收机硬件延迟

接收机的硬件延迟相对比较稳定，其延迟值可以在脱机时通过相关的实际方法估计出来，并且结果可按较长的时间间隔进行更新。

7.5.2.4 其他误差

其他误差，比如多径误差，既不能被明确地建模也无法进行测量，因而无法进行有效的修正。多径误差的消除可以通过诸如 rake 接收机的一些智能设计来完成，此外，还可通过其他方法比如利用扼流圈或经正确建模的卡尔曼滤波来降低跟踪环路滤波器带宽，可以通过使用合格的组件或卡尔曼滤波器，或同时使用二者来降低接收机噪声。

接收机一旦通过参考站、建模或通过直接测量获得这些误差，便可对所测量的距离进行误差修正，从而得到实际的测距值，然后利用这些经修正后的距离值来计算出位置。

7.6 误差对定位的影响

在之前的章节中，我们发现，估计出的接收机位置不过是由 4 颗作为参考的以卫星为中心的球体所限定的公共交点，各球体的半径与各自测得的距离相同。当所测定的距离准确无误时，公共区域将缩小为一个点。如果所测得距离存在一定的不确定度，那么由此求出的位置也包含有一定尺度的不确定度。因此，受所测距离的不确定度的影响，交叉区域从一个点延伸为一个具有一定体积的空间区域，所求的实际位置也位于由不确定距离所定义的空间内。该不确定度空间的体积正好描述了估计的精度。所以，需要减少这种不确定性空间以得到更高的精度，如图 7.6 所示。

在接下来的章节中，我们将定性并定量地介绍定位误差的分布空间与参与定位的 4 颗卫星的空间几何分布之间的关系。误差对定位的影响是由一个称为精度因子(DOP)的量来决定的，而 DOP 值反映了距离测量误差和位置坐标误差之间的关系，它是接收机与卫星分布之间的几何方程，下面对其进行数学推导。

从一个简单而又形象的比喻开始。假设 A 和 B 都希望获得地图上某个特定地点的位置，其中，A 很确定所求地点的经度在 φ 和 $\varphi + \text{d}\varphi$ 之间，但在纬度上有大的模糊空间；而另一方

面，B 准确地知道所求地点的纬度在 λ 和 $\lambda + d\lambda$ 之间，但对于其经度则一无所知。于是将这些信息结合起来，便可知该地点的位置是在 φ 到 $\varphi + d\varphi$ 和 λ 到 $\lambda + d\lambda$ 之间。所以，总的不确定度缩小到 $d\varphi d\lambda$ 的区域内，这样所求位置就很容易被确定了。现在，假设如果 A 和 B 都不确定该地点的纬度位置，又将会怎样呢？即使整合 A 和 B 的所有信息，对于纬度还是会存在非常大的不确定性。这表明，如果信息的模糊度是独立的并且指向的方向最好是相交时，将会得到更好的定位结果。

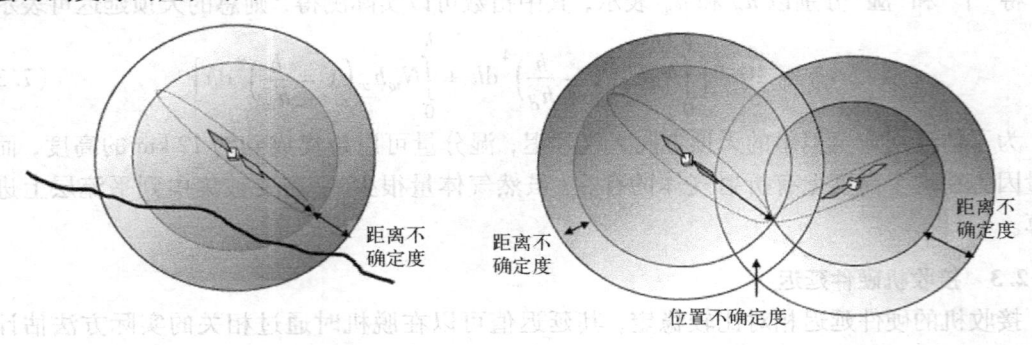

图 7.6　误差空间

下面我们将讨论在三维环境场景中求解位置的情况。由前面的章节可知，即便在最大程度上对测距误差进行修正后，仍然会存在一定的残余误差量，这将给位置解算带来一定的不确定性。这表明真实位置应该位于一个环状的球体空间内。其中，环体的宽度代表了距离的模糊度 σ_r，经过修正后的残余误差的特性可由统计量标准偏差 σ_r 或方差 σ_r^2 来描述，并假设它们具有零均值的统计特性。

同理，来自另一颗卫星的距离模糊度也会产生相似的环状距离模糊度空间。如果各卫星的模糊度空间分布是相互重叠的，那么将给位置解算带来很大的不确定性。但是，如果卫星的模糊空间是彼此正交或几乎正交的，将能缩小公共的不确定空间，从而改善位置解算的精度，这在卫星分布相对比较分散时便可实现。所以，如果以用户点为顶点、以 4 颗卫星为底面点构造一个四面体，上述说法指的是当该四面体的体积最大时定位精度最高，如图 7.7 所示。

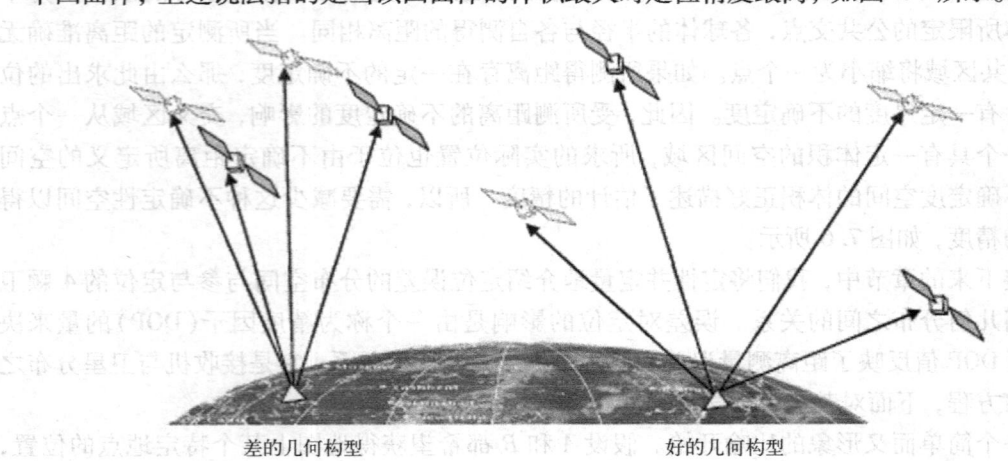

图 7.7　卫星分布对精度的影响

7.6.1 精度因子

本节将把上一节所描述的情况进行数学推导。假设距离误差是独立且相等的,位置解算可由第6章介绍的方法实现。但是由于残余误差的存在,我们所估计的位置中会有一些必然误差的存在。接下来将定量地推导出定位结果中到底存在多少误差量。

设经修正后的伪距 R 中仍然存在残余误差 dR,其中该残余误差是个不确定的随机值(非随机量已被修正了),伪距误差为

$$dR = \left[\frac{\partial R}{\partial x} \quad \frac{\partial R}{\partial y} \quad \frac{\partial R}{\partial z} \quad \frac{\partial R}{\partial b}\right] \cdot [dx \quad dy \quad dz \quad db]^T = GdX \tag{7.36}$$

其中,G 是取决于卫星-用户二者之间几何分布关系的观测矩阵,dX 是包含钟差 db 在内的误差向量。

方程中涉及位置估计误差 dX,而 dX 是测距误差 dR 通过矩阵 G 放大的结果。此外,通过它可以得到这两组误差的协方差之间的关系(Axelrad and Brown,1996;Conley et al.,2006)。利用上面的方程可得

$$dX = G^{-1}dR \tag{7.37}$$

将上述方程乘以它的转置后得到

$$\begin{aligned} dX\,dX^T &= G^{-1}dR\,dR^T G^{-T} \\ &= (G^{-1}G^{-T})dR\,dR^T = (GG^T)^{-1}dR\,dR^T \end{aligned} \tag{7.38}$$

对方程两边取期望值,由于 G 中的元素是确定,所以得到

$$E[dX \quad dX^T] = (GG^T)^{-1}E[dR \quad dR^T] = (GG^T)^{-1}\sigma_R^2 \tag{7.39}$$

$$\text{或} \quad \sigma_G^2 = H\sigma_R^2$$

其中,$H = (GG^T)^{-1}$,$\sigma_R^2 = E[dR \quad dR^T]$,这里假设所有卫星的距离误差 dR 是相同的。

注意,矩阵 $E[dX \quad dX^T]$ 的对角线元素的期望值是各轴向上的误差分量的协方差。所以,令它们分别与矩阵 H 的对角元素相等得到

$$\begin{aligned} E[dx \quad dx] &= \sigma_x^2 = H_{11}\sigma_R^2 \\ E[dy \quad dy] &= \sigma_y^2 = H_{22}\sigma_R^2 \\ E[dz \quad dz] &= \sigma_z^2 = H_{33}\sigma_R^2 \\ E[db \quad db] &= \sigma_b^2 = H_{44}\sigma_R^2 \end{aligned} \tag{7.40}$$

这些方程表明,位置估计的方差取决于两个因素:
1. 用户的距离测量误差的方差 σ_R^2。
2. 描述用户–卫星几何关系的矩阵 H 中的元素。

由上面的推导可以得到各坐标轴向上的距离误差分量的标准差:

$$\sigma_x = \sqrt{H_{11}}\sigma_R, \quad \sigma_y = \sqrt{H_{22}}\sigma_R, \quad \sigma_z = \sqrt{H_{33}}\sigma_R, \quad \sigma_b = \sqrt{H_{44}}\sigma_R \tag{7.41a}$$

位置估计的总标准差为

$$\sigma_p = \sqrt{\sigma_x^2 + \sigma_y^2 + \sigma_z^2} = \sigma_R\sqrt{H_{11} + H_{22} + H_{33}} = \text{PDOP} \cdot \sigma_R \tag{7.41b}$$

其中,空间位置精度因子为:$\text{PDOP} = \sqrt{H_{11} + H_{22} + H_{33}}$。

类似地，时间估计中的标准差为

$$\sigma_b = \sigma_R \sqrt{H_{44}} = \text{TDOP} \cdot \sigma_R \tag{7.41c}$$

其中，时间精度因子为：$\text{TDOP} = \sqrt{H_{44}}$。

所以，总的定位误差的标准差为

$$\begin{aligned}\sigma_G &= \sqrt{\sigma_x^2 + \sigma_y^2 + \sigma_z^2 + \sigma_b^2} \\ &= \sigma_R \sqrt{H_{11} + H_{22} + H_{33} + H_{44}} = \text{GDOP} \cdot \sigma_R\end{aligned} \tag{7.42}$$

其中，几何精度因子为：$\text{GDOP} = \sqrt{H_{11} + H_{22} + H_{33} + H_{44}}$。

上述各种精度因子参数是在随机误差方程的基础上定义的，它定量地反映了用户-卫星的几何关系对定位误差的影响。通过对比我们发现，存在如下关系：

$$\text{PDOP}^2 + \text{TDOP}^2 = \text{GDOP}^2 \tag{7.43}$$

根据勾股定理，GDOP、PDOP 和 TDOP 间的关系可以当成一个直角三角形的三条边，其中 PDOP 和 TDOP 是两条直角边，GDOP 是斜边，如图7.8所示。

精度因子取决于参与定位的卫星之间的几何分布关系。我们可以发现，卫星之间越分散，定位精度越高，这一点也可以从上面的数学表达式中得出。在

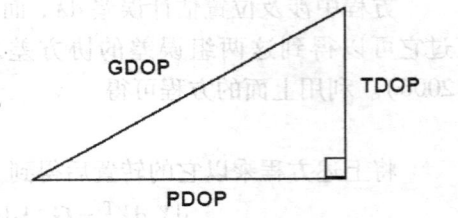

图7.8 DOP 值之间的关系

GDOP 方面，当距离误差一定时，要获得较高的定位精度，则要求矩阵 H 中的元素要小。$H = (GG^T)^{-1}$，H 是由矩阵 G 乘以它的转置再求逆后得到的。所以，为了满足上述条件，矩阵 G 有严格的限制条件，即 G 不为奇异或接近奇异的矩阵，即 G 的行列式的值不能为零，这在 7.1 节中也已经提及。当矩阵 G 中的两行不相似或者彼此不接近或者相互正交时，是能满足要求的。于是便有这样一个问题：矩阵 G 中的两行在什么时候会相似？由于矩阵 G 中的元素是由接收机与卫星之间的方向余弦构成的，这实际上是卫星相对于用户的几何分量。为了满足以上条件，构成矩阵 G 中两行元素的两颗卫星的方向余弦不应该相等或接近，这也表明各卫星之间彼此的位置必须相差甚远，即从接收机处看去，各卫星之间应该是彼此分散的。

上述用户观测产生的距离误差的标准差 σ_r，也称为 σ_{UERE}，其中 UERE 为用户等效距离误差。

7.6.2 水平和垂直精度因子

几何精度因子可表示为空间位置分量，即 PDOP 可以分解成 X，Y 和 Z 三个坐标轴方向上的分量，如式(7.41a)所示：

$$\sigma_x^2 = H_{11}\sigma_R^2, \quad \sigma_y^2 = H_{22}\sigma_R^2, \quad \sigma_z^2 = H_{33}\sigma_R^2, \quad \sigma_b^2 = H_{44}\sigma_R^2$$

这些分量虽然很容易得到，表述起来却不方便。在地心地固坐标系下的 X，Y 和 Z 三个方向上的期望误差或者精度，无法给在地面上进行位置测量的用户提供任何关于误差范围和意义的信息。所以，将这些 DOP 参数转换到本地坐标系中更为方便且有意义。在本地坐标

系中,它们被分解到水平和垂直方向上,所以相应地被称为水平精度因子(HDOP)和垂直精度因子(VDOP)。

7.6.3 加权最小二乘解

在第6章中,通过线性化得到的位置解是基于这样一个基本假设的:测量距离中不存在误差。不过,假设DOP值已经由上一节给出,当所有卫星的距离误差在统计上独立且相等时,该方法同样有效。但是,这在实际情况下是不成立的,因为由σ_{UERE}代表的误差通常既不独立也不相同。所以在这种情况下,最小二乘估计并不是最优估计。

如果伪距误差是高斯的,并且每颗可见卫星的测距误差ε的协方差由矩阵M给定,如同6.4节中所述,用户相对于近似点Xa的最优位置解则可由加权最小二乘估计给出(Strang,1988):

$$dX = (G^TM^{-1}G)^{-1}(G^TM^{-1})dR \tag{7.44}$$

我们可以发现,当误差相同时,上述解便变成了最小二乘解的常规形式。

7.7 误差预算和性能

系统所允许的最大距离误差在系统设计阶段就被确定了,误差上限是根据系统所能承受的能力来确定的,这也定义了系统的性能,即所谓的误差预算。任何在操作过程中引入系统的多余误差,都是可以被修正或者可以通过适当的方法在不同的处理阶段消除掉。精选补充7.2介绍了一个典型卫星导航系统的误差预算。

精选补充 7.2　误差预算

假设所有误差的均值为零,各项残差的标准差的典型值可表示如下:

　　　　星历误差　2 m;　　　　钟差　2 m;　　　　电离层误差　5 m
　　　　对流层误差　1 m;　　　接收机噪声　1 m;　　多径等误差　1 m
　　　　误差总和　6 m

由于各类误差都相互独立,可将误差的均方根误差作为总的有效误差。

那么,如果对于某个特定的系统和位置,令HDOP和VDOP值分别为3和4,那么其位置估计的水平误差和垂直误差可以分别估计为6 m×3 = 18 m以及6 m×4 = 24 m。

思考题

1. 证明从本地坐标系中DOP导出的GDOP之和与从地心地固坐标系中导出的GDOP之和相等。
2. 推导东北天坐标系下的东、北、天三个方向上的DOP与仰角和方位角之间转换的表达式。
3. 与直射信号相比,多径信号功率通常较小。当多径信号的功率是直射信号的k倍($k<1$)时,给出相关平衡的条件,并和式(7.29)相比较。

参考文献

Acharya, R., 2013. Doppler utilized kalman estimation (DUKE) of ionosphere. Advances in Space Research 51 (11), 2171−2180.

Axelrad, P., Brown, R.G., 1996. GPS navigation algorithms. In: Parkinson, B.W., Spilker Jr., J.J. (Eds.), Global Positioning Systems, Theory and Applications, vol. I. AIAA, Washington, DC, USA.

Bandyopadhayay, T., Guha, A., Dasgupta, A., Banerjee, P., Bose, A., 1997. Degradation of navigational accuracy with global positioning system during periods of scintillation at equatorial latitudes. Electronics Letters 33 (12), 1010−1011.

Braasch, M.S., 1996. Multipath effects. In: Parkinson, B.W., Spilker Jr., J.J. (Eds.), Global Positioning Systems, Theory and Applications, vol. II. AIAA, Washington, DC, USA.

Conley, R., Cosentino, R., Hegarty, C.J., Leva, J.L., de Haag, M.U., Van Dyke, K., 2006. Performance of Standalone GPS. In: Kaplan, E.D., Hegarty, C.J. (Eds.), Understanding GPS Principles and Applications, second ed. Artech House, Boston, MA, USA.

Dasgupta, A., Aarons, J., Klobuchar, J.A., Basu, S., Bushby, A., 1982. Ionospheric electron content depletions associated with amplitude scintillations in the equatorial region. Geophysical Research Letters 9 (2), 147−150.

Feynman, R.P., Leighton, R.B., Sands, M., 1992. Feynman Lectures on Physics. Narosa Publishing House, India.

Ghatak, A., 2005. Optics. Tata Mc-Graw Hill Publishing Limited, New Delhi, India.

Hopfield, H.S., 1969. Two quartic tropospheric refractivity profile for correcting satellite data. Journal of Geophysical Research 74 (18), 4487−4499.

Klobuchar, J.A., 1987. Ionospheric time-delay algorithm for single-frequency GPS users. IEEE Transactions on Aerospace and Electronic Systems AES-23 (3), 325−331.

Parkinson, B.W., 1996. GPS error analysis. In: Parkinson, B.W., Spilker Jr., J.J. (Eds.), Global Positioning Systems, Theory and Applications, vol. II. AIAA, Washington, DC, USA.

Reitz, J., Milford, F.J., Christy, R.W., 1990. Foundations of Electromagnetic Theory, third ed. Narosa Publishing House, India.

Spilker Jr., J.J., 1996. Tropospheric effects on GPS. In: Parkinson, B.W., Spilker Jr., J.J. (Eds.), Global Positioning Systems, Theory and Applications, vol. I. AIAA, Washington, DC, USA.

Strang, G., 1988. Linear Algebra and Its Applications. Harcourt, Brace, Jovanovich, Publishers, San Diego, USA.

第 8 章 差 分 定 位

摘要

本章重点阐述了通过差分技术减小定位误差的方法，该方法通常需要充分利用位置精确已知的参考站上获得的原始观测数据及其相关信息。本章首先介绍了差分定位的基本思想，然后简要分析了差分定位的主要误差来源，这对于理解差分技术非常重要，也是对差分定位进行不同分类的基础。其次，详细描述了差分定位的不同技术及其相关复杂性，包括基于伪距的和基于载波相位的差分定位技术。最后，定性地讨论了这些方法在不同应用和系统中的典型实现。

关键词

augmentation system 增强系统	grid-based model 格网模型
carrier smoothing 载波平滑	integer ambiguity 整周模糊度
correlated errors 相关误差	ionospheric pierce point 电离层穿刺点
differential system 差分系统	real-time kinematic 实时动态
double differencing 双差	slant factor 倾斜因子
float solution 浮点解	triple differencing 三差

第 6 章介绍了如何从距离测量值中估计绝对位置，第 7 章介绍了影响上述位置精确估计的各类主要误差。本章将探讨如何使用差分定位技术降低定位中的误差影响。不同于绝对定位，本章所介绍的差分定位是相对于参考接收机实现的，其中参考接收机所处位置通常是事先精确已知的。本章将首先介绍差分定位的基本思路，然后简要回顾定位误差的类型，了解这些误差的变化特性对掌握相关误差修正技术是必不可少的，它们也是构成差分定位技术不同分类的基础。不同的差分定位技术及其相关复杂性将在随后详细讨论，包括基于伪码的和基于载波相位的处理方法。最后，概述了这些方法在不同应用和系统中的典型实现方式。需要注意的是，本章所讨论的大多数内容，包括具体技术及其实现方式，都是与 GPS 一同发展的，我们根据不同的理论观点并结合本书中的方法对它们进行了概括。

8.1 差分定位

为了确定一个用户的位置，我们需要知道两类信息，即卫星的位置以及用户与卫星之间的距离。接收机与卫星之间的测距受不同因素的影响，产生了多种测量误差。尽管可以通过估计或建模的方式降低这些误差对测距值的影响，但在处理过程中涉及的不确定性将导致这些误差存在残余，从而显著降低用户位置的估计精度和可靠性。

差分定位则是借助于事先精确已知位置的基准点上的测量值及其相关信息来减弱或消除这些误差的影响。在卫星导航定位中，差分定位通常被定义成一种利用已知位置的参考接收机测量得到的附加信息进行精确位置估计的技术。

在基于参考站的误差修正方法中，参考站需要获得用于误差修正所需相关参数的准确值，并且通过一定的通信设备发送并更新参数信息给用户。参数的类型取决于所用的误差修正技术，主要包括位置误差、距离误差或测距误差。

参考站的误差修正参数必须能够实时地发送给用户，或者可以存储起来以便在后处理中使用。差分定位系统的原理如图 8.1 所示。

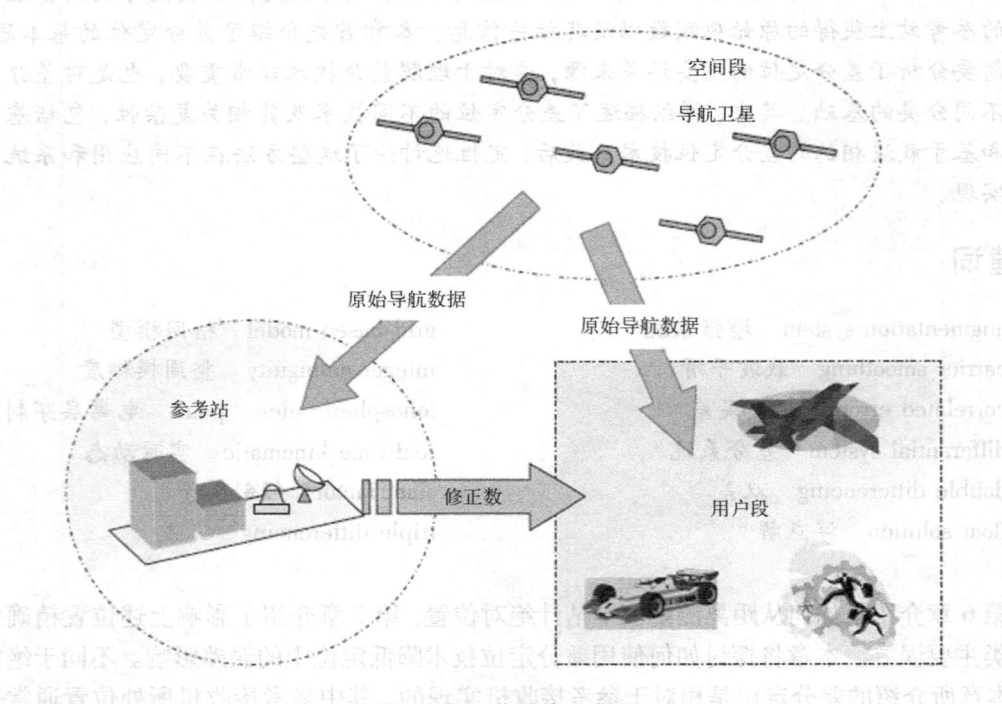

图 8.1　差分系统示意图

8.1.1　基本原理

第 7 章中谈到，如果可以精确地消除影响用户位置估计的各类误差，位置估计的精度将得到显著提高，而其中的一种修正方法就是借助于一个位置准确已知的参考点。本节将详细讲述如何利用这个位置准确已知的参考点进行用户误差的修正。

前文已经提到，误差修正可以在不同层次的数据条件下完成，既可以在最终位置估计时进行，也可以在测量值层面上进行。要了解在不同层次上进行修正的理论依据，首先需要重新回顾如何从距离测量值中进行位置估计。

假设已知观测方程为

$$R_\mathrm{m} = h(X) \tag{8.1}$$

其中，R_m 表示距离测量值，X 表示待估计的位置矢量，h 表示卫星和用户位置变化的二次型函数。相对于真实位置 $X = X_t$，对式(8.1)进行微分，得到

$$dR_m = \frac{\partial h}{\partial X}\bigg|_{X_t} dX = G|_{X_t} dX \tag{8.2}$$

该式说明测量值中的任何 δR 的差异都将产生 δX 的位置误差，而 δR 和 δX 的相关性为

$$\delta R = G|_{X_t} \delta X \tag{8.3}$$

借助于参考接收机的已知位置，这些差值可以很容易地得到。但是，上述方法获得的误差是相对于这个已知位置而言的，相对于其他位置，这个误差将会发生变化。接下来将对此进行详细介绍。

假设距离测量存在 δR 的有限误差，这将相应产生 δX 的位置误差，根据式(8.3)，距离测量中误差 δR 通过等式 $\delta X = G^{-1}\delta R$ 与 δX 相关。那么，对于靠近参考站的用户来说，其位置误差是否可以通过参考站获取？为了证明这一点，先通过式(8.4)探讨可变误差 δR 是如何随空间变化的。

$$\frac{d}{dX}(\delta X)dX = \frac{d}{dX}(G^{-1}\delta R)dX$$
$$= \delta R \frac{d}{dX}(G^{-1})dX + G^{-1}\frac{d}{dX}(\delta R)dX \tag{8.4}$$

由此可知，为使位置误差在两个位置之间保持不变，$\frac{d}{dX}(\delta X)$ 应该为零。所以，需要满足的条件为

$$\frac{d}{dX}(\delta R) = 0 \tag{8.5a}$$

和

$$\frac{d}{dX}(G^{-1}) = 0 \tag{8.5b}$$

因此，为了使在两处的位置误差保持一致，不仅距离误差 δR 必须保持一致，由用户卫星几何分布决定的矩阵 G 在这两处也必须相等。

所以，只有满足了上述准则，在参考站估计的位置误差才可以用于修正用户处的位置误差。然而，上述准则在较大程度上具有一定的局限性，具体如下。

首先，假设用户和参考站是如此接近以至于 G 保持相同，这是不科学的。实际应用中，相等只能近似，大多数情况下，它们是不一样的。G 的相等意味着两点：一是用户上空可见的最优卫星集合应该和参考站上可见的最优卫星集合相同；严格意义上讲，这两个集合并不一定完全相同，这种情况下，参考站必须计算出它的位置以及 4 颗可视卫星所有可能集合的相应位置误差值，这样，用户便可以挑选出对应参考站正在使用的那个卫星集合。对于参考站而言，用于位置求解的卫星组合数是 C_4^n，其中 n 是可视卫星的数量。典型地，n 值约为 7，所以解集的总数是 35，这是相当大的一个数值。二是，G 的元素是由方向余弦 α，β 和 γ 构成的，它们是位置的函数。所以，即使卫星组保持相同，卫星分布几何形状也不完全相同，也会相应地改变矩阵 G 中各元素的值。

其次，第二个要求是 δR 要相等，即测量误差相等。正如前文所描述的，许多由参考站所确定的误差会随空间和时间的变化而变化，即使是相关误差也只在一定范围内保持其相关

性，并且随着用户和参考站之间距离的增加，相关性逐渐变弱。所以，当参考站和用户有不同的测距误差时，通过位置求出的误差修正值也是不一样的。

除了空间非相关外，在误差计算时刻与实际误差修正时刻二者之间的时间延迟也是影响修正精度的重要因素之一。所以，即使矩阵 G 的元素在两个位置的某个瞬间保持相等，一段时间间隔后它们也可能是不相同的。这个结论对 δR 来说也是类似的。因此，在实际应用中，差分修正值的精度必须被限制在给定的最大改正范围和规定的数据有效期内。

另外，差分定位中要求参考站和用户采用相同的位置估计方法，否则差分得到的位置解也会存在不同的误差，参考站上导出的修正值将不适用于用户端的误差修正，甚至在某些情况下会导致误差的增大。

如果仅限于式(8.3)，由此可得

$$G^{-1}\delta R = \delta X$$

这表明位置估计误差可通过减小 δR 而减小。同时，通过泰勒级数展开，δR_u 可用 δR_r 表示为

$$\delta R_\mathrm{u} = \delta R_\mathrm{r} + \frac{\mathrm{d}}{\mathrm{d}X}(\delta R_\mathrm{r})\mid_{X_\mathrm{r}}\mathrm{d}X + \frac{1}{2}\frac{\mathrm{d}^2}{\mathrm{d}X^2}(\delta R_\mathrm{r})\mid_{X_\mathrm{r}}\mathrm{d}X^2 + \cdots \tag{8.6}$$

忽略高阶项，通过参考站接收机与其一阶导数的误差，可以推导出在用户位置处的测距误差。这使得用户可以仅用参考站上的测距误差以及几何位置的导出量等误差信息来修正自身的测距误差。一旦得到 δR_u，就可由用户自身的观测信息得到矩阵 G，再通过式(8.3)就可以得到 X 的修正值。

假设 G 保持不变，那么接收机相对位置 ΔX 的改变将导致距离测量相应地产生 ΔR 的差异。从测量的距离中扣除上述误差后，将得到用户和参考站之间的真实距离差 ΔR。类似地，这与相对位置 ΔX 相关，即

$$G^{-1}\Delta R = \Delta X \tag{8.7}$$

所以，不需要严格计算测距误差，仅需要知道参考站和用户之间的真实相对距离 ΔR，便可以得到相对位置 ΔX。对于这一点，只需要获得足够的信息用以构建参考站处的矩阵 G。因此，通过从用户测量的距离中减去由参考站测量得到的距离，便可以得到精确的相对位置，这种方法不需要确定参考站的准确位置。但是，参考站位置的不确定性将会相应地影响 G 值。

总体来说，测距误差的空间变化在各种场合都起着重要的作用。只有某些类型的误差，可以真正地假定为空间不变的。前文中假设了剩余误差部分只有线性变化，但是高阶变化也有可能存在，这些误差源的残余误差将会在一定程度上影响定位精度。下面，我们将基于误差空间变化特征介绍误差的不同类型以及消除的方法。

8.1.2 主要误差分析

在差分系统中需要进行一系列的误差修正。在描述其理论之前，需要深入了解各类误差的变化特性，更准确地说是需要知道误差相对于参考站和用户的空间变化规律，这些规律对于用户定位时的距离修正来说十分重要。本节首先简单回顾第 7 章所介绍的不同误差类型，尤其需要关注误差的空间和时间变化的相关性，这是不同差分修正技术的基础(Parkinson and Enge，1996)。

8.1.2.1 共性误差(ε_0)

共性误差是指在参考站和用户站之间共同的误差。它们在空间上保持不变,与用户位置无关。它们独立于卫星和用户之间的相对几何关系,与卫星或用户的位置不相关,甚至和它们的传播路径也无关。但是,共性误差会随时间而变化。所以,共性误差 $\varepsilon_0(x,t)$ 可以通过用户在某个位置 x 和某个时刻的值来描述,如

$$\varepsilon_0(x,t) = \varepsilon_0(t) \tag{8.8}$$

比如,卫星的时钟误差是一种共性误差。这类误差一旦在某一地点上精确测定,就可以用于同一时刻其他任何地点处的修正。在差分定位模式下,这些误差可以完全消除。

8.1.2.2 相关误差(ε_c)

相关误差是指在参考站和用户之间存在一定相关性的误差。这类误差在空间上不是恒定的,它们在一定范围内变化并可以用特定的函数形式表达。假设空间函数和它们之间的距离已知,在离参考点任一位置处的误差便可以由参考点处的误差导出。因此,在任一点 x、任一时刻的相关误差 ε_c 可描述为

$$\varepsilon_c(x,t) = \varepsilon_c(x_0,t) + \frac{\partial \varepsilon_c}{\partial x}\bigg|_{x_0,t} dx + \frac{1}{2}\frac{\partial^2 \varepsilon_c}{\partial x^2}\bigg|_{x_0,t} dx^2 + \cdots \tag{8.9}$$

其中,dx 是参考点 x_0 和用户点 x 的空间位置差异,一阶和高阶导数在 x_0 处导出并随时间变化。一旦 $\varepsilon_c(x_0,t)$ 已知,$\varepsilon_c(x,t)$ 便可以通过在点 (x_0,t) 处的 $\partial \varepsilon_c / \partial t$ 计算得到。当这些误差在参考站上求出并用于计算用户位置处的精确误差值后,便可以被部分消除。但是,由于上述导数通常是被限定在一阶的,仍然会存在一定量的残余误差。随着与参考点距离的增加,忽略高阶导数所带来的影响将会越来越大,修正效果也将逐步变差。

传播误差是相关误差。所以,参考站和用户之间的距离越小,两者的传播误差越相似。星历误差也是相关误差,但是在短基线情况下星历误差的变化很小,通常可认为是不变的。参考上面的方程,其一阶导数很小,可以被忽略。在第 7 章中已经定量地导出了这个结论,下面会进一步说明。

8.1.2.3 非相关误差(ε_{uc})

有些误差不是恒定的,它们在参考站和用户之间也不相关。这些误差是非独立的,并以任意的方式在空间上变化。它们不能通过确定的函数表示,通常称为非相关误差。非相关误差不能利用其他点上的已知信息来估计,因此这些误差便不能从参考站处的误差中导出,不能被完全消除。多路径误差就属于这一类型的误差。

上述所有这些分类是基于误差的特性及其在空间上的变化方式来确定的。换句话说,这种分类的基础是参考站和用户之间的误差变化是否可以由某种函数描述。图 8.2 描述的是不同类型误差的空间变化情况。

类似地,误差也会随时间变化。误差从参考站计算、建模、播发到用户接收,通常会存在一定的时延,这些时延也是影响误差修正效果的重要因素之一。比如:时钟误差的变化速度很快,所以相应的修正信息需要频繁地实时更新和使用;星历误差则变化缓慢,即使修正量在生成和使用之间存在较大的时间延迟,对精度的影响也十分有限,这类误差允许以较慢的速率进行播发和更新。

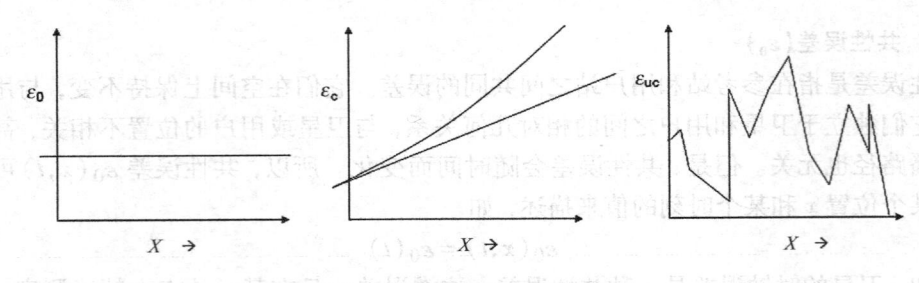

图 8.2 不同类型误差的变化

8.1.3 差分定位的分类

在差分定位中,通过利用来自参考站的附加信息,用户的测量误差得以消除或大幅削弱,这有利于改善位置估计的准确性。在实际应用中,差分定位可以通过不同的技术来实现,因此有必要对常用的差分定位技术进行分类。

本节简要概述了差分定位技术不同分类的依据,尽管这些不是标准分类,但这种系统性的区分方法对系统的理论认识有较大的帮助。

8.1.3.1 位置/距离修正的差分定位

这类技术是基于差分修正信息参数来实现的,对用户接收机进行的修正可以在不同的数据层面上完成。当用户接收机在进行最终位置估计时进行的差分修正,称为"位置差分修正",而当误差修正在测量的距离上进行时,称为"距离差分修正"。

位置差分修正仅仅适用于用户与参考站之间距离很近的情况,它能减少用户接收机的计算负荷并且易于应用。但是,距离差分修正相比于位置修正而言,是个更好的选择,其原因已在8.1.1节讨论过。距离误差可以将参考站作为一个整体按统一的方式提供给各个用户,或者按各类误差来源将它们拆分成相应的误差分量提供给用户。

修正量是由参考站计算并由参考站自身的测距值获得的。有时,参考站上也会配备测量大气参数的设备,进而获得相关的大气延迟信息。对于这些修正量的有效使用,要求参考站和用户站的测量方法必须保持一致。因此,对于位置差分修正,推导的方法必须是相同的,但对于距离差分修正,参考站或用户必须都使用原始的观测数据。

8.1.3.2 绝对/相对差分定位

对于距离差分修正,有两种不同的实现方法。一种方法是在用户接收机处实现误差修正,其中绝对误差由参考站进行播发。接收机通过这些误差值来修正测量距离从而获得实际距离,其测距值在系统参考坐标系(如地心地固坐标系)中是绝对的。所以,由此解算出的位置相对于参考坐标系也是绝对的。

另外一种方法是,参考站可以把它的全部观测量传送给用户。用户将它们与相应的观测值进行差分运算,得到的结果便是用户相对于参考站的差分距离。这种相对距离有着如式(8.7)所示的相对独立的函数形式,此时所有的观测都是相对于参考站而言的,即一个以参考站为中心的新的参考坐标系。因此,求出的位置也是相对于参考站而言的。

上述所讨论的差分定位的类型分别称为"绝对差分定位"和"相对差分定位"。对于相对差分定位，用户接收机和参考站之间的矢量差是确定的，称为基线。相对定位中的基线测定，可采用基于伪码或载波相位的测量方法。它可能有两种情况，一种是用户静止且位置不随时间改变的情况，另一种是用户在参考站附近动态变化的情况。

8.1.3.3 基于伪距/载波相位的差分定位

根据用户和参考站在差分定位中所使用的观测量类型的不同，差分定位可分成基于伪距的差分定位和基于载波相位的差分定位。

在基于伪距的差分定位中，伪距测量值被变换为修正量，它是含有噪声的绝对测量值。另一方面，基于载波相位的差分定位采用所测得的与接收机距离相对应的载波相位延迟量。因为测得的载波相位存在一定的模糊度，正如第 5 章中所描述的，需要解决相对整周模糊度的问题。但是，基于载波相位的差分定位比基于伪距的差分定位的精度更高。

8.1.3.4 实时/后处理的差分定位

根据差分系统的使用情况，差分修正可以是实时处理的，也可以是通过后处理完成的。实时差分定位需要一个无线通信链路进行传输并且结果也是实时获得的。虽然实时处理的精度通常比后处理的精度要低，但是对于像实时测量这样的应用场景来说，实时性是必须的。

后处理一般是通过载波相位解算完成的。参考站和用户接收机都需要事先采集并保存数据，然后通过采集的观测数据产生精确的修正值，最后通过修正值对用户测量误差进行修正，进而估计得到后验准确位置。相对于实时处理，后处理结果通常更精确（El-Rabbani，2006），并且在参考站和用户之间不需要建立通信链路，给数据修正和处理提供了更多的选择。

8.1.3.5 单参考站/多参考站的差分定位

参考接收机需要向与它连接的用户提供修正信息，而差分定位也可通过所使用的参考站数量来划分。有些情况下，在一个区域内只有一个单独的参考站提供服务，有的情况下则有多个参考站提供服务。显然，后者可以克服系统可服务区域的约束。多参考站能有效地克服误差的空间和时间的降相关性，可以满足大区域的服务。因此，它们分别相当于局域和广域的差分定位。

但是，大多数情况下，参考站仅用于生成修正信息，那些利用参考站作为额外数据源的系统能够改善几何精度因子，从而改善位置估计的精度与可用性。同时，它还有助于基于载波相位测量的定位解算。

8.2 差分修正技术

本节将探讨用于差分修正的不同实现技术。首先给出"基线"的定义，基线是连接用户和参考站的矢量，当参考站和用户之间的基线很短时称为"短基线"。这保证了两个接收机之间的距离差可以表示为它们的位置差的线性函数，例如基线长度。对于短基线而言，从卫星发来的无线电波在两个接收机上可以认为是平行的，也就是说，可认为由指向卫星的矢量与基线之间构成的夹角在参考站和用户处是一致的。这就意味着，星历误差对两个接收机来说是几乎恒定的，并使其他相关误差如电离层和对流层误差保持在一阶。需要说明的是，上述分析中忽略了非相关误差（如多径效应）的影响。

8.2.1 基于伪距的差分定位

8.2.1.1 绝对差分技术

利用伪距观测量进行位置估计时，其结果受测距误差的影响严重。在第5章中我们知道，伪距测量值是含有噪声的，它分布在较大的范围内，通常精度较差。噪声项主要包括接收机的内部热噪声，此外，伪距还受到如电离层和对流层误差以及时钟偏差等误差的影响。在用户处的测量距离 R_u 为

$$R_u = \rho_u + c\delta t_u - c\delta t_s + \delta r_{ion,u} + \delta r_{trp,u} + n_u \tag{8.10a}$$

其中，R_u 表示用户测量的伪距，ρ_u 表示几何真距，$c\delta t_s$ 和 $c\delta t_u$ 分别表示（相对于系统时间）与卫星和接收机时钟偏差相对应的距离量。类似地，$\delta r_{ion,u}$ 和 $\delta r_{trp,u}$ 分别表示在用户处电离层和对流层延迟相对应的距离量，n_u 表示参考站接收机的噪声。

类似地，在参考接收机中，伪距观测量为

$$R_r = \rho_r + c\delta t_r - c\delta t_s + \delta r_{ion,r} + \delta r_{trp,r} + n_r \tag{8.10b}$$

由于参考站的位置精确已知，因此便可以求出从卫星到参考站的实际几何距离 ρ_r。不过，如果相应的卫星位置只是简单地从卫星星历中求出，计算得到的结果中就会包含星历误差。因此，式(8.10a)就变成了

$$R_u = \rho_u' + c\delta t_u - c\delta t_s + \delta r_{eph,u} + \delta r_{ion,u} + \delta r_{trp,u} + n_u \tag{8.10c}$$

但是，参考站也可以仅使用卫星发射的星历，因此，相应的伪距方程由式(8.10b)变为

$$R_r = \rho_r' + c\delta t_r - c\delta t_s + \delta r_{eph,r} + \delta r_{ion,r} + \delta r_{trp,r} + n_r \tag{8.10d}$$

其中，ρ_u' 和 ρ_r' 分别表示通过卫星星历计算得到的用户和参考站几何距离的估值。

因此，在参考站处通过星历获得的伪距测量误差为

$$\varepsilon = R_r - \rho_r' = c\delta t_r - c\delta t_s + \delta r_{eph,r} + \delta r_{ion,r} + \delta r_{trp,r} + n_r \tag{8.11}$$

于是，用户可以通过误差 ε 来修正各自的测距误差。修正后的用户伪距 R_{cu} 可表示为

$$\begin{aligned}R_{cu} &= \rho_u' + c(\delta t_u - \delta t_r) + (\delta r_{eph,u} - \delta r_{eph,r}) + (\delta r_{ion,u} - \delta r_{ion,r}) \\ &\quad + (\delta r_{trp,u} - \delta r_{trp,r}) + (n_u - n_r) \\ &= \rho_u' + c\delta t_{ur} + \delta r_{eph,ur} + \delta r_{ion,ur} + \delta r_{trp,ur} + n_{ur}\end{aligned} \tag{8.12}$$

参考站和用户由于位置不同，相应的测量误差尽管具有较强的相似性，但是修正之后仍会存在一定的残余误差，如式(8.12)所示。其中，δt_{ur} 表示参考站和用户之间的相对时钟偏差，式(8.12)是通过对误差项 ε 差分得到的。由于卫星时钟偏差 δt_s 对用户和参考站来说是相同的，因此它得以完全消除，而用户时钟偏差和其他偏差则是相对于参考站时钟偏差而言的。

特殊情况下，参考站时钟是原子钟，并且它还由卫星时钟实时进行修正。因此，这部分误差仅仅包含了接收机时钟误差。星历误差变化缓慢，因而对于短基线而言，相对星历误差可认为是零。电离层在时间和空间上有很强的相关性，因此，在短距离下，相对电离层延迟 $\delta r_{ion,ur}$，即两站的电离层延迟误差之差是一个较小的量。对于大部分的实际情形而言，$\delta r_{ion,ur}$ 也可以当成零。$\delta r_{trp,ur}$ 在短基线的情形下的结论也一样。这样，方程就变为

$$R_{cu} = \rho_u' + c\delta t_{ur} + n_{ur} \tag{8.13}$$

第 8 章 差 分 定 位

然而，实际应用中由于电离层或对流层延迟变化的梯度有可能较大。在一定的地理区域和特定的时间段，这种消除电离层和对流层延迟的假设不一定成立。这些位置和时间的电离层和对流层延迟可以在有限的时间和空间上发生较大的变化，这将会严重影响用户定位的精度和可靠性。在第 9 章中我们将详细介绍电离层的变化及其在全球不同区域的特性。对于快速时空变化的区域，用户和参考站处的延迟是不同的，因而误差并不能完全消除。但是，在用户处的误差可由参考站误差通过如式(8.14a)所示的泰勒级数展开，表示其空间变化，即

$$\delta r_{\text{ion},u} = \delta r_{\text{ion},r} + \frac{\partial(\delta r_{\text{ion},r})}{\partial X}\bigg|_{X_r} \mathrm{d}X + \frac{1}{2}\frac{\partial^2(\delta r_{\text{ion},r})}{\partial X^2}\bigg|_{X_r} \mathrm{d}X^2 + \cdots \tag{8.14a}$$

这使得 $\delta r_{\text{ion},ur}$ 等同于

$$\delta r_{\text{ion},u} - \delta r_{\text{ion},r} = \frac{\partial(\delta r_{\text{ion},r})}{\partial X}\bigg|_{X_r} \mathrm{d}X + \frac{1}{2}\frac{\partial^2(\delta r_{\text{ion},r})}{\partial X^2}\bigg|_{X_r} \mathrm{d}X^2 + \cdots \tag{8.14b}$$

对于短基线而言，高阶导数项一般不会产生较大的影响，因而可以被忽略。因此，延迟差可以表示为相对于基线长度的一阶导数部分。该导数项和其误差可同时估计得到，然后发送给用户进行误差消除。类似地，对于时间变化，在估计时刻 t_1 和修正时刻 t_2 之间的电离层延迟差为

$$\delta r_{\text{ion}}(t_2 - t_1) = \frac{\partial r}{\partial t}\bigg|_{t=t_1} \Delta t \tag{8.15}$$

其中，$\Delta t = t_2 - t_1$ 可以由参考时刻求出。对于对流层误差而言，结论同样适用。这些项有助于消除式(8.12)所示的参考站和用户接收机之间的不平衡误差，相应的结果如式(8.13)所示。

如果基线很长或者上述导数项很大，则高阶项的影响将变得显著，从而不能被忽略。我们将在第 9 章看到，这种特性表现在赤道地区的电离层中尤为明显。在这样的情况下，如果用户接收机能估计其自身的电离层延迟，就能得到最好的结果。另外，如果存在多个参考站可以供用户选择，使得用户能保持在电离层延迟一阶变化的区域内，那么也可提高用户的定位精度。这就是后续介绍的广域差分系统。

需要注意的是，在用户接收机处，各导数项是针对某一特定卫星而言的，其误差已由参考站求出，特别是当服务区域范围很大时，将导致用户使用十分不方便。不过，可以将这些误差项按特定的卫星进行拆分，通常是将参考站上的混合测距误差按组成部分进行划分。电离层延迟可以通过使用双频接收机获得。类似地，对流层延迟可以利用安装在参考站的气象仪器所得到的参数通过经验模型获得。另外，其他的地面站也可以跟踪单颗卫星的轨迹，实时地估算其当前真实位置并给出卫星的位置偏差。

如果已经精确获得卫星信号传播路径上的各个误差项，那么可以通过相应的倾斜因子将斜向的电离层和对流层延迟误差转换成垂直方向上的延迟量，然后再发送给用户使用。对于沿仰角为 θ 的路径获得的斜向电离层延迟量 δr_{ion}，相应的垂向误差可由下式计算得到：

$$\delta r_{\text{ion},\text{垂向}} = f_{\text{ion}}(\theta)\delta r_{\text{ion},\text{斜向}} \tag{8.16a}$$

其中，$f_{\text{ion}}(\theta)$ 表示用户位置处仰角为 θ 的电离层倾斜因子，RTCA(1999)给出了一种计算方法：

$$f_{\text{ion}} = \sqrt{1 - \frac{R_e^2}{(R_e + h_e)^2}\cos Z} \qquad (8.16b)$$

其中，R_e 表示地球的平均半径，h_e 表示相对于地球表面的电离层的有效高度，Z 表示卫星仰角，垂向电子总含量通常由电离层穿透点（IPP）计算，IPP 表示在有效电离层高度 h_e 上连接用户和卫星的连线横穿水平面的点。它的位置通过以下方程得到（RCTA，1999）：

IPP 的纬度为

$$\Phi_{\text{pp}} = \arcsin\{\sin\Phi_u\cos\Psi_{\text{pp}} + \cos\Phi_u\sin\Psi_{\text{pp}}\cos Z\} \qquad (8.17a)$$

IPP 的经度为

$$\lambda_{\text{pp}} = \lambda_u + \arcsin\left\{\sin\Psi_{\text{pp}}\frac{\sin Z}{\cos\Phi_{\text{pp}}}\right\} \qquad (8.17b)$$

其中，$\Psi_{\text{pp}} = \pi/2 - Z - \arcsin\left\{\dfrac{R_e}{R_e + h_e}\cos Z\right\}$，$\Phi_u$ 和 λ_u 分别表示接收机的纬度和经度，Z 表示方位角，这里假设电离层是水平分层的。

类似地，对流层延迟也可以用垂向延迟量表示，星历误差可以由卫星位置的总偏差来代替。这使得用户可以将其上空所有可见卫星的垂向误差转换成斜向误差信息，倾斜因子 $f_{\text{ion}}(\theta)$ 用来将垂向延迟转换成沿着用户仰角 θ 方向上的斜向延迟量。因此，用户处的修正距离就变成了

$$\begin{aligned}R_{\text{cu}} = &\rho_u + c(\delta t_u - \delta t_r) + (\delta r_{\text{eph}} - g\delta r_{\text{sat}}) + (\delta r_{\text{ion},u} - f_{\text{ion}}(\theta_u)\delta r_{\text{ion},v}) \\ &+ (\delta r_{\text{trp},u} - f_{\text{trp}}(\theta_u)\delta r_{\text{trp},v}) + (n_u - n_r)\end{aligned} \qquad (8.18)$$

其中，δr_{sat} 表示总卫星偏差，g 表示在用户处转换成径向距离误差的几何因子。$\delta r_{\text{ion},v}$ 表示用户处从参考站信息中导出的垂向电离层延迟量。$f_{\text{ion}}(\theta_u)$ 表示用户处相应于仰角 θ_u 的电离倾斜因子。类似地，$\delta r_{\text{trp},v}$ 是对流层垂向延迟量，$f_{\text{trp}}(\theta_u)$ 表示用户与卫星之间仰角 θ_u 方向上的倾斜因子。

对于空间变化的传播误差，参考站上求出的是垂向延迟量，它可以从所有可见的卫星中获得。垂向延迟量可以很方便地转换到用户处任何视角的卫星上。因此，卫星和具体的误差量得以分离，并且避免了在参考站和用户两地上空具有共同可见卫星这一约束条件。与此同时，这也带来了两个相关的问题。首先，任何时刻的垂向延迟量是关于空间的连续函数，在何处将垂向延迟量发送给用户更合适？另一方面，在有限的空间点上给出垂向延迟量时，用户如何利用这些有限的垂向延迟量求出所观测卫星在 IPP 处的延迟量？

在增强系统中，解决上述问题的一种简便方法是，将整个服务区域划分为有限的格网区域并提供给定格网点处的垂向误差量，这可以通过利用由参考站观测量所获得的 IPP 来得到。并且，从这些格网点中，用户可以将参考站给出的延迟量在用户 IPP 处进行插值运算，并转换成斜向延迟量。

因此，我们可以将垂向误差转换到可视卫星的任何方向上，从而使误差信息与卫星的空间分布相互独立。但是，这是以在参考站处由斜向转垂向以及在用户处又由垂向转斜向的过程中增加了额外的转换误差为代价的。

类似地，在式（8.12）中，考虑到残余误差可以忽略不计，于是可写成式（8.13）的形式，重写如下：

$$R_{\text{cu}} = \rho'_u + c\delta t_{\text{ur}} + n_{\text{ur}} \qquad (8.19)$$

第8章 差分定位

现在已经得到了 ρ'_u 中的三个未知量和未知 δt_{ur} 的方程。通过前文所述的线性化方法可以估算出这些参数。相比于单点定位，这种技术仅使用了参考站给出的修正信息。

n_{ur} 表示在用户和参考站之间的接收机噪声差异。这些噪声互不相关，无法抵消，所以求与参考站修正信息之差后的噪声是用户和参考站接收机内部噪声之差。由于这两个噪声相互独立，用户接收机差分运算之后的有效噪声变成

$$\sigma_{\text{eff}} = \sqrt{\sigma_u^2 + \sigma_r^2} \qquad (8.20\text{a})$$

其中，σ_u 和 σ_r 分别表示用户单独测量得到的以及参考站用于修正而求出的标准差。如果两个 σ 值相同，即 $\sigma_u = \sigma_r = \sigma$，则有

$$\sigma_{\text{eff}} = \sqrt{2}\sigma \qquad (8.20\text{b})$$

精选补充 8.1 噪声叠加

为了理解在用户处进行误差值求解的效果，假设参考站和用户接收机噪声都是高斯的，且有相同标准偏差 σ。在这一复合噪声中，当其中的一个噪声取值为 n_1，另一个取值为 $n-n_1$ 时，便产生了值为 n 的有效噪声。所以，噪声值 n 发生的总概率与一个取值为 n_1、另一个取值为 $n-n_1$ 的所有概率总和相同。有效概率为

$$p(n) = \int p(n_1 = n_1) p(n_2 = n - n_1) \mathrm{d}n_1$$
$$= n_1 \times n_2$$

积分范围为 $-\infty$ 到 $+\infty$，有效概率分布是各个分布的卷积。

将概率写成高斯分布的形式，得到

$$p(n) = \int \left[A \exp\left(-\frac{x^2}{2\sigma^2}\right) \times A \exp\left\{-\frac{(n-x)^2}{2\sigma^2}\right\} \right] \mathrm{d}x$$

$$= A^2 \int \exp -\frac{n^2 - 2nx + 2x^2}{2\sigma^2} \mathrm{d}x$$

$$= A^2 \int \exp -\frac{\frac{n^2}{2} - 2nx + 2x^2 + \frac{n^2}{2}}{2\sigma^2} \mathrm{d}x$$

$$= A^2 \left[\int \exp -\frac{\frac{n^2}{2} - 2nx + 2x^2}{2\sigma^2} \mathrm{d}x \right] \exp\left(-\frac{n^2}{4\sigma^2}\right)$$

$$= A^2 \left[\int \exp -\left(x - \frac{n}{2}\right)^2 \bigg/ \left\{ 2\left(\frac{\sigma}{\sqrt{2}}\right)^2 \right\} \mathrm{d}x \right] \exp\left(-\frac{n^2}{4\sigma^2}\right)$$

上述方程的积分是确定的，它类似于均值为 $n/2$、标准差为 $\sigma/\sqrt{2}$ 的高斯分布变量 x 的积分。由于高斯函数的积分是独立于均值的，因此该定积分独立于 n 并等同于 $\left(\frac{\sigma}{\sqrt{2}}\right)\sqrt{2\pi} = \sqrt{\pi\sigma^2}$ (Papoulis, 1991)。这个定值称为 K，则概率 $p(n)$ 变成

$$p(n) = K \exp\left(-\frac{n^2}{4\sigma^2}\right) = K \exp\left\{-\frac{n^2}{2(\sqrt{2}\sigma)^2}\right\} = K \exp\left(-\frac{n^2}{2\sigma_{\text{eff}}^2}\right)$$

其中，K 是常量。它是一个缩放的高斯分布，有效噪声 σ 由下式给出：

$$\sigma_{\text{eff}} = \sqrt{2}\sigma$$

上述结果如练习 8.1 所示。

练习 8.1　MATLAB 实现

MATLAB 程序 noise_addition.m 用于描述两个包含噪声的信号相加后的结果，其中噪声的标准差 σ 均为 1。相比于原始噪声，相加后得到的有效噪声将变大，如图 M8.1(a) 和图 M8.1(b) 所示。前者所示的是时间序列上的噪声放大变化情况，后者所示的噪声是标准差 σ 的变化情况。

为更好地理解该程序以及参数的使用，可以使用不同的 σ 值进行实验并观察其结果。

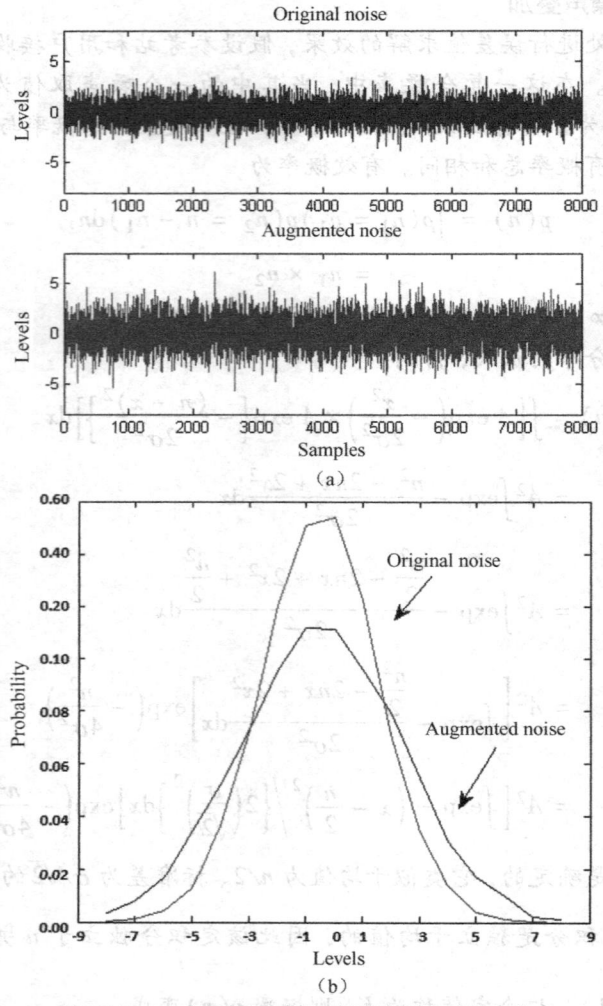

图 M8.1　(a) 原始噪声与增强噪声的时序变化；
(b) 原始噪声与增强噪声的概率分布

8.2.1.2 相对差分定位技术

在相对差分定位中,参考站不仅传播误差信息,还向用户提供完整的距离观测量。因此,差分后共性误差得以消除,其结果表示的是差分距离,它是关于参考站和用户之间的相对距离,即基线的方程。然而,相关误差并没有完全消除,依然存在残差。所以,该方法可用于求解用户相对于参考站的位置,可以根据参考站和用户之间的基线向量来定义和估算其相对位置。如果参考站位置已知,则用户总可以通过参考站的位置获取自身的位置。

相对差分定位可以通过伪距来实现,重新定义参考站和用户站之间未经修正的距离为

$$R_r = \rho'_r + c\delta t_s - c\delta t_r + \delta r_{eph} + \delta r_{ion,r} + \delta r_{trp,r} + n_r \tag{8.21a}$$

$$R_u = \rho'_u + c\delta t_s - c\delta t_u + \delta r_{eph} + \delta r_{ion,u} + \delta r_{trp,u} + n_u \tag{8.21b}$$

不同于参考站只发送距离误差的情形,在这两个方程中参考站所得到的整个距离 R_r 对所有用户都适用。用户利用参考站测得的距离进行相对位置的估算,这就是接下来将要讨论的差分定位技术。

基于伪距的差分方法通常与基于载波相位的差分方法相结合,从而辅助解决整周模糊度的问题。不过,它也可以作为一种独立的相对定位方法,但相比于基于载波相位的定位方法,其定位精度较低。

单差

当对同一颗卫星在同一时刻的参考站与用户的伪距方程进行求差的运算后,得到的便是单差方程。将式(8.21b)与式(8.21a)相减得到

$$\begin{aligned}\Delta R_{ur} &= R_u - R_r \\ &= \Delta\rho'_{ur} + c\Delta\delta t_{ur} + \Delta\delta r_{eph,ur} + \Delta\delta r_{ion,ur} + \Delta\delta r_{trp,ur} + \Delta\varepsilon \\ &= \Delta\rho'_{ur} + c\Delta\delta t_{ur} + \Delta\delta r_{eph,ur} + \Delta\delta r_{ion,ur} + \Delta\delta r_{trp,ur} + n_{ur}\end{aligned} \tag{8.22}$$

由于用户和参考站的电离层延迟误差和对流层延迟误差并不相同,故产生了上述的差分项。减弱其影响的方法通常是如前文所述的,忽略二阶和更高阶的误差延迟项,由参考站提供延迟修正信息。

考虑到差分之后的星历误差项可以忽略不计,以及电离层和对流层延迟已被完全消除的情况,上述方程变成

$$\Delta R_{ur} = \Delta\rho'_{ur} + c\Delta\delta t_{ur} + n_{ur} \tag{8.23}$$

下面介绍如何将距离差 $\Delta\rho$ 转换成关于基线的方程。距离变化可以表示成位置差 ΔX,即

$$\rho'_u = \rho'_r + \left.\frac{\partial\rho'}{\partial X}\right|_{X_r}\Delta X + \frac{1}{2}\left.\frac{\partial\rho'}{\partial X^2}\right|_{X_r}\Delta X^2 + 高阶形式 \tag{8.24a}$$

因此,距离差可以写成

$$\Delta\rho' = \left.\frac{\partial\rho'}{\partial X}\right|_{X_r}\Delta X + \frac{1}{2}\left.\frac{\partial\rho'}{\partial X^2}\right|_{X_r}\Delta X^2 + 高阶形式 \tag{8.24b}$$

对于短基线情况,除一阶项外的其余高阶项可以忽略不计,从而单差方程变成

$$\Delta\rho' = \left.\frac{\partial\rho'}{\partial X}\right|_{X_r}\Delta X \tag{8.24c}$$

将其在某一坐标处展开为

$$\Delta \rho' = \frac{\partial \rho'}{\partial x}\bigg|_{X_r} \Delta x + \frac{\partial \rho'}{\partial y}\bigg|_{X_r} \Delta y + \frac{\partial \rho'}{\partial z}\bigg|_{X_r} \Delta z \tag{8.24d}$$

相对于参考站位置 P_r 的距离差 ρ 是距离矢量与坐标轴之间的方向余弦。以坐标形式表示几何距离 ρ，并在基准点处进行微分，得到

$$\rho' = \sqrt{(x_s - x_r)^2 + (y_s - y_r)^2 + (z_s - z_r)^2}$$

$$\begin{aligned}
\frac{\partial \rho'}{\partial x_r}\bigg|_{X_r} &= -\frac{(x_s - x_r)}{\rho} = -\alpha \\
\frac{\partial \rho'}{\partial y_r}\bigg|_{X_r} &= -\frac{(y_s - y_r)}{\rho} = -\beta \\
\frac{\partial \rho'}{\partial z_r}\bigg|_{X_r} &= -\frac{(z_s - z_r)}{\rho} = -\gamma
\end{aligned} \tag{8.25}$$

其中，x_s，y_s 和 z_s 分别表示从星历中求出的卫星位置，α、β 和 γ 分别表示对应的方向余弦。其后的参数是参考站位置 X_r 与卫星之间的单位矢量在三个方向上的分量。如果 e_x，e_y 和 e_z 分别表示单位矢量在 x，y，z 三个方向上的分量，就有 $e_x = \alpha$，$e_y = \beta$，$e_z = \gamma$。那么，差分距离就可以写成

$$\Delta \rho' = -e_x \Delta x - e_y \Delta y - e_z \Delta z \tag{8.26}$$

由于基线表示的是两站之间的矢量差，也可分别表示成二者位置坐标的变化 P_r 和 P_u，所以

$$b = P_r - P_u = -(\Delta x\, \boldsymbol{x} + \Delta y\, \boldsymbol{y} + \Delta z\, \boldsymbol{z}) \tag{8.27}$$

其中，Δx，Δy，Δz 是基线 b 的三个分量，于是有

$$\Delta \rho' = -\boldsymbol{e} \cdot \boldsymbol{b} = b\cos\theta \tag{8.28a}$$

如图 8.3 所示，$\Delta \rho$ 可以表示成 $b\cos\theta$，b 表示基线长度，θ 表示卫星与接收机之间的矢量和基线组成的夹角。对于短基线而言，卫星的入射波是平行的，并且 θ 角在两个接收机处是相同的，因此有

$$\Delta \rho' = b\cos\theta \tag{8.28b}$$

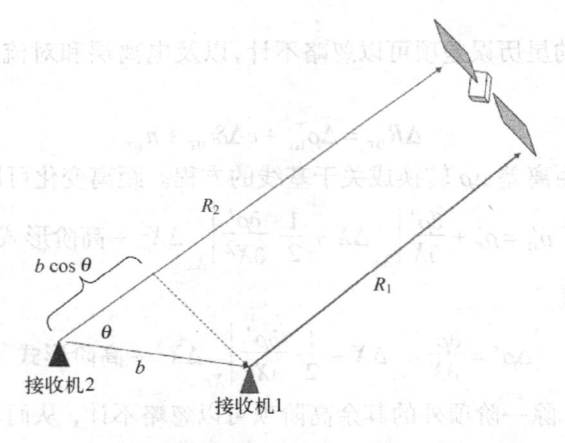

图 8.3　距离差与基线之间的几何关系

将式(8.28b)代入式(8.23)中,得到

$$\begin{aligned}\Delta R_{ur} &= b\cos\theta + c\Delta\delta t_{ur} + \varepsilon \\ &= \begin{bmatrix} -e_x & -e_y & -e_z & c \end{bmatrix}\begin{bmatrix} \Delta x & \Delta y & \Delta z & \delta t_{ur} \end{bmatrix} + \varepsilon \\ &= G_1\begin{bmatrix} \Delta x & \Delta y & \Delta z & \Delta\delta t_{ur} \end{bmatrix} + \varepsilon\end{aligned} \quad (8.29)$$

其中,$G_1 = \begin{bmatrix} -e_x & -e_y & -e_z & c \end{bmatrix}$是在参考站位置处定义的。由于参考站位置已知,$G_1$可以从其坐标中求得,因此$G_1$也是已知的。

通过最小二乘法可以得到差分坐标Δx,Δy,Δz和$\Delta\delta t_{ur}$。这种方法的优点是,发送的测量距离能满足算法的要求,而且参考站处无须计算各误差量,这不仅能降低参考站的运算负荷,还能减小误差。对那些只需要知道相对距离的用户,参考站的位置无须事先测定并且还可以随时间而改变。这种方法在基于载波相位的差分定位技术中用处较大,详见8.2.2节。

双差

当将两颗不同卫星对于同一接收机的单差方程进行求差时,就形成了双差方程。

当参考站和用户的共视卫星数为m时,可以形成m个单差方程。如果θ_1和θ_2分别为参考站处基线与卫星$S1$和$S2$之间的夹角,则有

$$\Delta R_{ur}^1 - \Delta R_{ur}^2 = b\cos\theta_1 - b\cos\theta_2 + \varepsilon_{ur}^1 - \varepsilon_{ur}^2 \quad (8.30a)$$

即

$$\nabla\Delta R_{ur}^{12} = b(\cos\theta_1 - \cos\theta_2) + \varepsilon_{ur}^{12}$$

其中,ΔR_{ur}^1和ΔR_{ur}^2分别是关于卫星$S1$和$S2$的单差距离。另外可以看到,相对接收机钟差这一共同项已被消除,其几何关系如图8.4所示。

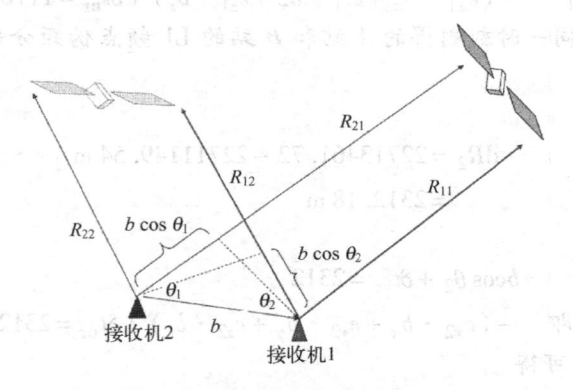

图 8.4 双差与基线之间的关系

与单差时的情况一样,该方程可以写成矩阵形式为

$$\nabla\Delta R_{ur}^{mn} = G_2\begin{bmatrix} \Delta x & \Delta y & \Delta z \end{bmatrix} + \varepsilon_{ur}^{mn} \quad (8.30b)$$

其中,$G_2 = \begin{bmatrix} e_{x2} - e_{x1} & e_{y2} - e_{y1} & e_{z2} - e_{z1} \end{bmatrix}$,单差方程中的相对接收机钟差在双差中已被消除,$G_2$是对卫星$S1$和$S2$单差运算时所得的$G_1$矩阵中的相应元素之差。关于单差和双差的详细推导过程在精选补充8.2中进行介绍。

精选补充 8.2　双差方程推导

假设 A 站位置已知，其与卫星 $S1$ 在两个不同的频率 1575.42 MHz（L1）和 1227.6 MHz（L2）上测得的伪距观测量分别是

$$22646708.32 \text{ m} \quad \text{和} \quad 22646719.32 \text{ m}$$

在另一位置未知的 B 站测量得到同样的观测量是

$$22658409.71 \text{ m} \quad \text{和} \quad 22658419.71 \text{ m}$$

可得到，A 站和 B 站的无电离层观测量分别是

$$22646690.99 \text{ m} \quad \text{和} \quad 22658393.54 \text{ m}$$

电离层延迟在 L1 中带来超过 15 m 的距离误差，在 L2 中带来超过 25 m 的误差。所以，对两站的无电离层观测量求差，得到

$$dR_1 = 22658393.54 - 22646690.99 \text{ m}$$
$$= 11702.55 \text{ m}$$
$$= 11702.5 \text{ m}$$

将整体伪距观测量进行差分运算，得到

$$dR_1' = 22658409.71 - 22646708.32$$
$$= 11701.39 \text{ m}$$

dR_1 和 dR_1' 之间的差异很小，即便直接对伪距进行差分，短基线下的电离层延迟量几乎相同，几乎完全得到消除。

所以，令 b 为基线向量，有

$$b\cos\theta_1 + \delta t_{\text{ur}} = 11702$$

即

$$-(e_{x1} \cdot b_x + e_{y1} \cdot b_y + e_{z1} \cdot b_z) + \delta t_{\text{ur}} = 11702$$

另一颗卫星 $S2$ 在同一时刻测得的 A 站和 B 站的 L1 频点伪距分别是 22713461.72 m 和 22711149.54 m。

相应的伪距差是

$$dR_2 = 22713461.72 - 22711149.54 \text{ m}$$
$$= 2312.18 \text{ m}$$

所以有

$$b\cos\theta_2 + \delta t_{\text{ur}} = 2312$$

即

$$-(e_{x2} \cdot b_x + e_{y2} \cdot b_y + e_{z2} \cdot b_z) + \delta t_{\text{ur}} = 2312$$

对这两个单差值求差，可得

$$b(\cos\theta_1 - \cos\theta_2)$$
$$= [(e_{x2} - e_{x1}) \cdot b_x + (e_{y2} - e_{y1}) \cdot b_y + (e_{z2} - e_{z1}) \cdot b_z]$$
$$= 11702 - 2312$$
$$= 9390$$

已测定的参考站位置为

$$x_r = 2067.9947 \text{ m}$$
$$y_r = 5921962.0445 \text{ m}$$
$$z_r = 377.8407 \text{ m}$$

参考站计算得到的两个卫星的伪距量为

$$R_1 = 21182426.32 \text{ m}$$
$$R_2 = 22712324.35 \text{ m}$$

需要注意的是，由于测量中存在一定的误差以及计算时存在的星历误差，伪距观测量与计算值是不同的。但是，为了突出重点和方便对比，上述误差均被放大了。

通过 x_r, y_r, z_r 以及从星历中求出的卫星位置，得到

$$e_{1x} = 0.03036, \quad e_{1y} = 0.86960, \quad e_{1z} = 0.49281$$

和

$$e_{2x} = -0.45908, \quad e_{2y} = 0.57847, \quad e_{2z} = -0.67424$$

所以，得到

$$e_{2x} - e_{1x} = -0.48945$$
$$e_{2y} - e_{1y} = -0.29112$$
$$e_{2z} - e_{1z} = -1.16706$$

但是，这三个方程不是线性独立的。因此，仅从这三个方程中是不能求解出三个未知数的，还需要额外的观测量。

8.2.2 基于载波相位的差分定位

基于载波相位的差分定位是指，参考站和用户接收机都使用载波相位测量值来估算各自位置上的测距值。

在第 5 章中我们已经提到，由载波获得的相位距离比通过伪码获得的距离更精确，但这是以增加计算复杂度为代价的。虽然基于载波相位的测距值精度更高，但它受未知整周模糊度的限制。整周模糊度是接收机一开始测量输入信号的相位变化时，表现在距离量上的波长数 N，目前已有多种方法来求解此类模糊度问题。本节将讨论如何利用载波相位进行差分估计的问题。

当参考站的精确定位，即相对差分定位已经完成时，基于载波相位差分解算的效果会非常显著。与基于伪距的差分定位技术一样，基于载波相位的差分也需要完成单差和双差甚至三差运算，其基本思路是利用用户和参考站之间的共性误差来减少未知量的个数。

在载波相位定位技术中，观测量是载波的相位。在接收机中，通过比较所接收信号中的相位和本地载波信号的相位，得到相位的小数部分 φ。如果接收机的本地时钟与卫星同步，它就变成了信号接收时刻与信号发送时刻之间的相位差。ρ 是实际距离，N 是整周模糊度，参考站和用户接收机对同一卫星的测量分别为

$$\left(\frac{\lambda}{2\pi}\right)\varphi_r = \rho_r + N_r\lambda + c\delta t_r - c\delta t_s - \delta r_{\text{ion},r} + \delta r_{\text{trp},r} + n_r \tag{8.31a}$$

$$\left(\frac{\lambda}{2\pi}\right)\varphi_u = \rho_u + N_u\lambda + c\delta t_u - c\delta t_s - \delta t_{\text{ion},u} + \delta r_{\text{trp},u} + n_u \tag{8.31b}$$

其中，下标 u 和 r 分别表示用户和参考站处的相关参数。在上述方程中，其他参数均采用常用的符号表示。需要注意的是，相位和伪距中的电离层延迟误差符号相反，大小相等。这是因为与伪码经过电离层时受到延迟不同，载波相位经历了等量的相位超前，相关的原理将在后面的章节中进行说明。

8.2.2.1 单差

在基于伪距的相对定位方法中,我们已经介绍了如何利用伪距观测量得到相对伪距观测方程。类似的差分方程也可以通过各自的载波相位观测量来形成。

参考站接收机关于卫星 S 的载波相位观测方程如式(8.31a),用户接收机的载波相位观测方程如式(8.31b),对两个方程求差,得到

$$\frac{\lambda}{2\pi}(\varphi_r - \varphi_u) = \rho_r - \rho_u + N_r\lambda - N_u\lambda + c\Delta t_{ru} - \Delta \delta r_{\text{ion, ru}} + \Delta \delta r_{\text{trp, ru}} + n_{ru} \quad (8.32)$$

其中,共同的卫星钟差得以消除。现在考虑短基线并只保留一阶项的情况,几何距离可写成

$$\rho_u = \rho_r + \frac{\partial \rho}{\partial x_r}\bigg|_{X_r} dx + \frac{\partial \rho}{\partial y_r}\bigg|_{X_r} dy + \frac{\partial \rho}{\partial z_r}\bigg|_{X_r} dz$$

即

$$\rho_u - \rho_r = \frac{\partial \rho}{\partial x_r}\bigg|_{X_r} dx + \frac{\partial \rho}{\partial y_r}\bigg|_{X_r} dy + \frac{\partial \rho}{\partial z_r}\bigg|_{X_r} dz \quad (8.33)$$

如前文一样,上面的单差方程变成

$$\frac{\lambda}{2\pi}\Delta\varphi_{ru} = \frac{\lambda}{2\pi}(\varphi_r - \varphi_u)$$
$$= \frac{\partial \rho}{\partial x_r}\bigg|_{X_r} dx + \frac{\partial \rho}{\partial y_r}\bigg|_{X_r} dy + \frac{\partial \rho}{\partial z_r}\bigg|_{X_r} dz + N_{ru}\lambda + c\Delta t_{ru} - \Delta \delta r_{\text{ion, ru}} + \Delta \delta r_{\text{trp, ru}} + n_{ru} \quad (8.34)$$

类似于式(8.25)和式(8.26),可以得到三个等式 $\frac{\partial \rho}{\partial x_r} = e_x$,$\frac{\partial \rho}{\partial y_r} = e_y$ 和 $\frac{\partial \rho}{\partial z_r} = e_z$,这里微分是在 X_r 处展开的,而 dx,dy 和 dz 是基线 b 在三个方向上的分量,N_{ru} 是两站之间的整周模糊度差。假设电离层和对流层误差在差分运算后几乎被完全消除,则方程可写成

$$\frac{\lambda}{2\pi}\Delta\varphi_{ru} = (e_r \cdot b) + N_{ru}\lambda + c\Delta t_{ru} + \varepsilon_{ru} \quad (8.35)$$

其中,e_r 是从参考站到卫星 S 的单位向量。ε_{ru} 是包括两个接收机的噪声以及其他所有差分残余误差在内的误差项。

当参考站和用户的共同可见卫星数为 n 时,可形成 m 个单差方程。方程的矩阵形式变成

$$\frac{\lambda}{2\pi}\begin{bmatrix}\Delta\varphi_{ru}^{s1} \\ \Delta\varphi_{ru}^{s2} \\ \vdots \\ \Delta\varphi_{ru}^{sn}\end{bmatrix} = \begin{bmatrix}e_x^1 & e_y^1 & e_z^1 & c \\ e_x^2 & e_y^2 & e_z^2 & c \\ \vdots & \vdots & \vdots & \vdots \\ e_x^n & e_y^3 & e_z^1 & c\end{bmatrix}\begin{bmatrix}dx \\ dy \\ dz \\ \delta t_{ru}\end{bmatrix} + \begin{bmatrix}N_{ru}^1 \\ N_{ru}^2 \\ \vdots \\ N_{ru}^n\end{bmatrix} + \begin{bmatrix}\varepsilon_{ru}^1 \\ \varepsilon_{ru}^2 \\ \vdots \\ \varepsilon_{ru}^n\end{bmatrix}$$

或

$$\frac{\lambda}{2\pi}\Delta\boldsymbol{\Phi}_{ru}^s = G_1 \cdot dX + N + \varepsilon \quad (8.36a)$$

其中,未知量 dX 表示三个相对位置分量和一个相对时间偏差分量,未知量 N 表示 n 个未知整周模糊度值。ε 表示噪声向量,其各元素值未知,但其方差可以用于求解 dX。因为未知量 N 的存在,使用最小二乘法不能完全解出结果。但是,可以采用载波相位平滑伪距之类的方法消除 N,继而可以解出 dX。

此外,还有其他巧妙的方法可消除 N 并求出 dX。比如,在相位保持连续测量的情况下,通过对两个不同时刻的载波相位观测量求差,即可确定共同的整周模糊度。所以,将

式(8.35a)分别表示在 k_1 和 k_2 两个时间点上,有

$$\frac{\lambda}{2\pi}\Delta\boldsymbol{\Phi}_{\mathrm{ru}}^{si}(k_1) = \boldsymbol{G}_1(k_1)\mathrm{d}\boldsymbol{X} + \boldsymbol{N} + \boldsymbol{\varepsilon}(k_1) \tag{8.36b}$$

$$\frac{\lambda}{2\pi}\Delta\boldsymbol{\Phi}_{\mathrm{ru}}^{si}(k_2) = \boldsymbol{G}_1(k_2)\mathrm{d}\boldsymbol{X} + \boldsymbol{N} + \boldsymbol{\varepsilon}(k_2) \tag{8.36c}$$

进而,将两式相减,得到

$$\begin{aligned}\frac{\lambda}{2\pi}\delta\Delta\boldsymbol{\Phi}_{\mathrm{ru}}^{si}(\Delta k) &= \frac{\lambda}{2\pi}[\Delta\boldsymbol{\Phi}_{\mathrm{ru}}^{si}(k_1) - \Delta\boldsymbol{\Phi}_{\mathrm{ru}}^{si}(k_2)] \\ &= [\boldsymbol{G}_1(k_1) - \boldsymbol{G}_1(k_2)]\mathrm{d}\boldsymbol{X} + \delta\boldsymbol{\varepsilon}(k) \\ &= \boldsymbol{G}_{1\Delta k}\mathrm{d}\boldsymbol{X} + \delta\boldsymbol{\varepsilon}(k)\end{aligned} \tag{8.37}$$

其中,$\boldsymbol{G}_{1\Delta k} = [\boldsymbol{G}_1(k_1) - \boldsymbol{G}_1(k_2)]$。整周模糊度 $\boldsymbol{N}$ 在整个过程中保持不变,将方程求差后就可以消除它们。

于是,$\mathrm{d}\boldsymbol{X}$ 的一般最小二乘解为

$$\mathrm{d}\boldsymbol{X} = \frac{\lambda}{2\pi}[\boldsymbol{G}_{1\Delta k}^{\mathrm{T}}\boldsymbol{G}_{1\Delta k}]^{-1}(\boldsymbol{G}_{1\Delta k})^{\mathrm{T}}\delta\Delta\boldsymbol{\Phi}(k) \tag{8.38a}$$

此外,如果误差 $\delta\boldsymbol{\varepsilon}$ 的方差对每颗卫星已知且可组成矩阵 $\boldsymbol{M}$,则加权最小二乘解为

$$\mathrm{d}\boldsymbol{X} = \frac{\lambda}{2\pi}[\boldsymbol{G}_{1\Delta k}^{\mathrm{T}}\boldsymbol{M}^{-1}\boldsymbol{G}_{1\Delta k}] - 1(\boldsymbol{G}_{1\Delta k}^{\mathrm{T}}\boldsymbol{M}^{-1})\delta\Delta\boldsymbol{\Phi}(k) \tag{8.38b}$$

其中,$\boldsymbol{G}_i(k_2)$ 和 $\boldsymbol{G}_i(k_1)$ 要求是完全独立的,以提供一个条件良好的 $\boldsymbol{G}_{1\Delta k}$,它决定了 $\mathrm{d}\boldsymbol{X}$ 的估算精度。这就意味着两组观测量之间的时间间隔要大得适度。所以,该方法通常需要经过一段较长时间的累积,只适用于非实时应用中。

需要再次强调的是,简化的线性处理是以短基线为前提的。因为在这种假设下,可以把 $\rho_\mathrm{u} - \rho_\mathrm{r}$ 表示成 $\mathrm{d}x$,$\mathrm{d}y$ 和 $\mathrm{d}z$ 的线性函数以构造 $\boldsymbol{G}_1$,这能在很大程度上简化问题的处理。

8.2.2.2 双差

差分定位技术具备消除共性误差的优势,这在伪距和载波相位单差定位中已经介绍过了。但是,方程中相对钟差参数仍然存在,这在一定程度上影响了 $\mathrm{d}\boldsymbol{X}$ 的求解。许多使用相对定位技术的应用场合中,用户通常只对获取准确位置感兴趣。所以,相对时钟偏差参数 $\Delta\delta t_\mathrm{ru}$ 并不一定必须存在于方程中,而且在求解过程中也可以被去除。这可以通过构造载波相位双差(DD)方程实现。正如在伪距差分定位中一样,可以通过对两颗不同卫星的单差方程求差来构造双差方程,消除接收机钟差参数。

利用式(8.34),用户和参考站二者关于卫星 m 和 n 的两个单差方程为

$$\frac{\lambda}{2\pi}\Delta\varphi_\mathrm{ur}^m = (-\boldsymbol{e}_\mathrm{r}^m \cdot \boldsymbol{b}) + N_\mathrm{ur}^m\lambda + c\Delta\delta t_\mathrm{ur} + \boldsymbol{\varepsilon}_\mathrm{ur}^m$$

$$\frac{\lambda}{2\pi}\Delta\varphi_\mathrm{ur}^n = (-\boldsymbol{e}_\mathrm{r}^n \cdot \boldsymbol{b}) + N_\mathrm{ur}^n\lambda + c\Delta\delta t_\mathrm{ur} + \boldsymbol{\varepsilon}_\mathrm{ur}^n \tag{8.39}$$

将它们相减便得到如下双差方程:

$$\frac{\lambda}{2\pi}\nabla\Delta\varphi_\mathrm{ur}^{mn} = (-\boldsymbol{e}_\mathrm{r}^{mn} \cdot \boldsymbol{b}) + N_\mathrm{ur}^{mn}\lambda + \boldsymbol{\varepsilon}_\mathrm{ur}^{mn} \tag{8.40}$$

这样就构成了传统的双差观测方程。其中,假设星历、电离层和对流层的残余误差都在单差

时消除了，而其余所有残余误差都已很小且随机变化，可当成噪声包含在 ε_{ur}^{mn} 中。对同样的用户和参考站接收机而言，相对时钟偏差 $\Delta\delta t_{ur}$ 相同，在求双差时已经被完全消除了。

回顾前文讨论的短基线下的几何距离变化的线性度，以及式(8.28)中距离差的推导，方程也可以用基线 b 和单位矢量 e 之间的夹角 θ 来表示，即

$$(-e_r^{mn} \cdot b) = b(\cos\theta_m - \cos\theta_n) \tag{8.41}$$

其中，θ_m 和 θ_n 分别表示卫星 m 和 n 各自的仰角，将式(8.40)代入式(8.39)中可得到

$$\left(\frac{\lambda}{2\pi}\right)\nabla\Delta\varphi_{ur}^{mn} = b(\cos\theta_m - \cos\theta_n) + N_{ur}^{mn}\lambda + \varepsilon_{ur}^{mn} \tag{8.42}$$

式(8.39)也可以写成

$$\left(\frac{\lambda}{2\pi}\right)\nabla\Delta\varphi_{ur}^{mn} = b(G_1^m - G_1^n) \cdot b + N_{ur}^{mn}\lambda + \varepsilon_{ur}^{mn}$$
$$= G_2^{mn} \cdot b + N_{ur}^{mn}\lambda + \varepsilon_{ur}^{mn} \tag{8.43}$$

其中，$G_2^{mn} = G_1^m - G_1^n$ 表示双差几何观测矩阵，除了消除相对接收机钟差之外，未知模糊度 N 仍然存在于方程中。

与单差使用不同时刻的方程进行求解一样，该线性方程也可以用类似的方式来求解，可有效地避免整周模糊度 N 的问题。将两个不同时刻的双差方程相减，得到的便是三差方程。

8.2.2.3 三差

对于同一对卫星，可以在较大的时间间隔上得到两组双差方程。将这两组双差伪距方程再求一次差，即可得到三差伪距方程，即

$$\Delta^3\varphi_{ur}^{mn}(\Delta k) = \nabla\Delta\varphi_{ur}^{mn}(k_2) - \nabla\Delta\varphi_{ur}^{mn}(k_1)$$
$$= [G_{2r}^{mn}(k_2) - G_{2r}^{mn}(k_1)] \cdot b + [\varepsilon_{ur}^{mn}(k_2) - \varepsilon_{ur}^{mn}(k_1)] \tag{8.44}$$
$$= G_{3r}^{mn}(\Delta k) \cdot b + \varepsilon_{ur}^{mn}(\Delta k)$$

对于每一组卫星而言，三差方程可以在较大的时间间隔上得到，此时卫星的位置已发生改变，得到的是一组新的独立方程，如图8.5所示。

类似地，载波相位方程也可以写成

$$\Delta^3\varphi_{ur}^{mn}(\Delta k) = b[(\cos\theta_{mk1} - \cos\theta_{mk2}) - (\cos\theta_{nk1} - \cos\theta_{nk2})] + \varepsilon_{ur}^{mn}(\Delta k) \tag{8.45}$$

其中，θ_{jk} 表示基线与指向卫星 j 的单位矢量在 k 时刻的夹角。为了解出三个未知数，需要三个三差方程，因此需要对三对独立的可见卫星在较大时间间隔上进行观测；与单差中提到的一样，当要求结果是近实时获取的时，这种方法并不适用，需要采取双差的方法，同时利用一些模糊度求解方法来估算 N，从而可以求解出 dX 的值。

模糊度解算就是解出 N 的整数值，它是相对定位的关键技术之一，主要是因为限制 N 必须是整数。有两种方法可以解决这个问题(Consentino et al., 2006)。一种方法是找出 N 的最佳值，而不管 N 的整数限制，其中包括解出 N 的浮点值，此时需要使用伪距观测量，而且双差运算所使用的伪距观测量也是经过载波相位平滑的。第9章所讨论的卡尔曼滤波方法也会应用到上述模糊度解算过程中。最后，将该浮点数转化为最近的整数，这为求解 N 实际值的方程提供了最小误差。另一种方法是首先将 N 的估算区域限制在一系列可能的整数取值内，然后再搜索最佳整数值。

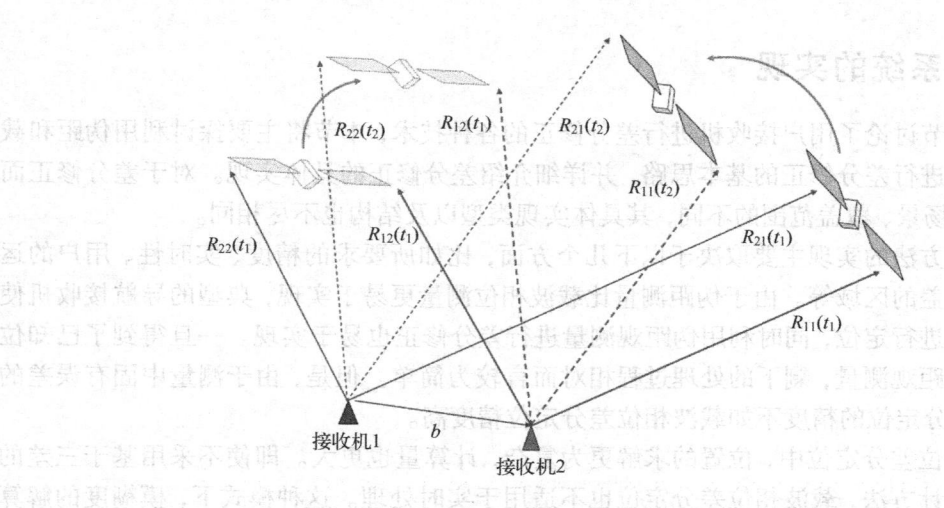

图 8.5　三差方程生成原理示意图

一旦模糊度整数值得以确定，就可以直接求出 dX。表 8.1 概要性地列出了差分定位的一些常用方法。

表 8.1　差分定位常用方法

方　　法	参 考 站 端	用 　户 　端
绝对方法		
方法 1	1. 计算所有 4 颗可视卫星的 X,Y,Z 2. 计算每个组合下的位置坐标误差($\Delta X,\Delta Y$ 和 ΔZ) 3. 向用户播发位置误差修正数	1. 选择最优的 4 颗卫星组合进行伪距测量 2. 计算位置 3. 接收参考站相应 4 颗卫星集合的位置误差修正数并进行位置修正 4. 获得误差修正后的位置结果
方法 2	1. 测量所有可视卫星的伪距 2. 根据已知参考站坐标计算伪距修正数 3. 播发伪距误差修正数	1. 选择最优的 4 颗卫星进行伪距测量 2. 接收参考站伪距误差修正数 3. 对自身观测伪距进行误差修正 4. 利用修正后的伪距进行定位解算，得到误差修正之后的位置结果
相对方法		
方法 3	1. 测量所有卫星的伪距 2. 向用户播发伪距观测值	1. 选择最优的 4 颗卫星进行伪距测量 2. 接收参考站伪距观测值 3. 对伪距观测值求差，得到修正之后的相对距离 4. 计算修正之后的相对位置
方法 4	1. 测量所有可视卫星的载波相位 2. 发送伪距以及载波相位观测值	1. 选择最优的 4 颗卫星进行载波相位测量 2. 进行双差运算 3. 利用伪距观测值进行模糊度解算 4. 估计用户相对于参考站的位置

8.3 差分系统的实现

前面的章节讨论了用户接收机进行差分修正的各种技术,本节将主要探讨利用伪距和载波相位观测量进行差分修正的基本思路,并详细介绍差分修正的具体实现。对于差分修正而言,根据应用场景、覆盖范围的不同,其具体实现类型以及结构也不尽相同。

差分定位方法的实现主要取决于以下几个方面,比如所要求的精度、实时性、用户的运动状态以及覆盖的区域等。由于伪距测量比载波相位测量更易于实现,典型的导航接收机使用伪距观测量进行定位,同时利用伪距观测量进行差分修正也易于实现。一旦得到了已知位置参考站的伪距观测量,剩下的处理过程相对而言较为简单。但是,由于测量中固有误差的存在,伪距差分定位的精度不如载波相位差分定位精度高。

在载波相位差分定位中,位置的求解更为复杂,计算量也更大。即使不采用基于三差的整周模糊度估计方法,载波相位差分定位也不适用于实时处理。这种模式下,模糊度的解算是无法避免的,增加了定位求解过程的复杂性。

因此,伪距差分定位比载波相位差分定位应用更广。快速求解、更新频率高、计算量小且精度满足要求等特点,使得伪距差分定位方法非常适用于车辆导航系统。

所以,近实时的中等精度的导航应用大部分是通过伪距差分定位技术来实现的。不过这些应用场景受限于服务区域,通常被限制在局部范围内。

另一方面,测绘、姿态确定等应用对位置解算的精度要求较高(Leick,1995),因此必须采用载波相位的定位方法。对于动态用户以及实时处理过程来说,载波相位差分定位技术的性能会有一定程度降低,相比而言,静态和后处理能提供更好的结果。因此,像静态测量、大地测量等不要求实时性的应用场景就可以使用后处理方式。后处理计算还可以对间隔较大和不同时段内观测的数据进行综合处理,进而获得精度更高的定位结果。由于不要求实时的数据传输,这样做不仅能获得更高的精度,同时也降低了操作的复杂性。但是,采用载波相位差分的实时动态(RTK)应用则无法回避上述问题,并且为了扩展服务区域,通常需要多个参考站。

当服务的区域较小时,单个参考站便可以实现覆盖。单个参考站的服务区域范围是根据误差与距离二者之间的相关性进行划定的。类似地,误差的时间相关性决定了误差修正信息的更新频率。所以,所需参考站的数量是由所服务区域的范围以及所要求的精度决定的。

许多误差是时空关联的,当参考站和用户之间的距离较短时,它们几乎是恒定的。大多数情况下,空间变化是一阶的。因此,用户通常可以利用参考站获得的误差及其一阶变化率的信息对误差进行精确修正。这样,在修正数中只存在很小的残余误差。这便是局域差分系统,用户保持在参考站的服务范围内,实时地接收从参考站发来的修正信息,它虽然易于实现,但误差修正信息只在一定的范围内有效,这是由传播条件的相关性决定的。

对于更大的服务区域,上述方法将会带来很大的误差(Kee,1996)。当参考站和用户之间的距离增大时,解算的精度会变得很差。相关性误差将会显著增大,并且空间变化上也存在一定的非线性。所以,在这样的服务区域内,误差已无法由单一的参考站进行修正。

此外,随着误差的增大,较大的服务区域还有其他的限制因素。首先是用户保持在单一参考站的传输范围之内的条件不是时刻都能满足的,此外,由于单个参考站的可见范围有限,对于远距离处的用户来说,其上空可见的卫星分布与参考站可能有较大的差异。

第 8 章 差 分 定 位

为了解决在局域差分系统中面临的问题,最简单的方法是建立若干个这样的差分系统,并将分布在整个服务区域内的参考站组成一个网络。然后,用户从离自身最近的参考站处获得修正信息并完成误差修正。它的基本前提是,无论用户在哪里,至少有一个参考站能够满足与自身之间的距离保持在一阶差分区域内的条件。然而要实现这一条件,需要建立大量的参考站来覆盖一个较大的区域,比如说整个国家。

所以,联合许多局域差分系统来服务更大区域的理念,需要逐步转变成一种改进方法,即广域差分系统。建立大量参考站的问题,可以通过将误差整体进行分离并单独发送各种误差量的方法解决。这种想法已在伪距差分定位中提及,出于连续性和完整性,这里再次提及。

通过这种方法,在空间地理上的相关误差就独立于任何特定的卫星或视角。总服务区域被分割成许多格网,其中正交格网线在格网点处垂直相交。通过适当的算法,参考站从斜向延迟中估算出垂向延迟,并将事先定义的格网点处的总垂直误差发送出去。如何进行区域划分的基础是假设这些点之间的误差变化很小,以至于具有良好的线性外推性。所以,无论用户接收机在哪里,在它周围总有一些垂向延迟可以作为参考,这使得用户可以从所接收到的各个误差分量中计算自身的绝对误差值。所以,诸如星历误差或电离层和对流层误差的影响可以直接从用户相对于测量点的位置中估算出来,方法是将它们从这些已知点到用户点处,即用户的 IPP 点(Enge and Van Dierendonck, 1996; RTCA, 1999)进行插值,从而消除估算过程中由空间变化的高阶非线性带来的影响。这样,误差不再依赖于具体的某一颗卫星,使得其具有相对较强的独立性。但是,这样做的代价是参考站处附加了额外的计算量。

卫星的时钟偏差和星历误差及其服务范围的传播误差,需要在参考站上分别确定,从而需要在整个服务区内的合适位置处设立许多精密参考站,参考站网络可以准确估算每颗卫星的位置及其延迟误差。因此,绝对的卫星位置误差和时钟误差可以很容易地确定并传送给用户。

因此,在误差修正之后,用户修正后的伪距为式(8.18)的形式,重写如下:

$$R_{cu} = \rho_u + c(\delta t_u - \delta t_r) + (\delta r_{eph} - g\delta r_{sat}) + (\delta r_{ion,u} - f_{ion}(\theta_u)\delta r_{ion,v})$$
$$+ (\delta r_{trp,u} - f_{trp}(\theta_u)\delta r_{trp,v}) + (n_u - n_r)$$

其中,$\delta r_{ion,v}$ 表示用户由参考站观测量中导出的垂向电离层延迟,$f_{ion}(\theta_u)$ 表示用户处仰角为 θ_u 的电离层倾斜因子。类似地,$\delta r_{trp,v}$ 和 $f_{trp}(\theta_u)$ 分别表示对流层垂向延迟以及仰角为 θ_u 的对流层延迟倾斜因子。

同一组参考站可以进行多颗卫星的星历和时钟误差测量。此外,每个参考站在任一时刻都可以利用对不同卫星的差分观测量生成许多传播误差数据。所以,只需对少量的参考站进行策略性布局,就可以实现服务整个区域的目的。与只通过增加局域差分系统的数量来达到相同服务区域的方法相比较,所需的参考站数量更少。

对于更大的服务区域,修正信息的播发在整个区域内同时发生,可以通过具有足够覆盖区域的卫星来完成。图 8.6 所示为在较大的地理区域内向用户提供差分修正数据的系统构成。

图 8.6 为增强系统的基本构成。各种系统资源用以增强主服务的能力,通过有效地将差分修正信息提供给用户,来提高定位的精度和准确度。

思考题

1. 载波相位观测量是否只适用于差分定位而不适用于单点定位?

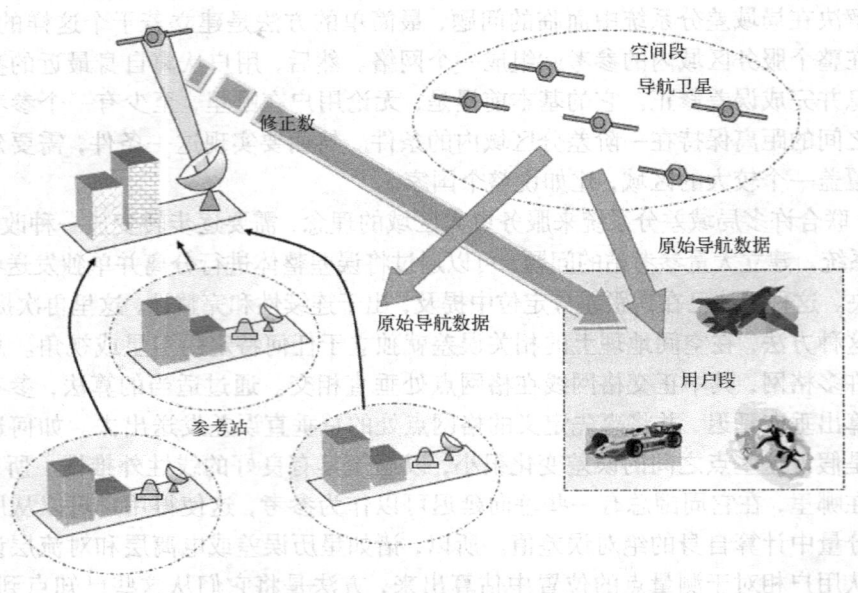

图 8.6　广域范围的修正信息播发方法

2. 当沿着卫星路径将给定的垂向电离层延迟转变为斜向延迟时，是否有必要求出 IPP 点？如果有，为什么？
3. 在一个用户和参考站均随时间移动的 RTK 系统中，决定其精度的具体因素是什么？
4. 建立一个广域伪距差分定位系统所要求的地面资源与第 2 章中所介绍的一般控制段结构有什么相似之处？

参考文献

Cosentino, R.J., Diggle, D.W., de Haag, M.U., Hegarty, C.J., Milbert, D., Nagle, J., 2006. Differential GPS. In: Kaplan, E.D., Hegarty, C.J. (Eds.), Understanding GPS Principles and Applications, second ed. Artech House, Boston, MA, USA.

El-Rabbani, A., 2006. Introduction to GPS, second ed. Artech House, Boston, MA, USA.

Enge, P.K., Van Dierendonck, A.J., 1996. Wide area augmentation system. In: Parkinson, B.W., Spilker Jr, J.J. (Eds.), Global Positioning Systems, Theory and Applications, vol. II. AIAA, Washington DC, USA.

Kee, C., 1996. Wide area differential GPS. In: Parkinson, B.W., Spilker Jr, J.J. (Eds.), Global Positioning Systems, Theory and Applications, vol. II. AIAA, Washington DC, USA.

Leick, A., 1995. GPS Satellite Surveying, second ed. John Wiley and Sons, New York, USA.

Papoulis, A., 1991. Probability, Random Variables and Stochastic Processes, third ed. McGraw Hill, Inc, New York, USA.

Parkinson, B.W., Enge, P.K., 1996. Differential GPS. In: Parkinson, B.W., Spilker Jr, J.J. (Eds.), Global Positioning Systems, Theory and Applications, vol. II. AIAA, Washington DC, USA.

RTCA, 1999. Minimum Operational Performance Standards for GPS/WAAS Airborne Equipments. DO-229B, A-34. USA.

第 9 章 专 题

摘要

第 9 章包含两个重要的专题：卡尔曼滤波和电离层。这两个专题通过不同的方式对卫星导航有着截然不同的影响。本章除了详细介绍它们的理论知识以外，还将讲述它们各自对于导航的重要性。本章首先讲述卡尔曼滤波的理论及工作原理，接着讲述卡尔曼滤波的实际应用，通过定位应用来重点讲述卡尔曼滤波这一数学工具在改善状态估计方面的作用。为了更好地描述滤波器的构成和实现方式，本章还讲述了惯性导航和卫星导航组合定位系统。本章后半部分主要介绍了电离层，重点讲述了电离层影响较严重的赤道附近区域，并简单介绍了赤道异常及扩展 F 现象。本章最后提及了针对不同导航目的的经验模型。为了便于理解，在论述过程中最大程度地避免了复杂的数学公式推导。

关键词

Chapman's function	查普曼方程	ionospheric Doppler	电离层多普勒
equatorial ionospheric anomaly	赤道电离层异常	Kalman filter	卡尔曼滤波
		Klobuchar model	Klobuchar 模型
equatorial spread-F	赤道扩展 F	measurement update	测量更新
error covariance	误差协方差	process equation	过程方程
Faraday's rotation	法拉第旋转	temporal update	时间更新

本章包含两个专题。有经验的读者都知道，通常将那些不适合放入其他章节的内容单独拿出来放到一章里来讲，这一章要讲的就是类似这种情况。但是，这并不代表这些内容与其他内容毫不相干。相反，这一章所讲的内容与很多章节密切相关。同卫星导航一样，我们对这些专题同样感兴趣。接下来的讨论限于两个方面：卡尔曼滤波和电离层。这两个方面有什么特殊的地方呢？它们对导航的影响方面是截然不同的，并以各自不同的方式改变着卫星导航定位结果，是它们的重大意义使得它们非常独特。本章开篇将简要讨论卡尔曼滤波的基础理论及其工作方式，然后简要讨论它在提升卫星导航性能方面的应用。作为对立面，下一节将讨论使导航性能恶化的一个因素——电离层，其中重点讨论受其影响比较大的赤道区域。然而，因为主要目的是讨论它们对导航系统性能的提升或恶化的影响，因此这里尽量避免大量的数学公式和复杂的专业术语。在这里要重申的一点是，读者可以轻松地跳过这一章不读，这样并不会影响阅读本书的连续性，但肯定会失去一些有趣的内容。

9.1 卡尔曼滤波

9.1.1 卡尔曼滤波介绍

卡尔曼滤波是一个预测动态系统的数学工具，它根据系统的状态递推的先验信息和包含噪声的测量信息，对系统进行估计，同时也提供与每一个估计相关联的置信度值。

卡尔曼滤波通过状态空间法进行描述，它假设一个动态系统可以由有限的状态来表示。只要提供这些状态量随时间的更新信息和一些测量信息，就可以通过卡尔曼滤波预测任意时刻的状态值及其随时间的变化量。

为方便对滤波工作原理的描述，我们先定义一些变量表达式。一个系统的状态被定义为描述系统的状态变量，并且能够通过不同的定量值来表示，而且这些值会随着影响状态的一些因素的改变而变化。这些状态之间可能是相互独立的，一个状态发生改变不会影响其他的状态。它们也可能是相互之间不独立的，一个状态的改变会影响其他状态的变化。相互不独立的状态之间会通过线性或非线性关系式联系起来。

例如，有一个固体的金属铁盘，盘子的物理特性可以由一些特征来描述，如物理状态（固体），颜色（红色），质量（1000 g），半径（15 cm）。这些特征描述了盘子的状态，括号中的数表示了当前这些状态的值。可以看到前三个变量彼此相互独立，后面两个变量之间存在非线性关系，它们由恒定的密度联系起来。

现在，将盘子沿其边缘推向一个斜坡，并保证其不会滑倒。在这种条件下，盘子的状态是由恒定重力作用下的运动所决定的，如图 9.1 所示。我们关心的是其状态的动态变化，因而可以由一组不同的变量表示系统的状态。

图 9.1 状态描述

盘子的运动情况可以由 3 个变量表示：位置 s，速度 v 和沿斜面的加速度 α。在这些变量中，加速度是一个恒定值，并独立于其他两个变量。

速度变量可以看成恒定加速度在时间上的积分，所以它与加速度 α 之间是线性关系的。当不存在滑移时，角速度 ω 和角加速度 ω' 与线速度 v 以及线加速度 α 之间存在线性关系，它们之间通过盘子半径 r 联系起来。因此它们代表了相同的状态变化，它们之间并不独立。类似地，位置 s 是瞬时速度和加速度在时间上的积分，因此和这两个变量之间存在着线性关系。这些状态从间隔 Δt 的 k 时刻到 $k+1$ 时刻的更新可以用牛顿运动学公式表示为

$$\alpha_{k+1} = \alpha_k \tag{9.1a}$$

$$v_{k+1} = v_k + \alpha_k \Delta t \tag{9.1b}$$

$$s_{k+1} = s_k + v_k \Delta t + \frac{1}{2}\alpha_k \Delta t^2 \tag{9.1c}$$

其中 s_k，v_k 和 α_k 分别代表了 k 时刻盘子的位置、速度和加速度。

这些状态变量既可能由它们自己测量得到，也有可能得不到。但是，它们必须通过一些系统可测的变量得以表现。换句话说，这些可测量的变量必须是确定状态变量的函数，从这些确定状态中可以得到一些状态的预测。测量值和状态变量之间的函数关系既可以是线性的，也可以是非线性的。

在上面的例子中，我们可以直接测量得到位置、速度和加速度。或者，可以测量得到盘子的动能 K，势能 P。前者是速度的非线性函数，后者是位置的线性函数。因此，这种关系可以表示为 $K = f_1(v)$ 和 $P = f_2(s)$。通过卡尔曼滤波器，上面提到的动态状态变量可以由测量值得到。

初步了解了状态和测量之后，接下来我们来描述卡尔曼滤波。其他的一些表达式将在之后遇到时再解释。

9.1.2 卡尔曼滤波基础

9.1.2.1 基本概念

如前面所定义的，卡尔曼滤波是一种在噪声环境中，利用相关测量输入，以最优方式估计系统状态变量和状态置信度的工具。

设系统 S 由一系列状态变量 X 定义。这样，X 就是状态变量的集合，$X = (x_1, x_2, x_3, \cdots x_n)$。$X$ 定义了我们所关心的所有系统状态变量，这些状态变量值会随时间发生变化。在时刻 k，它的值为 X_k。向量 Z 包含了所有与状态有关的测量值，$Z = (z_1, z_2, z_3, \cdots, z_m)$，$k$ 时刻的测量值为 Z_k。

X 中的变量随时间发生改变，而为了预测状态，卡尔曼滤波需要知道这些变量随时间如何改变。因此，需要一个关系式来近似建立一个状态变量从一个时刻到另一个时刻变化的模型。这个关系式进而定义了状态 X_k 和它前一时刻状态 X_{k-1} 之间的关系。在 9.1.1 节的例子中，式(9.1a)至式(9.1c)给出了一种递推关系式。

实际上，这些关系式在某种程度上也是近似的。总有一些模型之外的元素，在状态变量的递推过程中，改变状态的确切值。考虑到前面的例子中，由于路径的不均匀性，存在作用在盘子上的摩擦力阻止其相对运动，而摩擦力的作用并没有包含在加速度 α 中。另外，还存在一些不确定的外力，可能改变盘子的运动状态。在实际情况中，这些未被考虑的随机的外力会微小地改变系统的状态。由于这些变量不能通过确定的模型定义，所以在卡尔曼滤波中这些量被当成系统噪声。

因此，已知系统状态变量的转移关系，并考虑系统的噪声，那么真正的状态转移关系应该是两者的结合。这个完整的关系称为系统状态方程模型：

$$X_k = \Phi(X_{k-1}) + w_k \tag{9.2a}$$

其中，Φ 是一个确定的函数，称为状态转移函数，它是此刻的状态和上一时刻的状态之间的

纽带。这个函数既可以是线性的，也可以是非线性的。w 是系统噪声。对于一个线性系统，状态方程变为

$$X_k = \varphi_k X_{k-1} + w_{k-1} \tag{9.2b}$$

其中，φ_k 是一个离散矩阵，称为系统状态转移矩阵，w_k 为 k 时刻的系统噪声。后者包含了这种模型下所有的状态误差，这是一种数学上的近似。不论 w 对系统产生什么样的影响，其值均无法确切得知，但需要知道 w 的统计特性。对于卡尔曼滤波，w 假设为一个零均值的高斯白噪声，方差为 Q。这一假设将作为后面推导的前提条件。所以，对于线性系统，X 中的变量满足式(9.2a)或式(9.2b)，如图9.2所示。

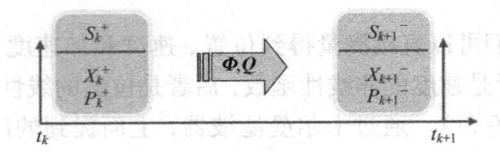

图9.2 状态转移

S 系统包含一些可以测量的量。在这些量中，有一些是我们所关心的状态变量的函数。只有已知这些测量值，才能由滤波器推出所需的状态量，因此这些测量值是必需的。然而，测量值是含有噪声的，并且很难通过一般的方法去除。因此，任意时刻 k 的测量值 Z_k 可以通过测量方程表示为

$$Z_k = h(X_k) + r_k \tag{9.3a}$$

这是一个广义的测量方程，其中 r 是测量噪声，h 是联系当前状态和测量值的关系式，h 称为测量函数。对于一个线性系统，它可以表示为

$$Z_k = H X_k + r_k \tag{9.3b}$$

其中 H 称为观测矩阵或测量灵敏度矩阵。

r_k 包含时刻 k 的所有系统噪声。然而，我们并不清楚任意时刻 r 的值到底等于多少。假如这个误差值已知，就能纠正消除这个误差。要使卡尔曼滤波能够发挥作用，至少要清楚噪声的统计特性。因此，假设 r 是一个零均值、方差为 R 的高斯白噪声。

前面所定义的多状态变量 X、φ 和 H 都是矩阵。其中，X 是一个 $n \times 1$ 向量，状态变量的个数为 n，φ 是一个 $n \times n$ 矩阵，它指的是当前时刻的 n 个状态变量和下一时刻的 n 个状态变量之间的关系，矩阵中的元素 φ_{ij} 指的是 X_k 的第 i 个变量和 X_{k-1} 的第 j 个变量之间的关系，如果两个变量之间相互独立，则这个元素值等于零。H 是一个 $m \times n$ 矩阵，其中 m 是测量值的个数。其中 H_{ij} 代表了第 i 个测量值与 X 中的第 j 个状态变量之间的关系。如果测量值直接是状态变量值，H 就是一个恒定的矩阵，若测量值与状态变量之间没有关系，则 H 为零。因此，w 为 $n \times 1$ 向量，r 为 $m \times 1$ 向量，它们代表了状态方程和测量方程中每一个变量的噪声。相应的协方差矩阵 Q 和 R 分别为 $n \times n$ 和 $m \times m$ 矩阵。

在一个包含噪声的系统中，当已知 φ 和 H 的具体形式以及系统噪声和测量噪声的方差 Q 和 R，滤波器就能够估计出状态值，并且随着时间进行更新。尽管传统的卡尔曼滤波要求噪声特性满足高斯白噪声，但有一些技术可以将一些非高斯进行变形，从而可供进行滤波。

9.1.2.2 估计过程

卡尔曼滤波开始时，首先对状态 X 和误差方差进行初始化。接下来，状态变量就可以通过测量方程和状态方程进行递推计算，也就是测量更新和时间更新，同时误差方差也得到修正并收敛到一定的值。

时间更新

时间更新的过程就是任意时刻状态值根据式(9.2a)进行递推的过程。当前时刻状态通过状态转移矩阵获取下一个时刻状态的最佳数值，通过时间更新的状态也将成为下一个状态的先验估计。

测量更新

测量值估计是由上一时刻的状态变量得到的，由当前的测量值与状态变量的预测值可估计出下一时刻的状态值，从而实现状态值的更新。相比于先验估计，测量更新中所添加的当前测量值会大大改善状态估计的准确性。因此，在测量更新的过程中，测量值和状态变量是通过测量方程相联系的。

因此，如果称时间更新为一个预测过程，那么测量更新可以称为一个纠正过程。另外，卡尔曼滤波在状态预测过程中，对每个预测值的置信度也进行了更新。上述的更新过程会一直迭代下去，直到滤波器给出了动态系统状态值的一个最优解。完整的迭代过程包括时间更新和测量更新，如图9.3所示，9.1.3节将对此进行详细描述。

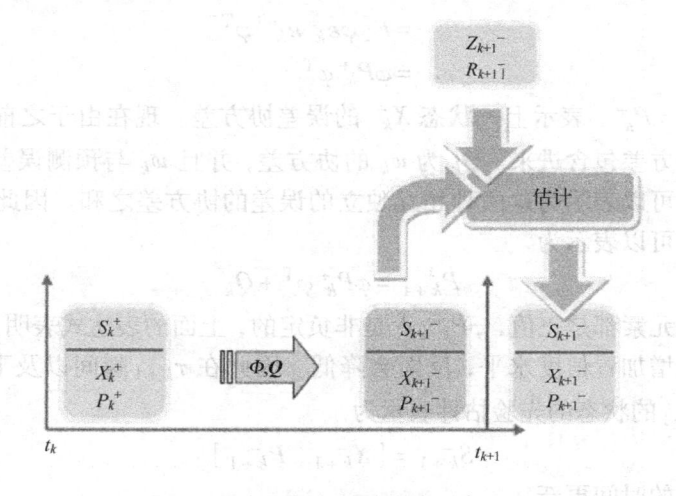

图9.3 完整的卡尔曼滤波迭代过程

方便起见，我们以每一测量时刻作为采样点，假设时刻 τ_1，τ_2，τ_3 对应相应的测量时刻，测量时刻 τ_k 的测量前瞬间表示为 τ_k^-，测量后瞬间为 τ_k^+。因此，τ_k 时刻的先验估计 X_k^- 可在 τ_k^- 时刻获得，而后验估计 X_k^+ 可在 τ_k^+ 时刻获得。

9.1.3 滤波方程推导

我们了解了卡尔曼滤波的基本工作原理之后，接下来定量地描述系统状态更新的不同之处。假设一个初始状态为 X_0^+ 的线性系统。滤波开始之后,在瞬间 τ_0 的预测误差协方差为 P_0^+,从初始状态 X_0 开始,或从任意中间时刻 τ_k^+ 已经得到的状态变量 X_k^+ 开始,接下来就要过渡到下一时刻并得到状态的时间更新。得到的下一个状态为 X_{k+1},其中 k 可以为零或其他任何正数。由此,通过状态方程式(9.2b)得到了动态系统的状态更新。

但是,我们不知道 w 的值,仍然不能继续递推。利用状态转移矩阵 φ,系统状态 X_k^+ 从 τ_k^+ 转移到 τ_{k+1}^-,状态更新为

$$\hat{X} = w_1 X_1 + w_2 X_2 \tag{9.4}$$

其中,$\hat{X}$ 是 X_{k+1} 的一种加权平均,它是滤波能得到的状态的最优估计。在求解预测值时,不考虑零均值的高斯白噪声 w_k。然而,预测过程中将噪声忽略,必然会导致预测结果的不准确性。因此,误差协方差的更新体现了这种预测过程的误差影响,有效的误差协方差可以表示为预测过程中存在的误差的协方差与式(9.4)中的概率平均效应误差的总和。

从状态方程可以看出,状态 X_k^+ 从 τ_k^+ 时刻转移到 τ_{k+1}^-,会带有一定的误差。若 X_k 是 τ_k^+ 时刻的真值,则状态预测结果为 $\hat{X}_k^+ = X_k + \varepsilon_k$,其中 ε 为预测误差。这个估计值是此刻状态的最优估计。时间更新之后的预测值为 $\phi(\hat{X}_k^+) = \phi(X_k + \varepsilon_k^+)$。对于一个线性系统,递推的过程可以表示为 $\varphi X_k + \varphi \varepsilon_k^+$。这样在更新时刻 τ_{k+1}^- 时,ε_k^+ 变成了 $\varepsilon_{k+1}^- = \varphi \varepsilon_k^+$。它的协方差为

$$\begin{aligned} P(\varepsilon_{k+1}^-) &= E[\varphi \varepsilon_k^+] \cdot [\varphi \varepsilon_k^+]^T \\ &= E[\varphi \varepsilon_k^+ \varepsilon_k^{+T} \varphi^T] \\ &= \varphi P_k^+ \varphi^T \end{aligned} \tag{9.5a}$$

其中,$E[\varepsilon_k^+ \varepsilon_k^{+T}] = P_k^+$,表示上一状态 X_k^+ 的误差协方差。现在由于之前 w 的忽略而产生的误差将被误差协方差包含进来。Q_k 为 w_k 的协方差,并且 w_k 与预测误差 ε_k^+ 之间不相关,整体的误差协方差可以表示为这两种相互独立的误差的协方差之和。因此,时间更新之后,实际的误差协方差可以表示为

$$P_{k+1}^+ = \varphi P_k^+ \varphi^T + Q_k \tag{9.5b}$$

由于 P_k^+ 的对角线元素都是正值,$\varphi P_k^+ \varphi^T$ 是非负定的,上面的表达式表明,时间更新过程中得到的预测值不能增加置信度水平,反而会降低。因此在 τ_{k+1} 瞬间以及下一个测量值到来之前,时刻 $\tau = \tau_{k+1}^-$ 的状态的先验估计表示为

$$S_{k+1}^- = [X_{k+1}^-, P_{k+1}^-] \tag{9.6}$$

此时已完成了状态的时间更新。

测量值在 τ_{k+1} 时刻得到。Z_{k+1} 表示测量值,r 表示测量误差,其方差为 R。由测量方程可知

$$Z_{k+1} = \boldsymbol{H} X_{k+1} + r_{k+1} \tag{9.7}$$

现在,在时间更新过程中我们从前一时刻得到了状态的预测值 X_{k+1}^-,并且从 P_k^+ 得到了它的误差协方差 P_{k+1}^-,即已获得了状态的先验估计。

这样在 τ_{k+1} 时刻,我们得到了两组数据。其中一组为系统状态的先验估计 X_{k+1}^- 以及它的误差协方差 P_{k+1}^-,另外一组为直接测量值,由 Z_k 和 R 组成。

这两组数据将由滤波器组合在一起,并得到一个比先验预测更加准确的 τ_{k+1}^+ 时刻的状态后验估计。滤波器根据两者的置信水平对两者进行加权求和,得到 $\tau = \tau_{k+1}^+$ 时刻的一个更加准确的状态估计。

现在,先忽略卡尔曼滤波这种特殊情况,看一下普通的预测过程。对于两个状态 X_1 和 X_2,它们的权重分别为 w_1 和 w_2,则它们的预测为

$$\hat{X} = w_1 X_1 + w_2 X_2 \tag{9.8a}$$

现在的问题是什么样的 w_1 和 w_2 值能让我们获得一个状态的最佳估计? 推导权重系数的一种简单方法是,假设两个状态的误差方差分别为 σ_1 和 σ_2。由于两个状态是从独立的源得到的,它们的误差并不相关。更进一步,由于 w_1 和 w_2 作为状态组合的系数,将其归一化可以得到 $w_1 + w_2 = 1$。这样权系数可以表示为 $w_1 = w$ 以及 $w_2 = (1-w)$。

因为估计的结果是每个单独估计的线性组合,所以误差也是单个估计误差的线性组合。这样,若 ε_1 和 ε_2 为单个状态估计误差,则最终的估计误差为

$$\varepsilon_{\text{eff}} = w_1 \varepsilon_1 + w_2 \varepsilon_2 \tag{9.8b}$$

误差方差为

$$\begin{aligned}\sigma_{\text{eff}}^2 &= E[\varepsilon_{\text{eff}} \cdot \varepsilon_{\text{eff}}'] \\ &= E[(w_1 \varepsilon_1 + w_2 \varepsilon_2) \times (w_1 \varepsilon_1 + w_2 \varepsilon_2)] \\ &= E[w_1^2 \varepsilon_1^2 + w_2^2 \varepsilon_2^2 + 2 w_1 w_2 \varepsilon_1 \varepsilon_2]\end{aligned} \tag{9.9a}$$

由于 w_1 和 w_2 为确定的数,两个误差相互之间独立,则它们乘积的期望为零。因此 σ_{eff} 为

$$\begin{aligned}\sigma_{\text{eff}}^2 &= w_1^2 \sigma_1^2 + w_2^2 \sigma_2^2 \\ &= w^2 \sigma_1^2 + (1-w)^2 \sigma_2^2\end{aligned} \tag{9.9b}$$

要使两者之间的组合产生最大的置信度,则 σ_{eff} 应该最小。现在,为了使其最小化,对式(9.9b)中的 w 求微分,并使结果为零,得到

$$2w\sigma_1^2 - 2(1-w)\sigma_2^2 = 0$$

或

$$w\sigma_1^2 = (1-w)\sigma_2^2$$

或

$$w = \sigma_2^2 / (\sigma_1^2 + \sigma_2^2)$$

得到

$$(1-w) = 1 - \sigma_2^2/(\sigma_1^2 + \sigma_2^2) = \sigma_1^2/(\sigma_1^2 + \sigma_2^2)$$

这样就得到两个系数为

$$w_1 = \sigma_2^2/(\sigma_1^2 + \sigma_2^2) \tag{9.10a}$$
$$w_2 = \sigma_1^2/(\sigma_1^2 + \sigma_2^2) \tag{9.10b}$$

利用这两个系数,得到最终的估计为

$$\begin{aligned}\hat{X} &= w_1 X_1 + w_2 X_2 \\ &= X_1 \sigma_2^2/(\sigma_1^2 + \sigma_2^2) + X_2 \sigma_1^2/(\sigma_1^2 + \sigma_2^2)\end{aligned} \tag{9.11}$$

进一步,最小的误差方差为

$$\sigma_e^2 = \sigma_2^4\sigma_1^2/(\sigma_1^2+\sigma_2^2)^2 + \sigma_2^2\sigma_1^4/(\sigma_1^2+\sigma_2^2)^2$$
$$= \{\sigma_2^2\sigma_1^2/(\sigma_1^2+\sigma_2^2)^2\} \times (\sigma_2^2+\sigma_1^2)$$
$$= \sigma_2^2\sigma_1^2/(\sigma_1^2+\sigma_2^2) \tag{9.12}$$

现在，回到我们讲的特殊情况。在卡尔曼滤波中，得到了一个先验估计 $\hat{X}_k^-$ 和方差 P_k^-。但是其他的有用信息是以测量信息的形式出现的，而不是以状态变量的形式 X 出现的。如何使二者结合，并得到协方差呢？这是接下来要讨论的问题。

从测量方程可知 $Z = h(X) + r$。对于线性测量方程，则有

$$Z = HX + r$$
$$X = H^{-1}Z - H^{-1}r \tag{9.13}$$

由测量误差 r 引起的状态预测误差为 $H^{-1}r$。所以，相应的误差协方差为 $E\{[H^{-1}r][H^{-1}r]^T\}$。这样，在 τ_{k+1} 时刻仅由测量值推出的估计误差协方差为 $P_{k+1}^m = H^{-1}RH^{-T}$。

若 X_{k+1}^- 和 X_k^m 为 k 时刻从测量值得到的先验预测，则 P_{k+1}^- 和 P_{k+1}^m 分别为它们的误差协方差。这样，可以由这两个预测值，并通过式(9.11)得到预测值的更新值 X_{k+1}^+，即

$$X_{k+1}^+ = (X_{k+1}^m P_{k+1}^- + X_{k+1}^- P_{k+1}^m)/(P_{k+1}^- + P_{k+1}^m)$$
$$= (X_{k+1}^m P_{k+1}^- + X_{k+1}^- H^{-1}RH^{-T})/(P_{k+1}^- + H^{-1}RH^{-T})$$
$$= (X_{k+1}^- P_{k+1}^- + X_{k+1}^- H^{-1}RH^{-T} - X_{k+1}^- P_{k+1}^- + X_{k+1}^m P_{k+1}^-)/(P_{k+1}^- + H^{-1}RH^{-T})$$
$$= (X_{k+1}^-(P_{k+1}^- + H^{-1}RH^{-T}) + (X_{k+1}^m - X_{k+1}^-)P_{k+1}^-)/(P_{k+1}^- + H^{-1}RH^{-T})$$
$$= X_{k+1}^- + (X_{k+1}^m - X_{k+1}^-)P_{k+1}^-/(P_{k+1}^- + H^{-1}RH^{-T})$$

现在，对上式进行某些处理，首先在第二个表达式的分子分母右乘 H^T，同时左乘 H，这样得到

$$X_{k+1}^+ = X_{k+1}^- + H(X_{k+1}^m - X_{k+1}^-)P_{k+1}^- H^T/(HP_{k+1}^- H^T + R)$$
$$= X_{k+1}^- + (HX_{k+1}^m - HX_{k+1}^-)P_{k+1}^- H^T/(HP_{k+1}^- H^T + R)$$

再次利用测量方程 $Z = HX + r$，利用其确定的部分作为预测值，得到

$$X_{k+1}^+ = X_{k+1}^- + (Z_{k+1} - HX_{k+1}^-)P_{k+1}^- H^T/(HP_{k+1}^- H^T + R) \tag{9.14}$$

其中，$Z_{k+1} - HX_{k+1}$ 是滤波器可以利用的关于测量值 Z 的新信息，称为新息。表达式 $P_{k+1}^- H^T/(HP_{k+1}^- H^T + R)$ 称为卡尔曼增益，记为 K。它代表了信息部分的权重，这部分信息加上先验预测可以得到最优的后验估计。相应的更新之后的误差协方差可以写为

$$P_{k+1}^+ = P_{k+1}^- H^{-1}RH^{-T}/(P_{k+1}^- + H^{-1}RH^{-T})$$

另外再做一个类似的操作，得到

$$P_{k+1}^+ = HP_{k+1}^- H^{-1}R/(HP_{k+1}^- H^T + R)$$
$$= P_{k+1}^- R/(HP_{k+1}^- H^T + R)$$
$$= P_{k+1}^-(HP_{k+1}^- H^T + R - HP_{k+1}^- H^T)/(HP_{k+1}^- H^T + R) \tag{9.15}$$
$$= P_{k+1}^-(1 - HK)$$

这样可以通过另一种方式得到 X_{k+1}^+。测量和预测状态可以写成矩阵的形式为

$$Z_{k+1} = HX_{k+1}^+ + r$$

$$X_{k+1}^- = IX_{k+1}^+ + p \quad (9.16\text{a})$$

其中，p 为先验预测误差，其方差为 P_{k+1}^-。为方便起见，在下面的推导中，将 P_{k+1}^- 记为 P

$$\begin{pmatrix} Z_{k+1} \\ X_{k+1}^- \end{pmatrix} = \begin{pmatrix} H \\ I \end{pmatrix} X_{k+1}^+ + \begin{pmatrix} r \\ p \end{pmatrix} \quad (9.16\text{b})$$

$$\text{或} \quad b = AX_{k+1}^+ + m$$

其中，$A = [H^T \quad I]^T$，$b = [Z_{k+1}^T \quad X_{k+1}^{-T}]^T$ 为时间更新开始时状态变量 $\hat{X}$ 和测量变量 Z 的矩阵，$m = [r \quad p]^T$ 为等式的误差部分。因此，m 的协方差记为 $M = E[m \cdot m^T]$，X 的最优解为 (Strang, 1988)

$$X_{k+1}^+ = (A^T M^{-1} A)^{-1} A^T M^{-1} b \quad (9.17)$$

替换 M 中的 m，并考虑 r 和 p 不相关，得到

$$M = E\{[r \quad p]^T [r \quad p]\}$$

$$= E \begin{bmatrix} r^2 & rp \\ pr & p^2 \end{bmatrix}$$

$$= \begin{bmatrix} R & 0 \\ 0 & P \end{bmatrix} \quad (9.18)$$

$$\text{或} \quad M^{-1} = \begin{bmatrix} R^{-1} & 0 \\ 0 & P^{-1} \end{bmatrix}$$

将式(9.18)代入式(9.17)，得到

$$\begin{aligned} X_{k+1}^+ &= \left([H^T \quad I] \begin{bmatrix} R^{-1} & 0 \\ 0 & P^{-1} \end{bmatrix} [H^T \quad I]^T \right)^{-1} \left([H^T \quad I] \begin{bmatrix} R^{-1} & 0 \\ 0 & P^{-1} \end{bmatrix} \right) [Z_{k+1}^T \quad X_{k+1}^{-T}]^T \\ &= ([H^T R^{-1} \quad P^{-1}][H^T \quad I]^T)^{-1} ([H^T R^{-1} \quad P^{-1}][Z_{k+1}^T \quad X_{k+1}^{-T}]^T) \\ &= (H^T R^{-1} H + P^{-1})^{-1} (H^T R^{-1} Z_{k+1} + P^{-1} X_{k+1}^-) \\ &= [H + RH^{-T} P^{-1}]^{-1} [Z_{k+1} + RH^{-T} P^{-1} X_{k+1}^-] \\ &= [HPH^T + R]^{-1} [Z_{k+1} PH^T + RX_{k+1}^-] \\ &= (Z_{k+1} - HX_{k+1}^-) PH^T/(HPH^T + R) + (HX_{k+1}^- PH^T + RX_{k+1}^-)/(HPH^T + R) \\ &= [X_{k+1}^- (HPH^T + R) + (Z_{k+1} - HX_{k+1}^-) PH]/[HPH^T + R] \\ &= X_{k+1}^- + (Z_{k+1} - HX_{k+1}^-)/(HPH^T + R) \quad (9.19) \end{aligned}$$

与式(9.14)比较，可以看出这样得到了关于 X 的相同的表达式。该矩阵的解为 X 的真值在 Z 向量平面上的投影。另一种将结果可视化的方法为将 n 状态的系统看成向量空间中的 n 维向量，并以几何的方式来解释。

这样即完成了测量更新。在一次时间更新和测量更新的迭代之后，得到 τ_{k+1}^+ 时刻更新的状态值 X_{k+1}^+ 以及其误差协方差 P_{k+1}^+。

通过这种方法，卡尔曼滤波从初始状态值的预测开始计算，并随着测量和时间的更新，进行重复循环，以连续的方式更新预测值，如图 9.4 所示。在这个过程中，连续循环迭代提

高了估计的准确性，并最终收敛于状态的最优解。每次迭代循环所需要的时间可能都不同，因为状态转移矩阵和 Q 值都需要更新。

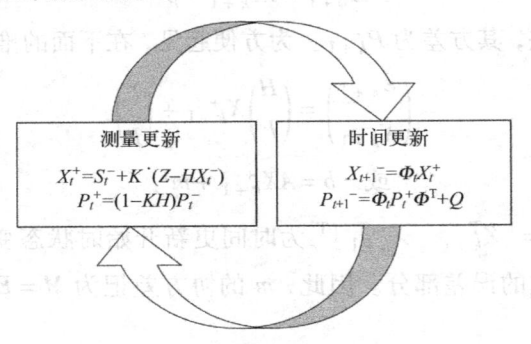

测量更新
$X_t^+ = S_t^- + K^-(Z - HX_t^-)$
$P_t^+ = (1 - KH)P_t^-$

时间更新
$X_{t+1}^- = \Phi_t X_t^+$
$P_{t+1}^- = \Phi_t P_t^+ \Phi_t^T + Q$

图 9.4 卡尔曼滤波的循环迭代

从式(9.15)可以看到，在测量更新的过程中，误差协方差得到了改善。而在时间更新中，误差方差会恶化。因此，为了使迭代收敛，测量更新过程中的方差的改善必须补偿时间更新过程中的方差恶化。

上述推导过程仅仅是传统情况下的卡尔曼滤波。然而，卡尔曼滤波经过一些变化之后，也可以用于非线性系统或非高斯噪声系统。

练习 9.1 为卡尔曼滤波的 MATLAB 实现。

练习 9.1 卡尔曼滤波

运行 MATLAB 程序 Kalman.m，将获得某一个电压源的真值，其测量值中所含的高斯白噪声的方差为 $\sigma = 1$。如图 M9.1 所示，电压值的真值为 5 V，测量值如图中"×"所示，卡尔曼估计的真值如图中"◇"所示。

改变 σ 的值以及样本长度并再次运行程序，观察其变化；给定 Q 值并观察结果的变化。

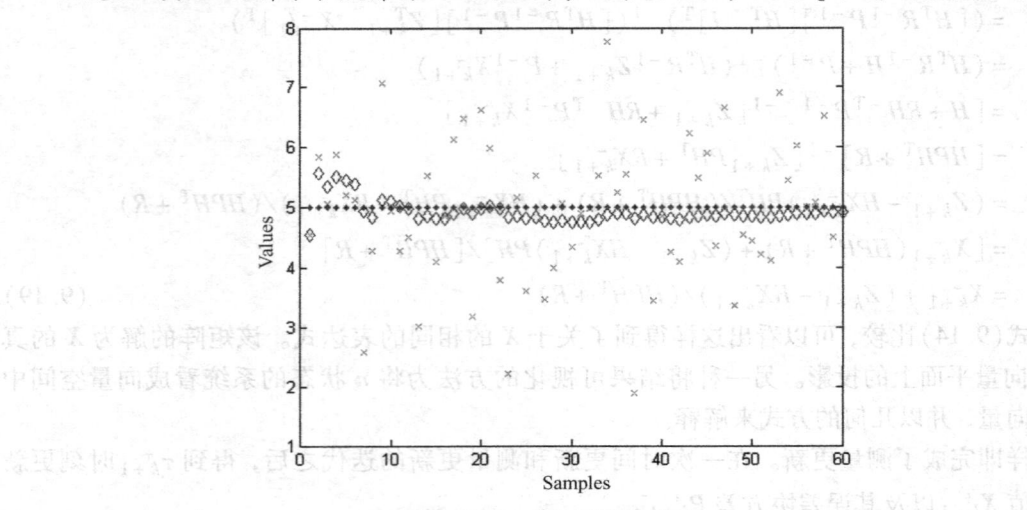

图 M9.1 卡尔曼滤波估计

9.1.4 卡尔曼滤波应用

9.1.4.1 卫星导航接收机的精确估计

在接收机中,使用卡尔曼滤波进行位置估计能够有效地提高定位精度,目前这项技术已发展得比较成熟。

卫星导航接收机为用户提供位置、速度及时间(PVT)信息,并将给出其各项结果的标准差。卡尔曼滤波的目标就是利用接收机中可获得的变量信息,通过滤波的处理算法减小相关误差,提供一定置信度水平下更精确的 PVT 信息。

根据不同的应用需求,通过系统的方法可以生成不同的滤波器,每一种都将基于某种特定的系统模型。本节将推荐一种简化的系统模型,它保留了状态的特征和变化,并能提供足够的估计精度。在导航接收机中,系统可以表示为描述位置的伪距和时间的观测方程。由于伪距与这些状态变量之间是非线性关系,可以采用扩展卡尔曼滤波。在扩展卡尔曼滤波中,测量矩阵由非线性测量方程的偏微分得到。因此,对于测量方程 $Z=h(X)+r$,测量矩阵可表示为

$$H_k = \frac{\partial h}{\partial X}\bigg|_{X=X_k} \tag{9.20}$$

需要指出的是,对于给定的测量值,求其在每一个状态变量处的偏微分,得到测量灵敏度矩阵 H 的一行。对于不同的观测变量,类似的行将会在测量值更新时产生。

状态变量的选择

导航接收机的输出为 PVT 信息,位置 S_k、速度 V_k 和时钟偏差 B_k 为滤波器的状态变量。为了得到这些变量值,系统模型会包含状态变量的一阶或更高阶的微分。因此,加速度 A_k 和钟漂 D_k 也是需要考虑的状态变量。然而,其前提是位置的三阶微分量对时间更新过程的影响为零或近似可忽略。如果需要,可以使用状态的更高阶微分作为状态变量。这样,考虑的状态变量如下:

$$\begin{aligned}
&1.\ \text{当前位置} \quad S_k = [x \quad y \quad z]_k \\
&2.\ \text{当前速度} \quad V_k = [V_x \quad V_y \quad V_z]_k \\
&3.\ \text{当前加速度} \quad A_k = [\alpha_x \quad \alpha_y \quad \alpha_z]_k \\
&4.\ \text{钟差} \quad B_k = [b]_k \\
&5.\ \text{钟漂} \quad D_k = [b']_k
\end{aligned} \tag{9.21}$$

因此,完整的状态向量为 $X_k = [S_k \quad V_k \quad A_k \quad B_k \quad D_k]$,在三维空间中,这个向量维数为 11×1。

测量方程

在接收机中,测量值为经过修正的伪距,其修正量为电离层、对流层等方面的修正,如

$$Z = \rho \tag{9.22a}$$

由于任意时刻的测量由可观测的卫星数量决定,因此 Z 的维数是变化的,所有设定的仰角范围内的可见卫星都能用作定位。

接收机获得的伪距大小与状态变量存在平方关系,测量方程模型为

$$Z = \rho$$
$$= \sqrt{(x_s - x_r)^2 + (y_s - y_r)^2 + (z_s - z_r)^2} + b_k + r \quad (9.22b)$$
$$= h(S) + r \quad (9.22c)$$

其中 $h(\cdot)$ 是一个非线性函数，r 是伪距误差，其分布是均值为零且方差为 R 的正态分布。

利用这个等式以及式(9.20)，可以通过对 h 的每个状态变量的偏微分得到测量矩阵 H

$$H = \mathrm{d}h/\mathrm{d}X \big|_{X^-(k)} \quad (9.23a)$$

或

$$H = \left[\frac{\partial h}{\partial x} \quad \frac{\partial h}{\partial y} \quad \frac{\partial h}{\partial z} \quad \frac{\partial h}{\partial v_x} \quad \frac{\partial h}{\partial v_y} \quad \frac{\partial h}{\partial v_z} \quad \frac{\partial h}{\partial \alpha_x} \quad \frac{\partial h}{\partial \alpha_y} \quad \frac{\partial h}{\partial \alpha_z} \quad \frac{\partial h}{\partial b} \quad \frac{\partial h}{\partial b'} \right]$$

由于伪距仅是位置和时钟偏差的函数，与速度、加速度或时钟漂移相互独立，得到

$$H = [-(x_s - x_r)/l \quad -(y_s - y_r)/l \quad -(z_s - z_r)/l \quad 0 \quad 0 \quad 0 \quad 0 \quad 0 \quad 0 \quad 1 \quad 0] \quad (9.23b)$$

其中 $l = \sqrt{\{(x_s - x_r)^2 + (y_s - y_r)^2 + (z_s - z_r)^2\}}\big|_{t_k^-}$。由此可知，在 H 的估计过程中，必须知道卫星的位置和接收机的位置。由星历可以得知卫星的位置，但当仅想推导出相同的量时，应该利用什么样的接收机位置坐标呢？这里需要利用测量更新的 τ_k^- 时刻接收机位置的先验信息。

状态方程

尽管测量方程是非线性的，但是状态方程可以表示当前状态和下一时刻状态的线性关系。利用式(9.2b)可得到

$$X_{k+1} = \varphi_k \cdot X_k + w_k \quad (9.24)$$

其中，φ_k 为动态系统的线性关系，如下所示：

$$\varphi = \begin{pmatrix} I(3) & \mathrm{d}t \cdot I(3) & 0.5\mathrm{d}t^2 \cdot I(3) & 0 & 0 \\ 0 & I(3) & \mathrm{d}t \cdot I(3) & 0 & 0 \\ 0 & 0 & I(3) & 0 & 0 \\ 0 & 0 & 0 & 1 & \mathrm{d}t \end{pmatrix}$$

其中 $I(3)$ 是三维的单位矩阵，w 是动态系统的误差模型，其分布为 $N(0,Q)$。

卡尔曼滤波过程

卡尔曼滤波开始时，先估计一个初始的系统状态 X_0 及其协方差 P_0。接下来，通过测量更新和时间更新的标准算法，可得到状态的更新值。根据式(9.4)和式(9.5b)，时间更新可表示为

$$\text{状态传递} \quad X_k^- = \varphi_k X_{k-1}^+$$
$$\text{误差协方差传递} \quad P_k^- = \varphi_k P_k^+ \varphi_k + Q_k \quad (9.25a)$$

获得测量值以后，通过状态方程及其协方差可以得到测量更新

$$\text{状态更新} \quad X_k^+ = X_k^- + K_k[Z_k - h_k(X_k)]$$
$$\text{误差协方差更新} \quad P_k^+ = [I - K_k H_k] P_k^- \quad (9.25b)$$

其中，卡尔曼增益为 $K_k = P_k^- H_k^T [H_k P_k^- H_k^T + R_k]^{-1}$。此后，$X$ 和 P 以及测量值不断更新，得到不断改善的系统状态值。

需要注意的是，在扩展卡尔曼滤波中，卡尔曼增益 K 是观测矩阵 H 的函数，依赖于当前的状态值，这是因为 H 就是 h 在状态值处的微分。然而，对于线性系统，它与状态值之间是一个恒定的关系。对于非线性系统，协方差的更新，涉及测量更新过程中的 K 进行更新，必须要知道当前的状态变量值。

练习 9.2 给出了使用卡尔曼滤波提高位置估计精度的 MATLAB 实现。

▷
练习 9.2 位置估计

为了加深对卡尔曼滤波的工作原理及其实现方式的理解，运行 MATLAB 程序 Kalman_Pos.m，其中的数据来源于可见卫星的仿真结果，卫星位置变化文件中使用了位于印度邦加罗尔的名为 IISC 接收站的真实 GPS 数据，接收机的真实位置已提前已知，由此计算出真实的几何距离，并在几何距离上添加高斯白噪声来仿真实际环境，仿真的噪声的标准差为 $5\,\mathrm{m}(1\sigma)$。

在此程序中，为了与卡尔曼滤波进行比较，程序中通过单点定位(SPP)对接收机位置进行了估算。图 M9.2 对两种定位结果进行了比较，显而易见的是，使用了卡尔曼滤波后定位精度有了很大的改善。

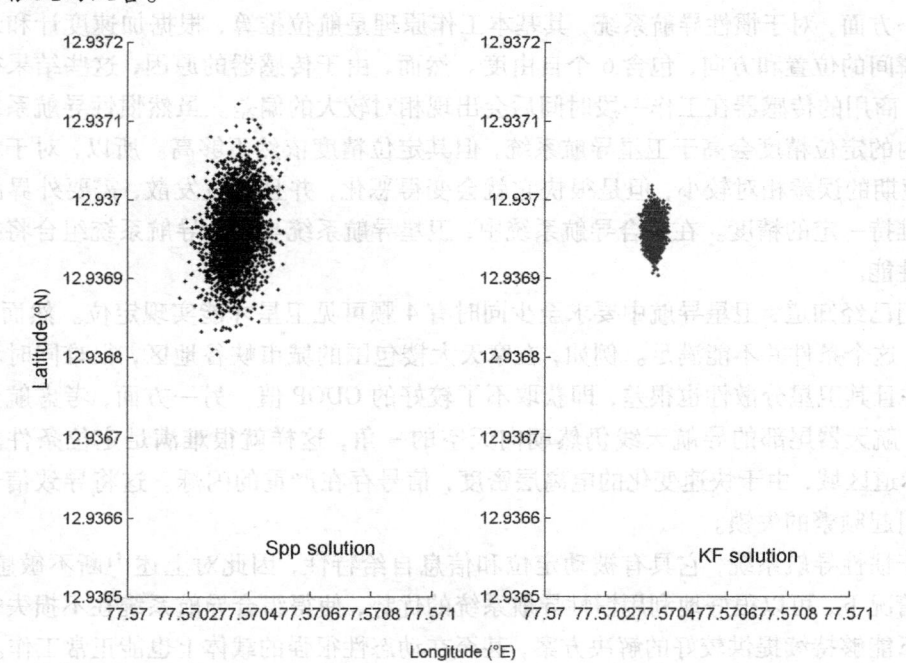

图 M9.2 位置估计精度改善
◁

9.1.4.2 惯性导航与卫星导航组合系统

在本节中，我们将学习通过卡尔曼滤波实现卫星导航和惯性导航(INS)的组合导航系统新技术，使得各系统以协同的方式在组合导航系统中工作，并最终获得准确度、精确度和可用性更好的导航系统。

组合导航的应用开始于 GPS 系统，其目的是为了综合各系统的优点，以得到性能更好的导航系统。理论上，也可以对其他系统进行组合。因此，本节中将讨论通用的组合策略，而不局限于特定的系统或特殊的约束条件。

前面的章节中仅仅讲述为了提高精度而如何利用卡尔曼滤波，下面首先指出两个系统的互补性，然后会提到不同的组合策略，并重点介绍松耦合与紧耦合的组成结构。

组合目标

两种导航系统组合的基本目标就是在两者协同工作的条件下，提高它们的组合定位性能。惯性导航系统和卫星导航系统的组合目标也一样，即要求组合导航系统能提供更加准确、精确、可靠和可持续的导航性能。换句话说，即使在有一个导航系统出现问题时，组合导航系统依然能维持一定的性能水平。

我们先了解一下卫星导航系统的一些性能上的缺陷。卫星导航系统的位置估计通常是由商用接收机根据测距结果获得的，而基于编码的测距包含有噪声，这使得位置的估计不够精确。此外，接收机要求至少有 4 颗卫星同时可见，而在某些情况下满足不了这个需求。

另一方面，对于惯性导航系统，其基本工作原理是航位推算，根据加速度计和地磁传感器得到瞬间的位置和方向，包含 6 个自由度。然而，由于传感器的原因，这些结果很容易出现偏差，商用的传感器在工作一段时间后会出现相对较大的偏差。虽然惯性导航系统在某一段时间内的定位精度会高于卫星导航系统，但其定位精度依然不够高。所以，对于惯性导航系统，短期的误差相对较小，但是很快它就会变得恶化，并且一直发散，需要外界的辅助才能使它维持一定的精度。在组合导航系统中，卫星导航系统与惯性导航系统组合将提高整体的定位性能。

我们已经知道，卫星导航中要求至少同时有 4 颗可见卫星才能实现定位。然而，有一些情况下，这个条件并不能满足。例如，在摩天大楼包围的城市峡谷地区，很难同时看到 4 颗卫星，并且其卫星分散性也很差，即获取不了较好的 GDOP 值。另一方面，考虑航天器转弯的情况，航天器尾部的导航天线仍然朝向天空的一角，这样就很难满足定位条件。更进一步，在赤道区域，由于快速变化的电离层密度，信号存在严重的闪烁。这将导致信号的强烈波动并引起频繁的失锁。

对于惯性导航系统，它具有被动定位和信息自给特性，因此对上述中断不敏感。这样，在上述情况下，可以很好地利用惯性导航系统的优势，使得组合导航系统在不损失很大精度的前提下能够持续提供较好的解决方案，甚至在动态性很强的载体上也能正常工作。

卫星导航接收机典型的定位频率为 1 Hz。除此之外，对于通用接收机，首次定位时间（TTFF）很长。在某些特定情况下，这个定位频率是不能满足要求的。在这种情况下，组合导航系统将利用组合策略来解决这一问题，即利用惯性导航系统的航位推算提供两次卫星导航之间的定位结果，从而能提供比卫星导航更高的定位频率。短期的惯性导航数据具有较高的精确度并且定位频率很高，它可以推断两次卫星定位之间的数据，而卫星导航系统可以给惯性导航提供长期的位置修正。虽然在中间时刻定位精度会有所降低，但这比起在综合定位性能的提升上来说，这种精度的损失是可以忽略的。

由此可见，卫星导航与惯性导航能够相互补偿，从而提高整体导航定位性能。

组合结构

组合系统的基本构成包括：导航接收机、惯性单元（包括提供线加速度和角加速度的加速度计与陀螺仪），以及一个处理运算的处理器。此处理器通常利用卡尔曼滤波来处理从其他两个单元获取的参数。

接收机可以作为一个完整的单元为组合系统提供定位解决方案，组合过程也可以在这个单元中执行，耦合的深度取决于组合的算法。对于惯性导航，即使在比较恶劣的环境下，合适精度的惯性传感器仍然可以作为组合导航系统的一部分进行工作。

我们可以使用扩展卡尔曼滤波来组合卫星以及惯性信息。根据所采用的组合策略不同，各系统单元之间的组合可以是独立的或不独立的。当组合数据来源于两个相互独立的单元时为独立组合，当组合数据来源的两个单元之间有共享信息时为非独立组合。因此，组合结构可以根据两个系统之间的关联程度进行划分。

目前已经存在一些标准的组合模式，通常的划分模式为（Petovello, 2003; Greenspan, 1996）：

- 非耦合组合
- 松耦合
- 紧耦合

在开始介绍不同的组合模式之前，我们先来回顾一下组合的元素，包括不同单元产生的信息，以及可以被组合利用的资源。

在卫星导航接收机中，产生位置信息的部分为导航处理器（NP）。导航处理器中的卡尔曼滤波器利用位置、速度、加速度、时钟偏差及漂移信息等作为状态变量，这些状态变量的输出均可被组合系统所用。滤波器通常使用伪距作为输入，但它也能将其他系统的状态变量作为输入，以得到更好的预测结果。

接收机的跟踪环路也是一种信息来源，从中可以得到接收机的动态信息。从外部源获得的速度估计可以辅助锁相环确定多普勒频移，进而更精确地跟踪信号。

除此之外，惯性导航系统的测量单元一般都带有估计设备，因此其估计值会被强制修改，从而可以纠正一些外部干扰的偏差，从而减小惯性导航的估计误差。

因此，惯性导航系统各组成单元以及通过原始的测量单元所生成的交换信息，包括加速度计和陀螺仪的输出及一些反馈信息等。卫星导航接收机的相关器、多普勒估计、内嵌卡尔曼滤波器的导航处理器等，都将参与组合。了解这些基本信息之后，下面将介绍各组合模式。

1. 非耦合模式。

在这种模式中，卫星导航接收机和惯性导航方程之间相互独立，组合处理器仅仅整合各自得到的定位信息，组合的过程就是基于卡尔曼滤波的一种数据融合。导航处理器中，基于卡尔曼滤波的预测置信度以及惯性导航提供的测量误差组成了滤波器所需的误差协方差。从之前讨论的卡尔曼滤波理论中得知，滤波得到的后验预测误差协方差比单个系统的要好，并且在收敛之前它会一直减小。这是最简单的一种组合模式。此外，组合具有一定程度的容错能力，每个功能单元相互独立，彼此透明，这样即使其中一个单元不工作，组合系统仍可依靠另一功能单元继续工作。然而，当其中一个单元不能工作后，组合系统的性能与另外一个系统的性能相同。

2. 松耦合模式。

在这种组合模式中，卫星导航接收机与惯性导航单元仍然各自独立地预测位置，但是其数据在组合处理器中进行组合，并且处理器输出的信息又反馈给单个的定位单元进行误差的修正。

我们知道，惯性传感器在工作一段时间后，很容易出现偏差，所以惯性单元会同时附带一些设备。通过这些设备，由航位推算得到的位置和速度值可以得到校准。因此，组合系统同样可通过使用这些设备来修正惯性导航系统的偏差，从而提高整体定位性能。

通过前面的讨论可知，对于不同的导航接收机，数据反馈路径却是类似的。卫星导航接收机能够预测信号多普勒频移，并在接收机的环路中将其消除，对于组合系统而言，组合导航处理器输出的位置和速度的反馈信息也可以对这一处理操作进行更进一步的辅助。此外，在卫星导航接收机中的卡尔曼滤波器拥有加速度、位置和速度等状态量，而测量值仅仅是伪距，最后通过非线性观测方程求出状态值。在组合系统中，由组合处理器得到的位置、速度和加速度可以单独作为测量值在卡尔曼滤波器中进行测量更新。由导航处理器中的卡尔曼滤波器得到的定位结果，可通过组合结果进行反馈，并最终得到更好的结果，这反过来又改善了组合系统中的状态估计精度。

需要再次强调的是，在松耦合模式中，反馈信息是从组合处理器反馈到单个的系统中的，参与融合的系统之间并不存在接口。类似于非耦合模式，在松耦合模式中，每个系统独立工作，从而整体结构具有很强的鲁棒性。因此，惯性导航和卫星导航系统独立工作，即使在某个系统不能工作时，组合系统也能持续地提供定位结果。

3. 紧耦合模式。

在紧耦合模式中，两个系统的功能单元并不是作为两个系统独立工作，而是作为组合系统的一部分。每个系统产生的测量值都将作为组合系统的输入，并最终产生一个定位结果。

在这种模式中，反馈路径是从惯性导航的加速度传感器到卫星导航接收机的跟踪环路。在很短的时间内，惯性导航能提供比卫星导航更高精度的速度信息，因此能够进行更好的多普勒修正。此外，卫星导航的估计结果也可以用来减小惯性导航的偏差。即使在较高更新率的情况下，组合处理器中的其他依赖关系也可以减小随机噪声，从而提高系统精度。

这种组合模式可有效地提高接收机的动态范围。当惯性导航的速度反馈到接收机的跟踪环路时，速度的变化量将得到补偿，从而可以减小跟踪环路的带宽要求，这反过来又减小了噪声的输入。然而，与其他两种模式不同，此时两个系统作为一个整体进行工作，任何一个系统失效时，组合系统也将失效。

需要指出的是，在后面两种组合模式中，导航接收机的跟踪环路通常是由卡尔曼滤波器实现的，这使得系统即使在很大跟踪噪声的环境下也能很好地工作。在测量更新过程中，组合系统的反馈作为一个额外的输入，加快了收敛过程并提高了系统性能，从而使系统协同工作。

图9.5 显示了惯性导航和卫星导航组合系统中的不同配置情况，它们是针对各系统的反馈回路而言的。

最后总结一下这一节关于卡尔曼滤波的内容。由于滤波器的自身特性以及自适应的设计，卡尔曼滤波器在卫星导航中应用非常广泛。尽管只在接收机这一层面进行了讨论，其在导航系统的其他部分同样得到了广泛的应用。

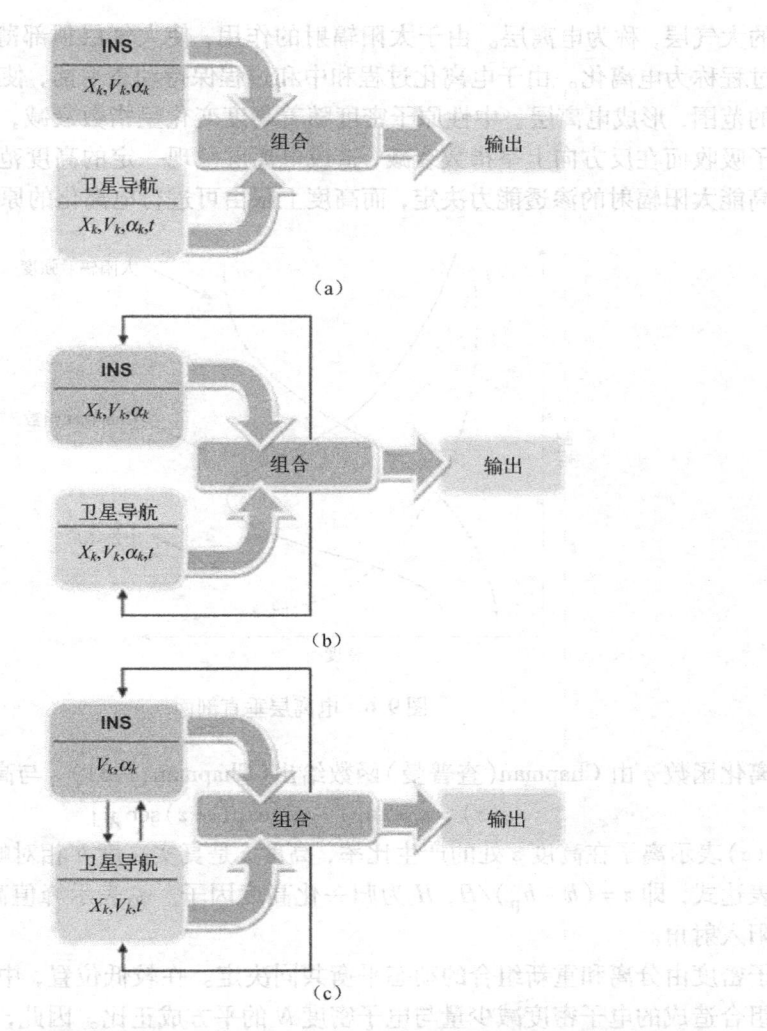

图 9.5 组合系统结构示意图。(a)非耦合模式;(b)松耦合模式;(c)紧耦合模式

9.2 电离层

电离层是影响卫星导航系统的主要因素之一。在卫星导航系统中,用户是通过计算与卫星之间的距离来解算自身位置的,而其距离值可根据信号的传输时间得到。在第7章中我们知道,电离层会使空间中传输的无线电信号产生时延。因此,本节将对电离层的结构和其主要特性进行说明。由于电离层对卫星导航应用产生较大影响,尤其是对某些特殊的用户,掌握其在通用环境下的自然特性具有普适意义。

9.2.1 电离层的基本结构

在距离地表 50 km 以上的大气层中,中性分子密度非常低,且随着高度的增加进一步减小。太阳辐射将造成气体分子电离,变成带电离子和自由电子。由于粒子密度较小,电离出的离子在中和消失前存在的时间较长,这样在距地表 50~1000 km 的范围内就形成了包含自然离子的大气层,称为电离层。由于太阳辐射的作用,使大气层顶部薄层光分解成电子-离子对的过程称为电离化。由于电离化过程和中和过程保持动态平衡,使电子和离子密度有大致稳定的范围,形成电离层。中性原子密度随着高度变化呈指数衰减,而太阳辐射强度因被中性离子吸收而在反方向上呈指数衰减,造成电离层呈现一定的高度范围(见图9.6)。高度下限由高能太阳辐射的渗透能力决定,而高度上限由可进行电离化的原子数量决定。

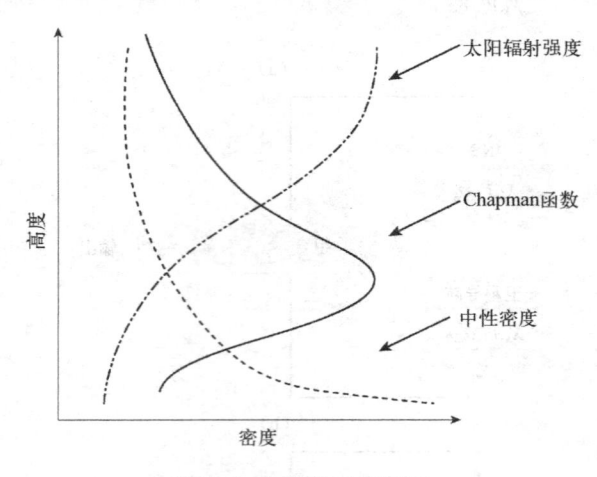

图 9.6 电离层垂直剖面

电离化函数 q 由 Chapman(查普曼)函数给出(Chapman,1931),与高度 z 的关系为

$$q(z) = q_0 \exp[1 - z - \exp(-z)\sec\chi] \tag{9.26}$$

其中,$q(z)$ 表示离子在高度 z 处的产生比率,高度 z 是真实高度 h 相对峰值高度 h_p 进行归一化后的表达式,即 $z = (h - h_p)/H$,H 为归一化高度因子。q_0 表示峰值高度处的离子比率,χ 表示太阳入射角。

电子密度由分离和重新组合的动态平衡共同决定。在较低位置,中性微粒含量较高,由于重新组合造成的电子密度减少量与电子密度 N 的平方成正比。因此,若 α 为电子生成和减少动态平衡时的比例常数,则有

$$q(z) = \alpha N^2$$
$$\text{或} \quad N(z) = \sqrt{q(z)/\alpha} \tag{9.27a}$$

在高度较高的位置,由于重新组合造成的电子密度减少量与电子密度成线性关系。若 β 为电子生成和减少动态平衡时的比例常数,则有

$$q(z) = \beta N$$
$$\text{或} \quad N(z) = q(z)/\beta \tag{9.27b}$$

在其他中间高度的位置,电子密度减少量与电子密度的关系介于线性关系和平方关系之间,动态平衡时的电子密度也相应地变化(Rishbeth and Garriott,1969)。电离层剖面随高度的变化如图9.6所示。电子密度在高度350 km处达到峰值,该峰值高度和电离化率峰值随太阳入射角 χ 变化。然而,由于太阳辐射不是固定值,地球也在自转,电子密度在空间和时间上变化。电离层等离子体的分布和动态特性受中性大气、太阳辐射、光电离作用、电导率和风等综合因素的影响,并与地磁场相互作用。

电离层在垂直方向上根据电子的组成和结构分为多层。底层部分由太阳辐射的高穿透部分电离产生，例如 X 射线；而高层部分主要由太阳辐射中的紫外线等部分电离而成（Klobuchar，1996）。根据早期的地基无线电探测结果，电离层被分为 D 层、E 层、F1 层和 F2 层。电子密度峰值位于 F 层，即 400~600 km 之间。典型的峰值附近电子密度约为 $10^{12}/m^3$，该值随时间、季节、太阳活动周期等因素变化。在峰值以上，电子密度随高度增加单调递减。在峰值高度以下的部分，昼夜变化较大，D 层和 E 层在夜间消失，而 F1 层和 F2 层共同形成 F 层。

综上，电离层随着时间和空间发生较大变化，全球电离层分布可分为三个典型区域：

1. 赤道区域：地磁赤道两侧 25°的范围内
2. 中纬度区域：25°到 60°的两个纬度范围内
3. 高纬度区域：65°纬度到地极的两个纬度范围内

不同电离层区域具有不同的特性，且都对无线电信号传输造成影响。考虑到部分与导航相关的重要事件发生在赤道区域，下面对赤道区域电离层及其相关异常现象进行讨论。

9.2.2 赤道区域电离层

赤道电离层区域范围为地磁赤道和 25°地磁纬度之间的区域，其电离层活动较活跃。该区域离子生成率最高，太阳磁暴较容易发生。另外，该区域对影响带电粒子运动的地磁条件变化非常敏感。除了严重的无规律性，赤道地区电离层的突出特点是容易产生异常现象，异常会对信号造成较大且易变的延迟。此外，赤道扩展 F 现象对传播的无线电信号造成严重的闪烁影响。这些现象都会对该区域传输的导航信号造成影响，下面将分别进行讨论。

9.2.2.1 赤道电离层异常

已电离的分子，如电子和离子，以等离子体形式在电离层中共存。电子密度的电离层垂直剖面由太阳能流动产生，在太阳能流动的垂直位置形成较高密度的电子密度，即零太阳天顶角。对于赤道电离层，特别是当太阳垂直于该地区的春分期间，会观察到异常现象，赤道位置出现电子密度波谷，同时在低纬度位置出现电子密度的相应提升。这是由于等离子体由地磁赤道移动到北纬或南纬 20°左右的位置，称为赤道电离化异常（EIA）。这是由 Appleton 首先发现的赤道电离层电子密度分布的中午 F 区损耗和 ±15°倾角峰值现象（Appleton，1946）。Mitra(1946) 首先对该现象进行了解释，把异常现象归根于等离子体在磁力线的作用下从赤道向两极的扩散运动。后来，Martyn(1947) 提出了赤道垂直漂移理论，把异常归结于垂直漂移和扩散的共同作用。这种等离子体运动的一般过程已被证实是由离子体垂直漂移和向高纬度地区扩散运动造成的。虽然对这种变化现象我们已有所了解，但目前仍未能对该过程进行明确的函数化。

赤道电离化异常受一系列复杂的大气过程的相互作用影响，在本地时间、经度、季节等不同因素中表现出相当大的变化特性。它是等离子体作用在粒子上的洛伦兹力激发的垂直漂移造成的，该作用力是由于带电粒子在中性风的辅助作用下受北向水平磁场作用而产生的。离子和电子在向上的方向移动时没有净电流产生，这种漂移使带电等离子体运动到较高的位置处，同时使等离子体从赤道向地极移动。等离子体在重力辅助的扩散作用下，沿磁场移动，移向较高纬度地区。在因漂移造成的垂直提升和扩散的共同作用下，使等离子体呈现喷泉般形状,因此称为"喷泉效应"。通过赤道区域电子的移动达到对电子密度的重新分配,使其产生低谷,并将其移向15°~20°的较高纬度地区。该过程将导致赤道异常出现(见图9.7)。

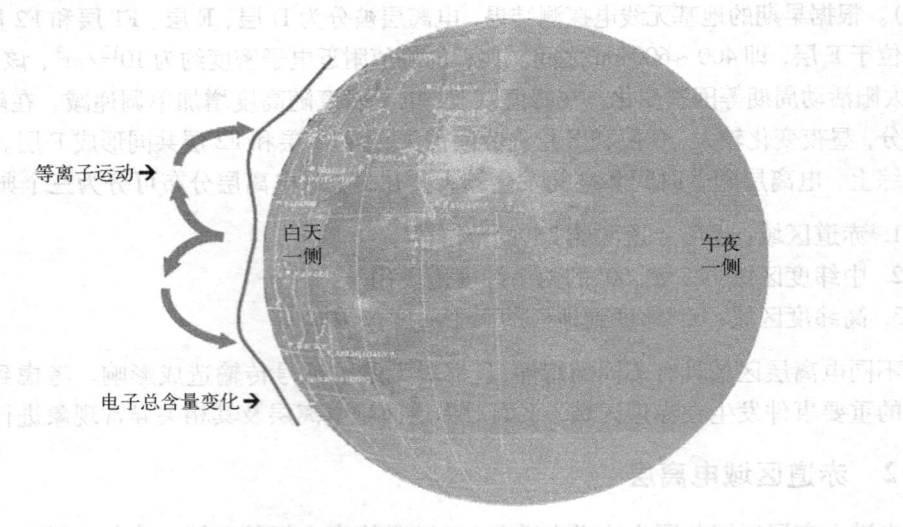

图9.7 等离子体喷泉效应和赤道异常

赤道电离层异常呈现日变化特性,也随季节和太阳活动等变化。日变化特性导致赤道异常的范围和强度不同。这种变化的幅度取决于地磁和太阳参数,以及等离子体运动过程受影响的程度。

9.2.2.2 赤道扩展F

赤道扩展F(Equatorial spread F,ESF)是指赤道电离层垂直剖面在日落之后发生形变的地理自然现象。在该区域,大量垂直等离子体的密度陡增,引起等离子体的不稳定性。该异常现象的持续时间从数秒到数小时,覆盖从几厘米到几十千米的区域。

日落后,使电离层在垂直方向保持动态平衡的过程结束,电子密度因此出现不稳定性,继而发生重构现象,等离子体在空间重力的随机作用下下降,随机作用间的作用范围会相差数个数量级。这种现象称为赤道扩展F现象,造成F区较高的电子密度随机并突发地渗透到和其相邻的低密度区域,如图9.8所示。用"扩展F"进行描述是因为通过地基观测发现,在异常发生时,F区的高度发生了扩展。

该现象中的一个显著特征是在小范围内发生了等离子体损耗,称为电离层气泡,并在相对较高的电子密度区域中出现低且陡峭的电子密度区域。

图9.8 赤道扩展F

F区出现的等离子体不规则现象,对包括导航系统在内的依靠空间传播的系统的性能和可靠性构成威胁,甚至造成卫星信号的中断。使得在媒质中传输的无线电波受到随机的、区域性的电子密度剧变的影响,从而出现闪烁现象,例如会造成无线电波信号的幅度和相位发生波动。

闪烁现象通常发生在日落和午夜之间。在赤道异常峰附近发生的闪烁强度较大,同时该处的垂直电子密度陡度最大。虽然并非在春分月份的每天都出现异常,但该时期是异常最易发生的时期(Acharya et al., 2007)。

电子密度随着区域和时间以不可预知的方式重新分布，不仅会对导航信号产生延迟，同时使原来确定的电离层模型不太适用。所以，在这些区域使用电离层模型对卫星导航信号延迟进行补偿，其效果不佳。另外，剧烈闪烁导致接收机对导航信号失锁，甚至在良性条件下也会导致接收到的信号功率降低。

9.2.3 电离层模型

本节的主要目的是分析电离层对导航的影响，我们将把分析的重点放在对导航系统产生直接影响的电离层特征上，因此只分析对导航系统构成影响的电离层模型特征。

一般情况下，电离层模型可分为两大类：理论模型和经验或半经验模型。理论模型利用电子密度成因与分布的物理特性获得模型的输出，这类模型通常通过分析中性粒子的光化学反应、漂移、扩散等物理过程进行推导。

另一方面，经验模型避免了理论认识的不确定性，通过对真实数据进行处理获得电离层电子密度的变化特性。由于其具有经验特性，使用真实数据来获取电离层模型足够可靠。此外，还有一些对实时电离层 TEC 进行估计的算法，它们是模型的改进形式。

根据模型的适用性，可分为全球模型和区域模型。区域模型满足于特定条件的区域，受区域条件的限制。

虽然不同类型的模型都具有各自的优缺点，但与应用于导航的初衷并无关联。除了控制段的需求以外，导航应用对电离层的需求主要在计算资源和容量都很有限的接收端。对于导航接收机，需要输入少、复杂度低，但估计准确度高的电离层模型。下面对部分适用于导航的全球模型的主要特征进行分析，适用范围较广的理论电离层模型如下（AIAA，1998）：

- 时间相关电离层模型（TDIM）
- 热电离层-电离层-等离子层耦合模型（CTIP）
- 全球电离层理论模型（GTIM）
- 谢菲尔德大学等离子层-电离层模型（SUPIM）

上述模型把空间电子密度作为地区和时间的函数，其典型的输入是中性密度、温度和风。有些模型除了漂移模式、电子能量模型、中性风和离子温度以外，还把太阳活动作为模型的输入。模型方程将综合考虑漂移、扩散等因素，部分模型把电离层和等离子层耦合后再进行求解。

9.2.3.1 参数化电离层模型

在经验模型中，参数化电离层模型是一种常用的全球电离层模型。在该模型中，根据太阳活动、地磁活动和季节等情况，对 TDIM 和 GTIM 等理论电离层模型的输出进行参数化。模型所需的用户输入信息有位置、时间、太阳和地球物理条件等，输出为经验正交函数的线性组合，表征了离子密度的分布图。然而，因其使用模型输出的数据进行建模，在电磁风暴等电离层扰动情况下并不能对电离层进行精确的建模。

9.2.3.2 国际参考电离层模型

国际参考电离层（IRI）是一个在时间和空间上提供电子密度分布等参数的经验电离层模

型。该模型由国际空间研究委员会(COSPAR)和国际无线电科学联盟(URSI)建立，模型参数依赖火箭和卫星数据。模型使用非相干散射数据，用于提高低纬度地区的性能。模型使用相应的函数对电子密度进行描述，采用全球地图作为某些参数的输入。这些参数也可以由用户指定。

9.2.3.3 NeQuick 模型

NeQuick 是利用太阳参数对电离层电子密度进行估计的另一个电离层经验模型，因此也可用来估计延迟或电子总含量。这是一个四维电离层电子密度模型，把电离层电子密度看成位置和时间的函数，可用来计算任意路径上的总电离层延迟(TEC 或 STEC)。

该模型的输入参数包括位置参数(经度、纬度、高度)、时间参数以及以 F10.7 或者 R12 描述的太阳活动参数。另外，可用位置的经验函数、有效电离化水平代替太阳辐射通量。

9.2.3.4 Klobuchar 模型

Klobuchar 模型(Klobuchar, 1987)是电离层 TEC 的全球参数模型，并已应用于导航中。在此模型中，TEC 被表征为预设参数的三角余弦的形式，模型是一个参数化模型，可得到指定本地时间 t 下的电离层延迟 δ，

$$\delta(t) = \begin{cases} a + b\cos\left(\dfrac{t-c}{d}\right), & \left|\dfrac{t-c}{d}\right| < \dfrac{\pi}{2} \\ a, & \left|\dfrac{t-c}{d}\right| \geq \dfrac{\pi}{2} \end{cases}$$

其中，系数 $a = 5 \times 10^{-9}$，$c = 50400$ 分别表示夜间值的垂直延迟常数和极点的地方时；参数 b 和 d 与位置有关，其值可由特定位置地磁纬度计算。夜间的 TEC 值被表征为一常数。TEC 值的每日变化情况如图 9.9 所示。练习 9.3 为 Klobuchar 模型估计的 MATLAB 程序使用方法。

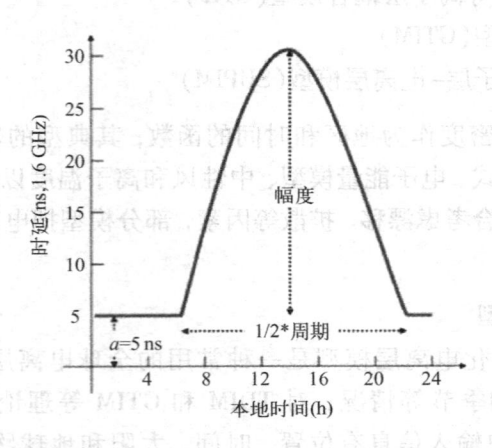

图 9.9 Klobuchar 模型电离层延迟变化

练习 9.3 Klobuchar 估计

运行 MATLAB 程序文件 klobuchar.m，可得到指定位置的电离层延迟 klobuchar 估计值。

观察垂向延迟幅度随时间的变化和变化的半周期宽度，其幅度和宽度随着位置而变化，如图 M9.3 所示。

改变程序中的纬度和经度，观察输出的变化。

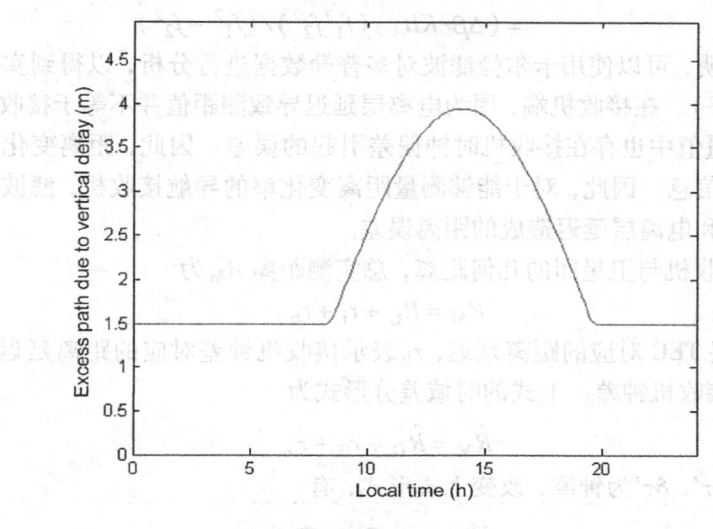

图 M9.3 垂直电离层延迟

9.2.4 其他电离层估计方法

双频接收机可以直接使用双频信号的相对时间延迟来估计电离层 TEC。该方法已在第 7 章导航测距相关误差修正中进行了详细讨论。估计电离层 TEC 的另一方法是利用信号极化的法拉第旋转或者多普勒方法。

TEC 也可由磁场存在条件下自由电子对信号极化的影响效果进行估计。在地磁场和信号电磁的相互作用下，卫星无线电信号的极化方向会发生旋转，等离子体中的自由电子对旋转起促进作用，其与电子密度 N_e、磁场 B 和总传播路径正相关。因此，总的旋转程度与电子密度在传播路径上的积分 TEC 成正比。频率为 f 的信号在通过长度为 dl、电子密度为 N_e 的路径时的旋转量为

$$d\beta = K/f^2 N_e B_\parallel dl \tag{9.29a}$$

其中，$B_\parallel$ 为地球磁场与信号传输平行方向的分量，$B_\parallel$ 和 N_e 沿传输路径发生变化，总旋转量为

$$\int d\beta = K/f^2 \int N_e B_\parallel dl \tag{9.29b}$$

总的旋转量通过接收信号极化与卫星信号传输信号进行比较得到。如果限制测量路径上 $B_\parallel$ 为恒定值，则

$$\beta = (KB_\parallel/f^2) \int N_e dl \tag{9.29c}$$

$$\beta = (KB_\parallel/f^2) \text{TEC} \tag{9.29d}$$

因此，该旋转本质上是离散的。与 TEC 测距估计方法类似，如果两个不同频率的信号以相同

的极化方式传输，则 TEC 可以由接收机中的接收极化角的差值得到。因此，如果 $\Delta\beta$ 是频率 f_1 和 f_2 信号的接收极化偏差，则

$$\begin{aligned}\text{TEC} &= \Delta\beta / [KB_\parallel (1/f_1^2 - 1/f_2^2)] \\ &= (\Delta\beta / KB_\parallel)(f_1^2 f_2^2)/(f_1^2 - f_2^2)\end{aligned} \quad (9.30)$$

最近的研究表明，可以使用卡尔曼滤波对多普勒数据进行分析，以得到实时相对电离层延迟（Acharya，2013）。在接收机端，因为电离层延迟导致测距值并不等于接收机至卫星的几何距离，同时，测量值中也存在接收机时钟偏差引起的误差。因此，距离变化率包含差分电离层延迟和钟漂等信息。因此，对于能够测量距离变化率的导航接收机，滤波器基本上可以分离出由时钟偏移和电离层延迟造成的距离误差。

其中，R_G 为接收机与卫星间的几何距离，总实测距离 R_M 为

$$R_M = R_G + r_i + r_b \quad (9.31)$$

其中，r_i 表示电离层 TEC 对应的距离延迟，r_b 表示接收机钟差对应的距离延迟，通常表示为 $c \times \delta\tau$，其中 $\delta\tau$ 为接收机钟差。上式的时域差分形式为

$$\dot{R}_M = \dot{R}_G + \dot{r}_i + \dot{r}_b \quad (9.32\text{a})$$

其中，$\dot{r}_b$ 等于 $c \times \delta\tau'$，$\delta\tau'$ 为钟漂，改变上式形式，有

$$\dot{r}_i + \dot{r}_b = \dot{R}_M - \dot{R}_G \quad (9.32\text{b})$$

因此，测距值与空间几何距离的差值变化率等于电离层延迟率和钟差变化率的总和，它们都可以转换为对应的附加路径变化率。利用这个关系，电离层延迟可通过两个卡尔曼滤波器进行估计。

如图 9.10 所示，两个卡尔曼滤波器 KF1 和 KF2 组成闭合环路，测量误差 R_M 作为滤波器的输入。KF1 用于接收机精确位置估计，给定近似的电离层修正初始值，可获得较精确的接收机位置，初始值也可由电离层经验模型提供。

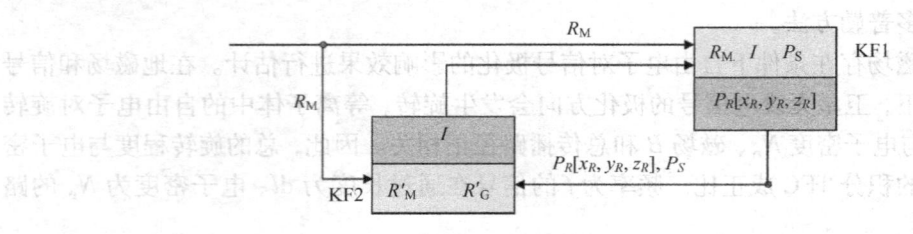

图 9.10 用于 TEC 估计的卡尔曼滤波器结构

电离层延迟 r_i 对应的距离误差和一阶导数 $\dot{r}_i$ 为 KF2 的两个状态变量，另一状态变量为 $\dot{r}_b$，为钟漂对应的距离误差值，则 KF2 的状态向量为

$$\boldsymbol{S} = [r_i \quad \dot{r}_i \quad \dot{r}_b]^T \quad (9.33)$$

在给定初始假设值和误差方差后，滤波器状态随测量值更新而更新，测量方程为

$$\dot{R}_M - \dot{R}_G = \dot{r}_i + \dot{r}_b + v$$

或

$$z = [0 \quad 1 \quad 1]\boldsymbol{S} + v$$

$$z = \boldsymbol{HS} + v \quad (9.34)$$

其中，$z=(\dot{R}_M-\dot{R}_G)$ 和 v 是互不相关的零均值噪声，用于更新测量值。接收机位置作为 KF1 的输出，用于求解欧氏空间距离 R_G。由测量距离 R_M 和几何距离 R_G 得到各自的数值差分形式 $\dot{R}_M$ 和 $\dot{R}_G$，两者的差值 $z=(\dot{R}_M-\dot{R}_G)$ 作为状态更新时式(9.34)的输入。KF1 输入中包含测量误差、卫星位置误差和初始位置估计误差等，在 KF2 中这些误差被消除，同时对误差协方差进行更新。

卡尔曼滤波器也对 r_i 值和 S 中的其他状态进行估计，状态转移矩阵为

$$\Phi = \begin{pmatrix} 0 & \mathrm{d}t & 0 \\ 0 & 1 & 0 \\ 0 & 0 & 1 \end{pmatrix} \quad (9.35)$$

卡尔曼滤波器更新时的系统方程为

$$S_{k+1} = \varphi S_k^+ + u \quad (9.36)$$

其中，φ 为状态转移矩阵，u 为服从 $N(0,Q)$ 分布的系统噪声。误差方差同时被更新，状态转移过程由式(9.4)和式(9.5)决定。

下一状态时刻 τ_{k+1} 的状态估计值为 S_{k+1}。在位置估计过程中，$r_i|_{k+1}$ 作为电离层修正时 KF1 的反馈。所以，随着两个卡尔曼滤波器的持续相互作用，在滤波器收敛时输出估计值。

滤波器结果对 KF2 中状态 r_i 的初始值非常敏感，绝对延迟值随着时间恶化。但通过对算法的初始值进行定期修正，可获得较高的延迟准确度。所以，当双频接收机中一个频率信号出现间断的失锁时，该方法在无直接电离层估计信息时仍可提供较准确的电离层估计值。

其他状态变量值和对应的误差方差的初始化也很重要，因为它们将影响滤波器的收敛时间和准确性。这两种状态的初始化值的误差方差可能较大，但该方法对较大的输入误差不敏感。电离层较大的空间相关性使得产生的误差可忽略不计。此外，位置偏移误差的影响在连续差分的过程中几乎全部去除。所以，除非发生较大的偏差，滤波器都能输出准确的结果。

思考题

1. 假设一个状态量的先验估计中包含噪声，而状态本身的测量参数也包含噪声。假定这两个噪声是正交的，且噪声幅度是对应的协方差的平方根。在这种情况下，验证几何矢量的最优估计的表达式与测量更新的输出相吻合。
2. 在卡尔曼滤波器中，当噪声协方差的真值比假设值大时，会发生什么？
3. 当测量值 z_{k+1} 不可用时，会对 X_{k+1} 的估计产生什么影响？且随着时间的累积将会如何变化？
4. 对于提高系统的灵敏度而言，用于电离层 TEC 估计的两个频率值是越相近越好，还是越相离越好？
5. 推导由本地高度峰值归一化后的电离化率生成函数表达式。

参考文献

Acharya, R., 2013. Doppler utilized kalman estimation (DUKE) of ionosphere. Advances in Space Research 51 (11), 2171−2180.

Acharya, R., Nagori, N., Jain, N., Sunda, S., Regar, S., Sivaraman, M.R., Bandyopadhyay, K., 2007. Ionospheric studies for the implementation of GAGAN. Indian Journal of Radio and Space Physics 36 (5), 394−404.

AIAA, 1998. Guide to Reference and Standard Ionospheric models. ANSI/AIAA, Washington, DC, USA. G-034.

Appleton, E.V., 1946. Two anomalies in the ionosphere. Nature 157, 691.

Chapman, S., 1931. The absorption and dissociative or ionizing effect of monochromatic radiation in an atmosphere on a rotating earth. Proceedings of the Physical Society of London 43 (26), 484.

Farrell, J.A., 2008. Aided Navigation: With High Rate Sensors. McGraw-Hill Publications, New York, USA.

Godha, S., 2006. Performance Evaluation of Low Cost MEMS-Based IMU Integrated with GPS for Land Vehicle Navigation Application (M.Sc. thesis), UCGE Report No. 20239, Department of Geomatics Engineering, University of Calgary, Canada.

Greenspan, R.L., 1996. GPS and inertial integration. In: Parkinson, B.W., Spilker Jr., J.J. (Eds.), Global Positioning Systems, Theory and Applications, vol. II. AIAA, Washington, DC, USA.

Grewal, M.S., Andrews, A.P., 2001. Kalman Filtering: Theory and Practice Using Matlab. John Wiley and Sons, New York, USA.

Grewal, M.S., Weill, L., Andrews, A.P., 2001. Global Positioning Systems, Inertial Navigation and Integration. John Wiley and Sons, New York, USA.

Klobuchar, J.A., 1987. Ionospheric time-delay algorithm for single-frequency GPS users. IEEE Transactions on Aerospace and Electronic Systems AES-23 (3), 325−331.

Klobuchar, J.A., 1996. Ionospheric effects on GPS. In: Parkinson, B.W., Spilker Jr., J.J. (Eds.), Global Positioning Systems, Theory and Applications, vol. I. AIAA, Washington, DC, USA.

Martyn, D.F., 1947. Atmospheric tides in the ionosphere − I: solar tides in the F2 region. In: Proceedings of Royal Society of London, A189, pp. 241−260.

Maybeck, P., 1982. Stochastic Models, Estimation and Control, vols 1&2. Academic Press, USA.

Mitra, S.K., 1946. Geomagnetic control of region F2 of the ionosphere. Nature 158, 668−669.

Petovello, M., 2003. Real-Time Integration of a Tactical-Grade IMU and GPS for High Accuracy Positioning and Navigation (Ph.D. thesis), UCGE Report No. 20173, Department of Geomatics Engineering, University of Calgary, Canada.

Risbeth, H., Garriot, O.K., 1969. Introduction to Ionospheric Physics. Academic Press, USA.

Strang, G., 1988. Linear Algebra and its Applications, Harcourt, Brace, Jovanovich. Publishers, San Diego, USA.

第10章 应 用

摘要

第10章重点介绍卫星导航的应用，也就是用户如何应用导航系统所提供的位置信息。任何技术只有转化为实际应用才会具有真正的意义，因此本章尽可能使读者了解卫星导航的广泛应用，以及在这一领域已取得的相关成果。本章并不局限于关注某些特定应用，而是介绍卫星导航系统在当前情况下的总体应用情况及未来的潜在应用，并探讨它如何满足个人、社会和科学界的需求。此外，本章最后还描述了一些特定应用的相关技术细节。

关键词

air traffic control 空中交通管制
child tracking 儿童跟踪
disaster management 灾难控制
earthquake prediction 地震预测
Geodesy 大地测量
GNSS applications GNSS 应用
ionospheric tomography 电离层层析扫描
location-based services 基于位置的服务

precise landing 精密进近
road navigation 道路导航
spacecraft attitude determination 航天器姿态确定
survey 测量
time transfer 时间传递
vehicle tracking 车辆跟踪

10.1 概述

导航服务主要包括位置与时间信息。但对用户而言，这些信息是如何被有效利用的呢？对于任意一项服务，只有用于某些应用时才是有意义的，同样也正是由这些应用来评判相应服务的性能，对于卫星导航服务同样如此。早在19世纪末，当人们利用来自海岸的信号将天文钟信息传送到邻近海岸的船上时，就开始了基于无线电信号的导航技术的研究。然而，直到卫星导航系统的出现，导航服务才真正地实现全球化。

10.1.1 相对于其他导航系统的优势

与其他形式的导航一样，通过卫星导航系统获得的位置、速度和时间信息能够有效地被各类应用所使用。但是，相比于其他形式的导航，卫星导航系统有着鲜明的特点，从而使得卫星导航系统的服务具有相对显著的优势。在此，我们对卫星导航系统的主要特点进行简要的概括。

10.1.1.1 基于信息的信号结构

卫星导航接收机只需要通过信号就能获得定位所需的全部信息。我们在第 4 章中了解到，通过使用一个三层的信号结构，可同时解决多个关键问题，比如信息播发、传输时间，以及距离估计和信号加密等。信息与信号合并不仅能为参考点位置解算提供数据，还可以辅助接收机进行误差修正、状态信息播发，或者启动其他相关应用，例如地质灾害告警信息等。

10.1.1.2 卫星完好性信息

第 2 章讲到，在卫星导航系统中，由地面系统负责持续跟踪记录卫星的状态以及卫星信号，从而可以通过消息的形式发送信号或星座系统的异常信息。因此，卫星导航系统允许一系列有用信息的播发，包括自身的可靠性指标，以及所播发信号的主要参数等。相比于其他系统而言，这是卫星导航系统的额外优势，用户可以基于获得的上述完好性信息，选择使用或放弃某颗卫星的数据，进而提高定位的可用性。

10.1.1.3 信号的传播特性

卫星信号在卫星和地球之间的介质中传播时将受介质的影响，通过对时间和幅度信息的分析，可以有效获得介质的某些特性，因此卫星导航提供了一种通过对接收信号的分析来反演推导信号传播特性的方法。

10.2 应用概述

纵观全球，卫星导航已逐渐成为人类日常生活的一部分，它不仅用于个人导航，例如给汽车和移动电话提供位置等，而且也用于工业领域，例如给能源分布网络或银行系统提供时间和频率同步服务。此外，它的应用还包括交通、通信、土地勘察、农业、科学研究、旅游业等。

美国的全球定位系统（GPS）有效地展示了卫星导航系统的优势，并把它推广到全球范围。尽管最初将导航产品推向社会和战略应用的是其前身系统，例如 Transit 和 Timation 系统，但能够在全球范围内提供免费导航服务应该归功于 GPS 系统。GPS 的应用范围自其成立之初便一直持续扩展，新的应用不断被开发，覆盖世界的各行各业和生活的方方面面。因此，在讨论卫星导航的应用时，我们必须首先认识到 GPS 的权威性和影响力。伴随着其他系统的运行（GLONASS，Glileo，北斗等），相关的各类应用不断剧增。

本节将简要介绍导航系统当前总体的应用现状，我们将从系统的使用及其重要性和有用性等多个方面进行阐述。

10.2.1 应用的体系结构

在进行详细描述之前，我们首先介绍一种通用的应用体系结构，并说明如何将不同来源的信息与位置数据进行同化，从而进一步得到每一个应用所需的资源和基础设施。在这些应用中有两个主要的架构类型——独立架构和扩展架构，下面我们将分别进行描述。

10.2.1.1 独立架构

在一些典型的导航应用中，通常只需要一个普通的导航接收机，配备简单的实用程序即可。实用程序所需的更多信息可以通过相关数据的预加载或者通过组合设备增强来得到，判断这类架构的准则为：用于此类应用的所有资源都是本地的，不需要通信来获得外部的远程数据。

由导航接收机获得的定位结果与辅助的增强信息与相应的实用软件相结合，生成可被人们使用的信息，由此产生的增值信息最终由用户通过适当的图形用户界面(GUI)来显示。

图 10.1 描述了这类应用的原理。

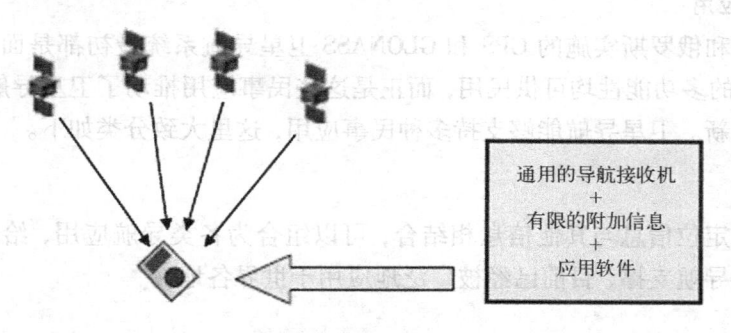

图 10.1　全球定位系统的独立架构应用示意图

10.2.1.2　扩展架构

在另一类卫星导航应用中，一般需要通过通信链路获取辅助数据来进行增强。

这类应用通常从接收机处获得位置解，然后与一个类似于服务器的集中式信息参考站进行数据的交互，以完成最终的目标。数据通信可以根据具体应用采用卫星链路或全球移动通信系统(GSM)等陆基无线通信系统。由此可见，这类应用需要导航与通信协同工作。

信息参考站提供的信息包括地理信息、气象、遥感等相关数据，既可以扩大应用的范围，还可以提升服务的质量。最后的处理既可以在集中式服务器上完成，也可以在用户的接收机上完成，处理结果可通过相应的图形用户界面(见图 10.2)显示给用户。

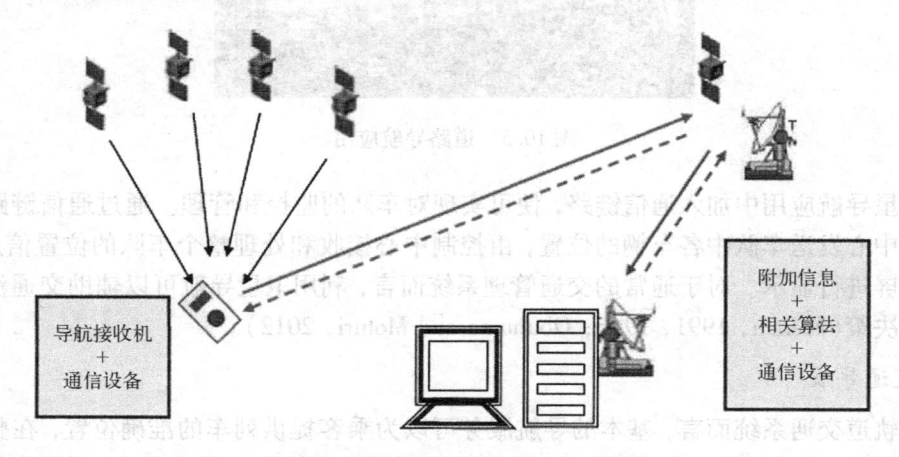

图 10.2　扩展应用的基本结构

10.2.2 应用一览

自上世纪 90 年代以来，导航应用在全球范围内已经非常受欢迎，通过具体的应用就能够看出全球卫星导航系统的普及性。下面对目前已得到广泛使用的一些典型应用进行简要介绍，受篇幅限制，不对具体的技术细节进行展开。

10.2.2.1 民事应用

分别由美国和俄罗斯实施的 GPS 和 GLONASS 卫星导航系统最初都是面向军事应用的。但实际上，系统的多功能性均可供民用，而正是这些民事应用推动了卫星导航系统的发展以及技术的不断创新。卫星导航能够支持多种民事应用，这里大致分类如下。

交通应用

将卫星导航定位信息与其他信息相结合，可以组合为各类导航应用，给道路、水上、空中各种载体提供导航支撑，目前已经被广泛地应用于世界各地。

① 道路导航

卫星导航已成为现代地面道路交通系统的主要选择。除了能够在电子地图上实时显示个人位置并对其轨迹进行跟踪，它还可以帮助驾驶者找到去其目的地的最方便、最经济或最快捷的路线，或给商用车辆提供最佳路线。这些都是通过匹配地图与定位结果来完成的，可能已成为大家最熟悉的卫星导航应用（见图 10.3）。

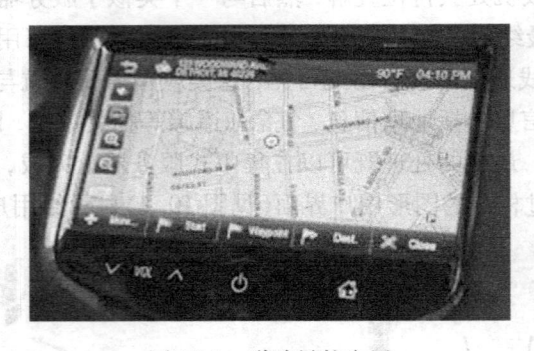

图 10.3 道路导航应用

在卫星导航应用中加入通信链路，便可实现对车队的监控和管理。通过通信链路周期性地向控制中心发送车队中各车辆的位置，由控制中心接收和处理整个车队的位置信息，并且通过显示屏进行显示。对于通常的交通管理系统而言，利用卫星导航可以辅助交通流量的疏导和管理决策（French, 1991, 1996; Obuhuma and Moturi, 2012）。

② 轨道交通导航

对于轨道交通系统而言，基本的导航服务可以为乘客提供列车的准确位置，在整个路线上的相对位置、速度、航向、时间、下一站以及预计到达时间等。除此之外，采用类似于上述车队监控的方式，通过一个中心处理服务器即可实现对各次列车的跟踪，进而提供实时的轨道交通服务信息，以及列车的运动状态及相关统计信息等。将这些数据应用于智能交通管理系统，可以实现列车运行速度的自适应和运行线路的调整，从而提高轨道交通系统的运行效率。

③ 水上导航

每天都有各式各样的船只在水上运行。对于任何用途和规模的船只，不管是商业货运巨轮，还是娱乐游艇或者捕鱼的小船，对于水上运输安全和路线优化都有很大需求。例如对于航海者而言，需要航行在最便捷或最安全的航路上，或者是回到特定的娱乐地点或捕鱼点，这实际上属于航线规划和管理的一部分，其中也包括了对风险的评估。它确立了导航定位的主要需求，包括精度、完好性、连续性和可用性等。对于国际水域边界的确定和访问权限的设立，导航定位也非常重要。当跨越边界地区时，接收机可发出警报信息；当注册船只的位置通过卫星链路传输到监测系统时，可实现对船只的监测(Sennott et al., 1996)。以上服务均可以通过卫星导航系统来实现。

④ 空中导航

未来空中导航和空管系统将主要依赖于卫星导航系统。航路上的高精度定位是通过惯性导航系统或其他系统(Eschenbach, 1996)与卫星导航系统的组合来实现的，而对于飞机着陆和进近则需要增强系统来提供足够的精度和可靠性(Parkinson et al., 1996)。对于空管系统而言，其管理方案也可随之改进，例如飞机和塔台可以共享位置信息，这样即可识别周围的其他飞行器及其相互位置关系，可以使飞行员更好地了解周围的环境(Braff et al., 1996)。

⑤ 空间导航

考虑到卫星导航信号对地球的指向性，其可以为低轨道(LEO)卫星提供位置服务。例如卫星导航能够以最低成本的地面控制实现高精度定轨，以低成本的多天线及特殊的算法来取代传统昂贵的测姿传感器(Lightsey, 1996)，从而实现对航天器的姿态确定。除此之外，低成本、高精度授时接收机可以为低轨地球遥感卫星进行授时，从而取代昂贵的航天器原子钟。

个人应用

① 儿童跟踪

受益于现代导航技术的发展，今天的父母们可以对孩子的位置进行识别与跟踪。当孩子们在视线之外时，这个应用能够给父母提供孩子位置的安全信息。这个应用可以通过具有通信模块的卫星导航接收机实现，其中通信可以采用 GSM 或 Wi-Fi 来完成，定期在父母的电话或网站上显示孩子的位置，这样，可以很容易地实现对孩子行踪的监控(见图 10.4)。

② 基于位置的服务(LBS)

LBS 向用户提供当前所在位置的特定信息服务，LBS 可以是推送式的服务，也可以是获取式的服务。对于前者，由服务提供商主动向用户推送信息，对于后者，由用户主动获取信息。

LBS 通常的模式是基于查询的服务，用户首先估计其自身的位置，并基于此通过通信链路向服务器中心提出查询请求。查询的类型可以是多种多样的，通用的查询分类如下。

- 机构与设施：最近的医院，自动取款机，加油站，餐厅，商场。
- 天气：当前天气，温度，当地下雨的可能性。

- 地形：地貌，距海平面的高度，最近的河流，湖泊，山脉等。
- 娱乐：在一个特定日期附近的任何项目，如电影院，剧院等。
- 农业和工业：土壤类型，作物，农工产品等。

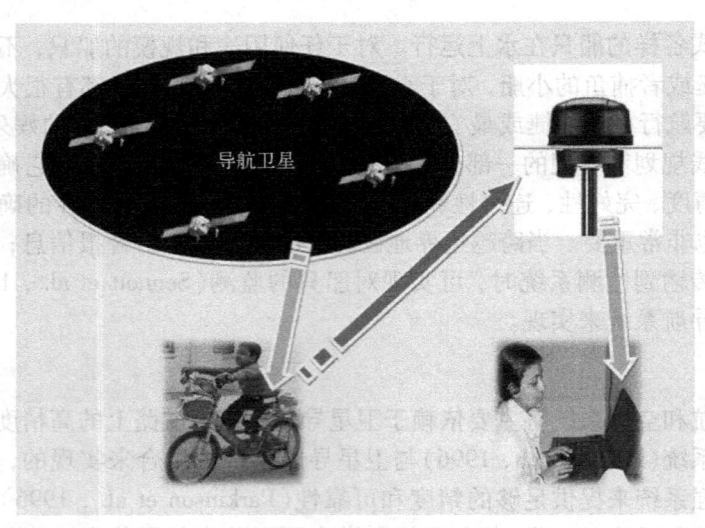

图10.4 儿童跟踪应用

附着有用户位置的查询请求由集中的数据库来响应。服务器通常汇集了地理位置信息和相关的遥感数据库，可以通过相同的通道将查询到的结果返回给用户，这需要导航、通信以及遥感的深度协同。

③ 体育和娱乐

卫星导航目前也应用于体育和娱乐。对于室外探险，它可以提供精确的位置和时间，从而降低风险。在山区徒步旅行等活动中，本身就伴随着很多潜在的危险，例如在不熟悉或不安全的区域迷路等，这种情形下唯一可靠的定位手段就是卫星导航。除了能够提供全天候位置服务之外，相关的数据信息可以被存储记录下来，从而保证能够顺利到达标志点，或者选择更合适的路线。对于高尔夫球手，卫星导航可以用来精确地测量距离，并提升他们的游戏感受，类似的其他运动还包括赛车、航模、游艇和划船等。此外卫星导航技术还催生出了全新的体育和户外活动，例如"寻宝"，这是一个将郊游和寻宝融为一体的户外运动。此外还出现了一种以到达预定坐标点为目标的竞赛运动，称为"geodashing"。

社会应用

① 灾害管理

及时报警并提供快速援助是救灾管理相关部门在灾难发生时和灾难发生后的两个主要关注点。卫星导航的信号从太空发出，因此在发生灾难时也可以继续提供服务，这些导航信号在事前和事后都可以被有效地利用，而此时其他的路基服务系统很可能已经瘫痪。

② 灾害预警

大量人口和动物分布在地震多发带。导航定位技术可以作为地震预警的一个非常重要的手段。由高精度接收机组成的广域网络，再配备强大的处理算法，即可实现对地震的快速识别，从而在地震救援中提供帮助，以挽救更多生命。该系统的关键在于对地震的正确识别，无虚警及误警(Allen and Ziv, 2011)。与此类似，通过对河流和海洋表面高度的监测，可以实现对山体滑坡、洪水和海啸的识别和告警。

③ 搜索和救援

搜寻和解救被困群众、动物及财产是任何灾难发生后最紧急的事情。这些都可以通过一个基于导航系统建立的集中式灾害监测与管理平台来完成。一方面，对于卫星导航用户，如果配备了 GSM 或 Wi-Fi 通信链路，则可以通过这些链路来传递其位置信息，这些位置信息可以被集中收集以便于及时决策和援助。对于救援人员，只要他们的接收机注册在系统中，即可被自动跟踪，并通过任何已有的通信方式交换指令，以便调度。这使得救援中心能够改进计划并进行资源调配，从而迅速做出响应。

④ 急救/医疗服务

全世界每年都有超过 10 亿次拨打急救电话，然而在许多情况下，由于没有精确的位置信息，急救车不能及早派遣。而对于紧急救援而言，时间是关键。在大多数情况下，调度员需要询问精确的位置，或者通过电话号码进行定位，这消耗了大量的宝贵时间，而且位置往往不够精确。通过卫星导航，可以给急救电话打上非常精确的位置标签，减少援助的到达时间，从而挽救更多的生命。

10.2.2.2 科技应用

在一些需要精确位置信息的领域，导航也可服务于科技应用。在实验或各类技术应用中，通常依赖于定位和授时信息。除了需要准确度和精度以外，通常还需要信号的完整性。

大地测量学与测量

随着技术的不断演进与发展，测绘越来越依靠卫星导航技术。这些技术显著减少了传统测量技术通常所需的设备量和工时。根据应用的需要，测绘需要能提供亚米级定位精度和载波相位观测量的高性能接收机，从而提供实时动态定位和后处理定位服务。

大地测量学是研究关于地球外形的科学。通常通过适当的基线来获得未知点和事先标定的已知点之间的相对位置进行勘测。卫星导航所能提供的相对定位技术恰恰可以满足这一点。通过卫星导航实现大地测量的一个优点是，它要求每一个站都能观测到可视卫星，而对于站点彼此之间的可视性并无要求，从而允许较长的基线。另一个优点是，卫星以地心作为公转的中心，而地心同时也是大地测量的原点，因此，不需要坐标转化，即可方便地实现位置解算(Leick, 1995; Larson, 1996; Torge, 2001)。

地球和大气研究

除了获得位置和时间，来自导航卫星的信号还可以巧妙地用于地球和大气研究，如延迟、畸变，以及导航信号穿过无线电波的信号波动等特性，都可以用于参数估计。最常见的领域有包括电离层在内的地球和大气研究等，下面对其中部分研究进行介绍。

① 气象研究

目前，气象学家已经开始使用低地球轨道卫星信号和 GNSS 的掩星信号进行大气探测，其主要方式是接收和测量无线电波的大气折射。掩星信号是导航信号的一个重要应用，如图 10.5 所示，导航卫星信号因为折射而并没有被地球遮挡，从而能够被低轨道卫星或者地球表面的接收机接收。通过 GPS 发射机与接收机的位置可估计对流层的折射率，可用于对对流层元素进行分析。高精度的接收机可用来检测引起无线电信号相对相位变化的额外路径，即可计算大气的折射率，并由此可以导出不同的气象参数，比如密度、气压、温度、湿度及其分布，并最终推导出大气特性。

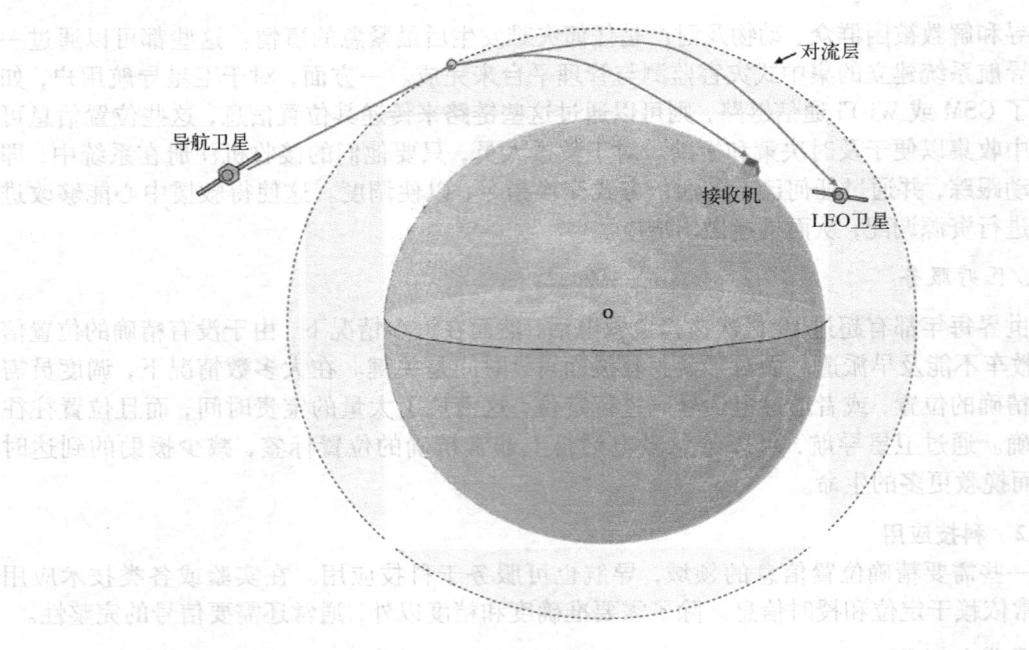

图 10.5　掩星技术的应用

② 海洋表面盐度监测

测量导航信号经海洋反射后在时延和功率方面的变化可用来估计海面的高度和盐度。除了特定的算法外，还需要接收机能够处理海面反射的低功率信号（Camps，2008；Garrison，2011）（见图 10.6）。

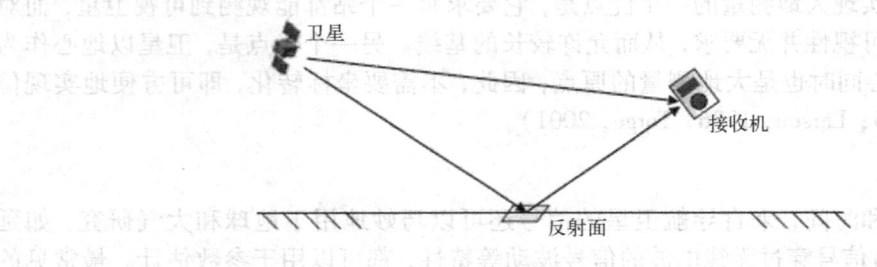

图 10.6　反射信号的应用

③ 电离层研究

双频接收机可以识别电离层电子总含量（TEC）。此外，星基增强系统所播发的增强信号中也包含了电离层延迟数据。因此，垂向 TEC 的近实时信息可从单个或多个导航信号中获得。此外，通过离散测量和层析成像技术可获得整个空间的电子密度和 TEC 含量图，（Hansen,2002;Ganguly and Brown,2001;Acharya et al.,2004)。这给电离层研究提供了大量的数据和巨大的研究价值。同时,电离层闪烁也可通过类似的方法进行估计。

环境

卫星导航系统可以用来获得与环境因素相关的准确、实时的信息,从而使管理者能做出更好的决策,在满足人类需求的同时更好地维护地球环境。森林、海岸、矿山等丰富自然资源的覆盖,以及它们随时间的变化情况,可以很容易地利用卫星导航通过描述有关资源的轮廓来获取。卫星导航也可以用于动物跟踪,濒危物种也可以被跟踪并绘制在地图上,从而保持甚至增加正在下降的物种数量。必要时,可以很容易地追踪或发现动物,以提供所需的药物和其他援助。

10.2.2.3 可靠的授时服务

我们还应该深刻理解导航系统的时间传递能力。在大多数的典型应用中,当计时器固定在位置已知的位置时,只需要一颗卫星来获得本地时钟相对于导航系统的时间偏差,即可获得高精度的授时服务。

工业和科学实验室等机构通常都需要精确的时间同步来测量常见的事件,从而需要分布在多个位置且能够保证一定精度的时间源。这类应用可以通过两个站同时观测同一颗卫星的共视技术来实现,我们将在下一小节详细描述这些方法。通过这些技术,不同的实验室可以实现与一个类似原子钟的公共时间源进行同步,或彼此之间建立相对同步关系。

10.3 具体应用

本节将详细讨论卫星导航的两类重要应用,选择这两类应用是为了体现卫星导航技术在实际应用中的重要性和复杂性。这两类应用的需求完全不同,第一类需要精确的位置,第二类需要精确的时间。

10.3.1 测姿

一个物体有六个自由度,其中三个用来确定位置,其他的决定方向。物体相对于固定参考系的方向称为姿态。运动物体上的任何固定点之间的相对位置都可用于确定其相对于某一坐标系的姿态,特别是相对于地球的姿态。在本节里,我们仅学习姿态测量的基本方法。

测姿需要一个固定于运动体本身的本地坐标系。该本体坐标系相对于一个标准的本地或地心坐标系的相对方向就是该物体的姿态。为方便起见,后面的分析中我们假设运动体是车辆。

两个坐标系之间的相对方向是由坐标轴之间的关系来决定的,所以车辆本体坐标系中的坐标轴在标准参考坐标系中的方向余弦决定了姿态。这里的方向余弦是指向量与坐标轴之间夹角的余弦值,任意一个向量在坐标系中都有三个方向余弦值。由于本体坐标系每个坐标轴都是一个向量,对应本体坐标系的三个坐标轴,共计有九个夹角。

实际上这九个方向余弦并不是相互独立的,如图10.7所示,假设本体坐标系由三个轴来定义,记为 $F'=[x' \quad y' \quad z']$,而标准参考坐标系的坐标轴表示为 $F=[x \quad y \quad z]$。

因此,要将 x' 轴固定在 F 坐标系中,首先固定三个方向余弦,它们满足 $\alpha^2+\beta^2+\gamma^2=1$。所以,需要三个独立的参数将 x' 固定在 F 中。

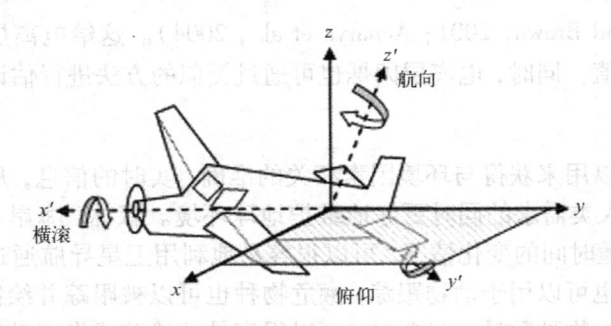

图10.7 姿态的坐标定义

一旦x'在F中被固定，那么包括y'和z'的垂直平面也被确定。然而，要定义此平面上y'的方向，需要知道其中任意两个方向余弦，它们将完全定义其关于F的轴线的相对方向。一旦x'和y'轴在F中被定义，就可以根据右手法则固定另一个轴z'。因此，总的来说，只需要五个相对独立的方向来确定一个坐标系在另一个坐标系中的方向。如果已知五个独立的分量，则可以推导出完整的九个方向余弦。这样，F'坐标系中的任意向量可以在坐标系F中被定义，反之亦然。通过上述方法，就可以定义该车辆的姿态。

将向量从一个坐标系转换为另一个坐标系的矩阵称为姿态矩阵或方向余弦矩阵（Cohen，1992，1996）。表示矩阵的余弦参数最方便的方式是将其元素表示成两个坐标系单位矢量的点积，有

$$A = \begin{pmatrix} x' \cdot x & x' \cdot y & x' \cdot z \\ y' \cdot x & y' \cdot y & y' \cdot z \\ z' \cdot x & z' \cdot y & z' \cdot z \end{pmatrix} \tag{10.1}$$

参考坐标系的选取要视具体应用而定，我们已经在第1章中了解了常用的坐标系。对于飞机、陆地或海上的载体而言，本地坐标系更为适合，而对于航天器姿态控制等一些应用，地心坐标系更为合适。另外，对于某些特定应用，非常规坐标系也可能被使用。

本体坐标系是一个固定于移动载体的右旋笛卡儿坐标系。如图10.7所示，其x'轴通常沿着实际运动的前进方向，y'轴垂直于x'轴，并位于载体平面，z'轴垂直于前两者。x'轴称为转动轴，关于这个轴的旋转运动称为横滚，角度为φ。横滚是在参考坐标系中通过在y'和z'轴方向的改变来体现的。y'轴称为俯仰轴，$x'z'$轴的方向相对于参考坐标系的变化导致车辆的俯仰角θ的变化。最后，z'轴称为方位轴，关于这个轴的旋转称为航向，当航向角ψ发生变化时，相对于参考坐标系而言，$x'y'$的方向会发生变化。

当本体坐标系与参考坐标系对齐时，航向角、俯仰角和横滚角都取为零，此时A为一个单位矩阵，对于明确的航向角、俯仰角和横滚角，车辆的姿态矩阵变为（Cohen，1996）

$$A = \begin{pmatrix} \cos\theta\cos\psi & \cos\theta\sin\psi & \sin\theta \\ -\cos\theta\sin\psi + \sin\varphi\sin\theta\cos\psi & \cos\varphi\cos\psi + \sin\varphi\sin\theta\sin\psi & \sin\varphi\cos\theta \\ \sin\varphi\sin\psi + \cos\varphi\sin\theta\cos\psi & -\sin\varphi\cos\psi + \cos\varphi\sin\theta\sin\psi & \cos\varphi\cos\theta \end{pmatrix} \tag{10.2}$$

其中，元素A_{ij}表示本体坐标系的第i个坐标在参考坐标系第j个轴的分量。

10.3.1.1 测量与估计

假设有两个导航接收机 R_1 和 R_2，分别放置在车体上距离为 b' 的位置，形成了本体坐标系上的基线。这两个接收机同时测量同一颗卫星的载波相位。第 8 章中我们已经介绍过，对于短基线，接收机 R_1 和 R_2 对于同一颗卫星 S 的载波相位单差方程可以表示为

$$\Delta\varphi_{12}^s = (-e_1^s \cdot b) + N_{12}^s \lambda + c\Delta t_{12} + \varepsilon_{12}^s \tag{10.3}$$

其中 φ_{12}^s 是两个接收机所测量的相位差，b 是参考坐标系 F 的基线，e_1^s 是从参考接收机 1 到卫星 S 的单位向量，ε_{12}^s 是两个接收机之间的差分误差，包括接收机噪声和两个接收机之间的其他误差。对于任何运动车辆，认为接收机 R_1 和 R_2 之间的距离都足够小，从而可以假定除了接收器噪声之外的所有误差是相同的，所以 ε_{12}^s 主要是由接收机噪声的差异引起的。

考虑到两个接收机是由相同的时钟或者两个同步的时钟所驱动，所以有 $c\Delta t_{12}=0$。相对于电离层和对流层误差，接收机的位置差异可忽略不计，假设这些误差通过差分已被消除，因此方程可更改为

$$\Delta\varphi_{12}^s = (-e_1^s \cdot b) + N_{12}^s \lambda + \varepsilon_{12}^s \tag{10.4}$$

现在首先需要解决整周模糊度的问题，为了求解 N，有

$$\Delta\varphi_{12}^s - N_{12}^s \lambda = (-e_1^s \cdot b) + \varepsilon_{12}^s \tag{10.5}$$

在没有时钟误差时，式(10.5)左边表示的是几何位置差 $\Delta\rho_{12}^s$。因此，沿基准轴的形式分解 b 和 e，可以得到

$$\Delta\rho_{12}^s = -(b_x e_x + b_y e_y + b_z e_z) + \varepsilon_{12}^s \tag{10.6}$$

假设在任何时刻 A 均可由式(10.1)表示，那么参考坐标系中的基线 b 相应地可在本体坐标系中以基线 b' 的形式表示，关系式为

$$b^T = b'^T A \tag{10.7}$$

因此，有

$$\Delta\rho_{12}^s = -A^T(b' \cdot e_1^s) + \varepsilon_{12}^s \tag{10.8}$$

其中，$\Delta\rho_{12}^s = \Delta\varphi_{12}^s - N_{12}^s \lambda$，$\Delta\varphi_{12}^s$ 由接收机进行测量，而 N_{12}^s 是估计出来的。单位矢量 e_1^s 可以由卫星和天线之间的相对位置进行估计，b' 在本体坐标系中被预先定义，并且是事先已知的，只有矩阵 A 的元素是未知的。该矩阵包含了有关车辆姿态的相互独立元素，也就是本体坐标系坐标轴的指向，它和所选的基线是独立的。所以对于车辆的某一航向而言，不管本体坐标系上的基线如何选取，这些值都是相同的。因此，在车辆上不同的接收机之间以及不同的可见卫星之间，矩阵 A 的元素可以通过使用类似的相位测量来求解。

所以，对于 m 个基线和 n 颗卫星而言，一旦整周模糊度问题被解决，估计过程的关键就在于如何通过最小化二次代价函数来进行姿态的求解，有

$$J(A) = \sum_{i=1}^{m} \sum_{j=1}^{n} \{\Delta\rho_{1i}^j - A^T(b_i' \cdot e_1^j)\}^2 \tag{10.9}$$

其中，b_i' 是在本体坐标系中参考接收机 R_1 和接收机 R_i 的第 i 个基线，$\Delta\rho_{1i}^j$ 是对于卫星 j 而言两个接收机之间的几何差分距离。

矩阵 A 的元素可以通过迭代法来求解。首先得到初始解 A_0，通过线性化代价函数并求解修正矩阵 δA 来得到更优解，因此修正后的解为 $A_0 + \delta A$。持续重复上述过程，直到 δA 对

解的修正可被忽略，从而得到最终解。从本质上讲，前面假设所有的基线是共面的（Cohen, 1992; Cohen and Parkinson, 1992; Cohen, 1996）。

10.3.2 时间传递

时间传递是指将某一特定位置时钟的精确时间信息传递给其他位置的时钟使用。

对于一个时间传递系统，基本的架构包括两个相隔一定距离的时钟，其中至少一个时钟具有校准能力。在两个时钟之间还需要有一个校准的通道来传递校准信息。如果像这里所讨论，时钟比较的目的是要校准本地设备的时间，那么信道的时延应当是已知的或能被求解的，时延的任何不确定性都将进入最终的校准误差当中。

传递时频信息的方法一般有三种：单向时间传递、双向时间传递、共视（CV）时间传递。本节将讨论这些方法（Miranian and Klepczynski, 1991; Klepczynski, 1996; Levine, 2008）和基于卫星的时间传递方法之间的关系（见图10.8）。我们将介绍不同方法的优点和局限性并对各类时间传递系统的不确定性进行估计。

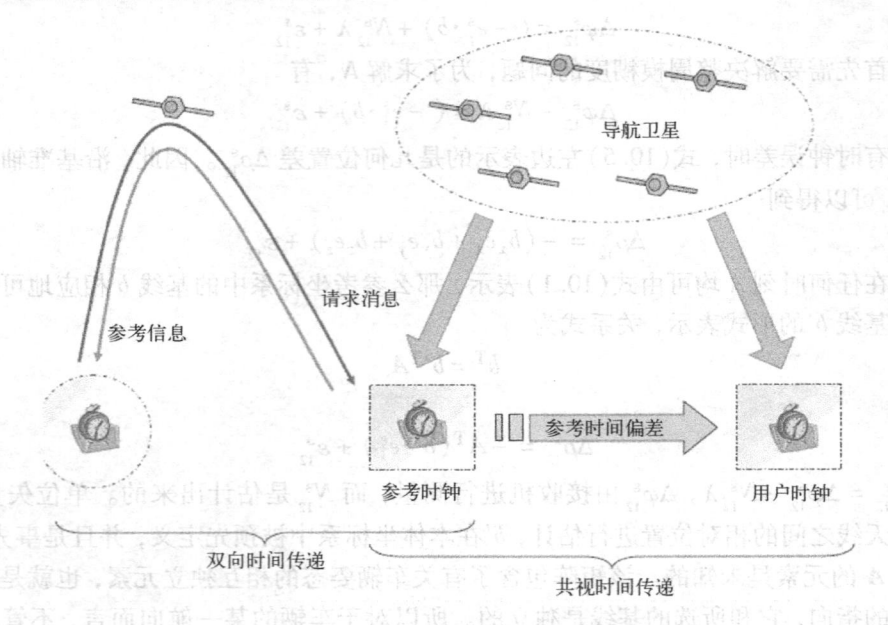

图10.8 不同的时间传递系统

10.3.2.1 单向时间传递

在单向时间传递系统中，由一个站进行精确时间的维持，并向其他站传递精确时间。其他站接收到时间信息后，经过对传播时间的修正，即可获得当前的精确时间。接收站可以通过测量方式或利用辅助数据来模拟路径时延。在介绍卫星导航系统中用户如何从导航信号中获得时间时，实际上已经介绍了一种单向时间传递方法。

10.3.2.2 双向时间传递

双向时间传递系统中，由两个对等的时钟相互发送时间信息，并接收对方的时间信息，并根据双向观测时延求解修正值。

被其他时钟作为参考，以实现同步的高精度时钟称为参考时钟，其他时钟称为用户时钟。

与单向时间传递中接收机仅接收信号不同，双向时间传递中的两个站点的时钟能够以双工方式进行通信，此外，还假定消息在两个站之间传输的往返时间是相同的。实际上，消息从一端传到另一端所需的绝对时间并不重要，只要足够小即可，因此在信号往返时间内，时钟特征可以认为保持不变。

假设用户时钟 C_u 相对于参考时钟 C_r 有正偏差 δt_{ur}。为了得出此误差，用户站在时间 T_{us} 向参考站发送一个消息，并标记一个时间戳 T_{us}，这是通过用户时钟测量出来的。由于这个时间比参考时间超前 δt_{ur}，因此用参考时钟来描述这个时间就变为 $T_{us} - \delta t_{ur}$。

注意 T 的第一个下标是 u 或者 r，表示测量它的是用户时钟还是参考时钟。T 的第二个下标表示发送过程或接收过程，分别以 s 和 r 表示。

参考站在时刻 T_{rr} 接收到由用户站发送的消息，此处 T_{rr} 是根据参考站的参考时钟测量的。

依据参考时钟，消息传递的时间为

$$\Delta_r = T_{rr} - (T_{us} - \delta t_{ur})$$
$$= T_{rr} - T_{us} + \delta t_{ur} \tag{10.10}$$

根据参考站本地时钟及消息上的时间标记，可得到的传播时间为

$$\Delta_m = T_{rr} - T_{us}$$
$$= \Delta_r - \delta t_{ur} \tag{10.11}$$

在随后的某个时刻，再由参考站向用户发送消息，同样标记相对于参考站的发送时间，同时将 Δ_m 一并发送给用户。假设此消息在时间 T_{rs} 发送（该时间是通过参考站的参考时钟测量的），用户站接收到的时间记为 T_{ur}，T_{ur} 是由用户时钟测量的。

类似地，该过程的参考时间和测量时间分别为

$$\nabla_r = T_{ur} - \delta t_{ur} - T_{rs} \tag{10.12}$$

和

$$\nabla_m = T_{ur} - T_{rs} = \nabla_r + \delta t_{ur} \tag{10.13}$$

对于接收站而言，其仅有测量值，需要从该测量值中来求解偏差 δt_{ur}，对上面两式求差再平均，可以得到

$$\frac{1}{2}(+\nabla_m - \Delta_m)$$
$$= \frac{1}{2}[+(T_{ur} - T_{rs}) - (T_{rr} - T_{us})]$$
$$= \frac{1}{2}(\nabla_r + \delta t_{ur} - \Delta_r + \delta t_{ur}) \tag{10.14}$$
$$= \frac{1}{2}(2\delta t_{ur} + \nabla_r - \Delta_r) = \delta t_{ur} + \frac{1}{2}(\nabla_r - \Delta_r)$$

如果双向路径传输时延是对称的，则 $\Delta_r - \nabla_r$ 为零，因此用户可以获得时钟的时延并完成校准。

但是，如果消息正向和反向的传输时间不同，假设相差为 ε，那么结果则变为 $\delta t_{ur} + \frac{1}{2}\varepsilon$，需要对其进行消除或者将其最小化。在许多情况下，这种误差与路径差异是成比例的，在这种情况下，通过使路径时延本身最小，就能有效降低非对称传输所带来的影响。

上述方法并不依赖于用户和参考站之间的传送时间。参考站仅需要对用户信息进行回应并加上时间戳即可，即便是在后续的时间进行回应也是可以的。实际上，从参考站收到用户信息到进行响应的这段时间长度并不重要，只要两个时钟在这段时间内保持稳定即可。

因此，如果某台卫星导航接收机能够和其他站点之间进行通信，那么由这台接收机获得的精确时间就能够传递到其他站点，即便这些站点没有高精度的时钟，也同样可以获得类似精度的时间源。

在双向时间传递过程中，导航系统的作用实际上不是对所有时钟进行同步，而是给其中一台接收机提供高精度时间，再由其作为参考站。这样，位于卫星导航服务区域的参考站可以为非卫星导航服务区域或授时性能较差区域的站点提供高精度时间服务。其中，用于同步的通信链路可以是任意形式的，例如双工的卫星通信信道，在这种情况下其正向和反向的传递时间基本相同，非常适合用时钟进行同步。但与单向时间传递相比，这种方式提高了用户接收机的成本和硬件要求。此外，这种方式要求消息格式是预先定义的，对于匿名用户是无法工作的，因此双向时间传递通常是在同一个工作组内的用户之间进行的。

同步过程中的误差可分成以下几个部分：用户站和参考站的测量误差、路径非对称误差和校准误差。

这种方法还可以用于差分系统，用户可以在通过远程的参考站进行位置校准的同时实现时间校准。只要有差分链路，就可以用来进行时钟同步，并且这种方法可以省略用户钟差这个参数，从而降低了对算法的要求并简化了估计过程，同时也降低了对可视卫星的要求。

双向时间传递被广泛应用于各种场景，特别是工业和科学应用。比如在一些场景下，需要在两个不同的地方同时开启某一程序，再如有些场景下需要将某个原子钟的时间给其他多个地方使用，这都需要在多个时钟之间进行同步。

10.3.2.3 共视（CV）时间传递

在共视时间传递法中，每个站都有各自的时钟，各个站都从同一个源接收数据，各站通过相互交换数据来得到时间修正信息，当然这些站各自的路径延迟大致是相同的。

该方法中使用了卫星导航授时的方式，多个用户通过同一颗卫星授时，从而分别确定其与该卫星之间的钟差，其中某一个配备原子钟的接收机作为参考接收机，而其他共视的站点与该参考接收机进行同步。共视的前提条件是假设卫星到参考站的路径与到其他站的路径特性是相似的。

当每个站点的接收机从同一颗卫星接收到信号后，各个站点用本地时钟记录信号的到达时间，各个站点观测的时延为

$$T_{uj} = T^s + \delta t^s_{uj} + d^s_{uj} \qquad (10.15)$$

其中，下标 uj 表示第 j 个用户站点，T_{uj} 是第 j 个站的测量时间，T^s 是使用卫星时钟测得的信号发送时间，δt^s_{uj} 是第 j 个站相对于该卫星时钟的钟差，d^s_{uj} 是该信号从卫星到达第 j 个站的路径传输延迟。各个站点通过比较这些观测量来得到相互的时间偏差，具体过程描述如下。

假设其中一个参考站有一个高精度的参考时钟，而另一个用户站要通过普通时钟来获得类似的高精度时间。这两个站点都从卫星导航系统接收时间信号，并将与各自的时钟进行比较。参考站测量的接收时间为

$$T_r = T^s + \delta t^s_r + d^s_r \qquad (10.16)$$

其中，T_r为参考站用自己的时钟所测量的时间，T^s是使用卫星时钟测得的信号发射时间，δt_r^s是参考站的时钟相对于卫星时钟的正偏差，d_r^s是卫星和参考站之间的路径传输延迟。由于T^s可以从标记在消息上的时间戳来获得，所以差值可以表示为

$$\Delta_r^s = T_r - T^s$$
$$= \delta t_r^s + d_r^s \tag{10.17}$$

类似地，用户站的差值可以表示为

$$\Delta_{uj}^s = T_{uj} - T^s$$
$$= \delta t_{uj}^s + d_{uj}^s \tag{10.18}$$

需要注意的是，对于用户站和参考站，卫星信号发射时间T^s不必是相同的。但是，卫星时钟在这个过程中要足够稳定，从而保证其不会有显著的漂移。

参考站得到这个差值并传输到用户站，并与用户站的差值再次求差，可以得到

$$\Delta_{r\_uj}^s = \Delta_r^s - \Delta_{uj}^s$$
$$= \delta t_r^s + d_r^s - \delta t_{uj}^s - d_{uj}^s \tag{10.19}$$
$$= \delta t_r^s - \delta t_{uj}^s + d_r^s - d_{uj}^s$$

如果从卫星到两个站的单向传输延迟是相等的，那么这两个路径延迟就相互抵消了，差分变成

$$\Delta_{r\_uj}^s = \delta t_r^s - \delta t_{uj}^s \tag{10.20}$$

因此，用户站和参考站之间的时间偏差就可以在不知道时间源和路径延迟的情况下计算出来。只要卫星到两个站点的信号传输路径保持一致，那么路径传输延迟的任何改变都将被抵消，从而不会影响整个计算过程。因此，如果两个站中有一个站配备了高精度时钟，那么另一个站就可以通过对时钟偏差的校准来获得相同的时间精度。

在实际应用中很难找到两个具有完全相同传输路径延迟的站点，但如果接收机能够通过卫星来获得精确位置，这个问题就可以解决。使用精确位置信息可以估计信号从卫星到站点的精确传播时间，式(10.17)和式(10.18)就可以使用由位置信息获取的d_r^s和d_{uj}^s值。这样，即使卫星的传播距离不同，两个站点也可以得到各自与卫星时钟的偏差，从而在站点间交换信息后，就可以得到用户站时钟相对于参考站时钟的相对偏差，并最终进行校准。

当所有卫星共源或钟差都已知时，该方法可以进一步扩展到非共视的情形。

参考文献

Acharya, R., Sivaraman, M.R., Bandyopadhyay, K., 2004. Tomographic estimation of ionosphere over Indian region. In: Proceedings of ADCOM. ACCS, pp. 564–567.

Allen, R.M., Ziv, A., 2011. Application of real-time GPS to earthquake early warning. Geophysical Research Letters 38, L16310. http://dx.doi.org/10.1029/2011GL047947.

Braff, R., Powell, J.D., Dorfler, J., 1996. Applications of the GPS to air traffic control. In: Parkinson, B.W., Spilker Jr., J.J. (Eds.), Global Positioning Systems, Theory and Applications, vol. I. AIAA, Washington, DC, USA.

Camps, A., 2008. A hybrid radiometer/GPS reflectometer to improve sea surface salinity estimates from space. In: Microwave Radiometry and Remote Sensing of Environment, MICRORAD 2008. Florence, Italy.

Cohen, C.E., 1992. Attitude Determination Using GPS (Ph.D. thesis). Stanford University, Stanford, USA.

Cohen, C.E., 1996. Attitude determination. In: Parkinson, B.W., Spilker Jr., J.J. (Eds.), Global Positioning Systems, Theory and Applications, vol. II. AIAA, Washington, DC, USA.

Cohen, C.E., Parkinson, B.W., 1992. Aircraft applications of GPS based attitude determination: test flights on a Piper Dakota. In: Proceedings of ION-GPS 92. Institute of Navigation, Washington,DC, USA.

Eschenbach, R., 1996. GPS applications in general aviation. In: Parkinson, B.W., Spilker Jr., J.J. (Eds.), Global Positioning Systems, Theory and Applications, vol. II. AIAA, Washington DC, USA.

French, R.L., 1991. Land vehicle navigation—a worldwide perspective. Journal of Navigation 44 (1), 25—29.

French, R.L., 1996. Land vehicle navigation and tracking. In: Parkinson, B.W., Spilker Jr., J.J. (Eds.), Global Positioning Systems, Theory and Applications, vol. II. AIAA, Washington, DC, USA.

Ganguly, S., Brown, A., 2001. Ionospheric tomography: issues, sensitivities, and uniqueness. Radio Science 36 (4), 745—755.

Garrison, J.L., 2011. Estimation of sea surface roughness effects in microwave radiometric measurements of salinity using reflected GNSS signals. IEEE Geosciences and Remote Sensing Letters 8 (6), 1170—1174.

Hansen, A., 2002. Tomogrpahic Estimation of the Ionosphere Using Terrestrial GPS Sensors (Ph.D. dissertation). Stanford University.

Klepczynski, W.J., 1996. GPS for precise time and time interval measurements. In: Parkinson, B.W., Spilker Jr., J.J. (Eds.), Global Positioning Systems, Theory and Applications, vol. II. AIAA, Washington, DC, USA.

Larson, K.M., 1996. Geodesy. In: Parkinson, B.W., Spilker Jr., J.J. (Eds.), Global Positioning Systems, Theory and Applications, vol. II. AIAA, Washington, DC, USA.

Leick, A., 1995. GPS Satellite Surveying, second ed. John Wiley and Sons, New York, USA.

Levine, J., 2008. A review of time and frequency transfer methods. Metrologia 45, S162—S174. http://dx.doi.org/10.1088/0026-1394/45/6/S22.

Lightsey, E.G., 1996. Spacecraft attitude control using GPS carrier phase. In: Parkinson, B.W., Spilker Jr., J.J. (Eds.), Global Positioning Systems, Theory and Applications, vol. II. AIAA, Washington, DC, USA.

Miranian, M., Klepczynski, W.J., 1991. Time transfer via GPS at USN0. In: Proceedings of the 4th International Technical Meeting of the Satellite Division of the Institute of Navigation (ION GPS 1991), pp. 215—222. Albuquerque, NM, USA.

Obuhuma, J.I., Moturi, C.A., 2012. Use of GPS with road mapping for traffic analysis. International Journal of Scientific and Technology Research 1 (10). ISSN 2277-8616120.

Parkinson, B.W., O'Connor, M.L., Fitzgibbon, K.T., 1996. Aircraft automatic approach and landing using GPS. In: Parkinson, B.W., Spilker Jr., J.J. (Eds.), Global Positioning Systems, Theory and Applications, vol. I. AIAA, Washington, DC, USA.

Sennott, J., Ahn, I.S., Pietraszewski, D., 1996. Marine applications. In: Parkinson, B.W., Spilker Jr., J.J. (Eds.), Global Positioning Systems, Theory and Applications, vol. II. AIAA, Washington, DC, USA.

Torge, W., 2001. Geodesy, third ed. Water de Gruyter, New York, USA.

附录 A 卫星导航系统简介

全球有多个卫星导航系统，分为全球系统和区域系统，目前，某些系统是全星座运行的，某些是部分运行或即将运行的。所有系统如下所示：

1. 美国的全球定位系统（GPS）
2. 俄罗斯的全球导航卫星系统（GLONASS）
3. 欧盟的伽利略系统（Galileo）
4. 中国的北斗系统（BDS）
5. 日本的准天顶卫星系统（QZSS）
6. 印度的 IRNSS 系统

在这些系统中，除 QZSS 和 IRNSS 为区域系统以外，其余均为全球系统，下面将分别介绍各大系统的主要特点。

A1.1 GPS

GPS 系统是美国军方星基导航系统的一部分，美国国防部（DoD）曾计划在其 NAVSTAR 项目中使用人造卫星星座和无线电测距的方式实现高精度定位。1978 年，GPS 系统发射了首颗卫星，1993 年初步建成使用，1995 年全面建成投入使用。

与其他系统一样，GPS 系统的组成结构可分为三部分：地面控制段、空间段和用户段，详见第 2 章（El-Rabbani, 2006; Parkinson & Spilker, 1996; Grewal et al., 2001）。

A1.1.1 地面控制段

GPS 的控制段由分布在世界各地的六大监测站组成，分别位于太平洋上的夏威夷和夸贾林环礁、印度洋上的迭戈加西亚岛、大西洋上佛罗里达州的阿森松岛和卡纳维拉尔角，还有一个主控站位于科罗拉多斯普林斯。正如在第 2 章中介绍的，这些监测站负责监测卫星信号及轨道跟踪，并最终用于卫星轨道预报以及钟差修正。

A1.1.2 空间段

GPS 的空间段由 24 颗 MEO 卫星星座构成，24 颗卫星被平均分配到 6 个轨道平面内，每个轨道面 4 颗卫星，如图 A1.1 所示。轨道半长轴距离约为 26500 km，也就是说，GPS 卫星离地球表面的高度约为 20000 km，轨道周期为 11 小时 58 分，轨道倾角 55°。因此，对于南北半球，卫星的可见仰角均为 55°。这样的星座设计，保证了除去极特殊的地区外，地球上任意一个位置的用户，在绝大部分情况下均能看到至少 4 颗卫星，通常情况下能看到 6~8 颗卫星。

A1.1.3 用户段

用户可通过接收终端(接收机)接收卫星信号并计算出位置。不同接收机有不同服务性能和定位精度。双频接收机拥有稳定性更高的时钟,相比廉价的低时钟精度的单频接收机,也更为昂贵。差分接收机具有较高的定位精度,多用于民用的测量行业。

A1.1.4 GPS 服务

GPS 为用户提供两种服务:精密定位服务(PPS)和标准定位服务(SPS)。PPS 是只为美国军方及其他特许用户开放的高精度服务,相比之下,SPS 的服务精度较低,但是它可以向全球任意民用用户提供不间断的位置服务。

A1.1.5 GPS 信号结构

A1.1.5.1 载波信号

GPS 选用 1575.42 MHz 和 1227.60 MHz 作为其正弦波载波频率,分别称为 L1 和 L2 频段,每颗卫星上均由原子钟驱动产生 10.23 MHz 的主频,并在 L1 和 L2 频率上发射导航信号。

GPS 通过码分离的方式实现在同一频率上发射导航信号而不互相干扰,每一个载波通过 BPSK 调制的方式与"扩频码"相乘,同时再乘以导航电文(详见第 3 章)。不同卫星的扩频码不一样且互相正交。

A1.1.6 测距码

GPS 采用相关特性较好的正交 GOLD 码作为测距码,主要选用了两种 GOLD 码。其一为 C/A 码,码长为 1023 码片,码速率为 1.023 Mcps,主要用于 SPS 服务;另一种为 P 码,比 C/A 码长得多,码速率为 10.23 Mcps。L1 频率上同时调制了相位正交的 C/A 码和 P 码,L2 频率上仅调制有 P 码。更高码速率和码长的 P 码为 PPS 用户带来更高的定位精度和可靠性,而普通用户仅能获取精度较低的 SPS 服务。

有时,P 码上将加密一个反欺骗 Y 码,称为 P(Y)码。C/A 码、P 码的码相位与导航电文是完全同步的,它们的主要特性如下。

A1.1.7 C/A 码

- C/A 码测距是为民用用户提供的
- C/A 码为短码,码长为 1023 比特
- 码速率为 1.023 MHz,码周期为 1 ms
- 短码意味着快速捕获
- GOLD 码,由 2 个等周期的 1023 比特 PN 码生成

A1.1.8 P 码

- 仅为美国国防部授权用户提供服务
- 长码
- 码速率为 10.23 MHz,也就是说,10 倍于 C/A 码

- 由 2 个 PN 码 X_1 和 X_2 生成
- X_1 具有 15 345 000 个码片，X_2 具有 15 345 037 个码片
- P 码码周期约为 38 星期
- 在 GPS 系统中，P 码会在每周六/日的午夜进行重置，所以 P 码被截断成码周期为 1 星期的序列
- P 码通常不能直接捕获，需要其他辅助手段

A1.1.9 电文

GPS 卫星通过一种提前定义的格式传输各类数据，即导航电文。电文的组成结构描述如下：

- 导航电文为 50 Hz 的双极性非回归(NRZ)编码数据
- 包括了星历、钟差、历书以及系统运行状况等数据
- 每个数据帧的长度为 30 s
- 每帧分为 5 个子帧，每个子帧长度为 6 s
- 子帧 1，2，3 用来传输本卫星数据，子帧 4，5 传输所有卫星通用数据
- 子帧 1，2，3 包括了卫星星历及钟差等重要参数，前三子帧的内容每帧重复一次
- 子帧 4 和 5 各有 25 页
- 传输完一个完整的历书需要 12.5 min(750 s)

GPS 的导航电文为双极性非回归二进制比特码流，传输速率为 50 bit/s，每帧的长度为 1500 比特，1 帧的传输时间为 30 s，每帧分为 5 个子帧，1 个子帧的传输时间为 6 s。其中，子帧 1，2，3 用来传输该卫星的数据，每个子帧的长度为 300 比特，在各子帧开头均为提前定义的帧头，紧接着是数据位及奇偶校验位。

每子帧的第 1，2 个字的格式是固定不变的，其中字 1 为遥测字，开头的 8 位为固定的帧头 10001011($8B_H$)，接下来为遥测字数据。字 2 为交接字，包含了截短的周内时 Z 计数，指示在该子帧末尾所包含的 P 码子码的周期(1.5 s)重复数。

子帧 1 的数据块包含了计算时钟偏移的二阶多项式系数以及数据的参考时刻，子帧 2 和 3 所组成的数据块包括了星历表(轨道参数)及星历的参考时刻。连续的帧之间重复传输相同的数据，直至有新的更新数据为止，而子帧 1，2，3 的数据更新通常发生在 1 小时的起始时刻。

子帧 4 和 5 所组成的数据块包含了历书、卫星健康状况及配置数据。由于数据量大，在每帧的最后两个子帧通过分页的方式实现数据的连续传输，传输完这样的一组数据需要 25 帧。也就是说，这个数据块所包含的数据会在 25 帧后重复，完整数据块的传输需要 12.5 分钟。类似地，卫星会重复传输同样的数据，直至有新的数据进行更新为止(Global Positioning System Directorate, 2012(a); Global Positioning System Directorate, 2012(b); Kaplan and Hegarty, 2006; Misra and Enge, 2001)。GPS 导航电文的结构如图 A1.2 所示。

导航电文的各元素如下所示。

- **TLM**：遥测字
- **HOW**：包括 Z 计数的交接字
- **CC**：时钟修正参数
- **EPM**：星历参数
- **IONO**：电离层修正模型参数(Klobuchar 系数)

- **UTC**：世界协调时
- **ALM**：历书

子帧1	TLM	HOW	卫星时钟修正参数	
子帧2	TLM	HOW	星历数据	
子帧3	TLM	HOW	星历数据	
子帧4	TLM	HOW	电离层修正参数，UTC等	25帧中的子页
子帧5	TLM	HOW	历书	

←―― 1子帧=300比特，6s ――→

图 A1.2　GPS 导航电文的结构

导航电文所包含的各类参数，如星历、历书、钟差修正数等，每 2 小时进行更新，新的数据发送的时刻称为 1 次交接，它通常发生在 1 小时的起始时刻，而电离层延迟等更新速率较慢的数据，则由地面站每 24 小时进行更新。GPS 系统的基准坐标系为 WGS-84 坐标系（Parkinson & Spilker，1996）。

A1.1.10　GPS 现代化（www.gps.gov）

为了满足日益增长的用户服务需求，美国已采取一系列的举措以提高 GPS 系统的服务质量，包括对 GPS 系统的空间段和控制段进行升级。在引进一些现代化的处理技术的同时，还增加了新的民用和军用信号，以提高 GPS 系统的性能，详见 WWW.GPS.GOV 网站的 *Official U. S. Government information about the Global Positioning System (GPS) and related topics*。

GPS 现代化的一个重要的变化是，从固定的基于帧结构的数据格式向可变的数据类型转变，从而可根据导航数据的优先级顺序实现可变间隔的传输（Kovach et al.，2013）。此外，GPS 现代化计划新增播发三个民用信号：L2C，L5 和 L1C，传统的民用信号 L1 C/A 也将继续播发，因此系统将有四个民用信号供用户使用。

L2C 为 GPS 的第二个民用信号，与 L1 频段的信号结合可实现电离层修正，对于现有的双频用户而言，可实现更快的信号捕获、更高的可靠性以及更大的操作空间。L2C 信号采用导频信道的现代化设计，提高了信号的有效传输功率，从而使得在遮挡或室内等环境下，L2C 信号更容易被接收。

L5 为 GPS 的第三个民用信号，主要用于生命安全运输和其他高性能应用。除了更高的发射功率，L5 信号具有更大的带宽，从而使得信号具有更高的抗干扰性和更好的信号设计方案，例如多消息类型和前向纠错编码等。

L1C 为 GPS 的第四个民用信号，其设计主要是考虑 GPS 与其他系统之间的互操作性。为了提高 GPS 在城市和其他复杂环境下的应用能力，L1C 信号的设计采用了前向纠错编码和复用的二进制偏移载波调制方式。

为了提高 GPS 性能，空间段的卫星在不断更新，GPS 星座由新旧卫星混合构成。目前在运行的有 Block II 和性能更高的 Block II-A 卫星，其中一些超过服务年限的卫星已由 Block II-R 卫星替代，有几颗可播发 L2C 现代化信号的 Block II-R(M) 卫星已经布设到位，并将替代已老化的卫星。下一代的卫星(Block II-F)将具备播发 L2C 和 L5 信号的能力,同时也具有更长的寿命。最新设计的 GPS 系统将由 Block III 卫星组成,能够播发包括 L1C 在内的所有民用信号。

A1.2 GLONASS(www.glonass-iac.ru)

GLONASS(Global naya Navigatsionnaya Sputnikovaya Sistema)系统是 20 世纪 70 年代初由前苏联研制的军事导航系统。

GLONASS 系统的空间段由 28 颗卫星组成,其中 24 颗处于运行阶段,3 颗为备用卫星,1 颗处于测试阶段。

GLONASS 卫星均匀地分布于 3 个两两相隔 120°的轨道平面上,每个轨道 8 颗卫星。GLONASS 系统将不同的频率信道分配给不同的卫星,从而实现频率复用。卫星轨道半径约为 25 500 km,轨道周期为 11 小时 15 分钟,略小于 GPS 系统。卫星轨道倾角为 64°,相比于 GPS 系统,这种较大的轨道倾角使得卫星分布更均匀,在高纬度地区可获得更好的卫星覆盖。

1993 年,GLONASS 系统正式宣布投入使用,并于 1995 年 12 月实现了完整的星座部署。然而,由于没有后续的卫星发射,2001 年该系统只剩下 6 颗在运营的卫星。但这种局面持续的时间比较短,在 2011 年 10 月 GLONASS 系统又恢复了全星座覆盖,除了第一代的卫星,目前在运行的还有第二代和第三代卫星,第二代卫星型号为 GLONASS-M,其主要特点是延长了卫星寿命,当前运行的第三代卫星型号为 GLONASS-K,在前一代的基础上降低了卫星的重量,从而进一步延长了卫星的寿命。

GLONASS 系统的卫星地面监测站几乎全部位于前苏联境内(只有 1 个位于巴西首都巴西利亚),系统控制中心(SCC)位于克拉斯诺兹纳缅斯克,中央同步处理器位于莫斯科附近的希科沃,五个遥测跟踪和控制站(TT&C)分别位于希科沃、共青城,圣彼得堡,乌苏里斯克和埃尼谢斯克,某些站同时具备激光测距能力(GPS World, 2013)。

GLONASS 系统分别为民用和军用用户提供标准和高精度服务。因此,GLONASS 卫星传输两种类型的信号,即标准(S)信号和高精度(P)信号。

S 信号通过直接序列扩频(DSSS)的方式对唯一的一个测距码进行调制,码速率为 0.511 Mcps,每颗卫星通过不同的载波频率进行区分,即频分多址(FDMA)复用,共有 15 个通道,L1 的载波频率范围以 1602 MHz 为中心,表达式如下(Grewal et al., 2001):

$$f_1(n) = 1602 \text{ MHz} + n \times 0.5625 \text{ MHz}$$

其中 n 为系数,$n = -7, -6, -5, \cdots, 0, \cdots, 6, 7$,信号采用 BPSK 调制及右旋圆极化(RHCP)的方式进行发射。

P 信号同样使用 DSSS 扩频,码速率为 5.11 Mcps。在 L1 频段,P 信号与 S 信号同样采用 FDMA 复用方式,且中心频率相同但相位正交。此外,L2 频段也播发 P 信号,其中心频率为 f_2,表达式如下:

$$f_2(n) = 1246 \text{ MHz} + n \times 0.4375 \text{ MHz}$$

相比于 GPS 系统的 WGS-84 坐标系,GLONASS 系统采用的基准坐标系为"PZ-90"。

A1.3 Galileo

Galileo 是由欧盟研制的全球卫星导航系统,由欧洲委员会和欧空局共同管理。Galileo 系统能够与 GPS 系统实现兼容和互操作。

Galileo 计划开始于 1999 年，将分三个阶段完成。然而，与 GPS 和 GLONASS 系统不同的是，该计划完全是由民间机构发起的。GIOVE-A 和 GIOVE-B 试验卫星的研制成功，标志着以关键技术攻关为主要任务的第一阶段工作结束。下一阶段的任务是完成地面段和空间段的基础设施部署，形成系统的全面运作能力。

除了典型的导航服务，即公开服务（OS）和公共规范服务（PRS）以外，Galileo 还可提供商业服务（CS），以及搜寻与救援服务（SAR）。

Galileo 的星座由三个轨道平面上的 30 颗卫星构成，轨道半径约为 30 000 km，即卫星离地球表面的高度约为 24 000 km，轨道周期为 14 小时 22 分钟，轨道倾角为 56°。Galileo 系统将使用 L1（1559 MHz ~ 1591 MHz）和 L5（1164 MHz ~ 1300 MHz）两个频段，采用码分多址（CDMA）的复用方式，并将同时采用 BPSK 和 BOC 调制（Margaria et al.，2007；Shivaramaiah and Dempster，2009）。

公开服务主要为用户提供卫星导航应用所需的位置和时间信息，商业服务主要提供公开服务以外的附加服务，例如为商业或专业的用户提供更高性能的服务等。

公共规范服务只提供给政府授权用户，对于某些需要高精度、高连续性的敏感性应用，该服务将使用加强的加密信号。

搜寻与救援服务的工作模式是，通过检测信标发射的求救信号，对这些信标进行定位并向它们转发中继消息。

参考文献

El‐Rabbani A.. (2006) Introduction to GPS. second ed. Artech House: Boston, MA, USA.
Global Positioning System Directorate. (2012) Navstar GPS Space Segment/Navigation User Interfaces: IS‐GPS‐200G. Global Positioning System Directorate: USA.
Global Positioning System Directorate. (2012) Navstar GPS Space Segment/User Segment L1C Interfaces: IS‐GPS‐800C. Global Positioning System Directorate: USA.
Grewal M. S.; Weill L.; Andrews A. P.. (2001) Global Positioning Systems, Inertial Navigation and Integration. John Wiley and Sons: New York, USA.
In: (editors: Kaplan E. D.; Hegarty C. J..) (2006) Understanding GPS Principles and Applications. second ed Artech House: Boston, MA, USA.
Kovach K.; Haddad R.; Chaudhri G.. (2013) LNAV Vs. CNAV: More than Just NICE Improvements, ION‐gnss+—2013. Nashville Convention Centre: Nashville, USA.
Margaria D.; Dovis F.; Mulassano P.. (2007) An innovative data demodulation technique for Galileo AltBOC receivers. Journal of Global Positioning Systems 6(1) 89‐96.
Misra P.; Enge P.. (2001) Global Positioning System: Signals, Measurements and Performance. Ganga Jamuna Press.
In: (editors: Parkinson B. W.; Spilker J. J. Jr..) (1996) Global Positioning Systems, Theory and Applications. vol. I AIAA: Washington DC, USA.
Shivaramaiah N. C.; Dempster A. G.. (2009) In: The Galileo E5 AltBOC: Understanding the Signal Structure, IGNSS Symposium 2009—Australia. International Global Navigation Satellite Systems Society.
FirstGlonass Station Outside Russia Opens in Brazil. GPS World.